物品编码

万事万物的身份标识

张成海◎著

清華大学出版社
北 京

图书在版编目（CIP）数据

物品编码：万事万物的身份标识 / 张成海著.

北京：清华大学出版社，2025. 6. -- ISBN 978-7-302-68777-1

Ⅰ. TP391.44

中国国家版本馆CIP数据核字第2025MS1375号

责任编辑：宋丹青

封面设计：傅瑞学

责任校对：王荣静

责任印制：宋　林

出版发行：清华大学出版社

网　址：https://www.tup.com.cn，https://www.wqxuetang.com

地　址：北京清华大学学研大厦A座　　邮　编：100084

社总机：010-83470000　　邮　购：010-62786544

投稿与读者服务：010-62776969，c-service@tup.tsinghua.edu.cn

质量反馈：010-62772015，zhiliang@tup.tsinghua.edu.cn

印 装 者：涿州汇美亿浓印刷有限公司

经　销：全国新华书店

开　本：185mm × 260mm　　印　张：23.25　　字　数：485千字

版　次：2025年6月第1版　　印　次：2025年6月第1次印刷

定　价：108.00元

产品编号：101731-01

前 言

远古时代，当人类用声音、图式和符号为“万事万物（things）”命名，并通过声觉（语言或声音）和视觉（图画或文字）传递、交流信息时，事实上就开始对万事万物进行编码和解码了。本来无意义的声音、图式或符号与万事万物关联起来，便产生了意义。对物品、事件进行鉴定、分类和命名的行为，都可以说是人类开始有意识、有目的地对事物（或事件）进行编码，从而实现信息传递。因此，从广义上说，编码是人类进行信息交流的方法。20世纪中期以来，随着计算机处理信息的速度和能力的提高，如何通过计算机强大的存储和处理能力实现物品自动化、智能化和精准化管理，逐渐成为信息技术发展和物品管理需求发展需要共同解决的问题之一。利用计算机快速地将信息输入机器、利用机器完成物品的自动识别，才能从根本上避免因人工介入产生差错，提高识别效率。在此背景下，现代意义的物品分类和编码应运而生。

今天，无论是生产制造还是生活学习，无论是商场、超市还是医院、学校、政府机关，无论是服装、鞋帽、食品、日化、医疗器械还是图书票据、五金工具、化工建材，无论是线上交易、移动支付还是工业制造、国防军工、物品流通，在国民经济和社会发展的诸多领域都可以见到物品编码的身影，并且随着信息化的发展，物品编码也逐渐走进千家万户，走进百姓工作、学习、生活的方方面面。可以毫不夸张地说，如今我们就生活在一个被物品编码包围的世界。因为它，这世界万象才得以有条不紊地存在和进行着。物品编码就是这个物理世界运行的基础，并且在一定程度上成为某种秩序。在信息化时代，对人、产品、机构和事件的分级分类和区别管理，都涉及如何对这些对象进行统一管理和利用，即物品编码的问题。没有物品编码，就没有现代化的商品流通和工业制造，我们今天的工作和生活也不可能如此方便和快捷。

人们认识物品，管理和利用物品，就要对物品分门别类，因此也可以说认识物品是从物品的辨别、区别和物品分类开始的。编码则是分类识别最有效的工具。为了实现对物品的自动识别，常常将物品编码以机读符号的形式通过标签附着在物品上。如何将物品编码以机读符号的形式表示出来，则是所谓自动识别技术（automatic identification and data capture，AIDC）的研究范围和工作内容。条码技术自诞生以来，已经渗透到经济社会发展诸多领域中，并深刻地改变着物品流通和社会运作模式，降低了物流成本，提升了全球供应链效率。在信息化时代，许多领域的物品信息化管理系统，不论如何设计，其最后的实施方案几乎都绕不开物品分类、编码、标识这些基础要素。例如经济领域的物品流通或者以此为基础的其他衍生应用，如物流供应链建设、产品追溯系统建设；再如社会生活领域的应急管理、诚信体系建设等。只要涉及物品、物资、物料的管理，就会涉及物品的分类、物品的标识、物品的描述。尤其是在采用信息化系统对物品进行管理的时候，物品编码就是必要条件。物品编码主要解决和关注的是物品的界定、命名、描述和标识的问题。这就要求物品编码人员不仅要了解何为物品，甚至还要了解具体物品的来龙去脉、功能用途，才能更好地完成编码体系的设计和建设，物品编码也就自然成了信息化的基石。

最初被设计出来的物品编码往往是用来标识实物的，比如商品编码和商品条码被设计成与商品的价格直接关联，并且直接印在包装上，恰好满足了传统供应链零售结算环节商品管理与快速识读的需求，成为辅助人工实现自动化零售结算的主要技术手段。随后，人们研究制定的储运包装编码和储运包装条码、物流单元编码与物流单元条码、托盘编码与托盘条码则分别被设计成为包装箱、物流单元、托盘的唯一标识编码，满足的是整个物流供应链系统的自动识别需求，这使编码技术在物流领域迅速普及应用。时至今日，物品自动识别分数据采集技术的结合，以及与信息化系统的再结合，已经成为集物品信息化管理，包括大数据、物联网和区块链等新应用的基础性支撑技术。在信息化、数字化深度发展的今天，如何推动物联网、区块链、虚拟现实等数字经济建设发展，首先要解决的问题是如何快速、准确地实现各类物品及属性信息的自动化采集。符合标准、统一实施的物品编码及自动识别技术是在信息化背景下实现包括物资、设备、工业产品、商品等在内的各类物品属性自动化采集的有效工具和可靠的手段。随着互联网+、物联网、云计算、区块链等技术的发展，物品编码技术和应用也在与其他信息技术融合发展。为使更多人都能了解和掌握一些物品编码技术知识和应用方法，本书尝试将物品编码基础理论结合物品编码常见应用场景，采用通俗的叙述手法，将物品编码有关的基本概念、基本理论、编码方法、常见用法等作一个概要介绍，希望能为读者展现出一个全面完整的“物品编码世界”。如果读者对本书以外的物品编码技术有关的知识感兴趣，可进一步查阅相关技术资料，以获得全面的信息和内容。

本书由中国物品编码中心的张成海、韩树文撰写，季光参与了第九章的撰写，贾建华参与了产品电子代码部分的撰写。由于物品编码技术不断发展，创新应用层出不穷，本书也仅是向读者展现了物品编码这个领域的一个有限部分。限于时间和作者水平和工作经验的不足，疏漏或错误之处恳请各位读者不吝批评指正。陈伟清、罗秋科、冯宾、张楠、肖雨诗、李驰、张海平、吴彻、李梦蝶、孔洪亮、李素彩、林强、王佩、贾建华、毛凤明、顾海涛、曹志伟、刘国庆为本书提供了十分有价值的思路，并参与本书资料收集、翻译和校对工作，谨向他们表示深深的谢意。

目 录

上篇 物品编码理论

下 篇　物品编码应用实践

上篇

物品编码理论

第一章

编码与物品编码

当一个婴儿呱呱坠地，他就会有一个独一无二的出生证编号；伴随其成长，会有在不同学校读书时的不同规格的学生证号；同时他可以申请居民身份证号；从各类学校毕业时还会有毕业证、学位证等各类证书号；就业时有医保卡号、工作证号、社保卡号；可能他还会陆续拥有结婚证号、护照号、驾驶证号等。在日常生活中，编码一样是如影随形，如图1–1所示：人们早上7:00刷公交卡乘公交车上班，就涉及公交线路、公交车牌号、公交卡号；8:00到公司，刷门禁卡进入，按指纹或刷脸报到，会涉及公司门牌号、门卡、指纹或人脸识别；午休时网上购物，涉及收货地的邮政编码、订单编号、快递单编号；12:00到餐厅刷卡就餐，会用到就餐卡的识别；12:30到银行取钱，又涉及银行卡的识别、银行卡号；17:00下班打卡离开公司，路过售票处买国庆节的火车票，团购两张景点门票，又涉及车票、门票二维码；17:30去超市购物，又涉及物品商品条码；18:30到健身房，会用到健身记次卡识别；19:30参加同学聚会，扫描二维码进行付款，涉及二维码的识别；21:30回家阅读，又涉及图书编码和图书条码……

在人们这些丰富多彩的活动场景中，号码、编号或编码不可或缺。它们都是物品编码的不同称谓，是其简称或别名，在语义上属于同义词，这就是我们在本书要介绍的物品编码。

不夸张地说，如今我们就生活在一个被物品编码包围的世界。因为它，这世界万象才得以有条不紊地存在和进行着。物品编码就是这个物理世界运行的基础，并且在一定程度上成为某种秩序。归根溯源，物品编码就是对各类物品对象实施的信息管理手段。信息化时代，对人、物品、机构和事件的分级分类和区别管理，都涉及如何对这些对象进行统一管理和利用，即物品编码的问题。

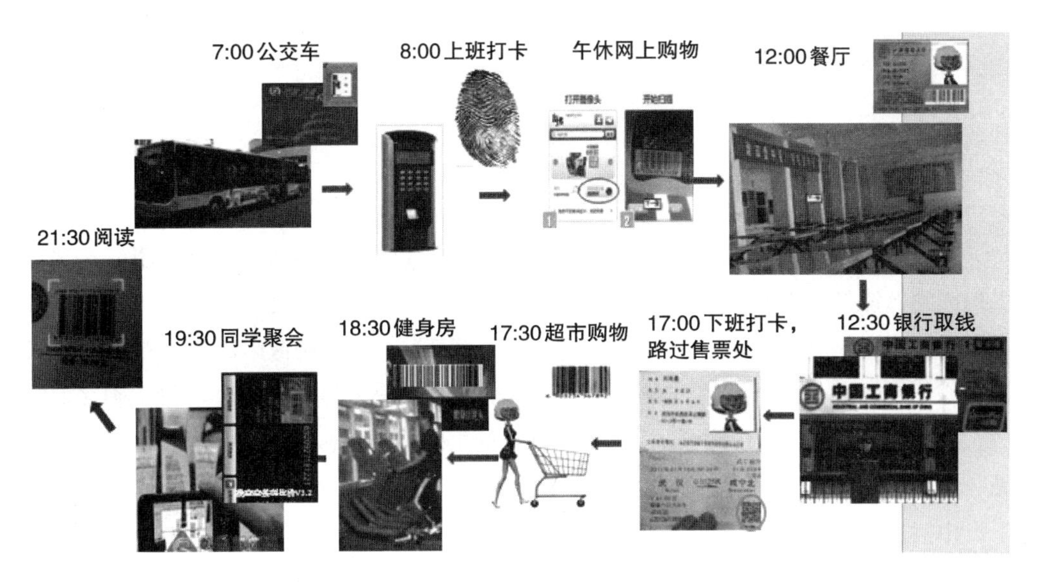

图1-1　被物品编码包围的世界

物品编码是一门以分类学、信息论为基础的综合性应用学科。它为物品信息的计算机数据处理提供了快速、准确、有效的信息获取手段。物品编码有着明显的管理属性，物品的编码过程也是物品管理理念、思路和管理方法的形成过程。物品编码中的物品分类技术是把相似或相近的物品归为一类，从而建立起物品与物品名称、物品与其他物品的逻辑类属关系，便于物品统计和汇总；物品编码中的标识技术将物品与自动识别技术关联，实现了物品信息存储介质从纸质到电子设备的转变，使传统的信息传递模式发生了根本性的改变；物品编码中的属性编码实现了物品属性描述的标准化、规范化和代码化，便于人们全面了解、区分和辨别物品。

第一节　物品相关概念

当讨论物品编码的时候，我们会遇到以下问题：什么是物品？物、物品、事物的内涵、外延分别是什么？有何区别与联系？物与其名称、属性之间是什么关系？古今中外无数仁人先哲对这些问题进行了持久的探索和讨论。本节概述物、物品和事物基本概念的源起、演变及差异，探讨唯名论、唯实论对物品名称与属性定义的启示，分析总结一般与个别思想的物品分类学意义。

一、物品与事物

（一）什么是物品

中文“物品”这一词汇，是由“物”衍生而来。汉字中对于“物”的记载，最早可以追溯到《诗经》中的“物其多矣，维其嘉矣”。早期“物”的含义多达二十多种，如存在于天地间一切人、事、物的通称（《列子·黄帝》：“凡有貌像声色者，皆物也。”），社会或外界环境（《荀子·劝学》：“君子生非异也，善假于物也。”）等，然而很多旧时“物”的含义在当代已经不再适用。随着汉语词汇的逐渐丰富，大约在唐代出现了“物品”这个更加具体的表达。唐代杜佑（735—812年）所著《通典》卷九《食货·钱币下》中写道：“既欲均齐物品，廛井斯和，若不绳以严法，无以肃兹违犯。”此处“物品”特指东西或物件。此外，与物品有近似含义的词汇还有东西、物件、货品、货物等。物品与英文中的article对应。英文中的article这个词汇，最早是在约13世纪从法语中引入的，早期的含义为“书面文字的其中一部分”（separate parts of anything written）或“法律、协议、契约的条款”（a separate item in an agreement or a contract），直到19世纪初期，article才有“物品”的含义。早期的英文中更多地使用thing或entity来表示物品，如14世纪英文使用things表达个人所有物（personal possessions），其他近义词还有goods、stuff、object等。由此可见，在东西方人类社会中描述物品的需求和文字都出现较早，虽然西方语言中对应的“物品”一词发生了较大变化，仍然可见“物品”这一概念在人类社会中有着非常重要的地位和作用。

物品是一种存在，是一种可以感知的事物。这既是物品概念的通用解释，也是物品的特点。当给物品下定义时，我们是以它是否存在为前提的。那么，物是以什么方式存在于何处？战国时期的荀子说：“物大共名也。”荀子的意思是从较低的类的概念往上“推而共之，共则有共，至于无共然后止”，即可得到大共名。荀子采用的是从最小层级的物的分类、最小颗粒度的物的属性、物的状态，推断出共同的、最大的普遍性，并用以概括全部物品的思路。这里的物是指反映普遍性最高的类的概念，涵盖宇宙天地之间的一切人、事、物。相反，如果从较高的类别往下细分，继续延展、细化找出更小的颗粒度，“推而别之，别则有别，至于无别然后至”，即可得到大别名，大别名就是具体的事物。大共名和大别名都是荀子用到的逻辑概念，所用的方法，相当于现代逻辑学中定义概念的概括法和限定法。

（二）什么是事物

当我们讨论物品和物品编码时，从理论上，除了研究什么是物品，还必须弄明白物品和哲学上所讲的事物以及物品和事物的关系。事物是一个哲学概念，是比物品更广、包含意义更多的哲学词汇。事物是指客观存在于自然界的一切事情（现象）和物体。事物包括人、机构、物品、事件、关系等。在不同的应用场景和看问题角度下，我们把事物又称为实体、对象等。事物是一个比物品更广、包含意义更多的词。物联网中的物指物质实体、对象、物品、人、组织机构等。物流中的物一般指在物流中需要施予操作的物质客体。物质实体或物品在时空中的运动变化构成事件，一连串的事件就构成了流程。

当我们讨论事物时，我们要考虑的问题有以下三个。

1.事物是客观存在的，还是我们思维过程中创造出来的观念

康德说："我们关于物先天地认识到的只是我们自己放进它里面去的东西。"只是，当我们把自己的东西放进物里面去的时候，物对于我们对它的添加是无动于衷的，也只有当我们把这种东西放进物中时，物才成为物。物是通过人的认知结构被建立起来的。我们放进去的东西不仅是物得以被我们先天认识的可能性条件，同时还是物得以成为物的可能性条件。我们认识物的过程也是物的存在作用于人的思维的过程，其结果根本上是根据人的认知结构而定的。量子物理学的"参与者的人择原理"认为，如果宇宙不是调控得如此准确，地球如果不是演化到今天这个样子，人类便不会存在，我们所知的生命也不会存在，更不会有智慧生物去思考宇宙，去思考万事万物，去认识这森罗万象的各类物品。这与康德是一致的；物就在那里，我们认为它是物，那是我们加进去的，比如物品的名称、物品名称的定义和描述等。物的名称与物是什么关系？老子在《道德经》中说："无名，天地之始；有名，万物之母。"万物原本是没名称的，万物的名字，是人们后来赋予的名称。在我们看来，物品的名称显然是人类眼睛看不见的存在，但这种存在不在物品的内部，也不在它的表面，甚至它都不是构成物品的物理要素，只是我们为了认识并谈论它，管理并利用它，才不得不人为地给它一个名称，用以指代它。如果人们最初就把现在称为牛的这类动物叫羊，那恐怕羊就是这类动物现在的名称了。

2.事物是独立存在的，还是作为其他事物的属性存在

亚里士多德就是应用实体和偶性这两个词来区分那些依赖于自身而存在的东西和依赖于他物而存在的东西，比如红色这种属性不能离开红色的物品而存在，规格型号这种属性不能离开紧固螺栓、钢丝绳这样的具体产品而存在。可见物品的属性是不能离开实

体而单独存在的。

3. 事物是连续存在的，还是非连续存在的

与一个事物相比，或者与其他属性相比，一些事物的属性存在的时间很短，例如一道闪电、一个物流单元入库、一个产品出库等，都是一瞬间完成的，我们称之为事件，事件级别的物的属性在大多数情况下与物品的管理模式有关。一些事物的属性存在时间较长，如物品的构成成分、形状、贮存条件、互换性等。我们一般称这些属性为物品的固有属性或自然属性（natural attribute）。因为物品的属性总是不断变化，如成分会变化、形状会改变，所以物品也总处于不断的变化之中。但不断变化的物品必须具有持久可识别的身份，否则我们就无法谈论该事物。例如，一个人从出生那天起就不断成长、变化，但仍会终身保持其法律身份的同一性，否则他就无法对其行为承担责任；又如，再制造中的返修产品，常常也是用原来的产品编码作为身份标识，否则就会出现管理混乱。

（三）具象与共相

物品是什么，是不是它所代表的那些属性的组合？比如牛，牛是不是它的所有属性（attribute）的集合（身高、体重、毛色、四条腿等）。我们的目标是认识存在于现实世界中的、通常被我们称为物品或事物的东西。关于物品概念、名称和属性，在中世纪欧洲经院哲学中，有关于一般概念是否真实的争论，即唯实论（realism）和唯名论（nominalism）的争论。为了方便讨论，先给出“具象”（particulars，或者译作殊相）和“共相”（universals）这两个概念。个别的事物，如这一头牛、那一辆卡车，它们被称为具象。牛、卡车这一类事物，则是共相。共相是一个类，诸如动物、轮胎、维修器材这样常见的名称。具相与共相相对，每个具象，都通过其自身阻止他者参与其自身。比如面前这个人、这辆卡车，因为这个人、这辆卡车都是独一无二的，在空间和时间两个维度上，这个人、这辆卡车都被这个人、这辆卡车独特地、全部地占有了，其他任何事物都不会是这个人或这辆卡车。

具相与个别对应，共相与一般对应。从辩证唯物主义观点看，具象与共相就是个别与一般的关系。一般与个别既是相互区别的、对立的，也是相互依存的、联系的。没有个别，就没有一般；没有一般，也没有个别。事物的形式、本质不是与物理世界的个别事物分开的，而是嵌入事物、自然物体之中的。人类的头脑能够从中提取出事物的这些本质特征和其他一般特征，从而形成关于该事物的一组共同属性特征。同时，个别与一般是事物的统一性和差异性辩证关系的反应。个别与一般有差异，也有对立，但这种差异、对立并不是彼此分立、相互脱离的。一般不能脱离个别而存在，一般寓于个别之

中，没有个别就没有一般。个别又总是同一般相联结，个别体现着一般，为一般规律性所制约。一般是事物中共同的、内在的属性，它比个别更概括；个别因其差异性、多样性，它比一般多样、丰富。在物品编码领域，上位类就是一般，下位类就是个别。这个下位类如果再继续划分层级，形成较低级别的物品分类编码层级，那么刚开始的下位类就又变成了新划分出来的下位类的上位类，个别就又变成了一般。可见，一般与个别的区别并不绝对，二者是相对的，它们在一定条件下可以相互转化。在一定范围或关系中是一般的东西，在另一范围或关系中它可以成为个别的东西；反之亦然。

比如我们对沥青进行分类：沥青是一个大家族，有多种细分类目。沥青可以分为石油沥青、天然沥青、煤沥青、改性乳化沥青、沥青制品五类，沥青是上位类，石油沥青是下位类。石油沥青专门指原油加工过程中形成的一种在常温下是黑色或黑褐色的黏稠液体、半固体或固体。石油沥青对于沥青来说，就是个别与一般的关系。但如果石油沥青继续按用途再划分出道路沥青、建筑沥青、防水防潮沥青、液体石油沥青、油漆石油沥青等各种专用沥青，这时，石油沥青就变成了上位类，道路沥青就是下位类。道路沥青对于石油沥青来说，就是个别与一般的关系。这里，我们可以明显地看到，石油沥青对于沥青来说是下位类，是个别；但对于道路沥青来说，石油沥青就是上位类，是一般。可见，个别体现并丰富着一般，二者在一定条件下会相互转化。

二、事物身份的确定

事物的英文单词是things，跟中文的万事万物大致同义。要厘清什么是事物，我们不得不回到人类对事物的最初探讨和分析上。在亚里士多德的《范畴篇》中，将事物分为十大范畴：他们是实体（substance）、分量、性质、关系、场所、时间、位置/姿态、状态、动作和被动。所谓实体就是“是什么”，其余九个范畴则是什么大小、什么性质、什么关系、在哪里、在何时、处于什么状态、有什么、在做什么以及如何受影响。按照这样的模式去分析事物，有助于我们认识和理解事物。实体是载体或基质，其他的九大范畴则是作为属性（attribute）来描述说明实体。按照亚里士多德的观点，对事物的描述一般是通过实体和属性实现的，实体就是既保持自身基质的同一，又能在自身的运动变化中容纳相反的属性，而属行是可以变化的。同时，他还认为个体事物（如单件产品、一个人等）是第一实体，其所属的种与属（例如一类产品）则是第二实体。现在实体及属性一般不再常用，而用事物（things）和属性（attribute）来替代它们。事实上，人们研究认识事物最后形成的也是关于该事物的一系列属性组合，这些属性组合帮助人们认识并利用事物。

在辩证唯物主义看来，事物是客观存在的，我们用事物的名称来指称事物，名称本身则是人们构建的一个有意义指向实体的概念。当我们说到某一名称时，就在回答“是什么”的问题。如果我们已经对这一名称所指事物有所认识，必然会联想到它的本质属性（substance attribute）；如果我们对这一名称所指事物一无所知，我们也不会知道它到底是什么，更不用说它所指的是什么本质属性。在实践中我们一般会把形式当成具有同一性的东西，或者说可以确定其身份的东西，而事物的形式是由它的本质属性决定的，所以对事物的描述则用一系列的属性来实现，可以说事物是一组属性组合决定的，而名称只是用来承载属性的。

虽然事物处在不断的变化之中，但它作为实体，即“是什么”，必须具有同一性，没有这个“变中之不变”，我们就无法认识事物。事物作为一种存在，在任何方面都可能发生变化，但它本身必须在整个过程中保持自身的同一性，如果它不保持自身的同一，那么谁在发生变化呢？因此，不断变化的事物必须具有持久可识别的身份，否则我们就无法谈论该事物。例如，一个人从出生那天起就有了姓名（实体）和身份证（第一实体），尽管人不断成长变化，构成身体的细胞也在不断增加和死亡，但作为一个人仍会终身保持其身份的同一性，否则他就无法对其行为承担责任。又如，多次修理更换零部件的机器，常常也是用原来的设备编码作为身份标识，否则就会出现管理混乱。特修斯之船不论换了多少块木板，组成船的质料虽然不是原来的质料，但船的形式没有变，依然是特修斯之船。公孙龙提出了历史上有名的“白马非马”问题，有人认为公孙龙是诡辩，但按照亚里士多德的观点来说，本质属性相同的事物就是同一事物，具有同一性。所以，事情的关键在于我们如何定义马的本质属性。如果白色不是马本质属性，那么“白马非马”是错误的；但如果白色当作马的本质属性，“白马非马”就是正确的。事实上，人们不会把颜色作为事物的本质属性，认为白马是马（的一种），白马非马自然是谬论。按照辩证唯物主义的观点，白马是个别，马是一般，“白马非马”是割裂了个别与一般、个性与共性之间的关系，也能证明其为谬论。

接下来，为了方便叙述，此处将介绍一些本书后面章节经常出现的术语和概念。

1. 物与物品

物的本义是指万物，即宇宙中的所有物件。对于物的概念，不同环境下具有不同的语意。

物（thing，substance），是指任何一种存在，是一个哲学概念。

万物：存在于天地间一切人事物的通称。例如“物以群分，人以类聚”，物就是各种物件、财货。《荀子·正名》中说，“物也者，大共名也。推而共之，共则有共，至于无共然后止。”孔子说正名，要名实一致，换句话说，就是某类事物有一个共同的名字，这个名字有一定的含义，这类事物应该与它们名字的含义一致，也就是与其理想的本质相一致。孔子生活在社会动荡的年代，他实际是以名实为方法，核心是阐述他的学说。荀子的正名与孔子的“君君，臣臣，父父，子子”正名有所不同，荀子在正名里说的物是指反映普遍性最高的类的概念，所以他指的是一个物的类。比如我们说推土机，那就是指所有装有推土装置，能够挖掘、运输和排弃岩土的土方工程机械。无论是以汽油为动力，还是以柴油机为动力，也不管是轮式行进方式，还是履带式行进方式，都是推土机的范畴。人们在矿山、建筑工地看到带有推土装置的工程机械，都会自然而然地将其归入推土机这个类。

物件：如“庞然大物”“润物细无声”“物无所持”，都是指物件。

物事：如“有物有则”“君子生非异也、善假于物也”，这里的物主要指事情。

物质：哲学用语，与“心”相对。物质是一个哲学概念，指不依赖于人的主观意识而存在的客观实在，也指金钱、生活资料等。

由此可见，人类历史发展过程中，对物的感知和命名一开始就是约定俗成的。物的概念始于古人对天地之道、对人与自然以及超自然力量关系的探讨，它反映的是客观世界，此时的物既是一个直观的生活化的经验概念，也是一个与“心”相对的哲学概念。

在社会生产的发展过程中，物的外延也随之扩展。

物品①（article，item，things，goods）：指某一有形物品，也泛指各种东西、物件，也指生产和生活中用到的各种物质资料。物流中的物，一般指在物流中需要施予操作的物质客体。与物品意义相同或相近的词汇有物件、物资、东西等。“物”是指万物，宇宙中的所有物件，“品”则是某一类东西的总称，比如物品、食品、药品、商品等。因此物品是物的扩展衍生概念，泛指各种物、东西、物件、物资等。物质实体或物品在时空中的运动变化则构成事件，一连串的事件则构成流程。中文物品这一词汇，是由“物”字衍生而来。

物产：财富，财物；特指不动产，如：物业、公物、物帛等。

物料：所用的物质材料，如防汛抢险物料、包装物料等，侧重于强调物料本身及与其用途有关的属性。

物资：指物质资料，侧重于强调物资的应用价值或者经济价值。

综合来看，这些概念有很大的交叉和重叠，只是应用环境不同侧重点略有不同。

GB/T 18354—2021《物流术语》第一次以国家标准的形式界定了物品的定义：物品是指经济活动中实体流动的物质资料。GB/T 18354—2021《物流术语》对物品的定

---

① 物品是物的衍生概念。《说文解字·品部》解释：“品，众庶也”，口代表人，三个表多数，意即众多的人，品的本义是众多的。物是早期出现在汉语中的概念，物品是晚些时候出现在汉语中的概念，实在难以考证二者的区别，本书为了叙述的方便，不再对物与物品进行差异化表述。

义特别强调是在经济活动中涉及的实体流动的物质资料，这就排除了其他形式的物质流动。比如泥石流，虽然也是物的流动，但因为不属于经济活动的范畴，所以不属于物品范畴。在物流中定义“物品”，目的是满足物流这一特定经济活动的专门需要，在更为广阔的物品信息化管理领域，比如泥石流灾害预警管理领域，灾害管理部门显然可以将泥石流视为一个特定的实体对象进行管理。灾害管理部利用北斗等全球定位系统，将易发生泥石流的地块坐标进行编码，部署传感器，传感器被固定在坚固的底座上，北斗定位系统在预定时间测绘并计算坐标是否发生异常，如果坐标发生改变就可据此判断此处山的形状已经开始变形，利用山体坡面的变形特征开展预警管理。

也有部分国家标准没有对物品的概念进行定义，而是直接使用。例如，GB/T 4122.1—2008《包装术语 第1部分：基础》定义“内装物是指包装件内所装的产品或物品”，运输是指“用设备和工具，将物品从一地点向另一地点运送的物流活动”；GB/T 21572—2008《危险品 1.5项物品的外部火烧试验方法》定义“爆炸性物品是指含有一种或多种爆炸性物质的物品”。这些标准文本直接使用了物品这一概念，而没有对物品进行定义，也未引用其他标准中有关物品的定义。同时，我们从“内装物是指包装件内所装的产品或物品”这一释义的表述似乎也可以推断，标准起草人也认为物品的内涵和外延与产品的内涵和外延有所区别，于是为了标准应用方便、不产生歧义，就将产品和物品都列了出来。

2. 事物

事物（things）是一个可感知的客观存在的范畴，指客观存在于自然界中的一切事情（现象）和物体。事和物本来是两个词，事通常指人的所作所为，物通常指自然界存在的各种物体。但是事与物含义上的区别是相对的。在许多情况下，自然界的一切现象都可称为事。这些事本身是描述物与物的行为的，因而事都依赖于一定的物而存在，事因为物而得以表现，正所谓物或有状况可辨，事或有形迹可睹，二者又往往连在一起共同成为被感知对象，便合称为事物。事物的外延极广。一方面，它是一个概括了一切自然现象和社会现象的范畴，如描述自然现象的天事、物事，描述社会现象的人事，都是事物。另一方面，它是就物体及其运动变化、过程而言的范畴。事本指人或物体的行为，光有人或者光有物体，而没有行为动作，不成为事；行为动作如果没有发生、发展、结果，也不成为一件完整的事。物也如此。物指个别的具体物质，是有生有灭的，彼此联系的东西。任何物都有开始，正所谓物之始，也一定有结果，正所谓物之终，这就是物的始终关系，而始终关系之间物本身及施加在物本身上的各种行为动作，便是事。可见，事物不仅包括物品这一主体，而且包括物质的运动及其过程，还包括它存在的基本形式——时间空间。由于应用场景和看问题的角度不同，我们又把事物称为实体、对象等。事物是一个比物品更广、包含意义更多的概念。它包括人、机构、物品、时间、关系等。所以只要我们弄清了事物身份的本质，也就等同回答了物品身份的本质问题。

3.产品、商品

产品（product）是指能够提供给市场，供人们使用和消费，并能满足人们某种需求的任何物品，包括有形的物品、无形的服务等。产品是政府或企业进行产品质量管理、确定单位销售价格的基本对象。区分产品的主要因素一般包括生产厂商、品牌、执行标准等。GB/T 16656.1—1998《工业自动化系统和集成 产品数据表达与交换 第1部分：概述与基本原理》最早对产品的概念进行了定义：产品是指通过自然或人工过程产生的物品或实体。该标准在2008年修订时将产品的定义修订为：产品是指由天然或人造而成的事物。GB/T 24662—2009《电子商务 产品核心元数据》也引用了这一定义。在商务部部标SB/T 10530—2009《商务领域射频识别标签数据格式》的标准说明中，提出商务产品涵盖国际贸易、国内贸易、物流业、百货零售业等领域的产品，但标准中并未提及商务产品的概念。

商品（goods）是为交换而生产（或用于交换）的对他人或社会有用的劳动产品。简单地说，商品就是用来交换的劳动产品。商品首先是劳动产品，其次是必须用于交换。商品还包括在流通环境中以任何形式交换的产品或服务。商品在不同的流通过程和环节有不同的表现形式和存在形式。对应地，商品的编码也因表现形式和存在形式不同具有不同的结构形式和层级结构，从而形成了一套涵盖各种形式商品的编码系统，包括商品项目编码（主要用于贸易结算）、商品批次编码（主要用于批次追溯）、商品单品编码（主要用于单品追溯）、物流单元编码（主要用于物流仓储）等，其中，商品项目编码是核心。随着应用的发展，商品的外延已大大扩展，包含所有为交换而生产的物品，既包括实物，也包括无形的服务产品以及任何级别的产品组合。

综上，产品、商品、物资、物料、资产等概念都是不同人群在不同领域对物品的不同称谓，都是需要进行物品信息交换的客体。

4.本质

本质（essence）是指一个物体或概念的特征。它确定了事物或概念的性质和定义。本质是事物常在的、不变的性质，是事物本身原有的根本属性。

第二节　编码是一个多义项概念

当我们讨论物品编码时，遇到的第二个问题是什么是编码。编码在目前的语境里，是一个多义项的词汇，它作为概念在不同的领域有着不同的内涵和外延。

一、编码的起源

“编码”在古汉语里没有对应的中文词汇，目前能够查到的汉语词典中也没有“编码”一词起源的记录，在互联网上能够查询到的“编码”一词，最早出现在由国家标准总局发布、1981年开始实施的《信息交换用汉字编码字符集——基本集》中，由此推断，“编码”一词可能是在20世纪末期随着计算机技术的产生和发展，出于引入国外技术和标准的需要，从英文翻译而来的。

虽然汉语中“编码”一词出现较晚，但在自然界中，生物体都在与外部世界进行着信息的交互，都有着独特的接收信息和交换信息的方式。自古以来人们就对信息的表达、存储、传输和处理等问题进行了许多探索。与编码有类似含义的词汇和编码技术早就应用在中国古代军事、生活等诸多领域。例如，由于传递秘密情报的需要，中国很早就出现了对汉字进行编码、解码的行为，著名的抗倭将领戚继光使用汉字的“反切”注音方法对信息进行编码。

“编码”的拉丁文词源cōx意为树干或劈成片的木料，引申为圣书、古代典籍的抄本、法律、药典等。但编码这个词的起源以及它在现代社会中的应用是比较复杂的。英文中的“code”（编码）是在14世纪从古法语中引进的，早期指的是“系统的法律编汇”（systematic compilation of laws），直到19世纪，逐渐演变为“密码、信号系统及其使用规则”（cipher，system of signals and the rules which govern their use）。19世纪40年代后，code的含义逐渐演变成为“以计算机可用的形式表达信息和指令的系统”（system of expressing information and instructions in a form usable by a computer）。code不仅可以表示名词的编码、法典、法规、行为准则、道德规范、密码、代码、代号等意思，还可用作动词的“编码”。而encode则只有动词词性，在计算机领域特指“把……编码”，在语言学领域特指“把……译成外语”，在通信领域指代“把……译成电码（或密码）”。

由此可见，人类社会包括中国古代很早以前就有对信息进行加密、解密的需求和行为。20世纪计算机发明以后，东西方语言中开始使用编码这个词汇表示“与计算机相关的符号、系统和规则”，但从本质上来说，仍然是使用特定的符号和规则对信息进行加密和解密，以实现信息高速安全传递的需求，其目的不再局限于对信息进行保密，更是为了便于计算机处理。随着自动识别技术以及物流供应链的发展，还出现了物品编码的概念、技术及具系统化、标准化和规模化应用。当然，对于信息编码来说，网络、信息和计算机技术的不断发展，未来对于信息传输的需求将不断升级，信息编码技术也会有更加广阔的发展和应用空间。

二、编码在不同领域的含义

当人类用声音、图式和符号对“事物”进行命名和信息交流时，事实上就开始对“事物”进行编码和解码，此时声音、图式或符号便与万事万物关联起来，本来无意义的声音和符号便产生了意义。从广义上来说，声音（口头语言）和文字（书写语言）都是编码，就连手语也是一种编码，结绳表示的图式也是编码，只是当时“编码”这个词尚未出现。人类一开始通过口头语言来表达意义、进行交流：当我们要表示的事物或意义不断增多、口头语言无法表达实现时，便出现了符号和文字（书写语言）；当书写文字越来越多时，则会出现同形异义字；当我们表示的意义越来越复杂，有限文字和符号无法精准表示“万事万物”时，便产生了唯一编码的需求。

信息论的诞生和计算机的出现，催生并促进现代信息编码技术的发展。现在人们所认为的编码是以人或机器能够理解的方式出现的。不论应用什么样的编码系统，在机器系统中最终都转换为二进制的“0”和“1”，由“0”和“1”构成的编码则是隐匿在计算机软硬件背后的语言。

“编码”这个词源于秘密通信，既可以作动词也可以作名词。作动词时，一般与英文词“encode”相当；作名词时，又与“代码”同用，与英文词“code”相对应。代码这个词在日常用语中有非常广泛的含义，常被用来描述任何秘密通信的方法。秘密通信大致有三种方法：隐匿法、移位法和替代法。隐匿法和移位法在这里不作详述。替代法又分为两种方法：一种是密码法（cipher），另一种是代码法（code）。密码法是指字母层面的替代法，就是每一个字母都以另一个不同的字母、数字或符号来替换，也称为单套字母或符号替代法。代码法指的是单词或词组方面的替代法，让整个单词改由另一个单词或符号替代（替代后的结果称为代码），即使用码字或码词（codeword）进行加密。密码加密（encipher）是指用密码法改写信息；代码加密（encode）则是用代码法改写信息。同理，解译密码（decipher）是还原以密码法加密的信息，解译代码（decode）则是还原以代码法加密的信息。代码加密（encode）又称为“编码”。1948年，贝尔实验室的香农发表了《通信的数学理论》。香农这一理论的核心是在通信系统中采取适当的编码（code）后，可实现高效率和高可靠的传输信息，并得出了信源编码定理和信道编码定理。从数学观点看，这些定义是最优编码的存在定理。香农指出，只要在传输前后对消息进行适当的编码和译码，就能保证在干扰的存在下，实现最佳的传输和准确或近似地再现消息。

在此基础上，人们又发展了信息论、编码理论等。现今“编码”一词的内涵并不仅限于代码加密，它指一般的信息处理中的信息编码和对事物进行身份标识的物品编码。信息编码包括符号字符编码和机器识别编码。符号字符编码包括：在计算机中对字符、信息、图标信息处理而进行的编码（如ASCII码、扩展ASCII码、Unicode码、UTF-8码、GB2312汉字编码、GB18030中文编码等）；在通信中对信息进行处理的信源编码（如香农编码、费诺编码、霍夫曼编码等）和信道编码（如线性分组码、卷积码、级联码、Turbo码和LDPC码等）。机器识别编码是指为了机器识别而按照特定的规则对编码进行的特定转换（如条码、二维码、RFID等）。物品编码是指为了方便对各种事物的信息处理而赋予事物的编码。信息编码是对信息的编码，物品编码是对物进行的编码。在信息论中，把编码定义为把消息变换成信号的措施，而译码就是编码的反变换。编码器分为信源编码器和信道编码器两类。信源编码是对信源输出的消息进行适当的变换和处理，目的是提高信息传输的效率；信道编码是为了提高信息传输的可靠性而对消息进行变换和处理。由此可见，编码这个词最早可能是和通信领域有关的。英文code（编码），也有法典、法规、编码、代码等义项。

同样，在汉语中，编码也是一个义项较为复杂的词语。“编”“编号”这两个词在《辞海》与《高级汉语词典》的解释如下。

编：形声字，本义是指顺次排列，用细条或带形的东西交叉组织起来编结在一起，《声类》中有“以绳次物曰编”的说法，如用竹条柳条编制筐、篓等工具。也可指按一定的原则、规则或次序来组织或排列，如编号、编组、编队、编目（编制目录或指已编成的目录）、编年、编码等。

编号：其含义为“给……顺序号作为一种识别的方法”，有时，与编号(numbering）同义，如给房间、家具编号等，一般是在有限的或确定的数字内按顺序编号数。

《辞海》[①]对编码的解释是，“按某种规则将信息用规定的一组代码来表示的过程。在电子计算机中，指令和数字实行编码后，就适于运算和操作，且能纠正错误。在遥控系统和通信系统中，采用编码可提高传送信号的可靠性和效率。此外，保密编码还可增强传输信息的保密性”。我们认为《辞海》对编码的解释还是偏向计算机领域和信息传输领域。按照这个定义，我们理解编码是将所需传递的信息按某一种符号系统转译成特别

① 编辑委员会，辞海编纂委员会. 辞海（全五册）[M]. 上海：上海辞书出版社，1999.

的代码的过程，如发电报时将电文转译成电码。实际上，编码的含义还远远不止这些，还有不少其他的义项。在语言学领域，编码指人脑选词组句、准备说话的过程，是将视觉形象的、声音的、语义的各种记忆信息，通过不同方式遣词造句，组织语言，对各种思维形式中的信息（如概念、观点、图像、特征、命题、图式等）表达的过程。在心理学领域，编码是对信息进行表征，使其能被有效地加工和传递的心理过程。在知觉方面，外界刺激通过各种感觉器官的编码，可转换成为人的主观体验。在记忆研究领域，编码还可用来描述记忆过程中信息的存储及信息间联系的过程。

编码可以是字符编码。字符编码就是用以表示不同文字在计算机中存储与显示的编码，就是以二进制的数字来对应字符集的字符，以便于计算机存储和显示这些字符。比如GB2312、GBK和GB18030就是汉字字符编码。目前用得比较多的字符集编码有ANSI、Unicode等。对应ANSI字符集的二进制编码就称为ANSI码。Windows系统使用了ANSI码，但在系统中使用的字符编码要经过二进制转换，称为系统内码。

编码还可以是数据压缩编码。数据压缩编码是对原始信息符号按一定的数学规则所进行的变换。在通信领域的遥控系统和通信系统中，信号被编码后可以提高信息传输的可靠性和传输效率，目的是使信息能够在保证一定质量的条件下尽可能迅速地传输至信宿。比如信源编码把信源发出的消息变换成二进制或多进制码元组成的代码组，压缩信源冗余度，从而提高通信系统传输消息的效率；信道编码是在信源编码与加密输出的代码组上增加一些起监督作用的码元，使之具有检错或纠错能力，以提高传输消息的可靠性；保密编码还可以增强传输信息的保密性。

一般地，人们说的编码可能是狭义的编码，专门指在信息学和计算机领域的编码，就是将信息从一种形式或格式转换为另一种形式或格式。如用预先规定的规则方法将文字、数字或其他对象转换成数字，再按某些规则将这些信息用规定的一组代码来表示的过程。这里，不管是用特定的“语言”编制的计算机程序，将文字、数字或其他对象编成数码，还是将信息、数据转换成规定的电脉冲信号，实际上都是信息从一种形式或格式转换为另一种形式的过程，所以称为计算机编程语言的代码，简称编码。在计算机应用指令和数字编码之后，就可以用机器来运算和操作。计算机编码将信息从一种形式或格式转换为另一种形式，就是编码；解码是编码的逆过程。以上分析可见，在不同的领域和学科中，编码作为一个概念其内涵和外延存在不同，甚至较大差异。如果找共同点，那就是不论哪种编码，都是人为地将信息进行某种形式的变化，将文字、数字、声音、特殊符号或其他对象等信息编成码，编成数字，目标是实现信息某种方式和程度的传播。所以不管是哪种编码，都是将信息从一种形式转换为另一种形式的过程。当然我们还需要接着说这种变换是依据特定的或既定的规则，而之所以设定了这种规则，是因为其逆过程就是解码，就是将信息还原的基础和依据。我们还可能遇到其他带有“编码”的名词和概念，如基因编码等。但这些都不是我们下面要讨论的问题。我们主要讨论的物品编码是在信息化领域，是物品信息化管理领域的编码问题。核心是如何提高物品管理的颗粒度、精细度和准确度，提升物品管理的水平，让物品管理更有效率，让物品流通更加畅通，让这个世界更有效率。

在研究物品编码有关文献时，我们还会遇到信息分类编码[①]（classification and coding）的概念。在20世纪七八十年代，我国的一些学者开始着手研究信息分类编码。那时的人们将代码定义为“表示特定事物或概念的一个或一组字符”，这些字符可以是阿拉伯数字、拉丁字母或便于人和机器识别与处理的其他符号；同时将编码看作是一个动词，表示“赋予物品或概念以编码的行为和过程”；将信息分类编码定义为“为了方便对各种事物的信息处理而赋予事物的编码”。实际上，信息分类编码中的信息分类[②]并不是一个严谨的术语，因为信息分类顾名思义应该是对信息作用、特征、来源进行区分，比如按作用分类，信息可分为有用信息、无用信息和干扰信息。按来源分类，信息又可分为工业信息、科技信息、军事信息、农业信息、商业信息等。现在看来，信息分类编码研究和实际开展的工作可以分为两个方面：一方面，其涉及分类的内容大概可以等同于物品编码中的分类编码；另一方面，其涉及编码的部分可以等同于信息编码（如字符编码）等。信息分类编码不是本书论述的主要内容，在此仅作粗略区别和说明。

综上，可见编码这个词，无论是在语言学、社会学，还是在信息科学，都有着广泛而复杂深入的应用。在语言学上，如果一个词有多个不同意义，每个意义就是一个义项，这个词就是多义词。编码就是一个多义项的多义词，在不同领域有着不同的意义，不同的内涵和外延的根本原因。当然，这都是广义编码的概念。但是，上述的各种编码，比如语言学领域的编码、心理学领域的编码、信息编码和字符编码、通信领域的编码，这些编码的研究范围和功能不存在严格意义上的重叠，因此，尽管在汉语中都译作“编码”，但它们之间并没有直接的联系。编码大概分为两类：第一类是信息编码，研究的是如何使原始信息符号经过数学规则变换后尽快传递到信宿的问题，以及研究如何在计算机中显示文字图形的问题的字符编码，等等；第二类是物品编码，研究的是物品的分类与区分、物品的标识和物品属性的标准化和规范化表达。过去，我们经常说的信息分类与编码，不论如何争论其定义和范围，比如把信息分类编码定义为“为了方便对各种事物的信息处理而赋予事物的编码”，实际上开展的工作归根到底也都能归属到信息编码和物品编码这两个具体领域。

---

① GB/T 10113—2003 分类与编码通用术语。

② 分类与编码通用术语中，将信息分类（information classifying）定义为：把具有某种共同属性或特征的信息归并在一起，把具有不同属性或特征的信息区别开来的过程。

第三节　物品编码的定义

当我们要讨论物品编码的时候，遇到的第三个问题往往是什么是物品编码。哪怕在相邻的研究领域里，比如信息分类编码研究人员和物资编目研究人员，也会有人出于各种考虑认为物品编码就是商品条码。简单地说，物品编码就是人为赋予物品一串数字、字母或符号，用来指代该物品、属性或所处状态的表现。比如常见的电器开关，我们用“1”这个编码表示开的状态，用“0”这个编码表示关的状态。我们还可以把物品编码看作人类认识事物和信息交流的一种方法，指代用一组数字、符号来表示物品逻辑、物品本身、物品状态、物品地理与逻辑位置等人类认知活动。古已有之，如前所述的结绳记事、契刻记事到编户齐民。不同应用环境的叫法不同，如物品编目、物品编号等，都是物品编码的意思。物品编码同信源编码、信道编码一样是一个组合词，由物品和编码两个词组合而成。物品编码顾名思义指的是物品的编码。

人们认识事物最后形成的是关于该事物的一系列属性组合，需要用名称来指称这一事物，而名称的长度有限。人们面对文字有限性和长度有限性问题时，发现事物太多而名称太少，给事物命名时，又希望能通过名称对事物有所理解。为解决这些问题，人们开始用编码来唯一指称事物。由于编码的容量大，足够标识世间的事物，又可以方便地用电脑处理，对物品编码成为物品管理的必备手段。物品编码充当了事物的数字实体(本体)，已成为万事万物的身份标识和物理属性的数字化载体，它不仅解决了物品是什么的问题，也解决了物品是谁的问题。

20世纪80年代，信息分类编码作为一个新应用研究领域在国内逐渐兴起。彼时，人们将代码定义为“表示特定事物或概念的一个或一组字符”，这些字符可以是阿拉伯数字、拉丁字母或便于人和机器识别与处理的其他符号。而今，当编码被视为动词时，表示“赋予物品或概念以编码的行为和过程”。现在我们知道，随着应用的发展，编码作动词使用时，对应英文中的number（vt. 编号）和encode（vt. 编码）和coding [v. 把……编码（code的ing形式）]，具有大致相同的内涵和外延。但编码在汉语环境下本身也是一个名词，作名词的时候等同于编码number（n. 数／编码／号码／数字／算术）或code（n. 代码／密码／编码／法典）。这里，编码作名词时就是指代码本身，编码是客观实体或属性的一种表示符号。

随着物品分类、编码和自动识别技术应用的发展，物品编码的概念也产生了：物品编码是指按一定规则赋予物品易于机器和人识别、处理的代码。其实质是用一组符号（字母、数字等）跟物品建立联系（关联），从而使物品拥有唯一身份标识。编码域是指编码对象的集合以及它的应用域。物品编码与它的编码域（应用范围）有着十分密切的关系，一个编码域中的编码在其他编码域中一般没有任何意义。所以，不同的编码域就出现了各种各样的编码方案，比如全球范围内的统一编码，全国范围内的统一编码，甚至某一具体系统内部统一使用的编码。物品编码是物品在信息网络中的身份标识，是一个身份编码，其作用是实现物的数字化身份识别。在信息社会中，物品编码的过程就是按一定规则对物品赋予一定规律的、人或计算机容易识别和处理的代码的过程，形成的是物品代码，这个物品代码可以是一组有序字符的组合，可以是阿拉伯数字、拉丁字母或便于人与机器识别与处理的其他符号。但是，物品编码工作实践中还出现了一个现象：随着应用的发展，在物品编码领域，越来越多的人不再严格地区分编码和代码，比如在企业里面，物资管理人员往往会问，这台信号发生器的编码是什么，而不是问这台信号发生器的代码是什么。这里编码就和代码等同使用了。于是，物品编码可以指代物品编码的过程，给物品赋予代码（编码）的过程，有时候也可以指代某物品被赋予的代码（编码）本身。这在标准中也有体现，在国家标准GB/T 37056《物品编码术语》中，物品编码article numbering/article number被定义为“按一定规则赋予物品易于机器和人识别、处理的代码，是给物品赋予编码的过程”。

正如前面所指出的，物品包括各种有形的和无形的实体，产品、商品、物资、物料、资产都是不同人群在不同领域对物品的不同称谓，都是人们需要进行物品信息交换的客体，所以，产品编码、商品编码、物资编码、物料编码、资产编码也是物品编码的范畴，这些概念有很大的交叉和重叠，只是侧重点略有不同。

本书中，除特别说明外，编码都是指物品编码，包括与物品的界定、命名和描述有关的分类编码和与自动识别技术（automatic identification and data capture，AIDC）相关的物品标识编码，以及描述物品属性的属性编码。总的来说，在信息化时代，物品编码作为交换信息的一种技术手段，包括三个层面的含义：第一个层面是指从宏观上根据物品特性在整体中的地位和作用对物品进行分层划分的编码，用于物品信息处理和信息交换，这就是所谓的物品分类代码；第二个层面是将一组抽象的符号或数字按某种排列规则组合起来，来表示物品本身，目的是标识这个物品，这就是所谓的物品标识代码；第三个层面是使物品的特征属性信息代码化，以方便信息的交换，这就是所谓的物品属性编码。

第四节　物品编码是物品信息化管理的基础

物品编码是人类认识事物、管理事物的一种基本手段。在各类物品管理信息系统中，物品编码表示编码对象本身、状态及其所处位置等信息，是编码对象信息输入、储存、整理、查找及交换的基础，是物品编码对象与管理信息系统连接的基础，起到标识或代表某物品或某类物品的作用。物品编码在信息系统中有两个基本作用：一是标识作用。赋予物品编码对象一个确定的物品编码，利用一维条码、二维码或RFID等自动识别技术数据载体进行承载，借助识读设备对该编码进行非人工的自动识别和编码信息采集，并据此确定物品编码对象的位置、数量、状态等信息。二是分类作用。物品编码可以反映不同编码对象之间的逻辑和隶属关系，并据此确定各编码对象的并列、包含、替代、互斥等关系，便于汇总、统计、贸易等过程中物品编码对象信息的查询与管理。

在计算机广泛应用的现在，物品编码作为物品与信息系统连接的桥梁，也是联系实体世界、虚拟世界和数字世界的基础，作为“由物到数的窗口”，其功能性、实用性更加突出，物品编码的作用也越来越具体化、多元化，表现在以下几个方面。

1. 支持自动识别的功能

人们对各类物品进行分类、鉴别和归类，逐渐形成明确、清晰、能与管理目标匹配的分类体系，并经过赋码形成编码表之后，借助识读设备对条码、RFID、OCR、磁卡、IC卡等进行标准化的非人工的自动识别和编码信息采集。既实现快速、准确地录入编码，解决人和机器之间数据录入的瓶颈，又便于物品信息的存储和检索，节省存储空间。

自动识别技术实现了数据自动采集、信息自动识别、数据自动输入计算机，方便人们对大量数据信息进行及时、准确地处理。数据采集技术分为光识别技术、磁识别技术、电识别技术和无线识别技术等，需要被识别物体具有特定的识别特征载体。数据载体承载编码信息，实现自动数据采集与电子数据交换。条码、RFID、OCR、磁卡、IC卡等是常用数据载体。自动识别技术具有非接触性、数据存储量大、速度快、保密性高、可靠性高、成本低等优点。

2. 分类的功能

通过物品编码来反映物品的逻辑和隶属关系，确定各项物资的存/用量、成本核算等。分类是编码的基础和前提。分类首先根据物品的属性和特征将物品按一定的原则和方法进行区分和归类，建立起一定的分类体系和排列顺序，并赋予特定的数字或符号以表示。即把相同的内容、同性质的物品以及要求统一管理的物品集合在一起，而把相异的以及需要分别管理的信息区分开来，然后确定各个集合之间的关系，形成一个有条理的分类系统。通俗地说，物品分类编码能够把大的物品集合划分为多个小的物品子集合。

由于观察角度、分类目的等不同，对同一个物品集合的分类结果也会不同。为了使分类结果更加实用，最大限度满足使用者的需求，必须建立一个科学的、系统的分类体系，这个体系不仅要力求稳定、突出实用，同时还要可扩延及可兼容等。

物品分类要按照一定的规则作顺序排列，序列中每个分类对象占有一个位置，能够反映出它们之间联系和区别共存的关系。同一层级范围内，只能采用一种分类标志，确保商品只能出现在一个类别里，不能在分类体系或目录中重复出现。分类系统中，包含分类体系中的全部物品，上下层级分类标准之间存在有机联系。

3. 排序的功能

物品被赋予编码之后，物品管理信息系统中存储物品的分类名称、物品名称、执行标准、质量信息、生产制造厂商信息等，同时还储存该物品的分类和标识信息，如商品条码、包装箱条码、物流单元编码等信息。我们将之看作一个集合，物品的各个属性和编码看作与该物品对应的元素，以物品的各种编码作为关键字，就可以按照物品的分类编码、标识编码以递减或递增的方式进行排序形成一个序列。根据这个序列，我们就可以分析、判断某一物品编码对应的物品的成本、价格及其变动规律，进行支出分析，进而优化企业采购策略；也可以将该物品的召回、故障、返修等情况进行排序，查找并处理质量风险点；还可以将相似或任意编码合并进行联合排序，并进行数据分析形成各类报表。

4. 统计的功能

物品编码支持物资统计汇总业务中的统一统计口径、数据比对等功能，比如进行价格比较、支持物资统一采购。物品编码是物资统计信息化建设的关键一环，有利于深化物资统计工作的开展，确保统计数据的准确性、时效性，有利于实现信息共享，强化各层级、各系统信息互通互用，充分发挥物资统计职能，有效提高物资统计工作效率。物资统计工作存在于物资管理工作的全过程，是企业物资管理工作的重要组成部分，也是反映公司生产经营状况，预测发展趋势的一项重要的基础工作。物资管理的全过程就是对物资从计划、采购、储存、使用到销售等环节进行的一系列的组织管理工作。统计工作是提高物资管理水平的基础性工作，统计工作既可以反映生产单位物资管理在某一时点上的现状，也可以反映生产单位在一个特定时期内的动态。统计数据可以反映生产单位目前的各种物资库存、历年物资消耗、控制指标等情况，还可以预测未来趋势。建立统计信息系统工程，可以为管理者更好地决策打下基础。

5. 信息处理功能，消除自然语言二义性，便于计算机处理各项业务

实现信息与交换的前提和基础是各信息系统之间传输和交换的信息语义具有一致性，即当使用一个编码或名称术语时，所指的是同一个信息内容，这种一致性是建立在各信息系统对每一项信息的名称、描述、分类和编码共同约定的基础上的。物品分类与编码标准作为信息交换和资源共享的统一语言，不仅为信息系统间资源共享创造了必要的条件，而且还使各类信息系统的互通、互连、互操作成为可能，最终实现数据的有效管理，为深层数据挖掘和决策支持奠定基础。

物品分类与编码，可以使用户了解物品的基本内容，发现和定位物品，实现物品信息的增值利用；物品分类与编码为构建客观、系统的物品数据模型奠定坚实的基础；物品分类与编码能推动物品数据建设、信息系统集成和信息化建设的发展，为新一代物品管理信息系统建设奠定基础。

对物品进行分类与编码后形成统一标准，能最大限度地消除因对物品的命名、描述、分类和编码不一致所造成的误解和分歧；减少一名多物、一物多名，对同一名称的分类和描述的不同，以及同一信息内容具有不同代码等现象；做到事物或概念的名称和术语统一化、规范化；确立代码与事物或概念之间的一一对应关系；改善数据的准确性和相容性，消除定义的冗余和不一致现象。对物品的分类与编码，有利于简化物品信息的采集工作，形成统一的信息采集语言，减少数据变换、转移所需的成本和时间，提高了物品信息的标准化、规范化和有序化程度，降低数据冗余，提物品信息的存储效率。

综上，物品编码与计算机信息系统结合，实现了物品管理全链条、全生命周期管理的标准化。物品编码与标识技术是物流、供应链、电子商务、物联网、大数据等行业应用的基础信息设施，是实现物流管理和信息交流的有效措施，它能够将电子数据和计算机管理有效结合起来，使信息之间有效交换和共享。物品编码作为一种编码信息，是人和计算机通话联系的一种特定语言，被称为可印刷的计算机语言。正所谓“人工不行了才上自动化”，不少物品管理系统的建设都是信息化需求倒逼的结果。比如仓库物品管理业务中，随着仓库中各类物资种类、数量、出入频率的增加，传统的仓库管理模式面临巨大的考验，难以承担超大的工作量。手工作业已经难以满足高效物品管理的需要，通过对物品逐一分类、编码、打印条码标签，开发或采买仓库物品管理信息系统，就能利用粘贴或直接标印在物品或物品保障上面的标签实现物品出入库盘点的自动化，实现物品跟踪管理，而且也有助于做到合理的物品库存管理，令物品的整理工作更加合理有序，提高生产效率。物品编码技术能够针对仓库的实际管理需求，取消传统手工录入和

纸质入、出库流转单据，用自动化方式实时追踪物品的来源和使用去向，准确快捷地进行仓库盘点，科学地管理仓库各项业务操作，实现仓库物品管理业务流转信息一体化、有序化管理。

在物流供应链中，每一个独立流通的基本单元都可以被看作一个物流实体单元。所有物流作业都以这个基本物流实体单元为基本操作对象，物流单元不管其外形和大小，每个单元均配备一个唯一的物流单元编码并与一个货单相关联，可以实现物流与信息流融合。每一个在物流过程中独立流通运作的物品单元都带有唯一编码，即为物流实体单元编发的“数字身份证”。这个数字身份证实现了物理世界与虚拟世界的连接，实现了物流与信息流连接，实现了数字化物流与实体物流的信息融合。物流单元唯一编码作为物流实体单元的数字身份证是物流信息感知系统的接口。

第五节　物品编码随人类的发展而发展

人类的生存繁衍依赖着自然界提供的各类物质基础。先民们基于对各类事物的探索，逐渐形成了对生于斯长于斯消失于斯的这个世界的朴素认识，形成了对日月星辰、山川河流、飞禽走兽、花鸟鱼虫的朴素认识和经验，并传承了下来。在这些认识和经验中，有对自然界的认知，也有对各类物品的认识、比较、命名、使用和鉴别。语言是人类交流思想、传递信息的产物。先民们那些在不断探索中形成的有关自然和物品的信息如果需要保留和传播到较远的地方去，单靠人的大脑记忆是不行的。在无文字甚至没有成体系的语言系统的条件下，各式各样的原始记事方法，如“结绳记事”和“契刻记事”就产生了。这是远古时期人们管理、记录事物的方法，如图1–2所示。

图1–2 “结绳记事”（左）与“契刻记事”（右）

结绳记事是人类历史上最早出现的计数和算筹方法。在现代社会，一些算筹系统在特定的领域仍然有应用，比如中国早期民间的“商业数字”，常用于当铺、药房的苏州码。苏州码脱胎于我国古代的算筹，也是唯一还在被使用的算筹系统，产生于中国的苏州。时至今日，在中国香港和澳门特别行政区的街市、旧式茶餐厅及中药房偶尔可见这种古代的记数法[①]。在这个记数法中，0～10的表示见表1-1。

表1-1　苏州码计数法

苏州码	阿拉伯数字	罗马数字
〇	0	——
〡	1	Ⅰ
〢	2	Ⅱ
〣	3	Ⅲ
〤	4	Ⅳ
〥	5	Ⅴ
〦	6	Ⅵ
〧	7	Ⅶ
〨	8	Ⅷ
〩	9	Ⅸ
十	10	Ⅹ

可以看出苏州码的计数法是很有特点的，比如用“〤”来表示4，是取其四面分叉的意思。用“〥”来表示5，这是因为人们在绳子上打结来记录数量，叫作结绳计数，满5打一个结，而“〥”的形状正好酷似结绳。1、2、3的记法则有着明显的算筹的痕迹。苏州码的“〡、〢、〣”和我们现在的汉字“一、二、三”看起来很像，可实际上却有所不同。因为，苏州码是由算筹简化而来的，算筹是由一根根同样长短和粗细的小棍子组成的。所以，在写苏州码时苏州码的“〡、〢、〣”的每条线都是要一样长：〡、〢、〣。“〦、〧、〨”中，下面的每条线也要一样长。再如，古人多用算盘，因此苏州码也有算盘的痕迹。“〦”上面的一点，就像算盘上档的一个珠子，这一

① 刘伟男.打开中华优秀传统数学文化的大门——以“拾遗苏州码”教学开发为例［J］.小学数学教师，2019（9）：44-50.

点就表示5，所以："∸"是5+1，表示6；"≐"是5+2，表示7；"⩧"是5+3，表示8。

再比如南美洲的一些地区，结绳记事不仅广泛存在还有着复杂而系统的方法，用以记录不同的事物和事件。南美洲安第斯山脉就有一些地区采用了结绳语而不是严格意义上的文字的方式来记录某些事件。不同于苏美尔文字、象形文字，有很多人不认为结绳语是一种文字。这些文字不是写在泥板或纸张上，而是在各种颜色的绳子上打结来表示，称为结绳语(quipu)。每个结绳语的文本都有许多不同颜色的绳子，材料可能是羊毛，也可能是棉花。它由一条主绳和系在主绳上的不同颜色的小绳组成，利用绳子的颜色和结法不同，可以精确地记下一些事情。如红色代表战争，黄色代表金子，白色代表银子与和平；绳子上打结表示数字，如单结表示10，两个单结表示20，一个双结表示100等。在每根绳子的各种位置上绑着几个结，光是一个结绳语文本，就可能有数百条绳子、几千个结。颜色、绳子材料、打结形式的不同组合，安第斯文化就能记录大量的数字数据，如税收或财产。数百年甚至数千年来，对于当地城市、王国和帝国的商业来说，结绳语都不可或缺[①]。为了结绳准确，还在每个市镇都设置了结绳官，专门管理绳子的结法与解法，结法就相当于是编码过程，解法就相当于是解码过程，把绳结表示的信息和数据还原出来。

中国古代的结绳记事就没这么系统和明确的结绳标准。战国时期的著作《周易·系辞下传》中记载："上古结绳而治，后世圣人易之以书契。"东汉郑玄在《周易注》中道："古者无文字，结绳为约，事大，大结其绳；事小，小结其绳。"此为"结绳记事"的由来[②]。上古无文字，结绳以待之。但目前为止，在众多的考古发掘当中，并没有发现任何结绳的实物。中国古代的先民如何结绳记事，也难以复原。现在推断，大概是在一条绳子上打结，以后看到这个结，人就会想起那件事。如果他在绳子上打了很多结，恐怕他想记的事情也就记不住了，所以这个办法虽简单但传得久了时间长了之后人与人的理解就可能出现问题。以佤族的契约木刻为例，上方3个缺口，左缺口代表借债人，右缺口代表债主，中间缺口表示中间人；下方缺口表示借债数目，每个缺口代表的单位可以是1元、10元或者更多，由双方约定。还有记载重要时日的木刻，木刻上一个缺口代表一天，过去一天砍去一个，剩下最后一个就是当事双方和解的日子。这些刻齿多少已经具有了代码的性质，并且有了一定的沟通功能。然而，其代表的含义也是不固定的，它由双方当事人临时约定，离开当事人，同一枚木刻对于不同的人可以作出完全不同的解释。因此这种方法实际上可能并不是特别可靠，于是后面就慢慢地出现了文字，如中

① 尤瓦尔·赫拉利.人类简史：从动物到上帝［M］.北京：中信出版社，2014：121-122.

② 钱荣贵.史前时期"实物之编"的思想灵光［J］.江苏大学学报（社会科学版），2009，11（6）：46-49.

华文明发展出的汉字、中亚地区的楔形文字等。信息能通过文字进行编码和传输后，自然也就不用在结绳记事上费心思了。

编户制度产生于秦代，汉代时期政府为保证赋役制度的实行开始推行编户制度。汉袭秦制，编户制度产生于秦但盛于汉。为了掌握庞大帝国之内的人力资源，为征税和徭役提供方便，汉代的政府规定凡政府控制的户口都必须将职称、籍贯、爵位、人名、年龄、肤色、身长以及财富情况等项目一一载入户籍，被正式编入政府户籍的平民百姓称为“编户齐民”[①]。这里把职称放在最前面，应该是按职业称谓来分类管理的意思。编户齐民具有独立的身份，依据资产多少承担国家的赋税、徭役和兵役。《居延汉简》曾记载编户齐民户籍情况，如户主徐宗：“居延西道里徐宗，年50，妻1人。男同产2人，妇同产2人。宅一区值3000。田50亩值5000。用牛2值5000。”

结绳记事、龟甲占卜、阴阳八卦等具体活动都有古人使用物品编码的影子。现代社会，物品编码的应用更加广泛。可以说从原始社会到农业社会、工业社会发展到今天的信息社会，物品编码和我们的关系越来越密切。根据不同的功能、编码对象、编码应用领域等，物品编码也发展出多种类型，这些不同类型的编码在不同的应用领域发挥着重要作用。在信息化时代到来之前，各行业各领域的物品编码注重的是物品信息分类和编码，这一时期的物品编码活动主要在限定的行业、领域内部进行，便于行业和领域内部的信息交换，比如船运行业统计民用运输船舶的类型和数量，农业和畜牧业内部统计马匹和牛羊的品种和数量。各行业的信息管理往往是从一个企业、一个应用的点开始，整体上呈点状分布，主要立足于一个相对独立和专门的管辖范围，解决如何统一贸易伙伴之间统计口径、如何按照同一个物品或产品目录进行数据汇总与比对等问题。现存的大多数统计分类目录就是这一时期的产物，详见本书国际物品分类编码的相关内容。这一时期，人类社会正在从工业化向信息化迈进的前端，物品的种类、数量相对少一些，物品从材料来源、组织结构和相互作用等各方面都比较简单，物品的复杂程度相对较低，物品的分类和编码在行业内部形成统一就能基本满足当时的需求。

这些分类目录的出现，对满足当时各行业管理需求起到了积极的作用。经过多年的不断发展，有些物品分类目录已经成为历史，没有了用户，但也有些物品分类目录，比如联合国统计署负责的CPC分类、世界海关组织的商品编码与海关协调制度HS编码一直在维护和更新，并且在相应的领域发挥着主导的、不可替代的作用。各行业、领域诞生了数量众多、形式多样的物品编码系统，但这些编码系统的管理主体、应用主体不同，编码对象不同，不同编码系统的物品代码格式也各不相同。无论是哪种类型的编码，均受管理目的、管理方法、管理对象的限制。这些原因导致的结果就是编码标准繁

① 李磊.编户齐民制与传统中国的国家能力［J］.文化纵横，2019（2）：118-127.

多，编码结构、编码方法、标准适用范围各不相同。

从计算机的出现，再到云计算、大数据、信息技术等的飞速发展，一方面促进了物品编码标识技术在各领域的深入应用，从传统的零售业发展到电子商务、智慧物流、产品追溯、物联网、医疗卫生等领域；另一方面承载编码信息的载体往承载信息量大、识读能力强的方向发展。随着电子商务、电子支付等移动应用的迅猛发展，二维码、射频技术（Radio Frequency Identification，RFID）等自动识别技术，尤其是二维码的应用在我国迅速增长，基于移动互联网的新型移动支付，如手机钱包客户端、二维码支付等新型移动支付方式发展迅速，我国移动支付进入爆发式增长阶段，逐渐成了人们生活工作的一种新方式。

编码技术的新应用和信息技术的发展也在不断推动物品编码标识技术的快速发展。物品从分类编码到标识编码（从批次标识编码到单品标识编码），再到属性编码，经历了一个由大到小、由粗到细的过程。由此可见，随着物品管理层级越来越细化，物品编码的层级结构也变得复杂和精细。在信息化时代，多系统、跨领域、跨行业的信息交换成为可能。信息化越是发展到高级阶段，各类系统间信息的交互就会越加频繁，随之而来的问题是各领域的物品信息化管理对标准、统一物品编码的需求也越来越大。在这样的条件下，如何让各物品编码系统之间兼容映射，形成统一、兼容的物品编码标准以及编码体系，已成为各行业各领域共同关注的一个技术难题。一个现实问题是，目前各行各业由于对物品编码的理解还存在偏差，对统一编码标准的认识还不够，制定了“自己的”物品编码标准，结果却人为造成了“信息孤岛”。比如欧美动力电池法规实施后，我国动力电池唯一标识编码标准不满足国际要求，企业出口风险增大，出品面临困境。但在标准化意识日益提升，与国际接轨逐渐成为共识的今天，我们相信物品编码标准也将会逐步趋同，甚至统一。

在信息化时代，物品编码作为各行业信息化的底层支撑技术，其重要性更加突出。总的来说，物品编码需要满足三个基本功能：①物品的分类及其编码，②物品的标识及其编码，③物品的属性及其编码。物品编码和标识技术也具体从分类编码、标识编码和属性编码三个方面不断展开，如图1-3所示。分类编码之间，侧重于编码的映射。对于标识编码来说，由于管理越来越精细化、精准化，物品管理的颗粒度也越来越小。比如，从物流单元的编码SSCC、储运包装箱编码ITF-14到商品项目的编码GTIN，再到商品批次编码LOT No、系列号SN、部件号PN，不断由粗到细，物品的颗粒度逐渐变小，编码之间的层次关系也就因此建立了起来。对于属性编码来说，除了AI和DI这两种普遍应用的属性编码体系外，应用更广泛的是物品本身属性特征的编码，物品属性往往是以属性名称编码和属性值编码组配的形式展现的。可见，随着物品管理层级越来越细，物品编码的层级结构也会更加复杂。

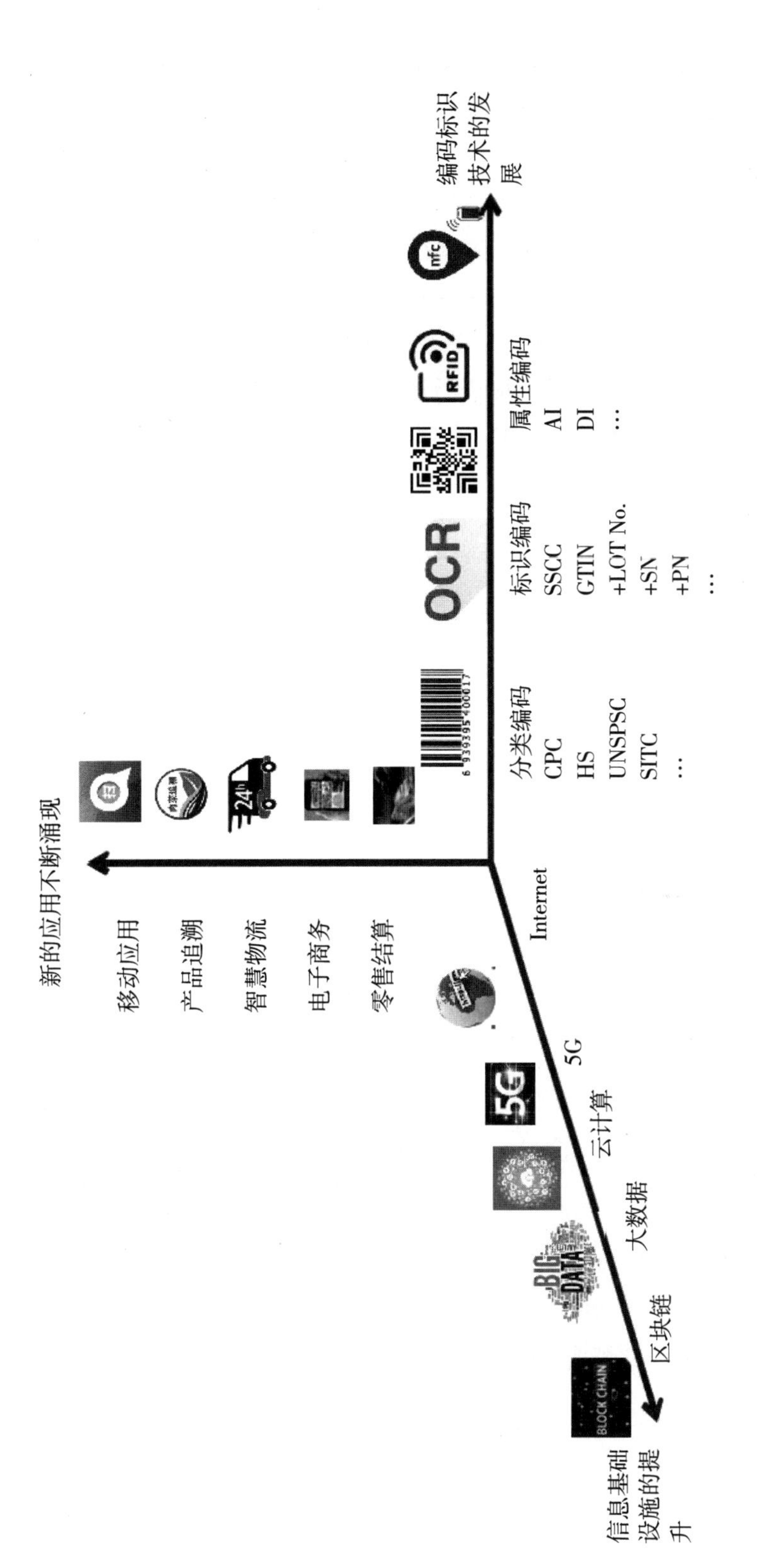

图1-3 信息化时代的物品编码

编码标识技术进步的同时，物联网等信息基础设施也在不断发展。物联网是物物相连的网络，它通过条码、二维码射频识别等信息传感设备与互联网连接起来，以实现物品与物品之间的信息交换和通信，在工农业生产、物品流通等领域得到了大量应用。云计算、大数据、人工智能、5G、虚拟现实等信息基础设施建设的快速进步，与物品编码标识共同赋予了应用场景不断创新的持续支撑。物品编码最初应用最为广泛的是与日常生活最紧密的物品流通系统，如各类POS扫描结算系统、物流系统；之后又进一步扩展到供应链系统、电子商务、智慧物流、产品追溯等移动应用领域。需求在变化，技术也不会停步，未来物品编码标识新的应用场景也一定会出现。在未来，物品编码标识、信息基础设施和应用还会不断相互作用，同时新应用和信息基础设施的发展也会不断推动物品编码标识技术的快速发展，展现内容将更加丰富多样。

第二章

认识物品从分类开始

当我们把眼光投向大千世界，仔细审视这森罗万象、变化万千的物品时，我们发现，人类所处的世界是统一的物的世界，而它的表现形式、具体现象又是纷繁复杂、生动多样的。人类的所有活动就是同这些复杂多样的物品打交道，认识这些物品以及这些物品所存在的整个世界，适应、利用和改造这些物品及其所处的整个世界。认识世界是主观反映客观，是由物质到精神的过程；改造世界是主观见之于客观，是由精神到物质的过程。认识复杂多样的物品是适应、利用和改造这些物品的基础。

在很长时间里，人们对物品的认识是零散的、不系统的、经验主义的，对物的知识来自个体摸索、猜想、判断或偶然获得的经验。通常我们说的认识物品，是指认得这个物品，把物品辨识（object recognition）出来的过程。比如古人在河边的乱石中识别出一种质地坚硬、边缘锋利的燧石用于狩猎。这是逐一辨认直到识别出手中这块石头是燧石的过程，是把目标物品（燧石）和其他物品（燧石以外的其他石头）区别开来的过程，即将燧石和其他石头分为两类的过程。那古人是如何识别的呢？他会将手中的这块石头和自己心中基于与燧石有关的所有知识所构建的心里面的那块燧石做比较，并判断眼前这块石头是否与心里面的那块石头匹配，他是基于燧石这种物品应该具有的特征，判断眼前这块石头是否具有这些特征，通过判断其相似性及其相似程度将眼前这一群石头分成“是燧石”和“不是燧石”这两个类别。这个判断的过程就是模式识别(pattern recognition)的过程。模式识别的作用和目的就是把某一个具体的物品正确地归入其中某一个类别。模式识别是人类的一项基本智能。模式识别离不开寻找物品特征的相似性。

还有一种识别是定义识别（definition recognition）。人们先定义A是B的标志，那么识别了A，就认为A是B。在物品编码领域，将某一个特定的编码定义为某个/类物品的标志，当机器识读到这个特定的编码时，就认为是识读出了该物品或该类物品，这就是定义识别。本书所讲的自动识别分数据采集技术（automatic identification and data capture，AIDC)，就是一种定义识别。

人类认识物品，利用、管理和改造物品，就要对物品分门别类。因此我们可以说，认识物品是从物品的区别、辨别和物品分类开始的。编码是物品辨识和物品识别的工具，将分类与编码结合起来，就成了物品编码，它已成为信息化时代我们所探讨的自动识别分数据采集技术的专业领域和工作范围。

第一节　物品的分类与分类学

一、物的分门别类、十范畴理论和分类学

（一）物的分门别类

在认识物品的过程中，分类法是认识物品、认识世界的一种普遍且重要的方法，分类可以将复杂的问题简单化。作为人类认识自然、认识世界的一部分，物的分类，从人类起源就一直伴随着人且一直演化到现在。随着人类心智的发展，世界万事万物的变化都能反映在古人的意识中。古人为了理解世界，认识世界的万事万物，很早就开始对事物分门别类。分门别类的过程就是范畴化的过程，也就是说，人们对物的描述和把握是通过鉴别其“范畴”实现的。公元前335年，古希腊哲学家亚里士多德重回雅典[①]，在他的已经成为君主的学生亚历山大的支持下，成立了被人称为散步书院的书院（iyceum)。他的君主学生亚历山大还下令让全国的猎人、渔夫随时把自己发现的稀有的、少见的、古怪的物品送给亚里士多德做研究；亚历山大还另派了一百多人供他的老师支配，到处替亚里士多德收集各类奇怪稀有物品进行研究或者做成各种各样的标本。所以散步书院不但是图书馆，也是各类物品的标本室、博物院。因为亚里士多德兴趣广泛，天地万物宇宙规律无所不窥，便起了对这些形形色色物品进行分门别类的念头，这就是亚里士多德提出的最初范畴[②]（category，译自希腊语kategoria，kategoria 本是一个法律术语，表示“指控、断言”）理论。“范畴”就成了亚里士多德提出的反映事物本质和普遍联

① 严群.亚里士多德及其思想［M］.北京：商务印书馆，2019.

② 同①.

系的一个基本概念，成了可用来描述、断言一个主体的最基本的概念。

（二）十范畴理论

在哲学史上，亚里士多德最早提出了范畴，也最早对范畴做研究，他提出了10个范畴来阐述物的门类。亚里士多德提出的十范畴分别是：①实体（substance），也叫作实质、本质，例如人、牛、马。这里实质是事物的根本性质，是事物内部相对稳定的联系，由事物所具有的特殊矛盾构成。一头牛之所以为牛是因为这头牛具备了构成牛的本质属性，那么它在实质上就是牛。②数量（quantity），例如二尺长、三个、八颗、四十八头。③品德（quality），严群译作品德，后来也有人译作性质。④关系（relation），例如大于、等于、双倍、包含、从属。⑤方位（place），也就是地点，例如在这个地方，在那个山上。⑥时间（time），如昨天、去年、今天上午十点半。⑦形势（posture），也就是姿态，比如站着、蹲着。⑧服习（possession），如穿鞋。⑨施感（activity），也就是动作，如割、敲打。⑩受应（passivity），也就是遭受，如被割、被敲打。仔细看来，亚里士多德这十个范畴并不是平等的，其中实体是最重要的，其他的范畴是依托实体而存在的，实体是主体，其他范畴都是表述它的，而实体却不表述其他范畴。关于为什么是十个范畴，亚里士多德没有解释，他提出的时候一定有他当时的思考，可能是他觉得对于认识物品并分门别类这件事来说，这十个范畴应该也差不多够了。

现在看来，这十个范畴中，实体是最重要的范畴，其余九个范畴可以分为三类。一是品德或者叫性质，包括性质、数量和关系，数量表达物品的量的大小、多少，关系表达物品与物品的区别与联系；二是动作，如施感、受应、形势、服习，都是与物品的动作状态有关的属性；三是描述物品所处的环境，包括时间和空间两个范畴。虽然亚里士多德觉得十个范畴已经足够完备，但后来的人对于这一点却有不少质疑，如康德认为他是信手拈来、黑格尔认为是随便凑合。亚里士多德自己后来也把形势与服习两个范畴取消了，在后面的著作中不再提及。实际上，范畴属于形而上学范围，因为它讲的是宇宙间事物的分类，是认识事物的一种方法模式。现在看来，范畴是反映客观事物的本质联系的思维形式，是人类对客观世界的某种认识阶段的标志。人们在认识世界并改造世界的过程中，以范畴为思维工具去揭示事物的本质和规律，推动对物的认识在实践中不断发展，又进一步促进和丰富范畴的内容，并形成新的范畴。

十个范畴并不是平等的，其中实体占有特别的地位，它是主体，其他范畴都是表述它的，而它却不表述其他范畴；其他范畴存在于实体之中，只能依附本体而存在；当其他范畴变化时，实体会保持不变的性质，实体是变中的不变。所以，实体高于其他一切范畴，是其他范畴的中心。亚里士多德又分了第一实体和第二实体来继续他的阐述。他说“实体是那个最主要、第一位、最重要的被陈述者”。第一实体不陈述任何一个主体，也不在任何一个主体之中，例如这一个人或这一匹马等这些客观存在的个别事物。第二实体是指那些被叫作实体的所归属于其中的种的东西和这些种的属。可见第一实体指客观存在的个别事物，是真实的、不依赖人的意识的东西。第二实体指个别事物所属于的种或属（如某一个人的属为“人”，一匹马的属为“动物”），是普遍的、一般的东西。亚里士多德认为第一实体是“基础与主体”，但是他又认为一般可以脱离个别事物而独立存在。亚里士多德的意思是，第一实体，是指个别的事物，例如个别的人、个别的马；第二实体，是指包含个别事物的“属”和“种”。在他提出的第二实体中，种比属更趋近实体，因为它是最接近第一实体的。如果有人要说明第一实体是什么，说它的种比说它的属更易懂，也更加贴切。比如要说某个具体的人，说他是人比说他是动物更加贴切易懂。我们在物品分类的时候，说发动机是动力机械就比说它是一种机械更加容易让人明白发动机的本质。我们在分析物品分类的时候，发动机如果是小类，那么动力机械就算作是发动机的上位类，因为发动机怎么说都是一种机械，而且是机械里面的一种——动力机械。那么，机械则是比动力机械更高层级的一个类。虽然发动机是一个小类，但这是相对而言的，其实发动机也是一个大家族，它还包含汽油发动机、柴油发动机、天然气发动机。颗粒度越大，越粗糙；颗粒度越小，越精细，描述得越贴切。

（三）分类学

物的分类是一个既简单又复杂的问题。古往今来，无数动物学家和植物学家们，皓首穷经、花费毕生精力钻研各种动植物类群间的异同以及异同程度，阐明不同动物、不同植物和生物之间的亲缘关系、基因遗传，揭示物种进化过程和发展规律，甚至还发展出了一门科学——分类学。当然，和任何学科的发展一样，分类学也有很多流派，甚至技法。人类在很早以前就开始识别物品类别并给以名称。汉初的《尔雅》把动物分为虫、鱼、鸟、兽4类：虫包括大部分无脊椎动物；鱼包括鱼类、两栖类、爬行类等低级脊椎动物以及鲸、虾、蟹、贝类等；鸟是鸟类；兽是哺乳动物。这是中国古代最早的动物分类。这个分类，与林奈（Carolus Linnaeus）的六纲系统相比，只少了两栖和蠕虫两个纲。亚里士多德从范畴入手，采取性状对比的方法区分物类，比如他把热血动物归为一类以与冷血动物相区别。他把动物按构造的完善程度依次排列，给人以自然阶梯的概念。现在看来，这也是科学界系统地研究物品和物品分类的具体体现。17世纪末，英国植物学者约·雷（J.Ray）曾把当时所知的植物种类作了属和种的描述，所著《植物新方法》包含了18000种植物。林奈1737年发表的《植物学志》首次科学地采用双名命法给6000多种植物和4000多种动物命名，他首创的双名命名法一直沿用至今。林奈这位分类学大家奠定了近代分类学发展基础，是18世纪最伟大的博物学家和最杰出的科学家之一[1]。他对分类学的影响极大，被尊为近代分类学的鼻祖。

有意思的是，现在动物学家们发现，某些灵长类如黑猩猩，还有经过训练的狗、乌鸦或鹦鹉也会简单分类。可见物的分类，并不仅仅是人类会做的事情。

物的分类学简称为分类学。这一学科源自生物分类法（taxonomy），在某些情况下，狭义分类学就是生物分类学。比如在生物分类学中，生物分类系统采用了域（总界）、界、门、纲、目、科、属、种的分类等级。在每一级里，都可插入一个亚级，如亚门、亚种。种是最小的生物单位，也是基本单元，近缘（closely related to）的种统称为属，近缘的属归类合并为科，以此类推，科隶于目，目隶于纲，纲隶于门，门隶于界。这里的近缘是指植物或动物亲缘关系（relationship）相近。亲缘关系指生物类群在系统发生上所显示的某种血缘关系。那么如何判断亲缘关系及其远近呢？要了解亲缘关系，比较形态学上的相同点是非常重要的。自然分类系统就是以动物形态上或解剖上的相似性和差异性为基础来判断亲缘关系的，相似性大亲缘关系就近，差异性大亲缘关系就远。随着生物技术和计算机技术的发展，其他判断亲缘关系的方法，比如生殖法、杂交试验、血清学的分类等，也常被用来判断生物体之间的亲缘关系。分类单位越大，共同特征就越少，包含的生物种类就越多；分类单位越小，共同特征就越多，包含的生物种类就越少。同一个种的物种之间的共同特征显然要比同属不同种的物种之间的共同特征要多。生物分类学以古生物学、比较胚胎学、比较解剖学的诸多结论为依据，基本反映了自然中的动物大家族的亲缘关系。分类学就是找相似性和差异性。分类学就是遵循分类学原理和方法，对生物的各种类群进行命名和等级划分。对生物进行分类的意义是便于弄清不同类群之间的亲缘关系和进化关系。

同样地，对物品的分类也是遵循分类学的原理和方法，对各类物品按照相似性和趋同性进行归类，从而建立物品之间相互的逻辑和隶属关系，这和生物分类一样。同一个小类的物品之间的共同特征显然要比同一个中类但不同小类的物品之间的共同特征要多；差异性则相反，同一个小类下不同物品之间的差异性要小于同一个中类不同小类之间物品的差异性。这就是物品分类要研究的问题。

在生物学上，世界上的人只是一个种。人的分类学逻辑是这样的：动物界—脊索动物门—哺乳纲—灵长目—类人猿亚目—人科—人属—智人种(homo sapiens)[2]。当今世上，人科现存的唯一的动物只有现代智人，同时也没有和人同属的动物，甚至连同科的动物都没有。也就是说，现代人都是同一种人，智人的多个亚种已经灭绝，现存的人类只是智人的一个亚种。也有人说，黑人、白人、黄种人难道不是人的亚种吗？我们所说的黑

① 陆树刚.植物分类学（第2版）[M].北京：科学出版社，2015：3-4.

② 宇克莉等.人种的客观存在[J].科学通报，2020，65（9）：825-833.

人、白人和黄种人就是尼格罗人、欧罗巴人和蒙古人种，他们并不是生物学上人的亚种。

智人种有12个突出特征：①正常的躯体姿势，也就是直立姿势；②脚比手长；③脚趾短，脚拇指往往最长且不偏斜；④脊柱呈S形；⑤双手有粗大而动作自如的大拇指，抓握力强；⑥躯体的大部分不长毛或只具有短而稀疏的汗毛；⑦颈关节位于颅底中部；⑧从躯体比例上说，脑很大，大脑尤其大而复杂；⑨面孔短，颅额部以下几乎垂直；⑩颌骨不大，有圆形颌弓；⑪犬齿通常不比前臼齿长，犬齿前后无间隙；⑫第一下前臼齿与第二下前臼齿相似。

无论是黑人、白人还是黄种人，显然都具有这12个特征。因此，他们是属于一个种的。从肤色上来说，人群肤色的变化是连续性的，互相过渡的，很难找出一条明确的界线。在头型、毛发、眼色、基础代谢等性状方面又是相互交错的，基于这种情况，我们很难去准确定义按肤色区分的亚种。因此根据肤色划分人种是错误的。事实上，黑人、白人、黄人都属于智人。与人类同种的亲戚并非没有，只是在演化的长河中他们都灭绝了。生命演化长河中，人属动物的数量也不少，它们最大的特点是其发达的脑。

羊肉分为山羊肉或绵羊肉，相应地羊也分两种，山羊和绵羊。它们不同属，但同属于羊科。绵羊和山羊虽然同称为羊，但是它们在动物分类学上的血缘关系较远，是同科而不同属的动物，即牛科—羊亚科—羊族中的绵羊属和山羊属。山羊和绵羊之间的关系，跟人族中人类和黑猩猩的关系差不多。绵羊的分类是：动物界—脊索动物门—哺乳纲—偶蹄目—牛科—羊亚科—羊族—绵羊属；山羊的分类是：动物界—脊索动物门—哺乳纲—偶蹄目—牛科—羊亚科—羊族—山羊属。现代人类圈养的绵羊，是由盘羊驯化而来的，所以在分类上，绵羊是盘羊属的，有时也把盘羊属叫作绵羊属。

分类是一件非常有意思的事情。比如高鼻羚羊族因鼻部特别隆大而膨起，向下弯，鼻孔长在最尖端，因而得名“高鼻羚羊”，擅长快速奔跑，鼻孔中均有一种特殊的带着黏膜的囊，可使吸入的空气加热并变得更加湿润，以适应高原寒冷环境。有少数科学家将其归入羚羊亚科，但绝大多数科学家认为应该单独建立一个亚科。同时，我国青藏高原的藏羚羊也有一个宽大的鼻腔，让其能够在空气稀薄的青藏高原上呼吸和奔跑。有学者认为藏羚羊应该归于羊羚族。这些都是生物分类包括物品分类领域经常出现的有趣现象。

二、对事物进行分类是人类识别事物的本能行为

物品的分类、命名和描述是人类认识物品的基本逻辑链条。为什么要分类？分类有什么用？如何分类？这是所有物品分类研究人员，包括企业物资物料管理人员、采购人员的灵魂三问。为什么要分类呢？分类是人类识别事物的本能行为或与人的本能有关。人的本能，是指人类与生俱来的、不需教导和训练的、在人类进化路上所留下的一些行为和能力。这里的人指的是任何一个自然人，扩展到所有人即人类。本能是人天然具有

的，比如对事物的好奇心。按照亚里士多德的说法，好奇心是人类知识的起源，他认为知识起源于惊疑，所谓惊疑就是人人所有的好奇心[①]。人们都非常想了解周围的世界，了解某一项新奇的事物。比如，大街上走过来一个人，我们会不自觉地抬头看看这个人是男是女，并且不自觉地将目光投向这个人的脸部，看看这个人的长相如何。这就是人的本能。再如，人类对食物的渴望，从呱呱落地起，婴儿就在寻找奶水，饥饿会驱使人做出在平时看来实属疯狂的举动，再理性再自律的人，遇到了美食也会多吃几口，这都是本能使然。

人类除了上文说的好奇心、对食物的渴望等本能外，还有许多衍生的本能，比如由好奇心衍生而来的比较的本能，以及与比较有关的对事物分类的本能。人类的一个基本能力就是对事物进行比较，以及基于物的比较的物的分类。青蛙对运动着的物体能够明察秋毫，野兔对从视野边缘向中心移动的物体十分敏感，猫眼对从视野中心向边缘移动的物体敏感，人类眼睛则对运动着的物体比对静止的事物更加敏感。比如，我们要从远处的草地上找一个玩藏猫猫的玩伴，如果他潜伏在草丛中一动不动，你就找不到他；如果他稍微移动，你则可能发现他的藏身之处。人们对两个事物、两个物品之间的不同点也更为关注，这就是不自觉地、本能地将事物进行比较的开始。

在古代神话中，盘古开天辟地，把一片混沌的世界用斧子劈开，区分了阴阳。清气上升为阳，是为天；浊气下降为阴，是为地。天和地，就是不同的分类。在圣经创世纪中，上帝按着自己的形象，用尘土造人，将生气吹在他的鼻口里，他就成了有灵的活人，是为亚当。亚当独自在伊甸园生活，他的工作是看守管理伊甸园，与动物相处，和植物打交道。他给动物起名字，侍弄各种植物，他算是世界上第一个动物学家，也算是第一个植物学家。上帝感到他孤独，取下他的一根肋骨为他造了一个女人。此后的故事是亚当夏娃在蛇的诱惑之下偷吃禁果，被驱赶出伊甸园，二人结合，人类由此得以繁衍，这个世界上从此有了人。天然地，或者说自然地，人们把骨骼粗大、音调浑厚、长有胡子、喉结以及具有能产生精子的睾丸为特征的人分为一类，是为男性，作为人类两性之一。以骨骼纤小、音调尖细、皮下脂肪丰富和具有子宫以及能产生卵子等特征的分为另一类，是为女性，是人类两性的另一性。那么男人和女人，就是不同的分类。这种天然的分类法来自比较，比较出了人的特征的不同，也就自然地把人分为两性。在人类社会中，无论是自然科学领域还是社会科学领域，分类都是普遍的一个现象，人们总是在分门别类。我们研究物品分类的时候，也往往是根据预先设定的一些条件（人工选择的物的属性）进行分类。例如可以根据物品的新旧、颜色、大小、软硬进行分类，也可以根据型号、材质、功能、用途进行分类。不同的分类人员预先设定的条件显然是各不相同的，那么分类的角度也会很多，每个人都有

---

① 严群. 亚里士多德及其思想［M］. 北京：商务印书馆，2019.

自己的分类标准，或者说是默认标准（关于默认标准我们稍后再谈）。

那么接下来有两个问题。一是有分类学的研究人员提出，是否有可能让计算机根据人类设定的条件对物品进行分类？二是是否有可能让计算机根据物品本身的性质，自动对物品作出分类？

对于第一个问题，相对简单，如果我们将纳入管理范围的物资物料或装备进行梳理，设定好条件，将一个新物品的技术说明书或标签上的内容输入系统，系统自动抽取抓取与物品属性有关的关键词并与预先设定好的各种条件进行比对，通过true or false，yes or no直接给出布尔值式的判断。例如啤酒，我们可以设定诸如品牌、颜色、麦芽度、酒精度、产地、是否经过巴氏杀菌、灌装方式等条件，如果具有以上全部或大部分特征，则可以基本判断此物为啤酒，否则就不能归入啤酒这个类别。现在计算机信息系统处理数据的能力越来越强，我们还可以通过比对该产品的图片与产品标准图片的方式给出判断。这些方式，虽然不能完全自动地让计算机判断一个物品所属的分类，但至少计算机在辅助我们实现物品比较和物品分类方面，已经走出了重要的一步。因此，我们说第一个问题是可以实现或者部分实现的。

对于第二个问题，存不存在一种客观的、由物品的本质所决定的分类，能够让计算机自动对物品作出分类呢？下一部分内容阐述的丑小鸭理论将告诉我们答案，这是不可能的。

三、物品的分类——兼论丑小鸭定理的思考

关于物品的分类，我们的共识是：物的分类就是在找物品与物品之间的相似性或差异性。找到相似性，就可以分为一类；找到差异性，就可能不能分在一个类别里。两个物品之所以能够分在同样一个类别，是因为这两个物品有足够多的相似性。有足够多相似性的东西可以被放在同一个类里面。比如有N_1，N_2，…，N_j种不同的分类依据，如果物品A和物品B同时具有N_1中分类依据规定的属性，那么在N_1的约束条件下，我们把物品A和物品B放在同一个类，并且认为物品A和物品B是同属一个类；如果物品A和物品B不同时具有N_1中分类依据规定的属性，那么我们就把物品A和物品B放在两个不同的类，并且认为物品A和物品B不是同一个类。如此下去，物品A和物品B被放在一起的次数就决定了物品A和物品B之间相似度的大小。

（一）“丑小鸭定理”的数学逻辑

你认为一只丑小鸭跟一只白天鹅之间的区别大，还是两只白天鹅之间的区别大？丑

小鸭定理认为丑小鸭与白天鹅之间的区别和两只白天鹅之间的区别一样大①。相信有不少读者会说，“那还用问吗，肯定是丑小鸭和白天鹅之间的区别大！因为二者之间差别实在太大了，一个是天鹅的样子，另一个是丑态的小鸭的样子”。从外形上看，二者的区别确实够大。然而这仅仅是考虑了外部形象这个属性。如果换个角度，假设丑小鸭是这两只天鹅的幼仔，丑小鸭的DNA与其中公天鹅和母天鹅任意一只的DNA的相似度要远远要高于这两只天鹅之间的相似度。所以从DNA相似度看，丑小鸭可以划分在任意一只天鹅那边，恰恰两只天鹅不能划分在一起。所以，如果要比较两个物品的相似度，首先得看分类依据的标准是什么，要按照什么属性进行分类。

（二）丑小鸭定理的数学证明

有没有数学证明呢？有，这个结果是由模式识别研究的鼻祖之一，美籍日本学者渡边慧完成的。20世纪60年代，渡边慧提出了一个命题来说明这个问题：丑小鸭与白天鹅之间的差异和两只白天鹅之间的差异一样大。这是一个看似与常识不符的结论，但渡边慧想了个办法，他找了多个判断标准和角度，对三只禽类进行判断，证明了这个定理。为了阅读的方便，下面来说一下他的论证过程，如图2–1所示。

	A	B	C	
1	1	0	0	first
2	1	1	0	white
3	0	0	0	first and non–white
4	0	0	1	non–white
5	0	1	0	non–first and white
6	0	1	1	non–first
7	1	0	1	first or non–white
8	1	1	1	non–first or white

图2–1　丑小鸭定理的证明

① 万维刚.你有你的计划，世界另有计划［M］.北京：电子工业出版社，2019：104–109.

具体做法是我们选择一个属性，符合或具备这个属性的，就都归为一个类；不符合或不具备这个属性，即不具有这个属性描述的特征，就不能归为此类。比如我们选择的属性是“被人看见时的位置”，最先被看到的就排在第一位，反过来说不论哪个，如果是排在第一位置，那么就属于此类，排列在第二、第三的位置就不属于此类。现在我们用1代表丑小鸭或者天鹅在这个分类里，0代表丑小鸭或者天鹅不在这个分类里。那么，A这只天鹅是在第一位置，其值为1；而B和C这两只禽类则因为不在第一的位置，所以其值都是0。所以这个分类结果就用分类值100表示。

接下来可以选择第二个属性，比如是否是白色。如果是白色的，就是1，不是白色就是0。所以根据这个属性，两只天鹅都是白色，而丑小鸭是黑色的没有这个特征，因此，两只天鹅是白色，为1，丑小鸭不是白色，为0。这个分类结果就用分类值110表示。

让我们继续。在100和110的基础上，我们还可以选择其他属性，比如非白色、非排第一位置。如此，我们可得到属性要素构成的集合如下。

【排第一位置】【白色】【非白色】【非排第一位置】

我们在获得100、110和000三个分类值的基础上，可以继续推断下去，给出这三只禽类状态的不同判断指标，比如下列5个情况。

Case1：非白色

Case2：非排第一位置，白色

Case3：非排第一位置

Case4：排第一位置，或白色

Case5：非排第一位置或白色

然后针对这三只禽类在所有可能情况进行分类。仍然用1表示是，0表示否。以此类推，得到如下一组分类值的结果。

100

110

000

001

010

011

101

111

从分类值可以看到，两只白天鹅共同为1的可能性为2，而丑小鸭与白天鹅共同为1的可能性同样也是2。因此，如果是机器根据如上标准来判断的话：丑小鸭与白天鹅之间的差异和两只白天鹅之间的差异一样大。

（三）丑小鸭定理对分类的哲学启示

丑小鸭定理提出的“丑小鸭与白天鹅之间的区别和两只白天鹅之间的区别一样大”，这个看起来完全违背常识的定理实际上说的是：世界上不存在分类的客观标准，一切分类的标准都是主观的。这其实是告诉我们，每个人看这个世界都是带着个人主观判断的，是带有个人偏见的。比如把物品分成“新”和“旧”，这就是“企业资产管理”这个视角偏见下的一个结果。我们先“偏见”哪个属性最重要，然后才会根据这个属性去分类。从物品分类应用实践情况看，物品分类的争议之所以普遍又常见，在于人们对物品的用途、认识有偏差。

我们认识到了物品的分类本身就具有非客观的这个属性之后，再对物品分类的时候，在方法论上就会尽可能迅速地达成一致：既然没有绝对客观的分类，既然分类都带有个人偏见，那么分类达成一致就好。物品分类的人员需要把物品分类看作主观化的一个行为过程。从根本上说，所有事物只是客观世界反映在人的主观世界的产物，人的意识也是人脑对客观世界的主观反映。当我们感知到各种物品之后，物品才呈现、反映在我们的意识里；在此之前，这些物品或属性对人的意识来说是不存在的，因为客观世界还没有反映到主观世界。比如罗马人在认识到铅对人有毒这个属性之前，一直认为使用铅制容器不但时尚而且是身份的象征。后人意识到了这一点，铅制容器自然就被划分为“不能直接存放食物的容器”这个类别了。物质世界首先是客观的，但也需要经过人的认识过程，才能最终反映在人的意识中，存在于人的感觉、概念或者观念中的。物品的客观世界反映在每个人脑海进而形成的意识是不一样的，物品的分类也就是不一样的、带有个人看法、存在偏见的。但在物品编码这个实践特征明显的领域，这些个人分类偏见在诸如“开发企业物资物料分类体系”“制定全门类物品分类系统”这样的大目标之下，也许并不重要。庄子在《齐物论》里面说，世界万物看起来是千差万别的，归根结底却又是齐一的，没有所谓同和不同，庄子说这就是“齐物”。同样，人们的各种看法和观点，看起来也是千差万别的，但世间万物既是齐一的，那么对万物的这些认识归根结底也应是齐一的，没有所谓的区别和不同。既然物品之间没有不同，就没有本质区别，都是平等的，非要分个彼此，便是人在起作用了。这就是“齐论”。“齐物”和“齐论”合在一起便是齐物论。按照庄子的观点，物品同样是没有本质区别的，区别在于人。物品本身是没有分类的，之所以分类其因在于人。用康德的话来说也就是：“我们关于物先天地认识到的只是我们自己放进它里面的东西。”但是，当我们把自己的“东西”放进“物”里面去的时候，“物”才成为“物”，“物”是通过人的认识结构而被建立起来的；我们放进去的“东西”不仅是“物”得以被我们先天认识的可能性条件，而且同时还是“物”得以成为“物”的可能性条件。和庄子一样，在康德看来，根本就不存在所谓“客观”的分类，渡边慧也认为如此，只不过方法有差异，渡边慧用的是数学的方法，从数学的角度说明了这个道理。

（四）物品分类的例子

举一个物品分类的例子。在处理建筑施工行业物资物料分类的时候，物资管理员往往会遵照传统习惯，将沙、石、瓦、矿渣、粉煤灰、石膏、瓦片、砖块、陶管等放在一个类目——地材，即地方材料。但是，从物理属性或制造过程来看，这类材料中各物品的相似性很小，甚至差异很大。

1.沙子和粉煤灰

沙子也称为砂，说白了就是细小的石头粒，是组成混凝土和砂浆的主要材料之一，是土木工程建设中用到的大宗材料。砂是在自然条件作用下，由岩石风化后经雨水冲刷或岩石倾轧而成的小的石粒。砂一般分为天然砂和人工砂两类。天然砂主要是岩石风化而形成的，粒径在5mm以下的天然砂建筑上用得少。按其产源不同，天然砂又可分为河砂、海砂和山砂。山砂有机杂质含量较多，质量较差；海砂和河砂表面圆滑，但海砂含盐量较高，对混凝土和砂浆有一定影响；河砂较为洁净，应用较广。沙子的主要成分是二氧化硅（SiO_2），通常为石英的形式，因其化学性质稳定和质地坚硬，足以抗拒风化。

粉煤灰又称为飞灰或烟灰，是燃料燃烧所产生烟气灰粉中的细微固体颗粒物，如从燃煤电厂烟道气体中收集的细灰。粉煤灰主要含二氧化硅(SiO_2)、氧化铝(Al_2O_3)和氧化铁(Fe_2O_3)等，粉煤灰主要物相是玻璃体，占50%～80%；所含晶体矿物有莫来石、α－石英、方解石、钙长石、硅酸钙、赤铁矿和磁铁矿等，还有少量未燃的碳。粉煤灰的排放量与燃煤中的灰粉含量有关。粉煤灰也是一种广泛应用的土木工程的大宗材料，可以用于制水泥及制各种轻质建材。此外还可利用粉煤灰作漂珠、肥料和微量复合肥料。

综上，沙子和粉煤灰是两种广泛应用于土木建筑工程的大宗材料，无论是制造产生过程，还是成分等属性特征都不相同。最明显地，一个是自然条件作用的结果，一个是现代燃煤电力工业生产企业排放的危险废物，是一种工业废渣。但企业物资管理人员都把这两种材料放在地材这个类目，是因为在土木工程企业物资管理人员看来，这两种材质都是在土木工程施工现场本地就可以出产或生产，而且是土木建筑结构的大宗建筑类材料，而且质量差异可以忽略，长途运输显然更增加成本。就这样，这些材料因为“本地可以生产制造、长途贩运成本太高不合算”这一共同特征，被划为一个类目了。地方材料特点是生产、供应和使用由各地方分（子）公司、项目部甚至施工队决定，由这些部门平衡分配，筹措供应和使用，是相对于集团或公司总部统一集采，统一筹措的物资材料而言的，特点是品质繁多、规格复杂、生产和使用分散、使用面广、不宜远程运输，比如砂、石、瓦、矿渣、粉煤灰、石膏、瓦片、砖块、陶管等。

2.地材的分类逻辑

虽然在这些原本从物理性能和化学特征制造产生方式都不具有一致性的材料被统统归并在地方材料这个似乎有些奇怪的类目下，有一个现象比较特别，地材之下的各个分类，则又遵循线分类法，如在石及石料这个类目下面，分为山皮石、毛石、片石、块石、粗料石、细料石、碎石、卵石、石板材、砂砾石、煤矸石、石渣、石屑、石粉等近20个子类。同样地，土这个类目下，也按照线分类法划分为黏土、山皮土、膨润土、种植土、其他土等5个子类。在石灰（白灰）这个类目下，设置了生石灰、消石灰、电石灰、和其他石灰等4个子类。

地材，或者说地方材料的物品划分结果是丑小鸭理论在土木建筑工程领域的一个例证。这其实在告诉我们，每个人观察世界都是带着一个主观的视角去看的。我们把沙子和粉煤灰、陶罐、瓦片、砖块、石膏分类在一起，这其实就是土木建筑领域物资管理人员“把这些材料划分为地方材料会降低物资筹措难度，保证施工进度，还可以降低建筑成本，提高企业利润”这个偏见之下的一个分类，是一个主观的分类。到了具体类目之下，比如石料、土之下，又具有了逻辑上的归类性，所有的石料归为一类，各种土木建筑工程用到的土归为一类。

总而言之，地方材料的例子同样告诉我们，物品的分类往往是有偏见的。这种偏见与物资管理人员的意识、价值判断有关。虽然所有物品分类人员都声称在努力寻找那些客观的、本质的物品的属性作为企业物资物料分类的依据，尽可能地为物资分类找到一个不带感情色彩的、让人提不出异议的分类体系——事实上也在朝着这个方向努力，比如“石料”和“土”之下相对严格地遵守了线分类法，但仍然做不到百分百地客观，仍然带有了分类的偏见。因此在物品的分类上，完全客观、不偏见、不歧视，那确实是不可能的。

（五）机器可以自动分类吗

每个人观察世界天然地都是带着主观视角去看的。“丑小鸭定理”告诉我们，不管我们是不是从“我”的视角出发，只要一旦分类，那就是有偏见的。我们把东西分成“好”和“坏”，这其实就是“对我好不好、有没有用”这个偏见视角之下的一个分类。

人对物品的分类是功利的，并不客观，根源在于人对物品的分类是为了要管理它、利用它。所以物品的分类实际上体现的是人的管理物品的要求，分类是具有管理属性的，也可以说分类就是管理。那么，如果我们现在有一大堆物品，是否有可能让机器根据物品本身的性质，让它自动地、客观地分个类呢？丑小鸭定理告诉我们，这是不可能的，因为我们没有设定分类标准。首先，世界上不存在完全客观的分类，具有某个属性的归为一类，不具有的归为另一类。其次，任何一个事物，都没有什么“本质的属性”。比如小孩可能把动物分成天上飞的、地上走的、水里游的，这种分类方法有利于儿童了解动物的活动范围；动物学家可能更愿意把动物分成哺乳动物类和爬行类等，那鲸鱼在他们看来就是一种哺乳动物；商人首先想的是经济价值，会按动物的经济价值分类；博物学家可能最关注的是这个动物的稀有程度。

丑小鸭定理证明了分类有偏见，故而机器不可能自动分类，但它并不是对“齐物论”的证明，而只是一个数理表达。因为丑小鸭定理的结论其实已经暗含在它的前提条件中了：当所有的分类标准的权重都一样的时候，得出那个结论就是必然的。但权重是什么？权重是指某一因素或指标相对于某一事物的重要程度，其不同于一般的比重，体现的不仅仅是该因素或指标所占的百分比，强调的是因素或指标的相对重要程度，倾向于贡献度或重要性。通常，权重可通过划分多个层次指标进行判断和计算，贡献度大的指标权重大，占大权。丑小鸭理论把权重都看成一样，本身也是一种偏见，当然也是渡边慧的一种偏见了。

虽然机器不能根据物品的本质属性进行分类，但机器可以根据人设定的一些条件作出分类的动作，例如根据颜色、大小、重量等进行分类。色选机就是根据不同光学特性的差异，利用扫描型CCD图像传感等光电探测技术，将粮食颗粒中的异色颗粒分辨出来。当被选粮食颗粒从顶部进入机器，通过振动器装置的振动沿通道下滑，加速下落进入分选室内的观察区，并从传感器和背景板间穿过，在光源的作用下，根据光的强弱及颜色变化，使系统产生输出信号驱动电磁阀工作，吹出异色颗粒至接料斗的废料腔内，而好的被选粮食继续下落至接料斗成品腔内，从而达到自动分级分类的目的。目前色选机被用于散体物料或包装工业品、食品品质检测和分级领域。所以，归根到底分类是人的事情。虽然说机器不能代替人类进行分类，但是机器还是被人设计出来按照人的需求和想法帮助人类实现物品的分类。把物品分类看作是一种方便的认知方式、管理方式，我们完全可以随时根据当时的用途和个人的价值观来给物品分类，比如用色选机将碎的、半颗的、外形不完整人米分出来，得到外形完整颗粒晶莹的大米，再将其封装在小包装内装到印刷精美的盒子里卖个好价钱。

本节一开始提出的两个问题：是否有可能让机器根据人类设定的条件对物品进行分类？是否能让计算机根据事物本身的性质，自动对物品作出分类？第一个问题我们已经解决。第二个问题和“丑小鸭定理”中说的不可分类道理其实是一个问题：机器是不能自己做主的。就机器而言，物没有本质；但是就人而言，物有本质。当然这个本质不是物自体的本质，而是“就人而言的本质”。换句话说：如果不考虑人，物就没有分类，也没有“本质”。假如我们翻译成英语，会发现“Without people, there is not a thing called nature”是一句很有意思的话。然后这句话，你就没有办法再翻译回汉语了，因为这里的nature同时指“自然”和“本质”。物的自然和本质，其实本来就是“人为”！关于nature，我们还有一个例子，比如诺贝尔生理学或医学奖是“The Nobel Prise in Physiology or Medicine”。“生理学”这词的解释是“The science that studies the way in which the bodies of living things work”。生理学“physiology”与物理学“physics”两个词非常相像，非常容易搞混，因为从构词法和来历讲，这两个词是同根同源的：physiology跟physics同根同源。这两个词都脱胎于希腊语physes——意思就是“nature”“origin”或是“grow”，表示“自然”“来源”“生长”之义。也就是说，不管是物理还是生理研究，都是有关自然之本源和事物变化的学问，所以这个意思倒也暗合。所谓的生理学，和物理学都是基础研究科学，侧重于搞懂“是什么”，即What it is。找寻的是自然的规律，自然的道理。我们研究物品编码、研究物品的分类，也是在寻求理论上能够支持物品分类的基本道理和方法，从理论上去解释物品分类并达到认识物品的目标。

四、物品的自动分类

我们可以在充分研究了解物品的内部或外部具有的属性或特征[①]的基础上，决定基本要求和筛选条件，把这些条件输入计算机，再由计算机系统按照物品对象的内部或外部特征，根据设定的要求和条件，比如是否由相同的材质制造而成，否具有紧固结构、是否具有某类添加剂、同类对象的亲近程度等，将具有相近、相似或相同特征的物品聚合在一起。这些基本要求和筛选条件就是计算机系统的物品分类标准或物品分类参考。基于此，计算机可以将物品对象划归到不同类目，也就是人确实可以让计算机根据我们人类预先设定的条件对物品进行分类。但这里面有一个前提就是让计算机自动识别出这些物品的属性和特征，目前计算机要做到这一点还是比较困难的。这也是物品自动化识

① 注：在本书中，物品的属性和物品的特征是不同的概念，物品属性是指物品所具有的不可缺少的性质。某个属性是A物品具有的，同时B物品也可以具有，其他物品也可以具有，也就是多个物品可以同时具有的性质。物品属性是某物品之所以是这个物品而不可缺少的性质；物品特征是物品所具有的不可缺少的，并且是一物品之所以异与他物品而具有的独有的性质，是物品异与其他物品特殊或特出之处。物品特征一定是物品所特殊拥有的地方。

别，或者现在叫作数字孪生（digital twin）所研究的一个方面。物品自动分类的一个解决思路是通过AI学习，让机器具有学习识别物品特征的能力。比如训练机器人让它认识和操控房间里的生活用品、用具，让机器人帮助老人或生活不便者。但这个思路的底层技术主要是图像和图形识别，还是不能回避模式识别的问题。

另一个解决的思路是基于语义的自动归类方法。这里面用到的是语义分析法、语法分析法和统计法等，目前常用的自动聚类方法有语义分析法。比如在电子商务网站搜索某一品牌的一款跑步鞋，买家下次登录就可能发现网站已经把各类运动鞋都推荐给他了；如果在搜索引擎搜索牙疼怎么治，很快浏览器的弹窗就会跳出许许多多的种植牙的广告。这些都是语义分析自动关联的结果。

由于人类对物品认知能力、认知水平以及精力的限制，人工分类往往不细、不全，而自动分类则可克服这些缺点，并有很大的潜力。但由于计算机自动分析等研究还没有取得实质性进展，所以，现在物品的自动分类大部分都建立在对物品名称、物品简介或物品属性描述中的某些关键词抽取和比对的基础上。它的缺点是不能准确地按物品的物理、化学等自然属性进行分类。由于不同专家给计算机的分类依据（如关键词）不同，常使计算机分类的质量与一般的物品分类质量相差无几，但机器的速度与规定性则是手工分类无法比拟的。因此，自动分类正在受到人们越来越多的重视，成为物品分类领域一个研究与发展方向，特别是物品自动分类与聚类检索的结合，将使其有更强的生命力。

现在计算机信息系统处理数据的能力越来越强，我们还可以通过比对该产品的图片与产品标准图片的方式，给出判断。通过这些方式，虽然不能完全自动地让计算机判断一个物品所属的分类，但至少计算机在辅助我们实现物品比较和物品分类方面，已经走出了重要的一步。因此，我们说，第二个问题，在某种程度上是可以实现的，或者说是可以部分实现的。

五、语义关系与物品编码的映射

（一）语义关系

语义关系（semantic relation），是指两个或两个以上概念或实体之间有意义的关联。这种关联可划分为等同关系、等级关系和相关关系。

1.等同关系

等同关系是语义完全相同的概念之间的关系，其词形可能相同，也可能不同。比如自行车和脚踏车，虽然叫法不一样，词的书写形式不一样，但都是指同一种物品。等同关系在物品编码领域普遍存在，多数是以物品基准名称和俗称、通用名、别名或绰号的形式出现。如果给出物品的基准名称，为了搜索方便，一般还会给出这个物品的俗称、通用名、商品名、别名或绰号，给出的这些物品名称，虽然非正式，但在语义上与基准名称保持等同关系。

2. 等级关系

等级关系应建立在这样一对概念之间，即一个概念的范围完全包含在另一个概念的范围内。它基于上位和下位的程度或层次，上位概念表示一个类或整体，下位概念指其成员或部分。依据逻辑上的不同情况，等级关系分为四种类型。

（1）属种关系。属种关系是种类、范畴与其成员之间的联系。比如说轮胎可分为汽车轮胎、摩托车轮胎、载重卡车轮胎、自行车轮胎、飞机轮胎及其他轮胎，则轮胎相对于汽车轮胎、摩托车轮胎、载重卡车轮胎为上位关系，汽车轮胎、摩托车轮胎、载重卡车轮胎相对于轮胎为下位（属种）关系。

（2）整体与部分关系。一个物品或系统与其构成部分的联系。例如整体的组件、部件、构件。但需要明确的是有些情况下，部分与整体只是可能存在等级关系，因为部分可以属于多个整体。比如，轮胎是汽车的组成部分、汽车相对于轮胎为上位关系、轮胎相对于汽车为下位（部分）关系。但轮胎又可以是载重卡车或拖拉机的组成部分，所以轮胎属于多个整体。

（3）普通和一般的关系。普遍和一般关系是指普通概念（共相）和这个概念的通常用专有名词（具象）表示的个别实例。比如说，太阳是恒星的一种，则恒星相对于太阳为上位关系、太阳相对于恒星为下位（实例）关系。

3. 相关关系

相关关系指的是并非等级相关、而是语义上或概念上有一定程度关联的一对概念之间的关系。比如说，轮胎的生产需要橡胶、尼龙等，则橡胶和尼龙之间存在相关关系。

如果被分类对象的所有物品的名称建立了语义关系，那么基于这种语义关系，再去思考物品的自动分类就简单了，计算机也会据此给出分类，但计算机自己是判断不了任意两个物品名称之间的关系的，除非你把规则写出来告诉它。这样看来，物品的自动分类确实还是一个非常难的问题。

（二）映射关系

物品编码的映射（maping），也叫物品类目之间的映射，主要是将一种物品分类编码表中的物品类目挂接到或转换为另一种或几种物品分类编码表中的类目。从数学角度看，映射就是以数学或精确的方式将一个集合对应到另一个集合，或者将一个集合中的元素以数学或精确的方式对应到另一个集合。

两个物品类目间的映射分为三类：等同映射、等级映射和相关映射。

1.等同映射

等同映射是指具有等同关系的概念可以建立等同映射。相同的物的名称并不能保证就是相同的物，比如璞这个词，在周人看是风干的鼠肉，在楚人看是未经雕琢的美玉；再如哥伦比亚可能是位于南美洲的哥伦比亚共和国，也可能是美国南卡罗来纳州的首府哥伦比亚市，也可能是坐落于纽约曼哈顿的哥伦比亚大学或华盛顿的哥伦比亚特区。同样，名称不同的物并不能保证就一定不是同一个物，如潍坊人说的地蛋，雁北人说的山药，北京人说的土豆，固原人说的洋芋，其实都是指茄科茄属、一年生草本植物、原产于美洲的马铃薯。相同的词并不代表概念具有等同关系，应检查其内在的概念含义，只有概念判断是等同的，才能在不同分类表的同一个类目词语上建立等同映射。

如果两个物品类目名称为以下情况的，则类目之间存在等同关系。

（1）全称与简称，如起重机械和起重机，金属切削机床和机床。

（2）同一物品名称或概念的不同译名，如Mercedes-Benz在大陆译为奔驰，在台湾翻译为宾士，在香港则译为平治；迈克尔·斯科菲尔德（Michael J.Scofield）在港台的译名是史高飞。

（3）俗称、绰号与学名，如螺纹钢和热轧带肋钢筋。

（4）旧名称与新名称，如洋火和火柴。

（5）中文译名与外文缩写词，如小布什和乔治·沃克·布什（George Walker Bush）别名与本名。

（6）商品名、通用名和化合物名称。商品名是由制药企业选定，并在国家商标或专利局注册，受行政和法律保护的名称。商品名代表着制药企业的形象和产品的声誉，如“日夜百服咛”。通用名是国际非专利药品名称，是世界卫生组织推荐使用的名称，是药学研究人员和医务人员使用的名称，如“对乙酰氨基酚”。化学名是按照命名规则，根据药品化学式所命的名称，如“N-乙酰-对-氨基苯酚”。

（7）基准名称与商品名称。

（8）其他语义相同的情况。

2. 等级映射

等级映射是指具有等级关系的概念之间可以建立等级映射。

概念间的等级关系可以是属种关系、整体与部分等级关系、实例关系。

等级映射包括从下位到上位概念的等级映射和从上位到下位概念的等级映射。

3. 相关映射

相关映射是指概念之间不符合等同或等级映射要求，但在语义上有一定程度关联，则可以建立相关映射，标明一个类目与另一个分类表中的某个类目具有相关性。

下面以轮胎为例，说明两个不同分类体系中类目之间的语义映射关系。表2–1给出了联合国标准产品与服务分类代码UNSPSC（Vnited Nations Standard Products and Services Codc）中轮胎和轮胎内胎的分类。

表2–1 UNSPSC编码（轮胎和轮胎内胎部分）

序 号	编 码	类 目 名 称
1	25172500	轮胎和轮胎内胎
2	25172502	汽车轮胎内胎
3	25172503	重型卡车轮胎
4	25172504	汽车或轻型卡车轮胎
5	25172505	自行车内胎
6	25172506	自行车轮胎
7	25172507	轮胎帘线
8	25172508	轮胎胎面
9	25172509	重型卡车轮胎内胎
10	25172510	泡沫轮胎
11	25172511	轮胎修理套件
12	25172512	摩托车轮胎
13	25172513	再生充气橡胶轮胎
14	25172514	摩托车轮胎内胎

其中，某编码体系（见表2-2）中“361轮胎及内胎”的类目与UNSPSC中的“25172500轮胎和轮胎内胎”为等同映射。某编码体系中“36111汽车用的橡胶制的新充气轮胎”与UNSPSC中的“25172502汽车轮胎内胎”“25172503重型卡车轮胎”“25172504汽车或轻型卡车轮胎”为等级映射，且是从上位到下位概念的等级映射。UNSPSC中的“25172511轮胎修理套件”与某编码体系中“361 轮胎及内胎”可看作是相关映射。

表2-2 某产品分类中轮胎及内胎部分的分类

序 号	编 码	类目名称
1	361	轮胎及内胎
2	3611	橡胶制的新充气轮胎、内胎、实心轮胎或软心轮胎、活胎面、轮胎衬带及轮胎表面的补胎料
3	36111	汽车用的橡胶制的新充气轮胎
4	36112	摩托车或自行车用的橡胶新充气轮胎
5	36113	其他橡胶新充气轮胎
6	36114	橡胶制的内胎、实心轮胎或软心轮胎、活胎面、轮胎衬带
7	36115	翻新橡胶轮胎用的轮胎表面的补胎材料

六、每个人内心的“默认分类”

默认分类是一种分类的偏好。比如某施工企业在给公司物资装备分类的时候，第一位分类要素是“新或旧”，新物资、新设备是一类，旧物资、旧设备是一类。这就是物资分类人员的内心默认分类，是一种为了公司物资物料管理方便形成的分类偏好。再如人的分类，这个世界上有了人，那么男人和女人，就是一种默认的分类。每个人都会有一个默认分类，物资分类人员如果想开发一个科学客观的分类体系就需要对抗默认分类。比如小时候我们在森林里发现了一种好看的红果子，第一个想法是它能不能吃。可是看了半天，在没有大人在场的情况下，我们再馋也不敢吃进去，因为它可能有毒。如果大人在场，告诫我们这种果子有毒，那么我们会把这种果子归为坏的或者有毒这一类。相反，如果能吃则这种果子是无毒的。于是，有毒无毒就成了我们小时候区分各种野果子的唯一分类标准。那么有毒无毒就是默认分类，并且默认分类在人们看来都似乎是唯一且正确的。再如，在各种文化或者亚文化环境中，我们往往会发现欺生现象。欺生是对陌生者的一种故意敌视或者排斥。新来的人和原来的人，就是一种默认分类，这也似乎是唯一且正确的一种分类。现在，我们知道这种分类其实并不是唯一的、正确的。

对于默认分类，我们需要意识到它是存在的，而且，我们也需要意识到很难说默认分类是好还是不好，或者说是有利于对物品的分类，还是不利于对物品的分类。一方面，在对物资物品分类的时候，默认分类事实上有可能确实能够帮助物资管理人员和物资使用人员快速达成基于默认分类的一些共识。比如分类专家在讨论全球产品分类（Global Product Classification，GPC）的时候，需要对香肠的内容物进行讨论和鉴定，并以物品属性与物品属性值配对的方式固定下来。在这个过程中，生活常识这样的默认分类，可以帮助分类专家将香肠分为以下几种类型。

第1种，备制的／已加工的牛肉香肠

第2种，备制的／已加工的鸡肉香肠

第3种，备制的／已加工的羔羊肉／羊肉香肠

第4种，备制的／已加工的混合肉类香肠

第5种，备制的／已加工的猪肉香肠

第6种，备制的／已加工的火鸡肉香肠

第7种，备制的／已加工的小牛肉香肠

第8种，备制的／已加工的替代肉类／家禽／其他动物香肠

其中，第1种是“备制的／已加工的牛肉香肠”，定义是“包括任何可以描述为／视为一种由碎牛肉制成的食物的产品，可以由特有的、区域性的工艺制作而成。将碎肉与其他成分如动物油、食盐、调味料、香料、蔬菜或水果充分混合，然后填充进链形或环形的肠衣中，或制成无肠衣的如波洛尼亚香肠和法兰克福香肠进行销售。一些香肠在加工过程中煮熟，可以通过腌制、在阴凉处干燥或烟熏保存。不包括肉类替代品制成的素食香肠以及馅饼等产品。”第2～7种香肠类似，分别是以鸡肉、羔羊肉／羊肉、混合肉、猪肉、火鸡肉、小牛肉制成，定义也类似。

在世界各地不同民族和文化背景的分类专家的认知中，拥有相同部分的默认分类专家，共同为香肠内容物确定了牛肉、鸡肉、羔羊肉／羊肉、混合肉、猪肉、火鸡肉、小牛肉这7种属性值。可以说，默认分类的存在，使来自世界各地不同民族和文化背景的分类专家迅速完成了香肠这一产品的分类。这是“默认分类”有利于对物的分类的方面。但“默认分类”也有不利于对物的分类的方面。现实世界是多元的，香肠的分类活动中依然遇到了诸如鸸鹋肉、袋鼠肉，甚至狗肉、马肉、驴肉这样仅在一个小的地区或区域出现的小众类型香肠。这个数量甚至大于8种，比如，来自澳洲的分类专家的默认

分类中会有鸸鹋肉香肠和袋鼠肉香肠，中亚和中国的专家认为应该有马肉香肠和驴肉香肠，来自其他一些国家的分类专家的默认分类中有鸭肉、野猪肉等制成的香肠。

怎么处理呢？最后分类专家们经过讨论，认为没必要把这些小众类型的香肠都纳入分类体系，否则这个分类系统会越来越大。于是，将这些小众类型的香肠归为一类“备制的／已加工的替代肉类／家禽／其他动物香肠”，定义为“包括任何可以描述为／视为一种由牛肉、鸡肉、羊肉、猪肉、火鸡肉或小牛肉以外的单一动物的碎肉制成的香肠类的产品。”这实际上是把小众的默认分类之外的产品做成一个收容项——“其他”。

“其他”这个分类名称在大多数的分类体系中都会出现，并且可能出现在任何层级。出现在哪个层级，就表示除了本层级已列明的任何分类名称之外的其他一切属于本分类上位类的物品，都属于本类——“其他”。

因此，每个人的知识背景技能和利益出发点不一样，这个默认分类还必然存在差异，有时候还可以说存在较大差异。一方面，默认分类的存在会迅速帮助分类专家达成分类的一致；另一方面，当这些分类差异大的时候，也会导致分类难以形成一致意见。根源就在于生活在不同文化背景下的人对于某个具体的物品和概念的理解可能是不一样的，甚至是完全相反的。在尊重和包容多元文化的基础上开展物品分类工作，有助于快速形成分类一致，毕竟在物品信息化管理领域，物的分类是拿来用的，能够区分彼此，在物的管理上形成命名不重复、描述无歧义，能够彼此区分不同的颗粒度即可。

第二节　物品的分类方法

事物、现象和概念都是概括一定范围的集合总体。所谓分类，就是将某集合总体根据一定的标志和特征，按照归纳共同性、区分差异性的原则，科学地、系统地逐次划分为若干范围更小、特征更趋一致的局部集合体，直到划分成为最小单位。

每一类物品都是由数以万计的颗粒度更细的具体物品群体集合而成的总体。物品分类首先是分类人员为了特定的目的，按照一定的标准，科学地、系统地将商品分成若干不同类别的过程。例如，在超市，经营者把不同的物品放置在不同的区域，如生鲜区、日化区、家电区等。这样消费者就可以从数以万计的物品中迅速找到自己所需要的商品。通俗地说，物品分类就是区分物品，将物品分门别类，这本身就是人类认识物品、了解物品、管理和利用物品的一种方式。也可以说，物品分类是人类自然的，接近本能的一种行为。

本书所指的分类是在一定范围内，为了达到某种目的，以一定的分类原则和方法为指导，按照物品的本质特征以及管理者的使用要求等，将物品按照一定的结构体系，分门别类地组织起来的活动。这样每个物品都在一定的分类体系中，都有一个适当的位置并且有相应的编码（编号、代码、类号）与之对应，并指代该物品。同时，把内容、性质相同以及要求统一管理的物品集中在一起，而把内容、性质相异以及需要分别管理的物品区分开来，使其成为一个有条理的系统。

物品分类主要是要确定物品的上位类和下位类，从而在逻辑上确定物品的归属和包含范围。在不同应用环境下，物品分类的叫法不同，如“物品区分”“物品归类”等。物品分类主要有三种方法，即线分类法、面分类法和综合分类法。

一、线分类法

（一）线分类法的定义

线分类法，又称层次分类法，是一种传统的分类方法。线分类法按选定的若干属性（或特征）将分类对象逐次地分为若干层级，每个层级又分为若干类目。

在线分类体系中，由一个层次直接压分出来的各类目，彼此称为同位类。同位类的类目之间为并列关系，既不重复，也不交叉。一个类目相对于由它直接划分出来的下一层级的类目而言，称为上位类，也称母项；由上位类直接划分出来的下一层级类目，相对于上位类而言，称为下位类，也称子项。上位类与下位类之间存在着从属关系，即下位类从属于上位类。

按照线分类法对物品进行分类的结果，一般可划分为大类、中类、小类、品类、品种和细目等类目层次。例如，国家标准GB 7635—87《全国工农业产品（商品、物资）》“家具分类”（见表2–3）采用的就是线分类法。

表2–3　家具线分类法

大　类	中　类	小　类
家具	木制家具 金属家具 塑料家具 竹藤家具	床、椅、凳、桌、箱、架、橱窗

国家标准GB/T 25071—2010《珠宝玉石及贵重金属产品分类代码》也采用线分类法，将珠宝玉石及贵重金属产品划分为三个层级，分别对应大类、中类和小类，如“贵金属及其合金—金及其合金—9K金”。

基于线分类法生成的代码称作层次码。层次码作为数据编码结构有很多优点：一是层次码具有明确的层次性及隶属关系，理论上用户只要找到上位类，就可以逐层展开，从而找到搜寻目标；二是层次码一般采取数字型代码的形式，也就是用一个或若干个阿拉伯数字表示编码对象，结构简单，使用方便，便于用户通过类目的统计对比获得产品信息；三是层次码具备唯一性和简洁性，易于标准化实现。

比如，我国行政区划编码采用的是线分类法，共有6位数字码。第1、2位表示省（自治区、直辖市），第3、4位表示地区（市、州、盟），第5、6位表示县（市、旗、镇、区）。表2–4列出了河北省部分行政区划代码。

表2–4　河北省部分行政区划代码

代　码	名　称	
130000	河北省	
130100	石家庄市	
130101		市辖区
130102		长安区
130103		桥东区
130104		桥西区
130105		新华区
130107		井陉矿区
130108		裕华区
130200	唐山市	
130201		市辖区
130202		路南区
130203		路北区
…	…	…

（二）线分类法的基本原则

在使用线分类法时，一般应遵循以下原则。

（1）在线分类法中，由某一上位类类目划分出的下位类类目的总范围应与上位类类目范围相同。这就可能需要在分类的最后位置设立一个包容项。

（2）当一个上位类类目划分成若干个下位类类目时，应首先考虑划分的颗粒度，并选择和确定一个划分标志。标志是这一类物品具有的一个或多个属性或特征。

（3）同位类类目之间不交叉、不重复，并只对应一个上位类。

（4）分类要按照层次进行，不应有空层或加层。

（三）线分类法的优缺点

线分类法有明显的优点。线分类法的层次性好，上位类和下位类严格遵守既定的分类原则，较好地解决了物品的归属关系和包含关系，因而能较好地反映类目之间的逻辑关系，既符合信息手工处理的传统习惯，又利于计算机对信息的处理。因此，目前国际上大部分物品分类体系分类方法都采用了线分类法，如《商品名称及编码协调制度》（Harmonized System，HS）、《产品总分类》（Central Product Classification，CPC）、《联合国标准产品与服务分类代码》（UNSPSC）、全球产品分类等。

线分类法使用起来也有缺点。首先，线分类法的结构弹性差。一旦确定了分类深度和每一层级的类目容量，并固定了划分标志后，要想变动某一个划分标志就比较困难。因此，使用线分类法必须考虑有足够的后备编码容量。其次，任何产品都具有多重属性，同一个产品可以同时属于不同的类别，比如儿童澡巾既是洗漱用品，也是纺织品，还可以是婴儿用品。但大多数分类体系没有充分考虑这一点，只是按照严格的层级划分，将一个产品仅放置在一个上位类下。最后，产品分类层次过多容易造成混乱。比如，用户要搜寻儿童澡巾，采用产品目录逐层展开人工查找的时候，他就必须在选择下位类的时候作出决定：儿童澡巾究竟属于哪个大类，哪个小类，哪个中类或哪个细类？显然这是一个非常复杂的问题，需要用户在产品分类体系的多个类目间作出选择，经过多次选择之后，往往并不能如愿找到该产品。不同的用户对于该产品的归属必然存在认识上的偏差，因此，产品分类层次过多也是线分类法的一个缺点。

二、面分类法

（一）面分类法的定义

面分类法又称为平行分类法，是指将所选定分类对象的若干属性或特征视为若干个面，每个面划分为彼此独立的若干个类目，排列成一个由若干个面构成的平行分类体系。

例如，服装的分类就是按面分类法组配的（如表2–5所示）。把服装所用的面料、式样和款式分成三个相互之间没有隶属关系的“面”，每个“面”又分成若干个不同范畴的独立类目。使用时，将有关的类目组合起来，便成为一个复合类目，如纯毛男式西装、纯棉女式连衣裙等。

表2–5 服装面分类法

第一面 面料	第二面 式样	第三面 款式
纯棉 纯毛 化纤 混纺	男式 女式	西服 衬衫 套装 休闲服

又如，国家标准GB/T 11643—1999《公民身份证号码》也采用面分类法，并用十八位数字代码予以表示，如表2–6所示。这十八位数字代码分为四段：第一个代码段用六位数字码表示首次签发公民身份证的机关所在地的行政区划代码，第二个代码段用八位数字码表示公民出生日期，第三个代码段用三位数字码表示同一行政区划范围内同年同月同日出生的人的性别和编定的签发顺序，第四个代码段用一位校验码予以表示。

表2–6 公民身份证号码

公民身份证号码	含 义
××××××××××××××××××	公民身份证号码的18位组合码结构
××××××	行政区划代码
××××××××	出生日期
×××	顺序号
×	校验码

再如，机制螺钉的分类也采用了面分类法，如表2−7所示。代码2342即表示黄铜Φ1.5方形头镀铬螺钉，代码1233即表示不锈钢Φ1.0六角形头镀锌螺钉。

表2−7 机制螺钉的面分类法

材 料	螺钉直径 /mm	螺钉头形状	表面处理
1.不锈钢	1. Φ0.5	1.圆头	1.未处理
2.黄铜	2. Φ1.0	2.平头	2.镀铬
3.钢	3. Φ1.5	3.六角形	3.镀锌
		4.方形头	

（二）面分类法的基本原则

使用面分类法，一般应遵循以下原则。

（1）根据需要，应将分类对象具有的稳定的、相对不变的物理化学属性、自然属性或特征作为分类的依据和标志。

（2）不同类面的类目之间不能相互交叉，也不能重复出现。

（3）每个面有严格的固定位置。

（4）面的选择以及位置的确定应根据实际需要而定。

（三）面分类法的优缺点

面分类法的优点主要表现在分类结构具有较大柔性。分类体系中任何一个面内类目的改变，不会影响其他的面，而且便于添加新的面或删除原有的面。此外，面分类法有较强的适用性，可实现按任何面的信息进行检索。

面分类法的缺点也很明显，它不如线分类法直观，没有助记功能，给人工操作带来一定的不便。面分类法的缺点还表现在不能充分利用容量。因为在实际应用中许多可组配的类目无实用价值，传统上无使用的习惯，难以手工处理信息。

三、综合分类法

线分类法和面分类法是物品分类[①]的基本方法，在使用时，应根据管理上的需要进行选择。在实践中，由于物品复杂多样，常采用以线分类法为主、面分类法为辅，二者相结合的分类方法，即物品的综合分类法。

物品的综合分类法就是用物品的线分类法解决物品的逻辑归属问题，用面分类法解决物品在实际应用环境中如何对物品进行详细描述的问题。

国家标准GB/T 4754—2011《国民经济行业分类与代码》就是采用的综合分类法。它采用面分类法按照产业活动单位和法人单位划分行业，将国民经济行业划分为农、林、牧、渔业，采矿业、制造业等20个门类。每个门类再采用面分类法进行划分，例如农、林、牧、渔业采用面分类法划分为5个大类，采矿业采用面分类法划分为7个大类。划分至中类后，有的中类采用面分类法进一步细分，有的采用线分类法进一步细分，如谷物种植采用线分类法按照谷物所包含的以收获籽实为主、供人类食用的农作物进一步细分为稻谷种植、小麦种植、玉米种植和其他谷物种植。

综上所述，对于颗粒度较粗的物品来说，采用传统的线分类法能够清晰地将其进行规范、标准地划分；而对于颗粒度较细的物品的属性特征管理来说，由于属性特征的数量庞大、不同属性描述角度繁多，如只用单纯的线分类法对其进行划分，会出现编码容量不够、底层分类越划分越复杂、越划分越混乱等情况。仅采用线分类法已经不能很好地解决物品的属性特征管理。因此，在信息化程度越来越高的当今社会，一般把面分类法作为线分类法的补充，更多应用在物品属性特征的描述中，使编码对象的详细特征得以呈现。

第三节　物品的命名

一、物品名称是物品的外来要素

天地万物的存在是“自天地以来有所有矣”，就是说自世界产生之时就已经有了，已经在那里了。有人可能不同意这个观点，认为现在琳琅满目的各种物品大多是人造之

① 在介绍国际物品分类体系时，为了叙述方便沿用了传统的“商品分类”一词。商品分类是物品分类的同义词。

物，并不是自然之物。这其实是一种狭义的对自然之物的理解。广义的自然指的是自然界的现象以及普遍意义上的生命。广义的物品是指宇宙间一切事物的集合，狭义的物品指地球上一切事物的集合。人造的物体，比如一辆汽车、一吨热轧带肋钢筋，虽然表象上是现代工业革命之前不存在的物品，但构成这辆汽车微观层面的各种元素，如碳原子、铁原子都已经存在了，是“自天地以来有所有矣”，只是后来这些铁元素所在的铁矿石被开采出来冶炼成钢水，扎成了钢材，在汽车制造厂制成了汽车部件。

物品的名称却不是随着物品的存在而存在的。相对于物本身，物的名称是后来有的，是人强加进去的，即物品的名称由人而定，与实际事物并非浑然一体。在古代的中国，郑国人把未经雕琢的玉叫作璞，周人却将风干的老鼠肉叫作璞。周人带着璞路过郑国，问郑国商人你买不买璞，郑国人说想买。周人于是从怀里掏出他带来的璞，原来是死老鼠。郑国商人看了觉得恶心，连忙谢绝了。同名异物，即名同物不同，在这个寓言中未经雕琢的玉叫璞，但璞并不是未经雕琢的玉的专属称呼，因为没有一个机构也没有相关法律和机制来维护这些称呼。比如用来夹钢板的钢丝夹，有施工队形象地把它叫作“猴子尾巴”。那么在建筑施工队里提到猴子尾巴，大家就知道说的是钢丝夹。那么猴子尾巴就是外来的，是钢丝夹这个物本身之外的东西，是猴子尾巴这个外来的名把钢丝夹这个实体和信息连在了一起。这里说物的名称是外来的，实际上就是老子说的“道本无名而强为之名”，再次说明物品的名称是强加上去的。物品本来是没有名称的，只是人们为了认识和管理这些物品而强行赋予的名称。老子的“道不可名又不得不名”中，名就是命名的意思。不能命名然而又不得不命名，不然的话，人们如何谈论这种物品，如何感知物品并进行交流和沟通呢？如果人们都随意为物品命名，可以把羊叫作马，把马叫作狗，那么彼此在讨论同一名称的物品的时候就会出现你说的物品和我说的物品完全不一样，那就是鸡同鸭讲，双方就失去了共同对话和交流的基础，物品的精细化、精准化管理也就无从谈起了。

所以，物品与名称的关系不是简单的先有后有的关系。因为物的名称的存在，人们才得以观察、了解、称谓物品。物的名称与物本身实质是相互依赖相互支撑的本体和现象之间的关系。

二、为什么有这么多同名异物和同物异名

既然物品名称来自物品之外，是人强加给物品的，那么同一个物品完全有可能获得来自不同地方不同领域的人的多个不同名称，同名异物现象就是这么产生的。亚里士多德说：“同名异义指那些仅仅名词共同，而名词下的实体的描述不同的东西；同名同义是指不仅名词共同而且名词下的实体描述也一样的东西。例如，动物既指人也指牛；因

为他们各自都以共同的名词被叫作动物，而且实体的描述也是一样的[①]。”可见当若干事物虽然有一个共同的名称，但与这个名称相应的定义可能相同也可能不同，前者是同名同义的东西，后者是同名而异义的东西。

作为逻辑学的创始人，亚里士多德在谈到概念的划分、一般性和普遍性、本质属性和偶然属性时，认为种比属是更加真实的实体，也就是说种概念具有较高的普遍性，相对而言，属概念较为狭义而具体。

同名异物就是一个名称被同时用来指代几种不同的物品。比如，“杜鹃”是一个名词，是一个名称，但却有多种物品与之对应。杜鹃可以是杜鹃花科杜鹃属的一种开花植物——杜鹃花，又名映山红、山石榴，是一种落叶灌木，一般春季开花；杜鹃还可以是杜鹃鸟，杜鹃鸟是杜鹃科鸟类的通称，包括大杜鹃、三声杜鹃和四声杜鹃；杜鹃还可能是一个人，可能是一个姑娘，或者是一个男孩。这些都是同名异物的情况。再如土豆，土豆是一种古老又重要的食物，古美洲的原住民们用了数千年的时间才驯化了土豆，早在一万四千多年前就在南美洲的安第斯山区广泛分布了。之后哥伦布发现美洲之后，土豆传到了欧洲，大约是16世纪传到了中国。土豆传入中国之后，迅速在中国北方、西北和西南地区推广开来。土豆也先后得到了马铃薯、山药、山药蛋、地蛋、洋芋、土芋、香芋、芋头等名称，不同地区有着完全不同的名字。这都是典型的同物不同名现象。

为什么有这么多同名异物和同物异名现象？因为物品的品种繁多、产区广泛，历代文字记载、文化传说各不相同，使用习惯不尽相同，随着时间的推移，不同地区的人们不断地把新的理解和认识强加到物品之上，同类品、代用品概念越来越多，同名异物、同物异名的现象就越来越多了。

同名异物和同物异名对物品编码影响很大。事实上，在物品编码研究、实践和物品编码系统制定过程中，物品编码技术人员需要处理的比较多的问题就是解决同名异物和同物异名。同名异物和同物异名容易引起生产、采购及物流使用各环节的混乱，尤其是一些重要领域，比如药品领域，药名规范化是重要的一个步骤，只有规范化标准化的药品名称，才能确保一药一名，确保患者用药安全。为此，药品要以中国药典规定的名称为准，各类合同、文件、标准涉及药品名称的，也要以规范、统一的名称为准。使用环节也要正确书写规范名称，不可用简称、俗称、地方名称等乱代乱用。基于信息化管理需求的物品编码系统的核心是建立“一物一名一码一串描述数据”的物资编目系统，因此需要对物品的名称进行规范。

提高识别的规范化、标准化水平，才能便于物资装备信息在各参与方、各物资装备

---

① 亚里士多德.范畴篇 解释篇［M］.北京：商务印书馆，2017.

信息管理系统之间进行交流。一物是指一个物品，这里一个物品可以是一批物品，也可以是一类物品、一个单品或任何特定范围在管理上被看作是一个基本管理单元的任何一个对象；一名是指对应于这个物品的标准化、规范化的物品名称；一码是指与这个物品名称对应的唯一编码，这个编码可以是该物品所属的分类编码，也可以是该物品的名称编码，还可以是标识该物品本身的标识编码或是表示该物品属性的属性编码。

三、物品的命名及物品名称的规范化

（一）物品的名称

物品的名称简单地说就是物品的称谓，就是人们如何称呼一个物品。“人上一百形形色色”，那么不同的人对同一个物品自然也会有着不同的称谓。所以，从有人类历史以来，人们就不断地对周围的物，如山川河流、飞禽走兽、自然现象等客观的物进行感知和交流，形成对这些客观事物的认知，对其规律进行描述，当然也包括如何称谓这些客观事物。长此以往，人们对物的感知和命名就成了约定俗成的了。物的概念始于古人对天地之道、对人与自然以及超自然力量关系的探讨，它反映的是客观世界，这里的物既是一个直观的生活化的经验概念，也是一个与“心”相对的哲学概念。

在物品编码工作中，物品的命名具有非常重要的作用。比如，油料和零部件保障历来是基础建设工程施工保障的重点，为了达到油料和零部件精确保障的目标，就要求在整个基础建设工程保障系统中，实现各类油料、数量繁杂的零部件的规范、统一的命名、定义和描述。这是一项非常重要的基础性标准化工作，也是实现油料零部件和耗材保障信息化的基础要求和前提条件。油料耗材和零部件只有使用相同的名称、相同的定义和描述，才能实现其在各环节的自动化识别，才能在各参与方之间实现信息交换和资源共享，提高油料和零部件筹措、储备、供应、管理过程中的信息化、精准化水平，充分发挥油料零部件的保障效益，支撑施工顺利进行和经营目标的实现。

不但是在国民经济建设领域，在军事国防等领域也是如此。由于装备项目主要基于系统工程理念开展管理工作，组织上形成了“总体—分系统—制造厂—配套单位”多级贯穿管理模式，产品供应上形成了“总体—分系统—单机—元器件／原材料”多层级配套关系，产品配套供应链长，总体单位、分系统单位和末端配套单位等各环节对装备分（子）系统、单机、元器件、原材料的名称、范围和属性理解并不完全相同，比如紧固件配套单位理解的是半丝，分系统单位理解的是全丝，总体单位却认为全丝和半丝都可以达到设计要求。这种情况在多系统、多层级、多类别成本核算时不同程度地存在。在这样的背景下，军事部门提出了经济高效物资装备保障的需求，而经济高效物资装备保障需求的核心之一是高效的物资装备命名、属性描述和识别工作，并且特别强调要实现标准化的物资装备命名、属性描述和识别。从国际上看，核心做法是通过建立“一物一名一码一串描述数据”的物资装备编目系统的方式，提高各类物资装备识别的规范化、标准化水平，才能便于物资装备信息在各参与方、各物资装备信息管理系统之间进行交流。

如何对物品进行命名呢？给物品一个恰当的命名并不是一件容易的事情。物的概念是一个从具象到抽象的过程，正所谓“道可道，非常道；名可名，非常名”。春秋战国时期有关“白马非马”的论述中，就显著地表明，即便是大圣大贤之人也对物的命名无法轻易地达成一致。这个故事是从公孙龙开始的。公孙龙是战国时期的名家代表人物。当时，在赵国境内马匹传染病流行，各国为了防止瘟疫的传入纷纷禁止其他国家的马匹入境，公孙龙乘坐白马要在函谷关入秦国。关吏说人可入关，但马必须留下不能入关，公孙龙却说白马非马为何不能入关。关吏说白马是马，公孙龙反驳说，若白马是马的话，那我公孙龙就是龙了，这怎么可能呢？官吏虽然有点吃惊但依规定不论白马还是黑马依然不让进关。公孙龙接着说，如果你去马市上买马，马贩子给你牵来黄马和黑马都可以，但你要买白马而马贩子给你牵来黄马和黑马肯定不是你要买的东西。如果白马是马，那么黄马黑马也是白马，这显然不对。多数人认为公孙龙在诡辩，也确实存在诡辩因素，但白马真的是马吗？我们今天从物品分类编码的角度看，马是奇蹄目—马型亚目—马科—马科亚—马属的一种动物。从分类学看，只要属于马属的都是马，不论是白颜色的马，还是红颜色的马都是马。从逻辑上说，公孙龙说的白马非马，逻辑就是如果白马就等于马，那么黄马、黑马等其他颜色的马难道就不是马了？这就是事物的分类识别问题，其本质就是共相与具相、一般与个别的关系。因为“马”是指动物名称，而“白马”是按马的颜色划分的。白马作为一个概念，白是颜色，马是形态，那么白马就是颜色和形态的组合，由限定词“白”和名词“马”构成，是一个典型的有限定条件的名词概念，白马就是白色的马。按照物品分类编码的理论，马是上位分类，白马是下位分类，上位类包含下位类且上位类等于下位类之和。白马和马的内涵尽管不同，但在分类逻辑上它们不是并列关系，而是包含关系。马是共性，白马是个性，所以公孙龙的说法是将白马和马的共性与个性割裂开来看的。他是割裂了事物的普遍属性与个性属性的区别，其实是把共性和个别弄混了。战国时期还没有集合与元素的数学工具，今天我们以集合论来分析白马非马这个问题，就变得简单多了。因为如果按颜色分类，马可以分为黑马、白马、黄马、红马、栗色马、花色马等。马是集合，那白马、黑马这些就是马这个集合的元素，集合中的元素属于这个集合，白马也就当然包含在马这个分类。所以，白马是马。

从“白马非马”开始，战国时期人们因物品命名引起了一场旷日持久的名实之辩。

时至今日，在物品信息化管理领域，物品的命名依然是物品编码的重点。物的命名是拿来用的，最终要能够区分彼此，在物的管理上形成命名不重复、描述无歧义，能够彼此区分不同的颗粒度即可。

（二）物品命名原则

我们一般赋予物品一个名称，会遵从几个基本的原则和做法。

（1）物的名称应该是物品唯一的、通用的标准称谓。

（2）物品的名称应在一定的范围内具有唯一性，做到命名唯一。

（3）物品名称应体现出该物品的通用功能和主要用途。

（4）物品名称应简短、确切、准确、通俗易懂、符合常识。

（5）物品名称命名应具有实时性，与行业发展的现状同步。

所谓物品的标准名称，就是在本领域本行业内该物品唯一的、通用的标准称谓。物品认知的一般逻辑包括物的命名、描述和鉴定，物品名称是物品认知逻辑的三个要素之一。

物品基准名称是对一组具有相似特征的、可以用同一个定义和属性数据模型描述的物品的命名。物品基准名称在国家物品编码体系和军用物资和装备编目体系中，是处于物品分类之下的一个层级。在国家物品编码体系中，物品基准名称是物品信息交换的基本单元，本质上它仍然是一个物品的类，是三层或四层分类之下设定的一个物品类别。这个类别采用的是物品通用名称，从这个层级开始，对物品属性进行规范化、标准化的表达。在军用物资和装备编目体系中，物资和装备基准名称是两层物资和装备分类之下的一个类别。

物品的名称可以用来区别此物品与它物品，一般分为通用名称和特定名称。那么如何为不同行业不同领域的物品起一个规范的、标准化的名称呢？这就要看物品的命名原则。一般地，物品命名的方式可以从物品的功能、主要用途、形态、产地、特殊意义等方面着手，但物品的命名应遵循以下原则。

1. 命名科学性原则

保证物品命名的科学性是物品命名的基本原则。以有机物命名为例，其结构复杂，种类繁多。为了使每一种有机物有一个对应的名称，有机物的命名要以化合物的分子式为依据，新的有机物伴随着人类对自然的探索种类还在不断地扩大，数量不断地增加。对数以千万计的有机物进行系统、规范地命名，相当于创立一门独特用词和语法的语言。比如“最长碳链原则”，当有机物不含有官能团时，要选择含有碳原子最多的碳链作为主链，如果有多个相同个数碳原子的最长碳链，就选择含支链最多的最长碳链作为主链，再选择主链中离支链最近的一端为起点，用1、2、3等阿拉伯数字依次给主链上的各个碳原子编号定位，以确定支链在主链中的位置，再将支链的名称写在主链名称的前面，在支链的前面用阿拉伯数字注明它所在主链上所处的位置，并在数字与名称之间用短连接线隔开，如2-甲基丁烷。

我们再举一个例子——房屋建筑、桥梁、道路、码头等基础建设工程中广泛应用的螺纹钢。螺纹钢得名的原因是这种钢材外表面上具有明显的螺旋状、人字形或月牙形突出的条纹，以利于满足工程设计所需握紧性能要求，所以形象地被称为螺纹钢。但其正式的、全世界通用的标准规范名称是热轧带肋钢筋（hotrolled ribbed stell bars），热轧带肋钢筋牌号由HRB和牌号的屈服点最小值构成，HRB分别为热轧（hotrolled）、带肋（ribbed）、条形物（bars）三个英文词的首字母。根据GB/T 1499.2—2018《钢筋混凝土用钢 第2部分 热轧带肋钢筋》的规定，热轧带肋钢筋牌号及其含义如表2-8所示。

表2-8 热轧带肋钢筋牌号及其含义

<table>
<tr><th>类别</th><th>牌号</th><th>牌号构成</th><th>英文字母含义</th></tr>
<tr><td rowspan="5">普通热轧钢筋</td><td>HRB400</td><td rowspan="3">由HRB+屈服强度特征值构成</td><td rowspan="5">HRB——热轧带肋钢筋英文缩写
E——“地震”的英文(earthquake)首位字母</td></tr>
<tr><td>HRB500</td></tr>
<tr><td>HRB600</td></tr>
<tr><td>HRB400E</td><td rowspan="2">由HRB+屈服强度特征值+E构成</td></tr>
<tr><td>HRB500E</td></tr>
<tr><td rowspan="4">细晶粒热轧钢筋</td><td>HRBF400</td><td rowspan="2">由HRBF+屈服强度特征值构成</td><td rowspan="4">HRBF——在热轧带肋钢筋的英文缩写后加“细”(fine)的英文首位字母
E——“地震”的英文首位字母</td></tr>
<tr><td>HRBF500</td></tr>
<tr><td>HRBF400E</td><td rowspan="2">由HRBF+屈服强度特征值+E构成</td></tr>
<tr><td>HRBF500E</td></tr>
</table>

2. 名称唯一性原则

保证该物品的名称在本行业本领域内具有唯一性。唯一性我们在前面已经讨论过，是物品编码系统的核心和基础要求。物品名称不唯一、不统一，对话的双方就没有对话的基础，所答非所问，双方的信息交流就会产生问题。

3. 名称通用原则

物品名称应体现出该物品的通用功能和主要用途。物品名称应简短、确切、准确、通俗易懂，符合常识，且用恰当的文字形式进行表达。物品名称，尤其是物品的通用名称，不应是专利名称，也不应是某一企业注册的专用名词。物品命名的重点是如何命一个通用名称，就是荀子所说的大共名，也就是公众所熟知的、普遍接受的一般名称，比如啤酒、电视机、轮胎、无人机等。通用名称只是同一类商品的名称，是所有此类商品共同的名称，不能用来区分同一种类不同细类的物品。如星星是指所有可见的宇宙中的天体，我们就不再区分是行星、恒星还是白矮星；如果讨论行星，我们就指所有自身不发光，质量足够大，并环绕着恒星的宇宙天体，并且不再区分行星再分为哪些不同类型的行星。对于商品来说，商品的通用名称是不能用来区分同一种类的不同厂家生产的商品的，比如电视机这一个通用名称是无法区别海尔生产的电视机还是康佳生产的电视机。

商品名称一般具有自然产生的属性，无须办理任何手续，但商品的特定名称一般可以注册成商标或品牌而成为企业独有的知识产权，如茅台酒、同仁堂乌鸡白凤丸和大疆无人机，这些则是商品的特定名称。商品的通用名称不能援引法律法规进行限制性和排他性使用，比如某个手机生产厂商不能把手机作为其特有的商品名称。所以，物品通用名称是可以在各处公共使用的，具有大众性、公共属性，没有时间、地点和特定使用人等限制；商品特定名称与商标有关，具有专用性、专有性。

4. 其他原则

此外，在具体领域，管理部门还会出台更加具体和针对性的物品命名规则，比如《化妆品命名规定》中，明确规定在中华人民共和国境内销售的化妆品的命名必须：①符合国家有关法律、法规、规章、规范性文件的规定；②简明、易懂，符合中文语言习惯；③不得误导、欺骗消费者。

四、物品的命名空间

命名空间（namespace）又可以称为“名字空间”，它是用来解决相同作用域下的命名问题。比如在C、C++等语言中，命名空间是为了防止不同程序员编写类库时发生命名冲突。一个信息管理系统往往是由多名程序员协作完成的，每个人负责一部分，最后再组合成为整个系统，因而是群体工作的结果。在编程时，由于各个头文件是由不同的程序员设计的，大家会在不同的头文件中用相同的名字来命名所定义的类或函数，比如姓名。这样在程序中就会出现名字重复，调用的时候就可能产生冲突。不仅如此，我们自己定义的名字还有可能会与C++库中的名字发生冲突。名字冲突就是在同一个作用域中有两个或多个同名的实体。为了解决命名冲突，C++ 中引入了命名空间。所谓命名空间，就是一个可以由用户自己定义的作用域，在不同的作用域中可以定义相同名字的变量，互不干扰，系统也能够区分它们。

命名空间可以使变量、函数名称、类名称限定在本空间内起作用，而一旦超出了本空间，也就是在其他空间内，就不再起作用，其他空间就可以使用同样的名称了。命名空间从广义上来说是一种封装事物的方法，在很多地方都可以见到这个抽象的概念。就好比在计算机中，不同的文件夹下可以有相同的文件名，但是在同一文件夹中，文件名不能有重复。命名空间就像一个文件夹，其内的对象就像一个个文件，不同文件夹内的文件可以重名。在使用重名的文件时，只需要说明是哪个文件夹下的就行了。在物品编码领域内同样具有命名空间这一概念。

之所以要创造命名空间，是因为人们采用自然语言的单词或数字来命名对象时，名称会很长，也可能和其他已经命名过的名称重复。使用命名空间的目的是对标识符的名称进行本地化，以避免命名冲突。在C语言中，变量、函数和类都是大量存在的。如果没有命名空间，这些变量、函数、类的名称就存在于全局命名空间中，会导致很多冲突。在物品编码领域中，不同人对物品的命名方式、编码方式难免发生重复，这种重名现象同样会在一定范围内引起不必要的冲突。

命名空间就是为了避免这种冲突，在一定范围内定义可以无歧义地唯一识别对象的一套名字，这样就可以避免由于名字相同造成的含糊不清和歧义问题，如使用身份证来标识每一个公民个体。那么在这个国家，身份证就是公民的唯一标识代码。再如国际上采用商品条码来标识物品，这就像身份证给每个人赋予一个不变的唯一性编码一样，这样，不论人名是否重复，身份证编码永远不会重复。同样的道理，给物品分配的编码也可以保证其一定范围内的唯一性。通俗地说，每个名字空间都是一个名字空间域，存放在名字空间域中的全局实体只在本空间域内有效。名字空间对全局实体加以域的限制，从而合理地解决命名冲突。

命名空间定义的是一个范围，即在这个既定的范围内命名不能有重复。以同一单位内的邮箱地址为例，名字为王旭的员工邮箱地址命名为WangX@ancc.org.cn，这样名字为汪旭的员工就不可以再使用 WangX 作为邮箱地址。那么汪旭的邮箱地址可以有如下解决方式。

（1）使用名字全拼，比如WangXu或是XuWang等。

（2）使用字母加数字，比如WangX1或是WangX123等，这种方式就是采用顺序编码的思想，不同的编码代表了不同的员工。

（3）其他不是WangX的方法。

不过在不同的单位，由于邮箱后缀不一致，WangX仍可以作为邮箱地址符号@之前的部分使用，这就是命名空间的应用。

在编程语言中，命名空间提供了一种组织相关类和其他类型的方式。与文件或组件不同，命名空间是一种逻辑组合，而不是物理组合。在C++文件中定义类时，可以把它包括在命名空间定义中。以后，在定义另一个类，在另一个文件中执行相关操作时，就可以在同一个命名空间中包含它，创建一个逻辑组合，告诉使用类的其他开发人员这两个类是如何相关的以及如何使用它们。把一个类型放在命名空间中，可以有效地给这个类型指定一个较长的名称，该名称包括类型的命名空间，后面是类的名称。

命名空间是指标识符的各种可见范围，C++的所有标识符都被定义在一个名为std的命名空间中，比如“using namespace std”。这样命名空间std内定义的所有标识符都有效。因为标准库非常庞大，所以程序员在选择类的名称或函数名时就很有可能和标准库中的某个名字相同。为了避免这种情况造成的名字冲突，就把标准库中的一切都放在名字空间std中。

“using namespace std”是C++新引入的一个机制，它解决了多个模块间命名冲突的问题。C++把相同的名字都放到不同的空间里，来防止名字的冲突。随着源代码规模的增大，产生名字冲突的可能性也会越来越高，如两家公司的类库中都有一个名为“Stack”的类，那么当你需要同时用到这两个公司的类库时，就会产生名字冲突，无法区分是哪一个Stack，因此，一般公司都会把自己的类、函数、变量等放在一个名字空间中，防止冲突。比如

```
namespace s1{
int a = 10;
}
namespace s2{
int a = 20;
}
```

这样就在两个名字空间中声明了两个不同的变量a。

Java语言中的“包”与“命名空间”的作用差不多，也是为了避免命名对象时发生冲突。比如当你在电脑上操作两个名字相同的文件时，如果把这两个文件放在同一个目录下，系统会提示是否要覆盖已有文件，如果选择不覆盖，则新的文件只能改名字。在C、C++里面，这是命名空间的事情，也就是放在不同的文件夹来处理；在Java里，java项目中也是可以分不同文件夹，只不过java中类的文件夹不叫文件夹，叫“包”(package)。package还有个意思是打包，因此也可以理解为把文件夹打了一个包裹。与C、C++的文件夹不同，Java在底层机制上还有所不同，Java的“包”在逻辑结构

上与物理结构是统一的，即一个包对应于磁盘上的一个文件夹。不同包里的对象名称当然可以相同，而命名空间在存储时并没有这样一种文件夹的形式，并且Java里的包均是并列的，不存在包中再建立一个包的关系，命名空间则可以嵌套。

本质上讲，一个命名空间就定义了一个范围，在命名空间中定义的任何东西都局限于该命名空间中。

在物品编码领域同样需要保证给定范围内编码不重复这一原则。例如商品条码6901234567892，如图2-2所示，其代码结构由厂商识别代码、商品项目代码和校验码三个部分组成，如表2-9所示 。其中前缀码表明了商品所在的国家和地区，“690”为前缀码，是国际物品编码组织GS1统一分配给各个国家或地区编码组织的唯一编码。因此，相对于这条商品条码而言，其命名的空间范围就是全世界，即全世界范围内这一条码只代表唯一一类商品。显然这个命名空间比较大。

图2-2　商品条码

表2-9　GS1商品编码结构

一级	前缀码			国际物品编码组织分配
二级	厂商识别代码			国家（或地区）编码组织分配
三级	商品项目代码			成员企业分配
前缀码	厂商识别代码	商品项目代码	校验码	标准算法计算
示例	6901234	56789	2	组合成为13位GS1商品编码

1. 前缀码

根据商品条码的编码规则，前缀码由2～3位数字组成，是国际物品编码组织统一分配给各个国家或地区编码组织的代码，不同国家和地区商品条码的前缀是不同的，不能重复。

2. 厂商识别代码

由7～10位数字组成（其中包括前缀码），是国家（或地区）编码组织分配给相应企业的唯一代码，在同一国家（或地区）内不允许重复。

3. 商品项目代码

由2～5位数字组成，企业可以自行分配商品项目代码，但是在同一企业内不能重复。

因此，在物品编码行业中，编码命名空间范围的大小可以由大到小排列为世界、国家（或地区）、企业三个层次。根据不同层级的要求来进行代码的分配和使用。

五、分类编码的唯一性

关于编码的唯一性，有局部唯一和全局唯一两种情况。但不论哪种情况，代码设计者和编辑者能做到的只能是相对唯一。比如某工程系列标准中，民事行政案在类型代码表中有两个“其他人格权纠纷”。作为一个数据元，其名称是一样的，但其代码分别是101009900、101990000（如表2-10所示）。

表2-10　民事行政案由代码表

代　码	名　称	说　明
100000000	民事类	
101000000	人格权纠纷	
101000100	生命权、健康权、身体权纠纷	
101000200	姓名权纠纷	
101000300	肖像权纠纷	
101000400	名誉权纠纷	
101000500	荣誉权纠纷	
101000600	隐私权纠纷	
101000700	婚姻自主权纠纷	
101000800	人身自由权纠纷	
101000900	一般人格权纠纷	
101009900	其他人格权纠纷	
101990000	其他人格权纠纷	

同一个数据元名称代码不同，这就产生了分类代码重复的问题，不符合分类编码的原则。表2−10中，民事行政案由的分类代码和其他该系列标准中的分类一样，分类采用线分类法，代码采用树状的层次码结构。由于该标准采用线分类法，需要将分类对象按选定的若干属性（或特征），逐次地分为若干层级，每个层级又分为若干类目，同一分支的同层级类目直接构成并列关系，不同层级类目之间构成隶属关系。因此，上位类应该包括下位类，下位类应被上位类包含；下位类之间不重复，不交叉；同级别下位类之和等于其对应的上位类。按照线分类法的规定，一项信息，不论其层级如何，出现且只能出现一次。但此处却出现了两个“其他人格权纠纷”，且“101990000其他人格权纠纷”还比“101009900其他人格权纠纷”高一个层级。这就是重复出现，不符合唯一性要求。

关于代码的唯一性，代码设计者和编辑者如何做到相对唯一呢？某检查业务标准中，代码的长度、代码的层次各不相同。①代码长度不同，有1位、2位、3位、4位、5位、6位、9位的代码；②相同长度代码内又有多种层次定义关系，同样是9位代码，有的是三层9位，有的是四层9位；③某一个代码在某一个具体的代码表内不重复，但是表外就完全有可能重复。

比如代码“110”在多个标准中都出现过，甚至在多个表格中都出现过。比如在“审查逮捕案件决定执行情况代码表（CC02.02.004）”中，110是“已执行”这一执行情况的代码，如表2−11所示。

表2−11　审查逮捕案件决定执行情况代码表

代　码	名　称	说　明
100	逮捕	
110	已执行	
120	变更强制措施	
121	变更为取保候审	
122	变更为一般监视居住	
123	变更为指定居所监视居住	
130	未执行	
190	其他	
200	不捕	

续表

代　码	名　称	说　明
210	已释放	
220	变更强制措施	
221	变更为取保候审	
222	变更为一般监视居住	
223	变更为指定居所监视居住	
230	未释放	
290	其他	

在“抗诉理由代码表（CC02.05.008）”中，110是“未经传票传唤，缺席判决的”这一抗诉理由的代码，如表2-12所示。

表2-12　抗诉理由代码表

代　码	名　称	说　明
100	民事抗诉理由	
101	有新的证据，足以推翻原判决、裁定的	
102	原判决、裁定认定的基本事实缺乏证据证明的	
103	原判决、裁定认定事实的主要证据是伪造的	
104	原判决、裁定认定事实的主要证据未经质证的	
105	对审理案件需要的主要证据，当事人因客观原因不能自行收集，书面申请人民法院调查收集，人民法院未调查收集的	
106	原判决、裁定适用法律确有错误的	
107	审判组织的组成不合法或者依法应当回避的审判人员没有回避的	
109	违反法律规定，剥夺当事人辩论权利的	
110	未经传票传唤，缺席判决的	

在“民事、行政审判程序违法情形代码表（CC02.05.013）”中，110是“违反法律规定送达的”这一民事、行政审判程序违法情形的代码，如表2-13所示。

表2-13　民事、行政审判程序违法情形代码表

代　码	名　称	说　明
100	民事审判程序中违法情形	
101	判决、裁定确有错误，但不适用再审程序纠正的	
102	调解违反自愿原则或者调解协议的内容违反法律的	
103	符合法律规定的起诉和受理条件，应当立案而不立案的	
104	审理案件适用审判程序错误的	
105	保全和先于执行违反法律规定的	
106	支付令违反法律规定的	
107	诉讼中止或者诉讼终结违反法律规定的	
108	违反法定审理期限的	
109	对当事人采取罚款、拘留等妨害民事诉讼的强制措施违反法律规定的	
110	违反法律规定送达的	

在“执行活动监督理由代码表（CC02.05.015）”中，110是“以物抵债违法”这一执行活动监督理由的代码，如表2-14所示。

表2-14　执行活动监督理由代码表

代　码	名　称	说　明
100	民事执行实施行为违法	
101	财产调查措施违法	
102	财产控制措施违法	
103	查封措施违法	
104	扣押措施违法	
105	冻结措施违法	

续表

代　码	名　称	说　明
106	财产处分措施违法	
107	违法评估	
108	违法拍卖变卖	
109	违法扣留提取	
110	以物抵债违法	
111	交付和分配措施违法	
112	强制迁出房屋或者强制退出土地措施违法	
113	提出司法建议违法	
199	其他实施行为违法	

那么，我们可以说，110这个代码在CC02.02.004、CC02.05.008、CC02.05.013、CC02.05.015这四个代码表内是唯一的，具有唯一性。但这种唯一性只是在一个代码表内相对唯一，具有局限性，在系统内部并不唯一——同样一个代码对应多个数据元。当搜索时输入110，会搜到多个数据元。

第四节　物品的模式识别与物品分类

模式识别(pattern recognition)是人类的一项基本能力，在日常生活中，人们经常在进行模式识别。随着20世纪40年代计算机的出现以及50年代人工智能的提出，人们希望能用计算机来代替或扩展人类的部分脑力劳动。计算机模式识别在20世纪60年代初迅速发展并成为一门新学科，是指对表征事物或现象的各种形式的(数值的、文字的和逻辑关系的)信息进行处理和分析，以对物品或现象进行描述、辨认、分类和解释的过程，是信息科学和人工智能的重要组成部分。

模式识别是对输入的原始数据进行分析判断，获得类别属性，并进行特征判断的过程。为了具备这种能力，人类在长期演化过程中，通过对大量事物的认知和理解，逐步进化出了高度复杂的神经和认知系统。例如，不管是圆土豆、长土豆，还是白色土豆、黄色土豆或红色土豆，不管芽眼多还是少，不管芽眼深还是浅，哪怕外表有着很明显的差别，我们也还是会一眼认出来这个物品就是土豆。又如公司人事部门要求员工上下班按指纹打卡进行身份验证，以此确认员工有没有迟到早退从而进行绩效考核。再如，你偶然看到别人的鞋很好看，可以在手机上打开网购App，使用拍照功能，朝着那双鞋拍一张照片，购物App就会把相似的鞋展示到你手机页面，最相似的当然可能被排在最前面，你就可以下单了。这些都是模式识别的具体应用。这些看似简单的过程，背后实际上隐藏着非常复杂的处理机制。弄清楚这些处理机制正是模式识别的基本任务。广义地说，模式是存在于时间和空间中的可观察的事物，如果我们可以通过事物表现出的信息判断它们相同或者相似，那我们从这种事物所获取的信息就可以称之为模式。

我们先看看模式这个词在不同语言环境下的含义。中文“模式”的意思是事物的标准样式，或者是事物的标准存在和表现形式。在英文中，韦氏字典对“pattern”的解释是“a form or model proposed for imitation”，中文解释可译作“为模仿范例提出的一种形式或模型”；柯林斯字典的解释是“a pattern is the repeated or regular way in which something happens or is done”，中文解释可译作“模式是发生或完成某事的重复或规范方式”。

韦氏字典中，“pattern”还有另外两个意思：①“A pattern is an arrangement of lines or shapes, especially a design in which the same shape is repeated at regular intervals over a surface.”中文解释可译作“模式是线或形状的布置方式，特别是相同形状在表面上以规则间隔重复出现的形式”。②“A pattern is a diagram or shape that you can use as a guide when you are making something such as a model or a piece of clothing.”中文解释可译作“模式是在制作模型或衣服之类的东西时可以用作参考的图例或形状”。由此可见，在英文中，模式“pattern”这一词语本身就意味着标准模型、模板、样例的意思。细分看有两重意思：①表示事物（单个物品或一组物品）的模板或原型；②表征物品特点的特征或性状的组合。

在模式识别学科中，模式可以看作是物品的组成部分或影响因素间存在的规律性关系，或者是因素间存在确定性或随机性规律的对象、过程或事件的集合。作为一门学科，模式识别研究的不是人类进行模式识别的神经生理学或生物学原理，而是研究如何通过一系列数学方法让机器（计算机）来实现类似人的模式识别能力。

我们再看识别“recognition”。在英文中，柯林斯字典对识别的解释是“recognition is the act of recognizing someone or identifying something when you see it”，中文译作“识别是一种识别某人或看到某物时对其进行识别的行为”。另一种解释是“recognition of something is an understanding and acceptance of it”，中文译作“识别是对事物的理解和接受”。韦氏字典中，“recognition”的一个意思是“the action of recognizing the state of being recognized”，另一个意思是“the sensing and encoding of printed or written data by a machine, optical character recognition, magnetic ink character recognition”。中文可译作“机器对打印或写入的数据进行感应和编码，比如光学字符识别，磁性墨水字符识别”。由此可见，在英文中，识别“recognition”这一词语具有认识、认出来、承认的意思。一是认识辨别事物（单个物品或一组物品）的行为及其行为过程；二是根据物品特点的特征或性状的组合，认出这个物品是什么。

在汉语《说文》中，“识，知也；别，分解也。”识别具有辨认、辨别、区分、分辨的含义，一方面是识别真假，识别是不是你概念中的那个物品、那个物体、那个人、那件事。另一方面是识别的过程，又含有归类和定性的意思，在遇到事物的时候，依照某一本质、某一标准，对事物或问题进行分类和定性，将其归入某一确定范畴的过程。

由此可见，不论是中文环境还是英文环境，物品识别的本意就是将物品对象分门别类地认出来，识别出来。在英文中，识别主要解释为对以前见过的对象的再认识，因此，模式识别就是对模式的区分和认识，把对象根据其特征归到若干适当的类别中。

以上是从语言学和广义上理解模式，理解识别的概念。在模式识别这一学科中，模式被更严格地定义为“为了让机器执行和完成识别任务，必须对分类识别对象进行科学的抽象，建立其数学模型，用以描述和代替识别对象”。用数据模型描述就是模式。模式的表现形式有特征矢量、符号串、图、关系式这几种形式。模式识别是根据研究对象的特征或者属性，运用一定的分析算法认定其类别，并且分类识别的结果尽可能地符合真实。

模式识别有时候也被称作模式分类，从处理问题的性质和解决问题的方法等角度，模式识别分为有监督的分类（supervised classification）和无监督的分类(unsupervised classification)两种。模式还可分成抽象的和具体的两种形式。前者如意识、思想、议论等，属于概念识别研究的范畴，是人工智能的研究分支。后者所指的模式识别主要是对语音、图片、照片、文字、符号、心电图、脑电图等对象进行分类和辨识。

模式识别研究主要集中在两方面，一是研究生物体包括人是如何感知对象的，属于认识科学的范畴；二是在给定的任务下，如何用计算机实现模式识别的理论和方法。前者是生理学家、心理学家、生物学家和神经生理学家的研究内容，后者是数学家、信息学专家和计算机科学工作者的研究内容。模式识别技术包括以下几个方面。

（1）统计模式识别：直接利用各类分布特征，或隐含利用概率密度函数、后验概率等概念进行识别。基本的技术有聚类分析、判别类域代数界面法、统计决策法、最近邻法等。

（2）结构模式识别：将对象分解为若干个基本单元，即基元；其结构关系可以用字符串或图来表示，即句子；通过对句子进行句法分析，根据文法而决定其类别。

（3）模糊模式识别：将模式或模式类作为模式集，将其属性转化为隶属度，运用隶属度函数、模糊关系或模糊推理进行分类识别。

（4）人工神经网络方法：由大量简单的基本单元，即神经元相互连接而成的非线性动态系统，在自学习、自组织、联想及容错方面能力强，能用于联想、识别和决策。

（5）人工智能方法：研究如何使机器具有人脑功能的理论和方法。

（6）子空间法：根据各类训练样本的相关阵通过线性变换由原始模式特征空间产生各类对应的子空间，每个子空间与每个类别一一对应。

人们为了解、管理、掌握和利用物品，往往会按照物品的相似程度组成类别，而模式识别的作用和目的就在于把某一个具体的物品正确地归入某一个类别。我们前面在论述物品分类的时候提出，物品分类就是人们为了理解、认识和管理物品，按照物品的相似程度，将具有明显相似性的物品归为一类，这就是分类的过程。从这一点看，物品分类和模式分类在作用上具有一致性，在方法上具有相似性。

随着计算机的发展和应用的普及，作为一门学科，模式识别对事物、物品或现象进行描述、辨认、分类和解释，已经成为信息科学和人工智能的重要组成部分。模式识别研究成果在不断取得新进展。考虑到本书的主题，我们还是回归到物品编码本身，回归到物品分类本身。之所以要提到模式识别，是因为我们在讨论物品分类的时候，我们发现了物品分类与模式识别存在交叉的部分。不论是物品分类，还是模式识别，模式分类，二者都是对单个物品或一组物品、一组事件或过程进行鉴别和分类。二者所识别的物品、事件或过程可以是文字、声音、图像等具体对象，也可以是状态、程度等抽象对象。二者的结果都会给出物品的类别信息，给出事物的类别信息。无非前者进行分类的是人（研究物品自动分类也是物品分类的一个研究分支，但事实上目前对物品分类，大多数还是依赖人工进行的），后者则利用计算机进行。因此，从这个意义上看，其实物品分类也是物品模式识别的一个子过程。

第三章

物品编码的类型

物品分类是人们认识物品、了解物品和利用物品的一种方式。为已分类的物品建立相应的数字编码表（代码表），是物品分类和划分结果体系化、代码化的呈现形式。一般地，物品分类最后都会形成一个代码表，这是各类物品信息管理系统实现物品信息输入、储存、整理、查找的基础，为物品信息的生产、存储、应用和查找带来了方便。起分类作用的物品编码都是建立在物品分类基础上的，即分类在前，编码（赋码）在后。事实上，物品标识编码和物品属性编码也多少具有这样的性质，比如物品的标识编码是先划分好、确定好标识的对象、范围，并且划分好颗粒度，再编码（赋码）；属性编码是先罗列好所有物品的属性和可能性（属性值），再编码（赋码）。物品编码的类型与物品的管理方式和用途密切相关。物品分类是物品编码的第一步，还需要加上物品标识和物品属性描述才能构成完善的物品编码体系，才能在各类物品信息系统中完整系统地实现物品的数字化。由此可见，物品编码是实现物品信息化、数字化管理的重要基础资源，是信息化建设的“本之木”“炊之米”。

第一节　物品编码的分类方式

物品编码由物品和编码两个词组合而成。物品编码顾名思义指物品的编码，因为编码既是名词也是动词，物品编码也兼具名词和动词两个义项。作动词时描述的是给物品赋码的过程，我们已经讨论过这个问题。即便在作名词时，我们看到“物品编码”，可能会产生几个不同的理解：一是认为物品编码就是物品外包装或者标签上的一串数字，这恐怕是对物品编码最直观的认识了。二是认为物品编码就是CPC（The Central

Product Classification，联合国核心产品分类）、HS（Harmonized System，《商品名称及编码协调制度》）、UNSPSC（The Universal Standard Products and Services Classification，商品及服务编码）等国际分类体系，或者是企业物资设备分类编码。对于企业物资采购和管理的人员来说，物资采购中的编码就是这些物资属于哪个分类，甚至有不少人认为物资编码就是物资的分类编码。三是觉得物品编码就是一串数字，是一种和物品有关的编码，具体包含什么不太清楚。此外，对从事物品编码工作的人来说，物品编码就是他们工作的领域。当然可能还有别的一些理解和认识，我们不再展开。但这引出了一个问题：到底物品编码有多少种类型？前面我们在讨论物品编码定义的时候为了叙述的方便，提出物品编码作为交换信息的一种技术手段，有三个大的类型：一是对物品进行分层划分的编码，即确定物品逻辑和归属关系的物品分类编码；二是起到身份标识作用的标识编码；三是起到属性描述的属性编码。但这还不够，因为物品编码根据功能、编码对象的颗粒度、编码应用领域以及是否具有特定含义等，还可以划分为不同的类型。

一、按功能划分类型

按编码的功能划分，物品编码可分为物品分类编码、物品标识编码和物品属性编码三类。物品分类编码是根据物品的各种属性或特征对物品进行分级和区别，将具有相同属性或特征的物品归为一类，各类之间具有归属或平行关系。物品分类编码是物品分类的编码化表现形式，主要用于统计汇总。

物品标识编码主要标识物品或概念的名称、一类物品或单个物品。在物品编码领域，物品标识编码标识的是物品本身，是物品的唯一身份编码（ID编码），物品标识编码的作用是避免自然语言描述的二义性。当概念容易引起理解歧义时，它就具有二义性。在物品标识编码中的二义性指的是一个东西在一种环境下会出现两种以上（包含两种）含义。标识编码通过与物品或其状态的精准对应消除了二义性，便于自动识别信息采集。

物品的属性是指物品本身所固有的性质，它是物品性质的体现，是人们从客观角度认知物品的形式。物品的性质就是该物品所决定的事实。物品属性编码是对物品属性及属性状态的描述，用于全面系统描述一个具体物品。

物品属性编码的主要作用是以编码形式对物品的各种属性进行标准化代码化的描述。详见第四章的阐述。

下面以啤酒的分类、标识及属性编码为例，对此类型编码进行直观认识。

如图3-1所示，这是物品编码体系中啤酒分类、标识及属性编码的示例。图3-1顶部的大类、中类和小类是啤酒所属的分类编码，50000000表示食品、饮料、烟酒大类，50200000表示饮料中类，50202200表示含酒精饮料小类，啤酒就属于这个类。

由图3–1还可以看到，烈性酒、起泡葡萄酒等基准名称也属于小类，也就是一个小类下可以有多个基准名称。其中，每一个基准名称所对应的物品集合都具有相同的属性，如这里的基准名称均具有“含酒精”这一属性。在全球产品分类GPC（V23）中，具有果酒、啤酒、起泡葡萄酒、烈性酒等一共23个基准名称。

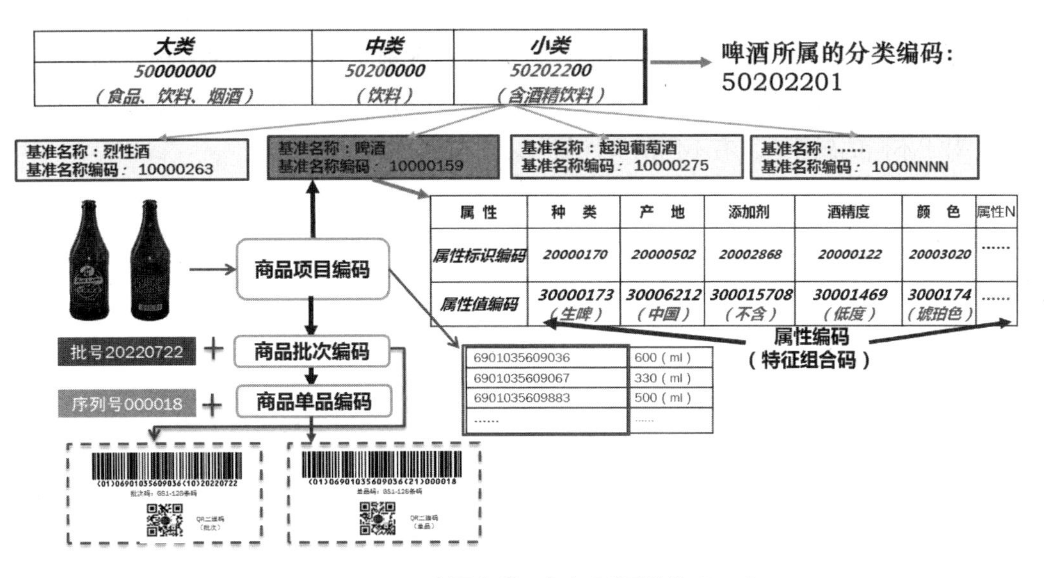

图3–1 啤酒分类、标识及属性编码

在属性设置方面，按照属性及其表现形式，啤酒可设置如表3–1所示的几种属性。

表3–1 啤酒属性设置

属性编码	属 性 名 称	属性名称（英文）
20003020	啤酒颜色	Colour of Beer
20002971	是否为低热量	If Calorie–Reduced
20002972	是否经过过滤	If Filtered
20002868	是否添加调味或混合果汁、软饮料及其他配料	If Flavoured or Mixed with Juices, Soft Drinks or Other Ingredients
20003021	是否经过巴氏杀菌	If Pasteurized
20000122	酒精度声明	Level of Alcohol Claim
20000502	啤酒原产地	Origin of Beer

续表

属性编码	属 性 名 称	属性名称（英文）
20000170	啤酒种类	Style of Beer
20002973	味道	Taste
20000017	啤酒类型	Type of Beer

属性、种类、产地、添加剂、酒精度、颜色等都是啤酒的属性名称，相应地，“20000170”“20000502”“20002868”“20000122”“20003020”都是啤酒属性名称的编码。对于不同的属性，又有不同的属性值与之对应。

属性值是指确切表达属性的某种状态或参数。比如啤酒的“20003020/Colour of Beer/啤酒颜色”这一属性，按照啤酒色泽的表现程度，可设置如表3–2所示的几种属性值。

表3–2　啤酒色泽属性设置

属性编码	属 性 名 称	属性名称（英文）
30000174	琥珀色	AMBER
30014944	黑色	BLACK
30014945	棕色	BROWN
30014941	红色	RED
30002515	未分类的啤酒	UNCLASSIFIED
30002518	未识别的啤酒	UNIDENTIFIED
30002652	黄色	YELLOW

表3–2中，“琥珀色”“黑色”“棕色”“红色”“未分类的啤酒”“未识别的啤酒”“黄色”这7个属性名称分别对应30000174、30014944、30014945、30014941、30002515、30002518、30002652啤酒属性编码。

商品项目（item）[①]是最常见的商品单元，可以是零售单元，也可以是流通单元或计价单元。商品项目编码是商品项目的编码，可以是零售单元编码，也可以是流通交换单

① “item”传统上译作项目，比如全球贸易物品代码（Global Trade Item Number，GTIN），但实际上在中文环境中，item就是一般交易物品。

元编码或计价单元的编码；商品批次编码则代表同批具有相同质量的商品或产品；如果是贵重或关键的物品，还可以再细分为一品一码，即商品单品编码。

综上所述，物品编码作为统一认识、统一概念、交换信息的一种技术手段，包括三个层面的意思：第一个层面是从物品管理目标出发，根据物品的属性特性及其在整体中的地位和作用对物品进行分级分类，起到分层划分作用的编码，用于物品类别信息的区分，实现物品类别信息的处理和信息交换，这就是所谓的物品分类编码；第二个层面是用一组抽象的符号或数字按某种排列规则组合起来，表示物品本身的编码，这就是所谓的物品标识编码；第三个层面是使物品的属性特征信息编码化，以全面描述一个物品，方便物品信息查询、比对和交换，这就是所谓的物品属性编码。

需要指出的是，置于某一既定物品分类编码之下的物品具有相同的属性，并且可以由这个既定的物品分类编码来代表这些特征。因此，物品分类编码本身也就是这个类目的标识编码——类标识。

二、按编码对象的颗粒度划分类型

按照编码对象的颗粒度，物品编码可以分为物品品种编码、物品批次编码、单个物品编码等。物品品种编码是对物品品种进行标识的编码，每一个编码对应某一类相同物品的总和，主要用于各领域对物品品种的管理。物品品种是一个管理色彩明显的概念。常见的物品品种编码有商品编码（商品条码里的编码）和特定应用的物品品种编码。在军用物资编目体系中，物资和装备品种以及品种编码都是非常重要的。一般具有相同或相似特征和功能的物资或装备，使用中可以相互替换，这些物资和装备就可以看作一个军用物资和装备的品种。互换的本意是机器仪表的零件或部件，由于其尺寸和力学性能差异很小，而可以相互使用、相互替换。起互换作用的零件、部件在装配或调换时不需要做新的修配或其他加工及调整，就能够保持其原有的技术要求，从而使装配和维修工作大为简化。但考虑到如何理解和定义物品品种，不同机构和不同的人理解和要求并不相同，因此品种的范围也存在鲜明差异，物品品种在不同应用领域的颗粒度也存在明显差异。在军用物资和装备编目体系中，品种的颗粒度就要大。比如阿普唑仑片(0.4mg)是一个物资品种，不同制药企业生产的多个不同品牌不同包装的阿普唑仑片(0.4mg)是归属于这个物资品种之下的产品。在军队药品管理中，规格为0.4mg是药品的一个重要属性，药品采购是以“粒”为单位进行的，比如需要采购阿普唑仑片(0.4mg)一万粒，而不是一千盒（每盒含0.4mg的阿普唑仑片10粒）。在药品管理上，重要的属性参与了品种的确定，不同管理单位对重要属性的确定是存在较大差异的，这就是为什么同样是药品，品种的颗粒度却大不一样的根本原因。换到药品供应链应用环境中，在药品生产企业、药店或医院内的物流管理系统中，阿普唑仑片/盒是一个单独的品种，因为只有盒上才有唯一标识编码用于唯一标识这种药（盒），这样才能保证药品在生产、运输和销售的每个环节通过扫描枪扫描该条码，实现阿普唑仑片的进出库管理。显然这个品种要比上述物资品种的颗粒度要细，因为这里的品种增加了另外的属性：药品的生产厂家和品牌。因为药品供应链体系中药品品种与物品管理的精细度有关，所以不同生产厂家和品牌的0.4mg的阿普唑仑片价格不一样，标识编码自然也就不一样了。

物品批次编码的编码对象是同属于一个批次的物品，有的时候也称其为批号编码。在物品编码领域，物品批次编码更多是以商品批次编码或产品批次编码的形式出现的。批次编码与生产过程密切相关，是对同一个生产批次的物品的代码化表示，标识有相同批次编码的物品表示其同属一个批次的商品。一般地，同一个批次的物品、产品或商品被认为其作用、功能、原材料甚至包装材料都应该是一样的，质量是相同的。在各种产品追溯系统中，批次是最基本的追溯单元，一般也是最小的追溯单元。各个行业和领域对物品的批次有着不同的定义和理解，但大多数人的共识是批次反映的应该是制造商认为与商品质量有关的任何数据，可涉及物品本身、原材料、生产线、生产班次等。

生产批次不仅能应用于生产，还可用于质量追踪、保质期管理、质量管理等方面。在食品、药品、化学等行业，常常利用批次进行质量追溯。食品还需进行保质期管理，《中华人民共和国食品安全法》明确要求“食品生产企业应当建立食品原料、食品添加剂、食品相关产品进货查验记录制度，如实记录食品原料、食品添加剂、食品相关产品的名称、规格、数量、生产日期或者生产批号……”批次管理是食品等产品实施保质期管理的先决条件。在电子产品和装备制造领域，生产企业还通过批次和序列号追踪产品质量问题和进行售后服务。这时候的批次+序列号，实际上就是一物一码的单品编码。

单个物品编码的编码对象是需要单个管理的物品，如物流供应链中需单独编码的物流单元、在资产管理中被独立管理的单个资产以及需单个跟踪追溯的贵重关键物品等对象的编码。单个物品编码还包括贸易流通过程中的单个物品编码和特定应用的单个物品编码等。

三、按编码应用领域划分类型

不同领域的编码系统具有显著的领域特征。比如统计领域使用的国民经济分类、贸易产品分类，与医保药品分类、公共采购物资分类等具体领域的分类，在分类方法、分类原则上有明显不同。每一个应用编码系统，都有特定的历史渊源和应用需求。但在统一编码的趋势下，各类分类编码系统之间也在逐渐建立映射，比如HS和UNSPSC的映射、HS和CPC的映射等，通过分类映射，实现不同编码系统之间物品信息的比对和交换。

还有一类应用比较广泛的物品编码应用系统，即跨行业、跨部门、开放流通领域应用的物品编码系统，它是开放流通领域物品的唯一身份标识系统，如在物品流通领域广泛应用的GS1商品条码编码系统、采用射频识别技术的产品电子编码系统EPC以及在汽车领域使用的汽车统一编码VIN系统等。这些物品编码系统是各领域、各种流通物品都可适用的物品编码系统，也是开放流通领域必须适用的编码标准，是目前应用最为广泛的编码系统。与其他编码不同，这些编码在采用条码、射频等自动识别数据载体进行承载时，一般采用标准规定的数据载体，或在数据载体中采用特殊规定的、确定的数据标识进行区分。因此，在国家物品标识体系中，通用物品编码的确定可以在数据载体层进行，不需在编码层添加额外的特殊标识。

此外，还有一些物品编码系统由各个部门、行业、企业自行编制，在具体应用领域、特定行业或企业使用，它们具有一些专用特征，针对特定的应用需求而生产建立，对单一对象进行分类和编码。由于具体应用领域的物品编码具有专用性，专用性强而通用性不足的特点可能会使其适用范围受限，如采用专用标识编码时，一般无法采用通用的数据载体（如EAN/UPC、GS1-128、GS1 Data matrix等通用码）制作编码。因此，在数据编码层需要增加特殊的标识进行区分，或者采用其他码制，如128码、QR码等。

四、其他划分方法

除了上面几种常见的划分方法，按物品编码是否具有特定含义，物品编码可以分为无含义编码和有含义编码。

无含义编码指编码本身并不具有特定含义。其优点是编码容量应用比较充分，编码冗余少；缺点是不带有助记功能，应用时需要调用数据库其他相关信息，不可人工判读，对应用系统依赖大。无含义编码有很多，比如：邮政编码，北京市东城区安定门外大街的邮政编码是100011，海淀区学院路的邮政编码是100083；职工工作证编号，1001是王山，1002是赵水……无含义编码通常是以顺序码或无序码的形式出现的，整体或部分编码均不代表任何特定含义。

有含义编码是指代码的一部分或若干部分代表特定的含义。其优点是带有助记功能，通过将编码全部或部分与特定信息关联，可实现人工判断和人工解码；缺点是在既定的编码结构下，容易产生编码冗余，编码容量应用不充分，编码位数多。例如身份证代码11010519900528052X，110表示北京市，105表示朝阳区，19900528表示出生日期。再如医院的药品管理系统，供医生开药的药品编码采用该药品中文名称对应的汉语拼音第一个字母加数字的形式，青霉素注射钠的编码是qmszsn，感冒颗粒冲剂的编码是gmklcj，如果汉语拼音首字母有重复，则在其后加阿拉伯数字顺序码，多个品牌的青霉素注射钠可以编码为qmszsn01、qmszsn02、qmszsn03等。有含义编码的特点是编码的部分或若干部分带有特殊的含义，因此带有一定的助记功能。

物品有效的、标准化的编码及标识是物品信息化管理工作的基础。物品编码往往是以标准的形式表现并应用的，由此形成了各种不同层次物品编码标准。现有的有关物品编码标准的种类繁多，按其层次划分，物品编码标准可划分为物品编码国家标准、物品编码行业标准和企业物品编码标准。当然，按现有标准的层次，还有协会或团体制定的各类物品编码标准。

综上，我们对各种存在的、常见的物品编码类型进行了一个大致的划分。之所以从这些角度进行划分，无非想多方位、多角度地认识和了解物品编码。在信息化时代，通常对物品进行信息化管理，需要三方面的物品编码标准：一是物品类属的编码，即物品分类编码；二是标识物品本身的编码，即物品标识编码；三是物品相关属性信息的编码，即物品属性编码。因此，下面将从物品分类编码、物品标识编码、物品属性编码三大类展开介绍。

第二节　物品分类编码

物品分类（article classifying）[①]就是物品的分门别类。物品分类是分类学（Taxonomy）的范畴。物品的分类过程是人们根据物品的属性或特征对物品进行分类的行为或过程，就是人们按照物品各自具有的属性和特征对物品进行分辨、区别，把相似或相同的物品归入一类，最终把所有物品按照属性和特征的区别联系分别归入各种门类的过程。在物品分类工作实践中，物品分类是按照物品的通用功能、主要用途、原材料来源、加工方式等属性对物品进行归类，把具有共同属性、特征的物品归并在一起，把具有不同属性或特征的物品区别开来，形成不同颗粒度的物品类群，这些物品类群之间在逻辑上有归属或平行关系，从而建立分类体系和排列顺序，形成层级关系。

物品分类编码就是在物品分类的基础上，为已确定层级的物品编码对象赋予唯一确定的编码，最终形成可表示物品归属、平行等逻辑关系的分类代码表，以便于物品所属类别的查找和搜索。对应地形成分类编码的层级结构及每层的编码位数，从而将不同类

① 本节的物品分类编码是作为一个动词，相当于英文环境中的article classifying。

型物品编码对象准确无歧义地组织起来。物品分类编码是物品分类的延伸和具体表现形式。物品分类编码是对编码对象类属进行管理的编码，有时也称为分类代码。如果说物品分类的作用是将物品分门别类，划分成不同的群组，让杂乱无章的、五花八门的物品组织化，分级化，那么物品分类编码的核心就是使杂乱无章的、五花八门的物品体系化、有序化。

GB/T 19114.31—2008《工业自动化系统与集成 工业制造管理数据 第31部分：资源信息模型》对分类（classification）的解释是：根据特性的不同将其抽象化地划分为不同的组织结构的过程（GB/T 19114.31—2008，3.5.3）。GB/T 37056—2018《物品编码术语》对分类编码（article classifying）解释是：把具有某种共同属性或特征的物品归并在一起，把具有不同属性或特征的物品区别开来的过程。物品分类编码的解释是：物品分类结果的编码化表示形式。物品分类编码的核心功能和作用是确定物品的逻辑归属。这里，物品分类编码是作为名词使用，相当于英文中的article classification。物品分类和编码的结果是形成各式各样的物品分类码表或分类目录。在分类表中，同类物品可以用同一组代码进行指代。

我们在物品编码的工作实践中，面对的物品纷繁复杂，五花八门，尤其是物品分类的时候，我们还是会陷入各种困境。近代的阿伏伽德罗等科学家研究得出结论，形形色色的物品是由原子和分子构成的；门捷列夫发现元素周期规律编制了元素周期表，现代化学创立。人们开始在元素周期律指导下，利用各种元素之间的一些规律性知识来学习物品的有关性质。从此人类对物品的认识建立在了化学分析的基础上，人类对物品的认识发展到现代意义的科学阶段。认识物品的过程，也就是对物品辨别和区分的过程。物品分类是按不同的门类对物品进行分级分类，进行区别化管理。这就不可避免地涉及人的主观因素，可以说分类就是主观地贴上人为的标签。但也并不是说分类就一定是主观的，在物品分类编码的实践中，分类人员还是会尽可能地找到物品的各类物理属性、化学属性等自然属性[①]，以及技术属性、功能属性这些相对客观，相对能够形成一致认知的物品属性作为物品分类实践活动中相对客观的一个角度。认识分类的主观特征，是为了更好地认识物品的分类，更快地达成分类的意愿和结果。

物品分类编码以物品分类为基础，是物品分类层级的代码化表现形式。它的核心功能是唯一表示一个物品所属的逻辑归类。通常从中可以看到该物品所属的分类层级。置于某一既定物品分类编码之下的物品应该具有这个物品类目普遍具有的属性，并可

---

① 我们在生活中了解到很多有关物品的事实，比如铁在潮湿的空气中生锈、铜在潮湿的空气中产生铜绿等，这些就是所谓的物品化学属性。我们认为物质在化学变化中表现出来的性质就是化学性质。物质不需要发生化学变化就能表现出来的性质是物理性质，比如物品的颜色、状态、气味、硬度、熔点、沸点、密度等。当外界条件改变时，物品的性质也会发生变化。

以由这个物品分类编码来代表这些物品属性。因此，有时候物品分类编码也可以看作这个物品类目的标识编码——类标识。但需要指出的是，用物品分类编码作为物品的标识编码是不可取的。其考虑是虽然这样也是在物品分类名称和物品分类编码之间建立了一一对应关系，但如果分类的层级、分类时选取的属性等依据发生了变化，那么分类编码也必然发生变化，而物品的标识编码应该是终身不变的ID编码，一旦赋码就不能改变。所以用物品分类编码作为物品标识编码，看起来方便，具体应用时反而可能会有麻烦。

常见的物品分类编码有产品总分类、《商品名称及编码协调制度》、联合国标准产品与服务分类代码等。物品分类编码主要用于统计汇总。常见的物品分类编码系统有很多，为了篇幅合理更易于读者理解，我们将在后面继续介绍几种国际上常见的物品分类编码系统。

第三节　物品标识编码

标识是指将事物或概念的名称和一个符号体系建立一一对应的关系。标识做动词时，与英文Identify对应，其含义是“Establish or indicate who or what (someone or something) is”，标识就是区别、身份辨识。标识做名词时，与英文Identification对应，牛津字典解释标识是“The action or process of identifying someone or something or the fact of being identified”。可见标识可以是标识某人某物某事的过程（动词，相当于identify），也可以是标识这一行为形成的那个结果（名词identification）。ISO/IEC 15944-1《信息技术　商务协议语义描述技术　执行用于开放电子数据交换（Open-edi）的商务操作问题》对标识的解释是：基于规则的、清晰声明的过程，包括一个或多个属性(即数据元)的使用，属性的值(或值的组合)用于唯一识别一个指定实体的出现或存在。

物品标识编码就是对物品本身的编码，又称为ID编码，唯一指代物品在某个信息系统的身份。一般地，物品标识编码应该是一种无含义编码，编码只起唯一代替编码对象（即要管理的事物或概念）名称的作用。物品标识编码是为了避免自然语言的二义性，自然语言的二义性就是自然语言词汇或语句容易使人产生歧义的性质。作为物品的唯一身份ID，用以标识某类、某种、某个物品本身。物品标识编码的核心功能是唯一标识一类/个物品。物品标识代码中有用于对一种物品进行标识的物品品种代码，如零售商品的编码GTIN、军用物资品种编码等；还有对单个物品进行标识的单个物品编码，如物流单元的编码SSCC、单个物品编码GTIN+序列号等。

物品分类代码的主要功能是明确物品在逻辑上应归属哪个类别，确定的是物品的归属关系，是代表物品本身的编码，人为赋予物品本身的身份代码（identification）。在具体应用中，特别是在一个分类体系内，物品分类代码在某种程度也可以看作该分类代码所涵盖的所有物品作为一个群体、一个类别时的标识，即“类”标识，作为这个“类”共有的标识。从这个意义上讲，分类编码也可看作是这个类目的标识编码。正如亚里士多德说的第一实体（个别的物品）之外，那些第二实体也就是包含此个别物品的“属”和“种”，这个“属”和“种”就是物品的“类”属性，是对陈述此物品（第一实体）更进一步的描述。在一个物品分类体系里面，如果该“属”和“种”有对应的编码，那么这个编码就是此类物品的“类标识”。从这个意义上讲分类也可看作是这个物品类的标识。比如在北约物资编目体系中，某种物资比如说药品的品种标识代码就是具有相同规格、相同适应症以及相同成份、性状、规格、用量，只是生产厂家不同，但在使用时可以相互替代或替换的药品。比如规格为100万单位的注射用青霉素钠，不论其生产制造厂商，都是一个品种，都用一个药品品种标识代码（如6505-00-890-2172）来标识。这个药品品种标识代码就是“类标识”。

常见的标识代码有统一社会信用代码（标识某个组织机构）、身份证号（标识某个人）、全球贸易项目标识代码（商品条码，标识某种商品）等。一般来说，物品标识编码包括主体标识编码和客体标识编码。

一、主体标识编码

我们在讨论物品标识编码时，提出物品标识编码可以从主体标识编码和客体标识编码两个角度去展开，是因为物品标识编码的对象可以分为两类。一类是物品识别和管理活动的承担者，就是各类物品管理机构、企业、组织和个人，即参与物品管理活动主体的编码；另一类是被管理对象，也就是物品管理活动中的各类具体物品、关系或概念模型，是各类主体开展物品识别和管理活动的作用对象。客体就是参与物品管理活动的各种实体或对象，如物品、包装箱、物流单元以及物流载具等。相对于组织、机构和人，客体处于被管理位置，其标识编码也就成了客体的标识编码。

（一）统一社会信用代码

按照《国务院关于批转发展改革委等部门法人和其他组织统一社会信用代码制度建设总方案的通知》（国发〔2015〕33号）的要求，2015年9月17日，国家标准委批准发布了强制性国家标准GB 32100—2015《法人和其他组织统一社会信用代码编码规则》，并于2015年10月1日正式实施。

统一社会信用代码是为在我国境内依法设立的组织机构，赋予一个在全国范围内唯一的、始终不变的统一代码标识，目的是建立覆盖全面、稳定且唯一的以组织机构代码为基础的法人和其他组织统一社会信用代码制度。法人和其他组织统一社会信用代码编制规则的制定，明确了法人和其他组织的作用，并在国家层面统一和确立了代码的管理机制和地位。

1.编码规则

统一社会信用代码由18位阿拉伯数字或大写英文字母（I、O、Z、S、V除外）组成，表示形式如表3–3所示。具体包括五个部分：第1位登记管理部门代码（如表3–4所示）；第2位机构类别代码（如表3–5所示）；第3～8位登记管理机关行政区划码，仅使用数字表示，按照GB/T 2260的规定编码；第9～17位主体标识码（组织机构代码）按照GB 11714编码；第18位校验码。

表3–3 统一社会信用代码构成（GB 32100–2015）

代码序号	1	2	3	4	5	6	7	8	9	10	11	12	13	14	15	16	17	18
代码	×	×	×	×	×	×	×	×	×	×	×	×	×	×	×	×	×	×
说明	登记管理部门代码1位	机构类别代码1位	登记管理机关行政区划码6位						主体标识码（组织机构代码）9位									校验码1位

表3–4 登记管理部门代码标识

登记管理部门	代码标识
机构编制	1
外交	2
司法行政	3
文化	4

续表

登记管理部门	代码标识
民政	5
旅游	6
宗教	7
工会	8
工商	9
中央军委改革和编制办公室	A
农业	N
其他	Y

表3–5　机构类别代码标识

登记管理部门	机 构 类 别	代码标识
机构编制	机关	1
	事业单位	2
	编办直接管理机构编制的群众团体	3
	其他	9
外交	外国常驻新闻机构	1
	其他	9
司法行政	律师执业机构	1
	公证处	2
	基层法律服务所	3
	司法鉴定机构	4
	仲裁委员会	5
	其他	9
文化	外国在华文化中心	1
	其他	9

续表

登记管理部门	机构类别	代码标识
民政	社会团体	1
	民办非企业单位	2
	基金会	3
	其他	9
旅游	外国旅游部门常驻代表机构	1
	港澳台地区旅游部门常驻内地（大陆）代表机构	2
	其他	9
宗教	宗教活动场所	1
	宗教院校	2
	其他	9
工会	基层工会	1
	其他	9
工商	企业	1
	个体工商户	2
	农民专业合作社	3
中央军委改革和编制办公室	军队事业单位	1
	其他	9
农业	组级集体经济组织	1
	村级集体经济组织	2
	乡级集体经济组织	3
	其他	9
其他		1

2. 统一社会信用代码的作用

统一社会信用代码作为组织机构的唯一标识，连同机构名称、机构类型、法定代表人或负责人、经营或业务范围、经济行业、职工人数、行政区划、单位地址、邮政编码，基本涵盖了一个组织机构的全部基础公用信息，可准确地描述组织机构的基本情况。

组织机构自注册登记之日起，国家对其机构类型、经济行业等信息项进行统计分析，可掌握其地域分布、构成和变动情况，根据信用等信息项反映组织机构信用状况，是国家进行宏观调控的重要决策依据。统一社会信用机构代码还可发挥其组织机构身份标识的特有功能，作为多个信息数据库的主索引，实现各个信息资源互联互通。因此，统一社会信用机构代码在社会监管、应急处置、服务民生等方面无疑将发挥不可替代的作用。

此外，传统的组织机构信息采集与应用之间缺乏统一的标准，没有一致的机构信息标识，信息差异大，造成信息之间无法进行关联和对接，信息交换和共享十分困难。因此，统一社会信用代码还是各职能部门实现信息资源共享的基础，它促进了行业信息的社会化，为政府部门宏观调控提供了及时准确的依据。

总之，统一社会信用代码实施后实现了国家、社会对组织机构的身份识别和跟踪管理，准确及时地了解各类组织机构的沿革变化信息，是市场经济条件下政府管理监督社会的基础和新手段。以统一社会信用代码作为对社会组织的身份识别特征，满足了政府管理社会的需要。随着我国信息化进程的推进，部门间信息互通共享成为大势所趋。统一社会信用代码能有效破解部门间信息的条块分割和壁垒问题，实现基础信息资源的集中与共享，推进我国信息化建设的进程和社会信用系统建设。

（二）全球法人机构标识编码（Legal Entity Identifier，LEI）

2008年美国爆发次贷危机，对全球金融市场和经济运行产生了深远的影响，引起了各国对金融监管的重视。如何构建全球统一的金融监管框架，在全球范围内提高金融风险识别能力成为各国共同关注的重点问题。在这一背景下，全球法人机构标识编码应运而生，全球法人机构标识编码是依照ISO 17442标准面向全球法人分配的唯一识别编码，目的是加强全球法人机构身份的识别。2011年7月，金融稳定委员会动议构建全球法人机构标识编码体系并得到“二十国集团”（G20）的支持。2014年6月26日全球法人机构标识编码基金会（GLEIF）成立，我国是该基金会组织执董成员之一。

全球法人机构标识编码作为国际通用的法人身份标识，已在全球220多个国家和地区得到应用，成为全球金融监管和跨境交易的重要工具。2024年，全球法人机构标识编码总量突破263万个，欧美国家LEI注册量占全球主导地位。中国人民银行2014年8月18日宣布建成全球法人机构标识编码国内注册系统。2020年，中国人民银行等四部委联合发布《全球法人识别编码应用实施路线（2020—2022年）》。中国境内的全球法人机构标识编码赋码赋码量已超过10万。

（三）北约商业和政府实体编码NCAGE

北约（North Atlantic Treaty Organization，NATO）编目系统中的商业和政府机构代码CAGE/NCAGE（NATO Commercial and Government Entity）是专门用于标识北约编目系统中产品（Itme of Product，IOP）厂商、供应商或有关资料的负责机构的代码。在北约编目系统中，每一个NCAGE代码代表一个供应商或代理商。NCAGE包括制造商、供应商或提供者的名称、地址、邮政编码、电话、传真号码、电子邮件和网站地址等信息。

每一个希望成为北约物资生产商或供应商的机构均可以申请NCAGE代码。如果公司已经拥有NCAGE，对于不是北约编目体系成员的国家/地区的生产商原产地，NCAGE将由NSPA（Nato Support and Procarement Agency）分配。

商业和政府实体（CAGE）代码是五位字母数字代码，适合应用于已经生产或正在生产联邦政府使用的物品的所有活动，以及应用于控制设计或负责制定某些规格、图纸或标准的政府活动。

1.CAGE代码结构及分配

CAGE代码由5位大写字母和数字组成。当代码首位和末位为数字时，表示该机构是美国的。当代码首位或末位含大写字母（O除外）时，表示该机构是北约和其他国家的。当首位字母为I、S、L时，末位只能为数字。首位字母为I表示国际编目机构；为S表示SCAGE，即一级成员国（或非成员国）的机构代码（Tier−1），一级成员国无编目数据提交资格。

2.获得机构代码的条件

北约编目系统规定，下列机构可以获得商业及政府机构代码。

（1）物资（IOS）供应商。

（2）设计机构。

（3）产品制造机构。

（4）独家配送机构。

（5）制造或控制设计的政府机构。

（6）产品材料供应商。

（7）需要打印到标牌上的厂商。

（8）各种标准及规范的研发机构。

3. 代码容量及占用情况

根据代码分配规则，北约商业及政府机构代码的理论容量可以达到 $33\times35\times35\times35\times34=48105750$（个），即可以给48105750个机构赋码，目前已经赋码的机构有270多万个，涉及产品约3500多万种（参考号）。

4. 中国厂商代码情况

目前，北约编目系统中已注册的中国机构约5000多个，多数为民用产品制造商，包括港澳台企业、合资企业等。北约编目系统为了确保物资获取的渠道畅通，除了提供商业及政府机构代码、机构名称外，还提供机构的地址、电话、电子邮箱等，如图3-2所示。

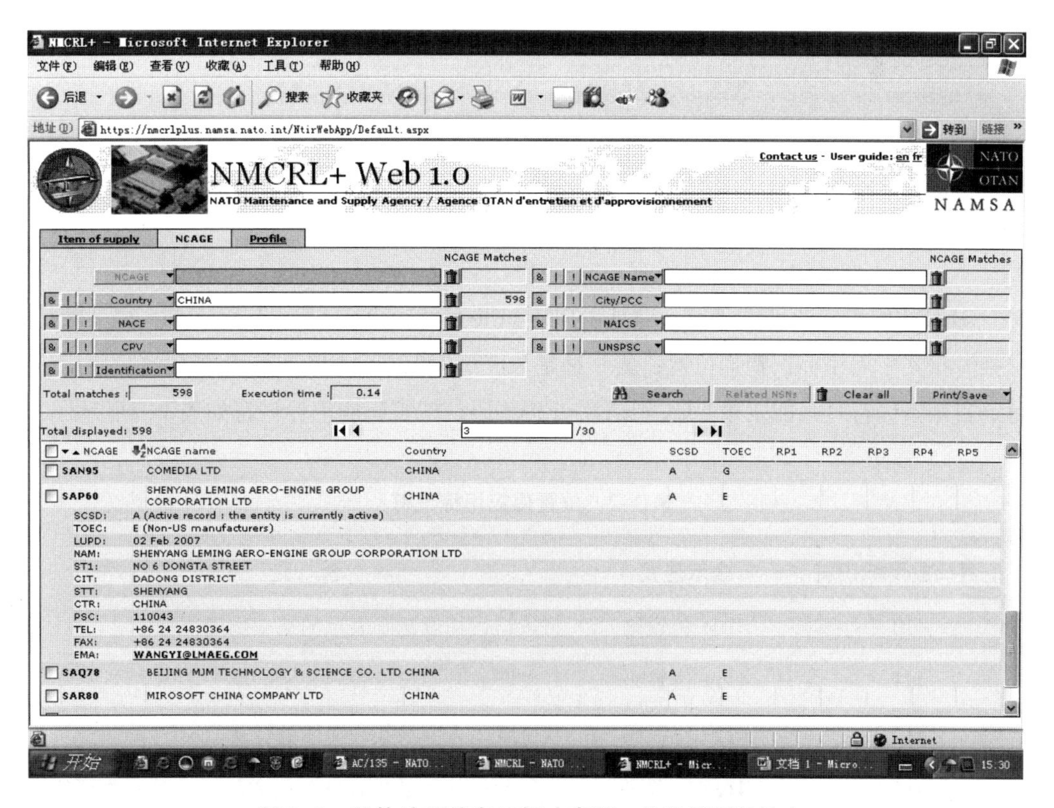

图3-2　机构注册信息示例（来源：北约编目机构）

（四）全球参与方位置编码

全球参与方位置编码（Global Location Number，GLN），简称位置码或全球位置码，是国际物品编码机构对参与供应链等活动的法律实体、功能实体和物理实体进行唯一标识的代码。法律实体是指合法存在的机构，如供应商、客户、银行、承运商等。

功能实体是指法律实体内的具体部门，如某公司的财务部；物理实体是指具体的位置，如建筑物的某个房间、仓库或仓库的某个门、交货地等。

位置代码由厂商识别代码、位置参考代码和校验码组成，用13位数字表示，具体结构如表3–6所示。

表3–6　全球参与方位置代码结构

结构种类	厂商识别代码	位置参考代码	校验码
结构一	$N_1N_2N_3N_4N_5N_6N_7$	$N_8N_9N_{10}N_{11}N_{12}$	N_{13}
结构二	$N_1N_2N_3N_4N_5N_6N_7N_8$	$N_9N_{10}N_{11}N_{12}$	N_{13}
结构三	$N_1N_2N_3N_4N_5N_6N_7N_8N_9$	$N_{10}N_{11}N_{12}$	N_{13}

GLN的使用有两种方式。一种是在EDI（Electronic Data Interchange，电子数据交换）报文中用来标识物理位置；另一种是与应用标识符（AI）一起用条码符号表示位置，目前条码符号只能采用UCC/EAN–128条码。位置码应用标识符如表3–7所示。

表3–7　位置码应用标识符

位置码应用标识符	表示形式	含　义
410	410+位置码	将货物运往位置码表示的某一物理位置
411	411+位置码	开发票或账单给位置码表示的某一实体
412	412+位置码	从位置码表示的某一实体处订货
413	413+位置码	将货物运往某处再运往位置码表示的某一物理位置
414	414+位置码	某一物理位置
415	415+位置码	从位置码表示的某一实体处开发票

例如，4106929000123455表示将货物运到或交给位置码为6929000123455的某一实体，410为GS1应用标识符。

比如在零售商和供应商的数据交换中，可以通过EDI的方式实现零供自动化的信息传输。EDI通过网络传输作业，不仅可减少零售商和供应商使用电话、传真等人力通信成本，还可增加工作效率、减少错误率及漏单机会。而就供货商而言，简易的EDI数据传输方式不需具备EDI的知识或另购软硬件设备，就可以完成数据传输，而零售商和供应商通过EDI系统传输数据，要求各供货商必须先具备符合GS1系统标准的全球位置码。

（五）公民身份证号代码

公民身份号码的编码对象是具有中华人民共和国国籍的公民。公民身份号码是特征组合码，由17位数字本体码和1位数字校验码组成。排列顺序从左至右依次为：6位数字地址码，8位数字出生日期码，3位数字顺序码和1位数字校验码。

1.地址码

地址码表示编码对象常住户口所在县（市、旗、区）的行政区划代码，按GB/T 2260的规定。第1位和第2位代表的是省份，第3位和第4位代表的是城市，第5位和第6位代表的是区县。

2.出生日期码

出生日期码表示编码对象出生的年、月、日，按GB/T 7408的规定执行。年、月、日代码之间不用分隔符。

3.顺序码

顺序码表示在同一地址码所标识的区域范围内，对同年、同月、同日出生的人编定的顺序号，顺序码的奇数分配给男性，偶数分配给女性。

4.校验码

最后一位是校验码，校验码采用ISO 7064:1983.MOD 11-2校验码系统。作为尾号的校验码，是由号码编制单位按统一的公式计算出来的。如果某人的尾号是0～9，就不会出现X；但如果尾号是10，那么就用X来代替。因为直接用10来做尾号，身份证号码会变成19位，就无法统一成18位了，而X是罗马数字的10。我国的计算机应用系统也不承认19位的身份证号码。X是罗马数字的10，用X来代替10，可以保证公民的身份证符合国家标准。所以用X来代表10既合理又能保证身份证号码依然是18位。

公民身份号码的各特征码依次连接，不留空格，其表示形式如图3-3所示。

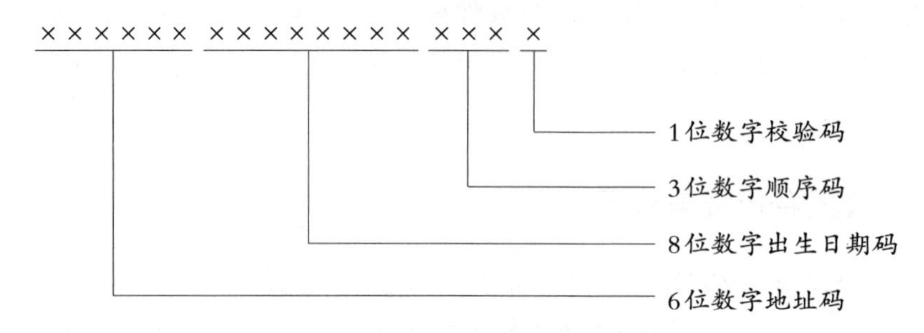

图3-3　公民身份证号码的编码结构

从GB 11643—1989《社会保障号码》到GB 11643—1999《公民身份号码》，随着计算机信息系统的广泛应用，公民身份证号码已广泛应用于公民社会活动的方方面面，如购买机票、购买高铁票、办理银行开户、申办驾驶证、报考大学、申报个税、办出国护照、购买保险、缴纳公积金等。随着信用社会体系的建立，公民身份证号码的用处将更加广泛和深入。

二、客体标识编码

（一）GS1产品与物品标识编码

GS1编码体系包含了对全球流通领域的所有产品与服务（包括贸易项目、物流单元、资产、位置和服务关系等）的标识代码及附加属性代码。其中，除全球参与方位置码属于主体标识码外，其余均属于客体标识编码，将在本书后面GS1编码体系中详细介绍。

（二）产品电子代码

电子产品代码（EPC）是分配给物理对象、单位负载、位置或在业务运营中发挥作用的其他可识别实体的唯一标识符的语法。

EPC具有多种表示形式，包括适用于射频识别（Radio Frequency Identification，RFID）标签的二进制形式以及适用于企业信息系统之间数据共享的文本形式。

GS1的EPC标签数据标准（Tag Data Standard，TDS）指定了EPC的数据格式，并为EPC中的编号方案（包括GS1密钥）提供编码。

RFID标签有很多种：有源和无源标签、NFC、UHF、HF、LF，它们都可以满足特定用例的要求。GS1标准侧重于UHF和HF无源RFID标签。行业中实施最广泛的标签是UHF无源标签，也称为RAIN RFID标签。

当唯一的EPC被编码到单个RAIN RFID标签上时，无线电波可以以极高的速率和远超过10米的距离捕获唯一标识符，而不需要视线接触。RAIN RFID标签的这些特性可用于提高供应链可见性和库存准确性。

EPC通过互联网搭建一个全球的、开放的供应链网络系统，对实物供应链全过程实时跟踪和管理，提高供应链的透明度，降低供应链成本，提高供应链效率、效益和安全保密性。

EPC系统就是在计算机互联网和RFID的基础上，利用全球统一标识系统编码技术给每一个实体对象一个唯一的代码，它构造了一个实现全球物品信息实时共享的实物互联网。它将成为继条码技术之后，再次变革商品零售结算、物流配送及产品跟踪管理模式的一项新技术。

EPC系统不仅涉及RFID技术，而且还涉及全球统一编码技术、网络技术、通信技术、全球数据一致的协调和管理、全球统一的实时管理机制等。它将物流信息放在一种新型的低成本的射频识别标签上，每个标签包含唯一的产品电子代码，可以对所有实体对象提供唯一有效的标识；利用计算机自动地对物品的位置及其状态进行管理，并将信息充分应用于物流过程中；详细掌握从企业流向消费者的每一件商品的动态和流通过程，这样可以对具体产品在供应链上进行跟踪。

1.EPC系统构成

EPC系统是一个非常先进的、综合性的和复杂的系统，它的最终目标是为每一单品建立全球的、开放的标识标准。它由EPC编码体系、RFID系统及信息网络系统三部分组成，主要包括六个方面，如表3-8所示。

表3-8　EPC系统的组成

系统构成	名　称	注　释
EPC编码体系	EPC代码	用来标识目标的特定代码
RFID系统	EPC 标签	贴在物品之上或者内嵌在物品之中
	读写器	识读EPC标签
信息网络系统	EPC中间件	EPC系统的软件支持系统
	对象名称解析服务(Object Naming Service：ONS)	
	EPC信息服务(EPCIS)	

EPC编码体系是EPC系统的重要组成部分，它是对实体及实体的相关信息进行代码化，通过统一并规范化的编码建立全球通用的信息交换语言。EPC编码是GS1在原有全球统一编码体系基础上提出的，与全球贸易物品代码（GTIN）兼容。EPC编码是GS1全球统一标识系统的拓展和延伸，是全球统一标识系统的重要组成部分，是EPC系统的核心与关键。

RFID系统是EPC系统的一个组成部分。RFID系统一般由EPC标签、读写器和中央信息系统三个基本部分组成。EPC标签由耦合天线及芯片构成，每个标签具有唯一的电子产品代码，并附着在被标识的物体或对象上。读写器（又称阅读器）是读取或擦写标签信息的设备，可外接天线，用于发送和接收射频信号。中央信息系统包括了中间件、信息处理系统、数据库等，用以对读写器读取的标签信息进行处理，其功能涉及具体的系统应用，如实现信息加密或安全认证等。

2. EPC系统的特点

1）开放的结构体系

EPC系统采用的是全球最大的公用INTERNET网络系统，这就避免了系统的复杂性，同时也大大降低了系统的成本，并且还有利于系统的增值。梅特卡夫（Metcalfe）定律表明，一个开放的结构体系远比复杂的多重结构更有价值。

2）独立的平台与高度的互动性

EPC系统识别的对象十分广泛，因此，不可能有哪一种技术适用所有的识别对象。同时，不同地区、不同国家的射频识别技术标准也不相同。因此开放的结构体系必须具有独立的平台和高度的交互操作性。EPC系统网络建立在INTERNET网络系统上可以与INTERNET网络所有可能的组成部分协同工作。

3）灵活的可持续发展体系

EPC系统是一个灵活的开放的可持续发展的体系，可在不替换原有体系的情况下就可以做到系统升级。

EPC系统是一个全球的大系统，让供应链各个环节、各个节点、各个方面都可受益，但对低价值的识别对象来说，如食品、消费品等，它们对EPC系统引起的附加价格十分敏感。EPC系统正在考虑通过本身技术的进步，进一步降低成本，同时通过系统的整体运作使供应链管理得到更好地运作，提高效益，以便抵消和降低附加价格。

3. EPC系统的工作流程

在由EPC标签、识读器、Savant服务器、Internet、ONS服务器、PML服务器以及众多数据库组成的实物互联网中，识读器读出的EPC只是一个信息参考（指针），由这个信息参考从Internet找到IP地址并获取该地址中存放的相关的物品信息，并采用分布式Savant软件系统处理和管理由识读器读取的一连串EPC信息。

由于在标签上只有一个EPC代码，计算机需要知道与该EPC匹配的其他信息，这就需要ONS来提供一种自动化的网络数据库服务，Savant服务器将EPC传给ONS，ONS指示Savant服务器到一个保存着产品文件的PML服务器查找，该文件可由Savant服务器复制，因而文件中的产品信息就能传到供应链上，相对应地，EPC系统的工作流程如图3-4所示。

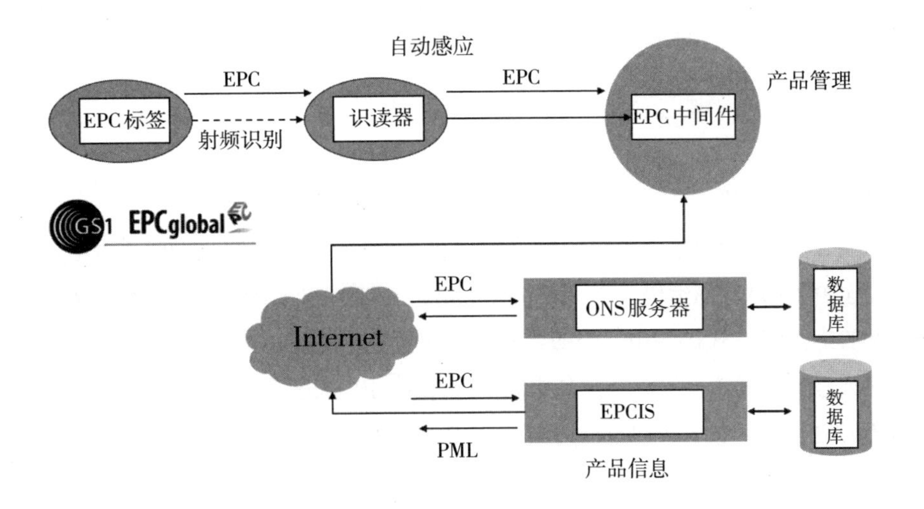

图3-4　EPC系统的工作流程图

4. EPC编码体系

EPC编码体系是与GTIN兼容的新一代编码标准，它是全球统一标识系统的拓展和延伸，是全球统一标识系统的重要组成部分，是EPC系统的核心和关键。

EPC代码是由有标头、管理者代码、对象分类代码、序列号等数据字段组成的一组数字。具体结构如表3-11所示，具有如下特征。

科学性：结构明确，易于使用、维护。

兼容性：兼容其他贸易流通过程的标识代码。

全面性：可在贸易结算、单品跟踪等环节全面应用。

统一性：由EPCglobal、各国EPC管理机构（中国的管理机构称为EPCglobal China，即全球产品电子代码中国管理中心）、标识物品的管理者分段管理、共同维护、统一应用。

国际性：不以具体国家、企业为核心，编码标准全球协商一致，具有国际性。

无歧视性：编码采用全数字形式、不受地方色彩、语言、经济水平等的限制，是无歧视性的编码。

EPC编码标准与目前广泛应用的GS1编码标准是兼容的，GTIN是EPC编码结构中的重要组成部分，目前广泛使用的GTIN、SSCC、GLN、GRAI等都可以顺利转换到EPC中去。最初由于成本的原因，EPC采用64位编码结构，当前最常用的EPC编码标准采用的是96位编码结构，见表3-9。

表3-9　EPC编码结构

EPC代码	标头	管理者代码	对象分类代码	序列号
EPC-96	8	28	24	36

1）EPC编码结构

EPC中码段的分配是由各国的物品编码机构GS1来管理的。在我国，GS1系统中GTIN编码中的全球厂商编码（Global company prefix，GCP）由中国物品编码中心负责分配和管理。EPC代码是由一个版本号加上另外三段数据（依次为域名管理者、对象分类、序列号）组成的一组数字。其中版本号标识EPC的版本号，它使EPC随后的码段可以有不同的长度；域名管理是描述与此EPC相关的生产厂商的信息，例如“可口可乐公司”；对象分类代码记录产品精确类型的信息，例如“美国生产的330mL罐装可乐”；序列号唯一标识货品，它会精确地告诉我们所说的究竟是哪一罐330mL罐装可乐。

2）EPC编码类型

目前，EPC代码有64位、96位和256位3种，见表3-10。为了保证所有物品都有一个EPC代码并使其标签成本尽可能降低，建议采用96位，这样其数目可以为2.68亿个公司提供唯一标识，每个生产厂商可以有1600万个对象种类，并且每个对象种类可以有680 亿个序列号，这对未来世界所有产品已经非常够用了。

表3-10　EPC代码结构

		版本号	域名管理	对象分类	序列号
EPC-64	TYPE Ⅰ	2	21	17	24
	TYPE Ⅱ	2	15	13	34
	TYPE Ⅲ	2	26	13	23
EPC-96	TYPE Ⅰ	8	28	24	36
EPC-256	TYPE Ⅰ	8	32	56	160
	TYPE Ⅱ	8	64	56	128
	TYPE Ⅲ	8	128	56	64

鉴于当前不用那么多序列号，所以只采用64位EPC，这样会进一步降低标签成本。但是，随着EPC-64和EPC-96版本的不断发展，EPC代码作为一种世界通用的标识方案已经不足以长期使用，所以出现了256位编码。至今已经推出EPC-96 Ⅰ型，EPC-64 Ⅰ型、Ⅱ型、Ⅲ型，EPC-256 Ⅰ型、Ⅱ型、Ⅲ型等编码方案。

5. EPC网络技术

EPC网络使用射频技术实现供应链中贸易项信息的真实可见性。它包含6个基本要素：产品电子代码、识别系统（EPC标签和读写器）、EPC中间件、对象名解析服务（ONS）、实体标记语言（PML）以及EPC信息服务（EPCIS）。EPC本质上是一个编号，此编号用来唯一确定供应链中某个特定的贸易项。EPC编号位于由一片硅芯片和一个天线组成的标签中，标签附着在商品上。使用射频技术将标签上的字符发送到读写器，然后读写器将字符传到作为对象名解析服务（ONS）的一台计算机或本地应用系统中。ONS告诉计算机系统在网络中到哪里查找携带EPC的物理对象的信息（例如，该信息可以是商品的生产日期）。实体标记语言（PML）是EPC网络中的通用语言，它用来定义物理对象的数据。EPC中间件是一种软件技术，在EPC网络中扮演中枢神经的角色并负责信息的管理和流动，确保现有的网络不超负荷运作。

1）EPC中间件

EPC中间件是连接标签读写器和企业应用程序的纽带，主要任务是将数据送往企业应用程序之前进行标签数据校对、读写器协调、数据传送、数据存储和任务管理。EPC中间件的网络具有树型等级结构，这种结构可以简化管理，提高系统运行效率。在EPC中间件等级结构中，“边缘EPC中间件”总是结构树的叶节点，与RFID的读写器相连。读写器不停地从标签中采集EPC数据，并向EPC中间件传输。典型情况下，EPC中间件软件装在商店、仓库、制造车间甚至卡车上，因此“边缘EPC中间件”由它们在网络中的逻辑位置而得名。在EPC中间件的逻辑等级中，“内部EPC中间件”指内部节点，是“边缘EPC中间件”的父节点或上级节点，“内部EPC中间件”从“边缘EPC中间件”中采集EPC数据。通常，“内部EPC中间件”安装在企业级数据中心。“内部EPC中间件”系统除从它的下级采集数据外，还负责合计EPC数据。

2）对象名解析服务

Auto-ID中心认为一个开放式的、全球性的追踪物品的网络需要一些特殊的网络结构。因为除了将EPC码存储在标签中外，还需要一些将EPC码与相应商品信息进行匹配的方法。这个功能就由对象名解析服务来实现，它是一个自动的网络服务系统，类似于域名解析服务（DNS）①。

当读写器在读取EPC标签信息时，EPC码就传递给了EPC中间件系统。然后，EPC中间件系统再在局域网或Internet上利用ONS对象名解析服务找到这个产品信息所存储的位置。ONS给EPC中间件指明了存储产品的有关信息的服务器，因此就能够在EPC中间件系统中找到这个文件，并且将这个文件中关于这个产品的信息传递过来，从而应用于供应链的管理。

3）实体标记语言

EPC是用来标识单个产品的，但是所有有关产品有用的信息都用一种新型的标准化的计算机语言——实体标记语言（PML）所书写，PML是基于人们广为接受的可扩展标记语言（XML）发展而来的。PML未来可能会成为描述所有自然物体、过程和环境的统一标准，应用将会非常广泛。

PML文件将被存储在一个PML服务器上，为其他计算机提供其需要的文件，因此处理PML文件需要配置一个专用的计算机。PML服务器将由制造商维护，并且储存这个制造商生产的所有商品的信息文件。

---

① DNS是将一台计算机定位到万维网上的某一具体地点的服务。

4）EPC信息服务

EPC信息服务是一种用来响应任何与EPC相关的规范信息访问和信息提交的服务。EPC代码作为数据库的搜索关键字，由EPCIS提供EPC所标识的对象的具体信息。实际上，EPCIS只提供标识对象信息的接口，它可以连接到现有数据库、应用／信息系统，也可以连接到标识信息自身的永久存储库。EPCIS的目标是使不同的应用程序能够在企业内部和企业之间创建和共享“可见性事件”数据。EPCIS数据由“可见性事件”组成，每个事件都是对一个或多个对象执行的特定业务流程步骤的完成情况的记录。EPCIS数据对现实世界中发生的事件进行了归纳，并将其分为对象事件、转换事件、聚合事件和事务事件。对象事件是物品本体状态不变时发生的事件，比如物品的到达、接收等事件；转换事件是不同物品进行组合后产生新物品的事件，比如牛奶和水组合后变成酸奶；聚合事件是物品的包装层级的变化，比如一箱物品放到一个托盘上；事务事件是物品相关的外在事件，比如物品相关的到货通知、发票等。

EPCIS是全球范围内应用最广泛的供应链系统互联互通数据标准，当前版本是2.0，一般与ISO/IEC 19987:2024核心词汇标准一起联用。EPCIS目前的名称反映了这项工作在电子产品代码开发中的起源。从EPCIS1.2开始，EPCIS不要求使用电子产品代码，也不要求使用射频识别数据载体，甚至不要求单品编码。EPCIS标准适用于捕捉和共享“可见性事件”数据的所有情况，名称中的“EPC”仅具有历史意义。EPCIS提供开放、标准化的接口，允许在企业间和企业内部无缝集成定义良好的服务。

（三）机动车标识编码①

车辆识别号码或车架号码（Vehicle Identification Number,VIN），是一组用于道路车辆识别的由17位数字组成的编码，可以识别汽车及其完整车辆、摩托车和轻便摩托车。

在1981年之前，汽车制造商采用自己的编号系统来给汽车提供唯一标识号。1981年，美国交通运输部（United States Department of Transportation）制定了一个统一的VIN系统，该系统已被编入《美国联邦法典》第49款第5章第565部分（*Code of Federal Regulations*，Title 49，Chapter V，Part565）。VIN系统遵循国际标准化组织（International Standardization Organization）于1977制定的标准：ISO3779，制造商使用除字母I、O和Q之外的所有字母和数字对车辆进行编号。2019年，国家市场监管总局会同国家标准委联合发布了GB 16735—2019《道路车辆 车辆识别代号（VIN）》

① 本部分主要参考了GB 16735《道路车辆 车辆识别代号（VIN）》和GB 16737《道路车辆 世界制造厂识别代号（WMI）》。

和GB 16737—2019《道路车辆 世界制造厂识别代号（WMI）》两项强制性国家标准，标准中规定了车辆识别代码的内容与构成，以便在世界范围内建立一个统一的道路车辆识别代号体系，标准同时还给出了车辆识别代号在车辆上的位置与固定要求。

GB 16735—2019《道路车辆 车辆识别代号（VIN）》规定了车辆识别代号的内容与构成，车辆识别代号的标示要求和标示变更要求。GB 16737—2019《道路车辆 世界制造厂识别代号（WMI）》规定了世界制造厂识别代号的内容和构成，世界制造厂识别代号（World Manufacturer Idetifier，WMI）是车辆识别代号VIN的第一部分。这两个标准一起使用，目的是在世界范围内建立一个统一的道路车辆识别代号体系。

1. 车辆识别代号的基本构成

车辆识别代号由世界制造厂识别代号、车辆说明部分（Vehicle Descriptor Section，VDS）、车辆指示部分（Vehicle Indicator section，VIS）组成，共17位编码，如图3-5所示。在VIN的编码规则中，1000辆是一个基本划分标准。这里的1000指的是1000辆完整车辆和/或非完整车辆。完整车辆是指已经具有设计功能，不需要再进行制造作业的车辆；非完整车辆是指至少由车架、动力系统、传动系统、行驶系统、转向系统和制动系统组成的车辆，还需要进行制造作业才能成为完整车辆。

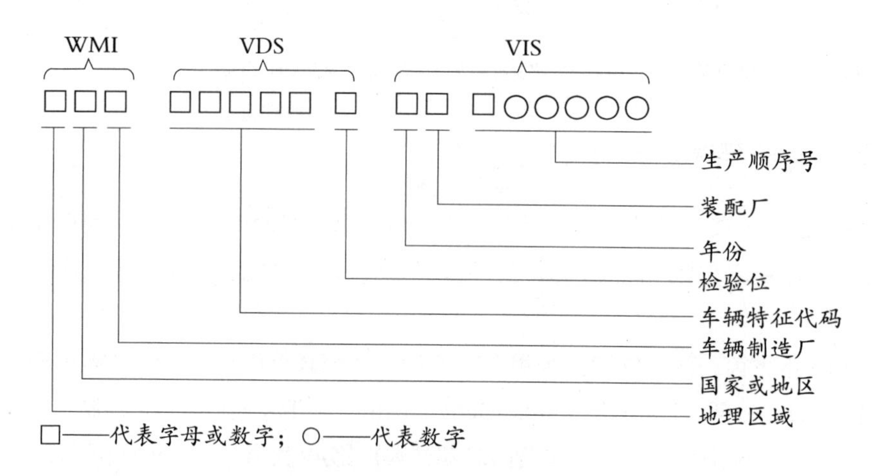

图3-5 年产量大于或等于1000辆的完整车辆和/或非完整车辆制造厂车辆识别代号结构示意图

2. 世界制造厂识别代号

世界制造厂识别代号是车辆识别代号的第一部分，由车辆制造厂所在国家或地区的授权机构预先分配。WMI应符合GB 16737的规定，包括：WMI代码由三位字码组成，

WMI代号中只能使用1、2、3、4、5、6、7、8、9、0十个阿拉伯数字和A、B、C、D、E、F、G、H、J、K、L、M、N、P、R、S、T、U、V、W、X、Y、Z共23个英文大写字母，即字母I、O、Q不能使用。

3.车辆说明部分

车辆说明部分是车辆识别代号的第二部分，由六位字码组成（即VIN的第4～9位）。如果车辆制造厂不使用其中的一位或几位字码，应在该位置填入车辆制造厂选定的字母或数字占位。

VDS第1～5位（即VIN的第4～8位）应对车辆一般特征进行描述，其组成代码及排列次序由车辆制造厂决定。

VDS中描述车辆一般特征，包括但不限于：车辆类型（如乘用车、货车、客车、挂车、摩托车、轻便摩托车、非完整车辆等），车辆结构特征（如车身类型、驾驶室类型、货箱类型、驱动类型、轴数及布置方式等），车辆装置特征（如约束系统类型、动力系统特征、变速器类型、悬架类型等），车辆技术特性参数（如车辆质量参数、车辆尺寸参数、座位数等）。

对于不同类型的车辆，在VDS中描述的车型特征应包括表3-11中规定的内容。

表3-11　车辆特征描述

车 辆 类 型	车 型 特 征
乘用车	车身类型、动力系统特征
客车	车辆长度、动力系统特征
货车（含牵引车、专业作业车）	车身类型、车辆最大设计总质量、动力系统特征
挂车	车身类型、车辆最大设计总质量
摩托车和轻便摩托车	车辆类型、动力系统特征
非完整车辆	车身类型、车辆最大设计总质量、动力系统特征
注：1.其中对于仅发动机驱动的车辆至少包括对燃料类型、发动机排量和／或发动机最大净功率的描述；对于其他驱动类型的车辆，至少应包括驱动电机峰值功率（若车辆具有多个驱动电机，应为多个驱动电机峰值功率之和；对于其他驱动类型的摩托车应描述驱动电机额定功率）、发动机排量和／或发动机最大净功率（若有）的描述。2.车身类型分为承载式车身、驾驶室—底盘、无驾驶室—底盘等。	

VDS的最后一位（即VIN的第9位）为检验位。检验位可为“0～9”中任一数字或

字母“X”，用以核对车辆识别代号记录的准确性，检验位采用模11取余计算法。车辆制造厂在确定了VIN的其他16位代码后，首先将VIN中的数字对应的值和字母对应的值查找出来，根据GB 16735的规定，数字对应的值等于该数字本身。这样，1、2、3、4、5、6、7、8、9、0十个阿拉伯数字对应的值分别是1、2、3、4、5、6、7、8、9、0；对于A、B、C、D、E、F、G、H、J、K、L、M、N、P、R、S、T、U、V、W、X、Y、Z，对应的值分别是1、2、3、4、5、6、7、8、1、2、3、4、5、7、9、2、3、4、5、6、7、8、9。再将VIN中的每一位指定一个加权系数，第1位到第8位的加权系数依次为8、7、6、5、4、3、2、10，第9位是校验位，不分配加权系数，第10位到第17位的加权系数分别为9、8、7、6、5、4、3、2。在此基础上，将校验位之外的每一位的加权系数乘以此位数字或字母的对应值，再将各乘积相加，求得的和除以11，除得的余数即为校验位。如果余数是10，校验位应为字母X。

4. 车辆指示部分

车辆指示部分是车辆识别代号的第三部分，由8位字码组成（即VIN的第10～17位）。VIS的第1位字码（即VIN的第10位）应代表年份。年份代码按表3-12规定使用（30年循环一次）。车辆制造厂若在此位使用车型年份，应向授权机构备案每个车型年份的起止日期并及时更新；同时在每一辆车的机动车出厂合格证或产品一致性证书上注明车型年份。

表3-12　年份代码

年份	代码	年份	代码	年份	代码	年份	代码
1991	M	2001	1	2011	B	2021	M
1992	N	2002	2	2012	C	2022	N
1993	P	2003	3	2013	D	2023	P
1994	R	2004	4	2014	E	2024	R
1995	S	2005	5	2015	F	2025	S
1996	T	2006	6	2016	G	2026	T
1997	V	2007	7	2017	H	2027	V
1998	W	2008	8	2018	J	2028	W
1999	X	2009	9	2019	K	2029	X
2000	Y	2010	A	2020	L	2030	Y

VIS的第2位字码（即VIN的第11位）应代表装配厂。

如果车辆制造厂生产年产量大于或等于1000辆的完整车辆和/或非完整车辆，VIS的第3～8位字码（即VIN的第12～17位）用来表示生产顺序号。如果车辆制造厂生产年产量小于1000辆完整车辆和/或非完整车辆，则VIS的第3～5位字码（即VIN的第12～14位）应与第一部分的三位字码一同表示一个车辆制造厂，VIS的第6～8位字码（即VIN的第15～17位）用来表示生产顺序号。

5.分隔符

分隔符的选用由车辆制造厂自行决定，如☆、★。分隔符不得使用车辆识别代号的任何字码及可能与之混淆的任何字码，不得使用重新标示或变更标识符及可能与之混淆的符号。

6.车辆识别代号的标示位置

每辆车辆都应具有唯一的车辆识别代号，并永久地标示在车辆上，同一车辆上标示的所有车辆识别代号的字构成与排列顺序应相同，且一般不得对已标示的车辆识别代号进行变更，如要变更还需查阅GB 16735中有关车辆识别代号重新标示的相关规定。

（四）自编码标识系统

此外，还存在许许多多的自编码系统，这些编码系统在相对封闭的领域内运行，不与其他系统进行跨系统、跨行业的数据交换。这些系统尽管在各自的系统内能够保证唯一性，发挥着物品编码主键的作用，但是一旦超出这个领域，就难以保证数据的唯一性。而且更重要的是这些自编码系统的编码数据格式天然地具有非标属性，只能在其固有范围内应用，难以获得普适性的认可和承认。其他系统无法识别其编码，也无法识辨其数据格式和数据内容，这实际上造成了各种各样的物品数据孤岛。

第四节　物品综合编码系统

物品分类编码是按照物品的属性特征以及管理者的使用要求，把名称、内容、性质相同以及要求统一管理的物品集中在一起，而把内容、性质相异以及需要分别管理的物品区分开来，目的是厘清物品的逻辑归属关系，通过分类编码找到它的上下级关系；物品标识编码是物品的唯一身份代码，是用以标识某类、某个物品本身的代码，主要是为了避免自然语言的二义性；物品的属性编码解决的是物品在实际应用环境中如何对物品进行详细描述的问题，如对物品的原料、加工方式、产地等各种特性的详细描述。从物品的分类编码到标识编码再到属性编码，是一个由大到小、由粗到细的编码过程。在实际使用中，需要物品分类编码、标识编码、属性编码组合在一起使用，才能完整地描述一件物品，实现电子订货或交易的过程。这就是物品综合编码系统存在的原因。

物品综合编码系统是指同时包含物品分类编码、物品标识编码和物品属性编码的编码系统。北约编目系统、全球产品分类等都可以看作物品综合编码系统。下面，以GPC为例介绍一下物品综合编码系统。

一、GPC概述

GPC全称为全球产品分类，是全球商务倡仪联盟GCI（Global Commerce Initiative）和国际物品编码组织GS1共同开发建立的全球性的标准化商品分类与编码规则。GPC是一个基于基础模块、属性和属性值的层级式分类体系，是一个对产品的详细、准确的代码化描述体系。

GPC体系是用于对产品进行归类的4层平面化的分类系统。这四层分别是大类（segment）、中类（family）、小类（class）和基准名称（brick）。基准名称所标明的产品类型具有相同的属性、相同的粒度并在全球范围内被认可。每个基准名称与数个属性值关联。每个属性有一个可选值的集合。因此，每个基准名称有详细的产品类型定义，明确了产品是否属于该基准名称。属性是通用的，没有品牌信息。对于食品、饮料和烟草大类，每个基准名称包含的属性不能超过7个。

GPC提供了详细的产品分类和属性信息，目前应用最多的是快速消费品，未来可用于更多的行业部门，包括医药、硬件、大宗商品、服装、食品服务和其他。GPC由国际物品编码组织GS1通过全球产品管理程序GSMP实现GPC的日常管理和代码维护。

（一）GPC的产生

1998年，联合国技术开发署曾委托美国邓百氏公司对全球的产品与服务统一分类，用于国际间的采购与电子商务，UNSPSC因此产生。

2000年，由全球供应商与零售商巨头、标准团体以及贸易团体组成的全球商务倡议联盟（GCI）成立，该组织认为：在电子商务的实施中，主数据的一致性与实时性非常重要，除了要了解商品的编码，如EAN·UCC（当时国际物品编码组织EAN和美国统一代码委员会UCC尚未合并成一个国际标准化组织，GS1还没有成立）开发的GTIN和商务活动的参与方（如EAN·UCC开发的GLN）外，还需要了解产品的属性、分类情况、价格和包装信息等。它倡导在全球范围内实施商务主数据的同步与一致，为实现电子商务提供支持。

全球产品的统一分类是实现商务主数据同步与一致的前提。而目前，在全球范围内，不存在所有国家、所有行业以及所有企业都在使用的、统一的分类标准。从事电子商务的不同行业、不同企业对产品分类和属性描述不尽一致。

为解决这一问题，需要在多个分类标准中建立相互的映射。但是若一个企业要和N个企业进行交易，这个企业就要建立N个对照表。最可行的方法就是大家建立一个映射的基准。多个标准和一个基准进行对照，这样既省时又省力。GPC就是遵从这个理念而产生的。它是全球同步系统（GDS）的重要标准之一，是全球商务有关描述产品与服务的重要信息标准。

（二）GPC的目的和作用

经验告诉我们，当我们在多重文化的环境中创建一个分类方案时，我们会遇到以下问题：不清楚和不一致的结构、使用具有文化色彩的词语和拼写、不标准的命名惯例、不清楚和不全面的定义、产品归类不唯一等。

像GPC这样的全球化产品分类方案提供了一套大众所接受的产品描述（产品的分类、形式等）。GPC使交易伙伴在供应方的供应链、零售业采购计划等方面可以进行更有效、更准确的交流。更重要的是，全球数据同步必须是基于交易伙伴使用相同的全球标准化产品分类方案来对产品进行查询、浏览、订阅和发布活动，这更是凸显了GPC的重要性。

GPC是一个要素完善的物品编码体系，它不仅有物品的分类而且还开发了标准化的物品特征属性表示体系，方便用户同时采用物品分类编码和物品属性编码两种标准方式统一描述贸易物品，因而这个标准对用户更有亲和力，适合采购人员在全球范围进行采购。

GPC的目标是建立全球产品与服务的分类代码结构，并统一定义和描述全球产品与服务的基准名称，作为全球商品数据同步和电子采购的参照标准，这为全球不同国家、不同组织、不同生产厂商生产的产品与服务的描述与定义建立了映射基准。同时，GPC是一个开放的、可灵活修改的物品分类体系。GPC给出了较为科学的框架结构，即“三层分类（大类—中类—小类）+物品基准名称+具体贸易商品编码GTIN”。因而，这是一个由粗到细、由抽象到具体的综合编码系统。因此，GPC还被称为全球产品与服务的“大黄页”，而且这个“大黄页”可实时更新。

为此，GPC首先建立了一个面向全球产品与服务的分类代码结构（大类—中类—小类），紧接着，建立全球产品与服务的最小化、模块化和标准化的基准名称作为第四层编码。同时，对基准名称进行定义和描述，界定其外延和内涵，并对其属性及属性值进行标准化改造，便于用户通过基准名称来实现不同编码系统之间的映射。

（三）GPC的分类原则

1. GPC的一般分类原则

（1）GPC分类以模块化为特征，并且分类具有灵活性。

（2）物品基准名称按物品内在逻辑划分，且其所属的分类体系的逻辑是透明的、可视化的。

（3）本身具有很高的普遍适用性，没有文化地域偏见。

（4）GPC分类的版本采用牛津英文标准发布，再由各国家地区的物品编码组织负责翻译成本地区语言，完成GPC的本地化。

（5）能够方便地采集业界广泛认可的物品相关分类信息。

2. GPC分类体系的原则

（1）GPC架构提供了一个可选的4级层次结构——大类、中类、小类、基准名称（如图3-6所示）。

（2）每个分类层级的架构由共同规则、原则或应用领域的专家决定来确定。而且，不同层次所适用的原则或规则是不一样的，比如分类部分、基准名称和属性由于层级不同，其适用的应用规则也各有不同。

（3）商务规则可适用于该分类的任何层级或整个分类体系。

（4）每个基准名称都有1个或多个属性与之配套；反过来，每个属性都有一组相关的属性值。

层级	描述	例
大类	指产品所属的行业或领域	食品、饮料和烟草
中类	指产品所属的细分行业或领域、子行业、子领域	牛奶、黄油、奶油、酸奶、奶酪、鸡蛋及其替代品
小类	指相似的产品类别的组合	牛奶及其替代品
基准名称	指产品所属的类别	牛奶及其替代品（易破坏的）

Milk

图3-6　GPC的4级层次结构

二、GPC的构成

GPC的分类基础是线分类，线分类就好比是一棵树，树有树干，然后分出许多叉来，它们有着严格的隶属关系。GPC分类按照用途对每类产品或服务分配一个4层8位的数字码。它又分成大类、中类、小类和基准名称。大类是产品隶属的行业，中类是产品隶属的小行业，小类是产品隶属的族，基准名称是具体的产品品种即基本的产品类别，更适合客户使用。

由于历史原因，GPC的部分，如食品饮料和烟草部分的分类代码，选用了UNSPSC中食品、饮料和烟草分类部分作为产品分类和查询代码（即检索代码），对UNSPSC的第四层基准名称的属性进行描述、规范和模块化。GPC还对基准名称的特征属性及属性值进行描述，这就构成了GPC中部分食品饮料和烟草分类的框架，如图3–7所示。

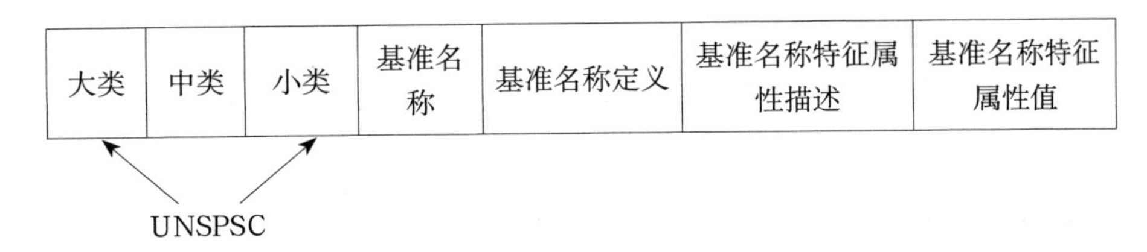

图3–7　GPC中部分食品饮料和烟草分类的框架

GPC代码结构中，GPC由基准名称标识代码、分类代码和属性代码组成。标识代码是一个无含义代码，是基准名称在全球的一个8位的、无含义的序列号。随着UNSPSC和GPC代码集的发展，目前GPC有1000个小类分类采用了UNSPSC，其余则采用了GPC制定的分类。但GPC的分类也采用了和UNSPSC的分类结构，也是大类—中类—小类，但GPC紧跟着就是物品基准名称，而不是和UNSPSC一样的商品。

全球产品分类GPC整体代码集的结构如表3–13所示。

表 3-13　全球产品分类 GPC 代码集的结构示意表

大类编码	大类描述	大类定义	中类编码	中类描述	中类定义	小类编码	小类描述	小类定义	基准名称编码	基准名称描述	基准名称定义	属性编码	属性描述	属性定义	属性值编码	属性值描述	属性值定义
So1	Sd1	SD1	Fc1	Fd1	FD1	Co1	Cd1	CD1	BC1	B1	BD1	C1	Cd1	CD1	Cc1	Cad1	Cav1
So1	Sd1	SD1	Fc1	Fd1	FD1	Co1	Cd1	CD1	BC1	B1	BD1	C1	Cd1	CD1	Cc2	Cad2	Cav2
So1	Sd1	SD1	Fc1	Fd1	FD1	Co1	Cd1	CD1	BC1	B1	BD1	C1	Cd1	CD1	Cc3	Cad3	Cav3
So1	Sd1	SD1	Fc1	Fd1	FD1	Co1	Cd1	CD1	BC1	B1	BD1	C1	Cd1	CD1	Cc4	Cad4	Cav4
						Co1	Cd1	CD1	BC1	B1	BD1	C1	Cd1	CD1	Cc5	Cad5	Cav5
									BC1	B1	BD1	C2	Cd2	CD2	Cc6	Cad6	Cav6
									BC1	B1	BD1	C2	Cd2	CD2	Cc7	Cad7	Cav7
									BC2	B2	BD2	C2	Cd2	CD2	Cc8	Cad8	Cav8
									BC2	B2	BD2	C2	Cd2	CD2	Cc9	Cad9	Cav9
									BC2	B2	BD2	C2	Cd2	CD2	Cc10	Cad10	Cav10
									BC2	B2	BD2	C2	Cd2	CD2	Cc11	Cad11	Cav11
									BC2	B2	BD2	C3	Cd3	CD3	Cc12	Cad12	Cav12
									BC2	B2	BD2	C3	Cd3	CD3	Cc13	Cad13	Cav13
									BC2	B2	BD2	C3	Cd3	CD3	Cc14	Cad14	Cav14
									BC2	B2	BD2	C3	Cd3	CD3	Cc15	Cad15	Cav15
									BC2	B2	BD2	C3	Cd3	CD3	Cc16	Cad16	Cav16
									BC2	B2	BD2	C3	Cd3	CD3	Cc17	Cad17	Cav17

注：So 表示大类编码，Sd 表示大类描述，SD 表示大类定义，Fc 表示中类编码，Fd 表示中类描述，FD 表示中类定义，Co 表示小类编码，Cd 表示小类描述，CD 表示小类定义，BC 表示基准名编码，B 表示基准名描述，BD 表示基准名定义，C 表示属性编码，Cd 表示属性描述，CD 表示属性定义，Cc 表示属性值编码，Cad 表示属性值描述，Cav 表示属性值定义。

全球产品分类GPC采用四层次分类体系：大类—中类—小类—基准名称，基准名称可以通过一组相同产品属性对产品类型加以描述。

目前，GPC已经针对宠物护理用品/食品、清洁/卫生用品、食品/饮料/烟草、医疗保健品、美容/个人护理/卫生用品、婴儿护理用品、交叉类别、文本/印刷品/参考资料、音乐器材、文具/办公器械/会场用品、鞋类、个人饰品、计算机、通信产品、服装、视听/摄影用品、艺术品/工艺品/刺绣、体育装备、生活用电器、厨房用品、野营用品、家用家具/办公家具/家饰、机动车及用品、电气产品、水暖/加热/通风/空气调节设备、工具/设备—手动的、草坪/园艺用品、工具/设备—带动力的、建筑用品、工具存储/车间辅助用品、安全/防护—DIY、玩具/游戏产品、燃料、润滑油、活的动物、安全/安保/监控用品、仓储/运输集装箱等37个大类的3400多个基准名称，完成了它的特征属性的描述。

三、企业应用GPC的示例

如果企业要查找“燕京啤酒”，可有如下方法。

1）查基准名称和标识代码

名称：啤酒（beer）

代码：10000159

2）查啤酒UNSPSC分类代码

UNSPSC：50202201

3）查属性名称与代码

第一属性名称为啤酒种类（beer variant），代码为20000017；第一属性值名称为可狂饮的（lager），属性值代码为1420。

第二属性名称为产地（country of origin），代码20000048；第二属性值名称为中国（China），属性值代码为75。

第三属性名称为是否加添加剂（if flavored or added），代码为20000098；第三属性值名称为没有（no），属性值代码为1732。

第四属性名称为酒精含量（level of alcohol），代码为20000122；第四属性值名称为低度酒精（low alcohol），属性值代码为1514。

第五属性名称为颜色类别（style of beer），代码为20000170；第五属性值名称为琥珀黄色（amber），属性值代码为177。

四、GPC的本地化

中国物品编码中心负责GPC在中国的维护和应用。GPC的本地化基本分为三个阶段：第一阶段是将GPC翻译成中文；第二阶段是对企业产品进行分类管理，向企业提供数据服务，将企业产品的类别和GPC的系列进行对照，将中国的特色产品介绍到国际上去；第三阶段是实施全球的数据检索和查询。这是GPC在我国要走的三个阶段，目前我国正处于第一个阶段。

由上可见，目前各类物品分类代码体系较多，在应用方面各有侧重。任何一个具体的物品分类方案显然是不能同时满足所有领域的特定要求的。总的来看，《商品名称及编码协调制度》(HS)、《产品总分类》(CPC)、《联合国标准产品与服务分类代码》(UNSPSC)、《GS1编码体系中的全球产品分类体系》(GPC) 在国际中上得到了广泛的应用。

第五节　物品编码的原则与表现方式

一、物品编码的原则

用户在设计开发物品编码体系时，需要立足自身管理需求，确定物品编码原则。这些原则就像铁律一样，将协助用户更好地制订物品编码体系，在受阻时从根源上起到仲裁和规范的作用。

(一) 标准化、通用化和规范化原则

1.标准化

标准化就是应尽量采用国家、国际现有物品编码标准，或者在现有标准的基础上作一些适应性改变后采用，应尽量避免自建编码体系。特别地，对于物品标识编码，其最终目标是采用机器实现物品信息的自动识别或解析，因此更加需要注意不仅在编码数据结构上要与现有标准兼容，还要在生成和识读硬件等方面实现兼容，也就是采用现有软硬件都支持的物品编码标准或者码制标准。尽量避开选用一些生僻的、没有国家标准或

者国际标准支持的物品标识编码和码制。

2.通用化

通用化就是尽可能地采用使用范围最为广泛的物品编码标准，通用化事实上也是一种标准化形式，通用化是在标准化的基础上更进一步，其本质是实现统一。物品编码通用化的目的是最大限度地扩大同一物品编码标准的使用范围，从而最大限度地减少编码兼容和映射工作。这样考虑是因为现在市场经济的运作下，某些物品编码也制定了行业标准甚至国家标准，但由于各种原因实际上并没有获得普及性应用，甚至有些物品编码只在国内有，而国际上其他国家根本不知为何物，用户对此也要慎重考虑。

3.规范化

规范化就是用户应根据自身管理需要，合理地制订编码标准以及确定工作流程，以形成统一、规范和相对稳定的编码生成及应用体系，通过对该体系的实施和不断完善，达成井然有序、协调高效。

在物品编码领域，只有真正实现了标准化、通用化和规范化，才能在实践中实现物品编码兼容国内、国际需要。为了实现标准化、通用化和规范化，用户可以直接采用现有物品编码系统，或者是对物品分类编码的部分类目、物品标识编码的部分数据结构适当拓展细化、合并整合或改动之后采用。同时，还要考虑满足现有各类物品编码系统信息交换需求，满足编码兼容协调互联需求，满足各类物品编码系统动态维护和管理需求。

（二）唯一性原则

在某些物品信息管理系统中，物品编码的唯一性往往是强制性的，不能出现重码，也就是重复编码。唯一性似乎很好理解：足够独特，不与其他编码重复。要做到这一点，只要编码方案足够独特、码足够长就可以。因此，不少物品编码的推广机构甚至宣称自己的编码方案可以为每一粒沙子进行唯一编码。但事实上，做到唯一性远远不够。编码唯一性的前提是编码的标准化，没有标准化，唯一性也没有意义了。在满足唯一性的条件下，编码结构还要尽可能地简单，码位尽可能短。编码设计人员还需要考虑物品编码的唯一性究竟是局部唯一还是全局唯一。

【引导案例】

解放军装备编号存在雷同，1道命令调动3台战车①

2011年深秋，某装甲旅千人百车在豫西伏牛山麓摆开战场，进行了一场多军兵种联合实兵实弹对抗演习。战斗一打响，双方就展开了激烈的搏杀。然而，由于双方实力相当，几轮激战下来，不仅没有分出胜负，还在数十平方公里的战场上形成了犬牙交错的态势。

面对“你中有我、我中有你”的严峻态势，双方上至指挥员、下至普通士兵，都不敢轻举妄动，生怕一着不慎满盘皆输。

就在双方都在寻找制胜对策的时候，红方利用先进的侦察设备发现3号高地一侧隐蔽着两个装甲目标。如果将其摧毁，这里将是前沿装甲步兵战斗群进入对方纵深的理想突破口。

真是天赐良机！得知目标正好处在己方一台编号为“105”的新型坦克的火力打击范围之内，红方坦克某营指挥员兴奋不已，马上下令：“105车注意，摧毁3号高地南侧装甲目标！”

“轰——轰——轰——”很快，前方阵地上传来了一阵阵火炮的怒吼。

“怎么自行火炮和装甲步战车也开火了，谁下的命令？”当发现除了坦克，一直潜伏待命的自行火炮和装甲步战车也“出动”之后，指挥员的心顿时咯噔了一下。

“坏了！”就在他抓起电台，准备下达转移阵地的命令试图补救时，蓝方的武装直升机已经临空……

随着一声声巨响，短短数十秒，炮兵阵地和装甲步兵战斗群就损失殆尽。

为何3台战车同“一个名”

当晚，参演双方对演习进行了阶段性复盘。通过情景再现，红方坦克某营指挥员很快找到了答案。

问题出在装备的编号上！在同一个战场上，红方编号为“105”的战车居然有自行火炮、装甲步战车、坦克3种不同类型的装备。

听到命令，大家都以为自己是执行者，于是纷纷对目标实施了打击。

那么，为什么会出现一样的装备编号呢？

原来，长期以来上级对新列编装备的编号并没有明确的规范。这个旅的各个单位在

① 解放军装备编号存在雷同 1道命令调动3台战车［EB/OL］.［2012-03-30］,［2021-05-06］. http://mil.news.sina.com.cn/2012-03-30/1024686312.html.

接收新装备后，一般都是按惯例从“001”作为起点依次往上类推，根本就没有把重名考虑在内。

过去，由于各单位的指挥系统相对封闭，上级下达的各种指令几乎全部需要经过营连指挥员“过滤”，因此尽管3台战车曾在战场上多次“碰面”，却从没有机会“撞车”。

而这次演习运用了一体化指挥平台，通信联络实现了互联互通，原来阻隔在各单位之间的信息壁垒不见了，这才有了一道指令被3台同一编号的战车同时执行的现象。

“正是部队信息化程度的提高和指挥方式的转变，使原本不可能发生的问题成了现实。”该旅指挥员解释说。

“身份认证”防同名

吃一堑长一智。装备编号重名的问题，很快引起了这个旅领导的高度重视。

他们迅速对全旅各类装备的编号进行登记、统计，重新拟定了序列编号，使全旅的每一件武器装备都有了一个独一无二的“身份证号”。

为了避免战场“多胞胎”现象的再次发生，他们还针对未来战争信息化程度高、多军兵种部队在同一背景下联合行动成为常态的实际，建立战场“身份认证”制度，将联合作战中各作战单元的“身份认证”作为战前的必修课。

如今，无论是参加演习还是执行多样化军事任务，这个旅指挥员都要首先对置于指挥体系内的所有武器装备的编号、作战小组名称、代号进行规范，有效地避免了重名带来的问题。

用数字编码为武器装备编号的目的，一是为了日常管理维护的需要，二是便于作战指挥。上面的例子中，就是这么一个被喷在装备上的数字编号，也被赋予了特殊的含义，成了影响战争胜负的要素。对于具体单位武器装备的日常管理可能不会有太大的影响，但对于多军兵种联合作战来说，众多使用同一编号的武器装备出现在同一战场上，可能引发的一系列问题绝对不能小视。

从武器装备编号抓起，建立战场装备“身份认证”制度，就能避免战场装备“多胞胎”现象发生，才能提升部队信息化条件下联合作战能力。

上面的案例说明了唯一编码的重要性。事实上，在国家标准“国家物品编码导则”中，按照要求，在一个编码体系中，基本特征、功能相同，且在管理上被视为一个单独的编码对象时，编码应唯一。

物品编码唯一性说起来容易理解，但如何做到编码的唯一性却甚为不易，尤其是在信息化、经济全球化时代。物品的流动是全球性的，物品编码的唯一性就应该是全球性的。但唯一性可以分为局部唯一和全局唯一。全局唯一性是在一个足够大的编码空间内，这个编码都能保持唯一，我们叫作全局唯一编码。如果只在一个相对大的编码空间内保持唯一，那就是局部唯一编码。在某些特定情况下，所谓的全局唯一如果放到更大的编码空间进行考虑，也可能变成局部唯一。比如身份证编码，在中国大陆可能保持唯一，但如果拿到整个世界来看，同样的18位数字编码，很有可能发生重码。所以所谓的全局唯一，终究也是相对的全局唯一。

物品编码唯一性是区别物品信息管理系统中每个实体或属性的唯一标识有效性的第一个指标。在一个物品信息管理系统中，一个物品的编码应具有绝对唯一性，即一类/个编码对象只选择一种编码形式，各个对象在所选定编码形式下的码值是唯一的。但是，在特殊情况下，也允许代码具有相对唯一性的编制方案，即一类编码对象同时具有两种形式的编码方案，既有一套数字型的代码，同时有一套字母型代码。这就是所谓在两种形式下具有唯一代码，即代码相对唯一性，但这两套编码应具有映射关系。比如在医院信息管理系统中，每一类或一个单元的药品或医疗器械既有ERP系统生成的唯一编码，也具有该药品或医疗器械本身出厂时自带的商品条码。当然，ERP系统开发商提供的唯一编码只与某一厂家确定的某一规格的药品或医疗器械对应，且只是与其名称对应，本身并没有以条码或其他自动识别技术加贴在产品或产品外包装上，只能在该ERP系统内部使用。有的医院的ERP系统，哪怕是同一家生产的同一规格的药品或医疗器械，系统也会赋予不同的编码。这样编码无法区分和辨别两种药品、两盒药品的异同，适用性不高，而且必须与产品或产品外包装上的条码进行对应，才能支持药房的自动化发药。

（三）其他原则

唯一性是物品编码最重要的要求，此外，还要满足如下原则。

1. 合理性

必须在逻辑上满足应用需要，在结构上与处理方法相一致。

2. 简单性

尽量压缩代码长度，这样可以节省存贮空间、减少代码的出错率、提高机器处理效率。对长代码设置校验码位：在码位超过七位时，要考虑设置一位校验码位；更长的代码可考虑设置多个校验码位，以保证代码的正确性。

3. 易识别性

为便于记忆、减少出错，代码应逻辑性强，表意明确。

4. 规范性

考虑企业信息系统与主管部门通信和联网的需要，应尽可能采用现有的国际、国内、部门的标准，编码结构统一。

5. 快捷性

有快速识别、快速输入和计算机快速处理的性能。

6. 系统性

要全面、系统地考虑代码设计的体系结构，要把编码对象分成组，然后进行编码设计，如建立物料编码系统、人员编码系统、产品编码系统、设备编码系统等。

7. 兼容性

物联网对象编码方案应能实现对现有各领域信息化中已存在的对象编码方案的兼容，通过建立各种映射规则和标识映射流程，支持已经存在的对象编码。

8. 可扩充性

不需要变动源代码体系，可直接追加新代码，以适应系统发展。提高编码容量利用率（实际已占用的编码数量与编码理论容量之比），必须设法在一定容量之下缩短码长，在一定码长之内有效地占用码位。在减小容量时，必须考虑给代码留有扩展的余地。一般来说，编码容量利用率达到30%以上是比较好的，对大型、通用、基础的标准代码、码位利用率一般在30%～60%之间。

二、物品编码的表示方法

编码是人与计算机的共同交互语言，采用编码可以使数据表达标准化，简化程序设计，节省存储空间，提高系统运行速度，更有利于系统内的信息交换。那么，编码具体是如何表示的呢？下面将从编码的数制、编码的形式、编码的结构三个方面来介绍。

（一）编码的数制

数制是人们利用符号进行计数的科学方法，数制又叫计数进位法。数制有很多种，在计算机中常用的数制有二进制、十进制和十六进制。当然，如果是采用字母编码，编码就没有数值一说了。一般地，我们在表示标识编码时，需要考虑编码的形式、数值。

比如在采用一维码或二维码作为数据载体时，我们会用十进制表示商品的编码，在十进制编码转换成条码的时候，按既定的规则转换成二进制；十进制供人辨识，二进制供机器处理。

1. 二进制数

二进制数由两个基本字符0、1组成，它的运算遵循“逢二进一”的法则。它的加法和乘法运算示例如下。

0+0=0

1+1=10

0+1=1+0=1

比如十进制的6，用二进制表示为110。由于二进制数在使用中位数太长，不容易记忆，所以人们在日常生活中不常用。

2. 十进制数

人们在日常生活中通常使用的是十进制，它的特点有两个：一是十进制由0，1，2，…，9十个基本字符组成；二是十进制数运算按“逢十进一”的规则进行。

3. 十六进制数

它由0～9以及A，B，C，D，E，F组成（它们分别表示十进制数0～15）。在运算中，十六进制数遵循“逢十六进一”的法则。

（二）编码的形式

编码一般有三种基本类型，即数字型、字母型、数字字母混合型。通常情况下，字母型和混合型编码的直观性较好、带有助记作用便于理解记忆、容量大，比如用N表示编码的位数，如果采用十进制的数字型编码其容量为10^N，字母型编码的容量为26^N，混合型编码的容量为36。但数字型编码的数据录入和检索速度占明显优势。因此，若从信息处理角度考虑，多选用数字型编码。

数字型编码包括基数型与序数型两种编码型式。基数型编码表示数目的多少，序数型编码则是用有序的数字作为编码，表示顺序的多少。比如2008年在北京举办了第29届奥运会；电话区号广州是020，上海是021，天津是022，重庆是023，沈阳是024，南京是025等。再如，在主要产品分类CPC中，牛皮、羊皮、山羊皮等生皮、生毛皮只被作为是一种原材料，其分类归入0部类（农林渔产品）；皮革和皮革制品，鞋类，以及羊肉、牛肉和猪肉等肉类，不管其是鲜的、冷藏或冻藏的，都归入2部类（食品、饮料和烟草；仿制品，服装和皮革制品）。这些都代表了物品在一个分类体系中的顺序，具有序数的含义。

字母型编码的意思是其编码由字母构成，包括大写字母和小写字母。数字字母混合型编码则由字母和数字混合编成。具体应用环境中编码设计人员为了不引起混淆，特别是为了避免人工读取编码发生错误，可能还会规定一些特别要求，比如如果用了0～9，则大写英文字母I、O不采用，因为阿拉伯字母的0和1与和英文字母O、I在人工读取时看起来十分相似。

（三）编码的结构

如果说编码的数制和形式规定了任意编码的最小构成要素，也就是每一位编码的值的选取范围，那么编码的结构就是进一步规定了编码由哪些要素按什么规则才形成最终的编码。比如最终形成的编码分为几个层次，每一层次包含位数有多长，每一层次的编码取哪些值，也就是通常所说的几层几位或几段几位。以联合国标准产品与服务代码UNSPSC为例，它的编码结构是四层八位，意思就是UNSPSC的每一层包含两位代码，一共有四层。常见的13位商品编码的结构，由厂商识别代码、商品项目代码、校验码三部分组成，分为四种结构，其结构如表3−14所示。

表3–16　13位商品编码结构

结构种类	厂商识别代码	商品项目代码	校验码
结构一	$X_{13}X_{12}X_{11}X_{10}X_9X_8X_7$	$X_6X_5X_4X_3X_2$	X_1
结构二	$X_{13}X_{12}X_{11}X_{10}X_9X_8X_7X_6$	$X_5X_4X_3X_2$	X_1
结构三	$X_{13}X_{12}X_{11}X_{10}X_9X_8X_7X_6X_5$	$X_4X_3X_2$	X_1
结构四	$X_{13}X_{12}X_{11}X_{10}X_9X_8X_7X_6X_5X_4$	X_3X_2	X_1

编码结构的每一部分如何组成，如何分配呢？以13位商品编码为例，厂商识别代码由7～10位数字组成，由我国的物品编码中心负责分配和管理。厂商识别代码的前3位代码为前缀码，国际物品编码组织已分配给中国物品编码中心的前缀码为690～699、680～681。商品项目代码由2～5位数字组成，一般由厂商编制，也可由中国物品编码中心负责编制。校验码为1位数字，用于检验整个编码的正误。我们在描述其他物品编码结构的时候也应遵循相同的方法。

（四）无含义编码和有含义编码

物品编码还可以分为两大类：无含义编码（nonsignificant code）和有含义编码（significant code）。顾名思义，无含义编码对编码对象只起标识作用，编码的全部或部分均没有预定含义（没有提前定义编码的含义）。我们通过无含义编码不能解析出物品本身的信息，其含义需在有关文件或数据库中查询获得，如无结构、无层级的纯流水号，系统自动给出的随机编号等都是无含义编码。在实际工作中，一个编码到底是无含义编码还是有含义编码，人们还是会产生疑问。比如某产品的商品编码是6901234567892，有人就认为，69开始的13位商品编码表示该生产企业是在中国物品编码中心注册申请商品条码的企业，那69这两位编码就具有了含义，至少表明这家企业是在中国注册的。这其实是从编码应用结果来考量的，因为在“6901234567892”这个编码设定之初（原编码），这个代码本身和与商品本身的特征属性并没有任何关联，所以这个编码作为整体是无含义的。就连本例中的69前缀码，也是国际物品编码组织GS1碰巧分配给中国物品编码中心的前缀码。只是用得久了，人们就赋予了其特定含义。所以，一开始的无含义编码（原编码无含义）到了应用环节，也有可能逐渐演变成有含义编码，准确地说是编码投入应用后用户赋予了其含义。从编码的生成过程看，本次编码之前，本编码的全部或任何部分确实没有预先定义，所以原编码是不存在特定含义的，原编码是无含义编码。

总之，设定原编码的时候，只要本次编码过程已经说明是无含义编码，赋码之后，即便某些码位绑定到了某个具体属性，这个编码就是无含义编码。无含义编码一般包括顺序码和无序码。其中顺序码是用连续的数字或字母表示编码对象，如某企业有同类型的电脑n台，可顺序编码1，2，3，⋯，n，因而顺序码也称序列码。顺序码记忆方便，便于编码设计人员估算编码容量，因而更为常用。顺序码的优点是简单、易扩充；缺点是没有逻辑含义，不能描述编码对象的任何信息特征，扩充编码时不能插入，只能在后面添加，且删除数据时可能会造成空码。顺序码多用于编码对象的量不大的情况。

如表3-15所示，水上施工船舶分类采用无含义的全数字层次编码，下位类编码继承上位类编码，以直观体现下位类与上位类的隶属关系；同位类之间构成并列关系，并以顺序码方式编码，用户可以从编码的最终形式上直观看出同位类目之间的并列关系。

表3-15 水上施工船舶分类编码表

分类编码	分类名称	说明
1	常用施工船舶	
101	桩工船	管柱桩施工船，简称为桩工船，是一种大口径钻机船。是在码头、桥墩、栈桥等建设过程中用来建造管柱式基础桩的工程船
10101	变幅式打桩船	
10102	旋转式打桩船	
10103	摆动式打桩船	
10199	其他桩工船	其他未列入或未明确的桩工船
102	起重船	
…	…	

有含义编码（significant code）就是编码的全部或部分具有特定的含义。此种编码不仅作为编码对象的唯一标识，起到代替编码对象名称的作用，还带有编码对象的某些相关信息（如分类信息、属性信息、特殊标记等）。有含义编码是设计编码结构、制定编码集的时候就已经预先定义了的。比如，某集团的物资编码手册规定"××集团的物资编码为16位数字编码。首位取值为1，表示新物资；首位取值为2，表示旧物资"；再如，美军物资编目，第5～6位编码取值为00，表示美国编目局等。有含义编码就是整体要对编码对象起到标识作用，同时，部分码位还具有其他特定的含义。

有含义编码包括层次码、特征组合码、复合码等几种常见形式。层次码有时也称分组码或成组码。它是最常用的一种编码表示方法，按编码对象之间的从属、层次关系将编码分成几段，每段表示一定的含义，从左至右排列选取，如18位的公民身份证编码。层次码的优点是能从最终形成的编码上判断出部分分类信息，比如通过身份证编码的前六位判断身份证持有人所属的区县，以此来进行行政管理等。层次码可以清晰地反映出分类的层级和体系架构，也能反映出物品所处层次的颗粒度的大小，比如在表3-15中，我们可以判断出桩工船和起重船是一个颗粒度；变幅式打桩船则从属于桩工船；变幅式打桩船和起重船不存在从属或包含关系。层次码的优点是容易识别、校对、分类；缺点是编码位数较多，只有在为每段预留编码时，才易扩展。

特征组合码是由表示物品或事物属性的基本要素的编码分段按照约定次序组合而成

的编码。它是将编码对象的属性或特征分为几个区间，每个区间是平行关系，彼此不交叉、不重复。它的特点是编码位数较少，可表示较多信息，易插入、追加。详见本书有关物品属性编码的表述。

复合码由若干完整、独立的编码组合而成。复合码可以表示编码对象的多种信息，各组成部分也可以单独使用。优点是易分类、扩展、可实现多种分类统计；缺点是编码的层级和编码位数较多，人工解码可能会产生错误。

第四章

物品的属性与属性编码

物品属性是物品本身所固有的性质。物品属性是物品性质的体现，是从客观角度认知物品的方式。物品的性质就是该物品所决定的事实。物品属性是物品本身所具有的根本性质。例如，氢气可以燃烧是可燃气体，氮气不能燃烧是惰性气体，可燃气体是氢气的属性，不可燃的惰性气体是氮气的属性。物品特征是指某物品所特有的性质，是物品所具有的特殊或特有之处，是一个物品异于其他物品的属性。本章首先对物品属性的性质进行讨论，提出尽管我们在对物品进行分类，对物品进行命名、建模和描述的时候，我们总是会尽可能地找出那些本质的属性，但物品本质属性也未必真的“够本质”。接着介绍物品编码领域物品属性的表达方式，在此基础上，介绍物品数据模型和物品属性编码的表示与应用。

第一节　物品属性的稳定性与相对性

一、物品的本质与本质属性

我们讨论物品的本质和本质属性，旨在对物品编码研究工作的客观要求与形形色色的物品现象之间的关系进行思考，进而客观地认知物品编码。“透过现象看本质”是我们一直追求的，目标也是回到物品编码方法论的初始，不断地追究物品编码的实质，不断地探索物品编码的思路、理念和科学方法，去除、替代困扰物品编码认知的伪现象和干扰因素，在物品编码研究和工作实践中作出适合的取舍。

在物品（物资物料设备）分类的实践过程中，我们往往会对物资分类人员说“您应该选择物资、设备的那些本质的、稳定的、不变的属性特征作为物资设备分类的依据”，并且一再告知他们“将具有相同属性的、相同特征的物品归为一类”。这从物品分类的角度讲是没有问题的，实践中我们确实也是这么做的。但是这里有一个问题：我们对物资物料设备进行分类和命名时所挑选的那些属性或特征，真的是该物资物料本质的、不变的、稳定的属性吗？我们首先探讨一下物品的本质是什么。在人类对生于斯长于斯消亡于斯的这个现实世界的认知过程中，人创造了本质这个词。亚里斯多德是本质(英文直译是“to be what it was”）这个词的创造者，本质对应拉丁文的“essentia”，也就是英文“essence”。亚里斯多德将本质表述为：事物的本质即是那被说成是该物自身的东西。亚里斯多德用本质这个术语来表示事物中恒久的要素，也就是说事物内部恒久的要素才是本质。黑格尔也指出：“事物中有其永久的东西，这是事物的本质。”比如说水，无论固态水、液态水还是气态水，三态水的自身因素 H_2O 都不会变化，所以 H_2O 是水自身的长久因素。也正因为如此，我们可以将水定义为由2个氢原子和1个氧原子结合成的事物。可见，从人们认识事物的角度看，本质是人们用来给事物下定义的东西，是事物中恒久的那些属性和特征。中文“本质”一词中“本”的一个解释是：木下曰本。可见“本”原本是指植物的根，植物的根藏在地下，人所不见，但根是植物发芽、开花、结果都依赖的东西，根没了植物也就不存在了。根是长久持续存在的，这表现的是一种恒久性。这和亚里士多德说的事物内部恒久是完全一致的。

将事物恒久的要素定义为事物的根本性质，定义为事物的本质，是对事物自身组成要素，也是对事物各种性质之间相对稳定的内在联系的一种特殊化。那么，什么是事物恒久的要素呢？它是指人们从事物的一系列属性中甄别出的，由事物本身所具有的特殊矛盾构成的要素，人们将其认定为本质属性。可见事物是客观的，本质是人规定的。事物的本质源于事物的恒久性，那么本质就应该是持久的，且表现一致的。比如六角头螺栓、半圆头螺栓、扁圆头螺栓、沉头螺栓、法兰面螺栓、地脚螺栓、T型螺栓、紧定螺栓、吊环螺栓、方头螺栓、膨胀螺栓等，它们看起来形形色色、五花八门，从哲学角度看就是现象的不一致。但如果将这些形形色色的螺栓进行相互类比，就可以抽象、归纳出共同的、恒久的东西：这些螺栓，都需要与螺母配合，可用于紧固连接两个带有通孔的机械零件，故此也叫作紧固件。能够起紧固作用就是这些螺栓的本质。从对标准件进行分类这个出发点，我们提取出“起紧固作用”这一属性作为螺栓的本质属性，并将其作为标准件分类的依据。进一步地，在分类实践中，在到达一定的分类层级之后，物品的本质就不再参与分类，分类人员更多是从物品的具体功能、作用和用途的角度去划分类别。比如上面说的对紧固件的分类，不同细类紧固件的功能本来就是人为的因素，把这些作为物品分类的依据自然也就增加了人的因素。这些螺栓的本质是“起紧固作用将两个零件固定在一起”，这个属性在划分紧固件这个类别的时候已经用过了。如果继续分类的话，“起紧固作用”这个所谓的本质属性就不能再继续参与分类了，我们必然也只能选择紧固件的其他属性，比如规格、是否有涂层、是半丝还是全丝等，作为继续分类的依据。因为功能本来就是人为设定的，其结果就是紧固件的分类加入了人的因素。所以从这个意义上讲，我们可以说在对物品进行分类的时候，我们选择了物品的某些恒久的属性作为本质属性。这个本质是决定物品更高层级、更大颗粒度分类的东西。比如说我们可以说，6×25不锈钢、无涂层、不锈钢内六角螺栓，它的本质是起紧固作用的螺栓，而不能说它的本质是6×25不锈钢无涂层内六角。6×25、不锈钢、无涂层、内六角是具体属性，但不是螺栓的本质。如果任何属性都是本质的话，那本质就不是本质了，也就没有本质了。所以，紧固件这个本质已经参与了较高层级的分类，就不再参与较细层级的分类。比如，在划分螺栓的规格尺寸时，“起紧固作用”这个较高层级的属性就不再参与规格尺寸这个层级的分类过程。具体属性参与较细层级的分类，同时，属性有时候还可能会参与某个层级的物品的命名①。

我们已经讨论过，物品是客观的，本质是人规定的，本质乃至物品的分类是人类理智的结果。物品本没有本质属性，为了分类，为了认知这些物品，一般按人的经验管理去设置本质属性。所以，从人认识事物的角度看，事物是有本质（nature）的，这个本质是人们从物品属性中提取出的相对稳定且恒久的那些东西，是决定一事物之所以是此事物的东西。同时，这个本质还是事物分类的根据，是事物的根本，事物本身的、原有的属性。但需要说明的是，这个本质仍然是“就人而言的本质”，所以我们要强调“从人认识事物的角度而言的本质”。换句话说，物品不会自己说话，如果不考虑人，物就没有“本质”。假设世界上没有进化出人类，那么水仍然是H_2O，还是两个氢原子和一个氧原子，铁锈也仍然还是铁锈，还是Fe_2O_3。氢原子、氧原子和铁原子作为质料的东西没有任何变化，只是没有人类去感知它们，因此也就没有了氢原子、氧原子和铁原子这样的名称，没有水和铁锈这样的名称，没有分类，更没有人去定义水的本质是两个氢原子和一个氧原子。这和老子讲的“无名万物之始，有名万物之母”具有相似的意思。万物原本是没名称的，万物的名字，是人们赋予的用以指代物本身或其属性状态的一个名称。“道可道非常道”所说的道之所以称作道，乃是老子所赋的虚名。倘若老子不把它叫作道，而是叫作理，甚至叫作猪狗，那么这道德经开篇第一句就是“理可理非常理”，甚至是“猪狗可猪狗非常猪狗”也并非不可。按照老子道德经的说法，这世间一

① 这里内六角的意思是其头部是内六角头形。这里内六角螺栓的内六角这个属性并没有作为划分层级的依据，而是直接将内六角作命名规则，创造出一个内六角螺栓的名称，与六角螺栓、半圆头螺栓、扁圆头螺栓等并列。

切物，原本是无名之物，也就是无名万物之始。之后我们鉴别它们相同或不同之处，赋予它们名字，并且描述它们的属性，从而明白物之所以为物的原因，并谈论它们，对它们进行分类，使它们为人所知、为人所用，此为有名万物之母。

这些论述与前面我们讨论过的丑小鸭定理是一致的，物品没有所谓的本质属性，也不存在分类的客观标准。从理论上讲，任何两个事物，总是能找到足够的分类依据，足够多的相似度，总能将两个物品划分为一类。因为所谓物品的本质属性是就人而言的，就机器而言物品没有本质属性，机器是无法分辨哪些属性是事物的根本性质的。

这里我们还需讨论本质和属性。本质是“nature”，也可以是“essence”，是哲学名词，是某类物品区别于其他物品的基本特质，是指物品本身的形式和属性。所以，物品的本质也是物品的属性，只不过我们将本质定义为了物品本身所固有的、用以区别此物品与其他物品的特殊属性（essential attribute）。属性[①]（attribute）在哲学上是指一个事物的性质，对于物品编码来说就是物品所具有的性质。属性是人们对一个对象的抽象的描述和刻画。一个具体的物品，总有许许多多的性质与关系，我们把一个物品的性质与关系，叫作物品的属性。物品与属性是不可分的，物品都是有属性的物品，属性也都是物品的属性。一个物品与另一个物品的相同或相异，无非也就是一个物品的属性与另一物品的属性的相同或相异。由于物品属性的相同或相异，客观世界中就形成了那些相同的物品类和不同的物品类。具有相同属性的物品就形成一类，具有不同属性的物品就分别地形成不同的类。比如苹果是一类物品，它是由许多具有相同属性的个别苹果组成的。梨也是一类物品，它也是由许多具有相同属性的个别梨组成的。苹果和梨是两个不同的类。苹果这个类的共同属性是不同于梨这个类的共同属性的。如果我们推而广之，还可以发现苹果和梨都是多汁且主要味觉为甜味和酸味，可食用的植物果实。所以我们将苹果和梨划分为一个类——水果。多汁、主要味觉为甜味和酸味、可食用、植物果实，就是水果的共同属性。

物品的本质和本质属性这些概念对我们影响深刻且持久，以致影响了物品的分类。在我们感知世界的常识和经验中，有些事情是毫无疑问的，比如桌椅板凳、石头书本、牛羊河鱼，它们都是独立的物品，都有着可经受变化的持久身份。至少从我们记事起直到现在，桌子就是桌子，它一直是桌子，椅子就是椅子，只不过时间久了不加修缮的话就会朽掉。我们认为桌椅板凳、石头书本、河鱼牛羊这些物品具有且从来都具有那些我们可感知的、不用质疑的、一直存在的，而且根据经验常识这些也会一直存在下去的属

---

① 与属性有关的另一个词是特征（characteristic）。特征是指事物的特有属性，特征更加强调对比（与别的事物差异在哪儿），特征用于描述事物的特殊之处。尽管有些学者将本质属性或本质特征定义为“理解一个概念所必不可少的特征”，但我们认为，如果是从认识物品的角度看的，本质属性和本质特征一样，是指人认识物品、辨识和区别不同物品所必须具有的一组属性。

性，具有各种各样的可感性质，比如颜色、质地、气味、软硬、形状等。

正如亚瑟爵士所说的，这些都是我们生活的这个世界的常识性的、经验性的表述和描绘图景，这就是表象。随着物理学的发展，我们深信不疑的表象被打碎了。因为，你面前肉眼可见的桌子所占据的空间里，实际上是由原子核、电子这些细小的人眼看不见的东西在一定空间内快速移动并以各种方式彼此互动的形式存在着。物理学告诉我们物品是由原子构成的，原子是由电子和原子核构成的。原子核在原子中所占体积极小，其半径为原子半径的几万分之一，因此，相对而言，原子里有很大的空间。那么由运动中的电子和原子核构成的桌子所占据的空间，这个空间的大部分都是空的。构成桌子的这些看不见的微粒在动，而眼前的桌子对我们来说却是稳固不变的。它仍然具有特定的尺寸、形状和重量，并且具有了其他的特定的可感质量，比如颜色、光滑度，长短、重量等，这就是事实。所以，表象与事实，哪个为真？就像A．S．爱丁顿在《物理世界的本质》（*the nature of the physical world*）讲到的，我们看到的桌椅板凳看起来是如此的稳固，如果我们试图像电影里的武林高手那样一拳头打破它，势必会弄伤拳头。实际上这个桌子是一个很大的空的空间。这个空间大部分都是空的，尽管我们无法穿透它。其实人也是如此！人也是独立的物理实体。只不过皮肤比桌子柔软，但也和桌子一样难以穿透。当我们通过器官感知桌子和人体的时候，它们在被感知的那一刻，感官和桌子产生粒子的运动和相互作用，但人没有感知它们的特性。同样，如果桌子内部有虫洞、有松香，那它一样感知不到。这就是普通感知经验支配下可能会产生的事物不可感知性：因受限于人生理机能而没能感知到的事实。这个事实就是事物某个方面的属性。事物属性以及它的持续存在仅仅在于我们感知对象时的意识中。既然事物的属性依赖于我们感知的意识、普通感知经验，那么这个属性就不再是本质的、稳定的了。

那么，还有本质的、不变的特征吗？当然没有，只有相对而言的本质、相对稳定的属性。这就是所谓表象与真实。比如颜色，红色对于生活在大气层底层的人类来说是一种十分鲜艳，也十分显眼的色彩。但红色对于生活在海洋深处的鲷鱼而言，却有一定的隐蔽效果。我们的眼睛看到物体的颜色是由于可见光的反射，而看到的颜色则是未被吸收、反射回眼球的光波颜色。在海洋中，随着海水深度递增，不同波长的光线逐渐被海水吸收，达到约100米水深后，来自天空的红色光波再也无法继续深入，没有红色光波可以反射，因此生活在海洋底层的红色鲷鱼，看起来反而是漆黑一片，得到了更好的隐蔽效果[①]。鲷鱼红色的外观并不是为了好看，而是为了自身安全。只是到了人类这里，在

---

① 条码符号的条也不能用红色印刷。扫描条码一般采用CCD红光发光。如果红色作为条码的颜色，尽管人眼看红色与白色具有很大的反差，但是根据颜色吸收反射的原理，红光照射在红色条码上，红光是不能被吸收的，条码识读器中的光电接收器接收到的反射光还是红光，这与红光照射在白色上的反射光是一样的。这就是说相对于条码扫描器来说，白色和红色是一样的。

文化、饮食习惯和偏好的作用下，才赋予了红色以喜庆和欢乐的文化符号，并进一步影响了这种鱼的价格。

二、从实体—偶性到物品的属性

上面我们讨论的属性，在亚里士多德的哲学中，应该被叫作偶性（accident）。他用实体（substance）与偶性（accident）这两个词来区分那些依赖自身而存在的东西和依赖他物而存在的东西。论述实体和偶性的区别与联系，要追溯到亚里士多德的《范畴篇》。在《范畴篇》中，亚里士多德将所有事物（things）用十个范畴来描述。每个事物，要么可作为一个命题的主项（subject），要么可作为谓项（predicate）。比如，“这头牛是红色的”，“这头牛”是主词，“是红色的”是谓词，也就是sp或sps模式。实体被亚里士多德用来命名任何被认为是最基本的、独立的实在。实体被定义为任何可以独立于其他事物而存在的东西，因此马或人（亚里士多德的例子）可以独立存在，但马的颜色或人的体型却不能，如红色不能脱离红色的东西而独立存在，肥胖这种描述体型的属性不能脱离动物或人而独立存在。与实体的独立存在性相比，偶性是自身并不独立存在、需要依附于实体而存在的东西。所以，实体也被说成是偶性的载体。偶性也是被用于说出某物是什么的东西，若完全离开偶性，某物就只是实体，无法说出它究竟是什么样的东西。这十大范畴，包括“第一实体”（primary substance，如这个人、这匹马）和九种偶性（accidents）。偶性都可被用于述谓实体，并且以散布的方式居于实体之中。但时至今日，实体与偶性这两个术语的内涵已经发生变化，无法继续使用。为了避免误解，人们使用物品thing（对应是什么，what）和属性（attribute）来代替它们，来表示过去所说的超越经验的实在性的东西和偶然性的东西。在物品编码实践中，我们一般会把与物品身份标识具有对应关系的形式当成具有同一性的东西，或者说可以确定其身份的东西，对事物的描述则用一系列的属性来实现。

三、从特修斯之船看物品的属性稳定

特修斯之船的故事源自古希腊的一个古老哲学思想实验。特修斯原本是雅典国王瞒着妻子再婚生下的儿子，后来他成了雅典的王位继承人。当时，克里特岛的国王米诺斯派使者来索取童男童女作贡物。这些童男童女将被米诺斯关进克里特岛上的迷宫里，再由半人半牛的怪物米诺牛把他们杀死。一想到童男童女将要面临可怕而又残酷的命运，特修斯十分心痛。他毅然站出来宣布自己愿意去并且保证一定能够制服米诺牛，不让其他的童男童女受到伤害。特斯修到了克里特岛，在米诺斯女儿的帮助下，特修斯斩杀了米诺牛并带着童男童女幸运地钻出了迷宫。他们出来以后，把克里特人的船底全部凿通，米诺斯便无法乘船追赶他们。特修斯和童男童女们乘船安全回到了雅典，那是一只能容纳30个水手的船。雅典人为怀念这次神奇的历险，此后就一直不间断地维修和替换腐朽的部件，想方设法保全这艘具有纪念意义的船。只要一块木板腐烂了，它就会被替换掉。古希腊的哲学家们后来对此进行了延伸：如果以此类推，直到所有的木板都不是最开始的那些了，那么最终产生的这艘船是原来的那艘特修斯之船，还是一艘完全不同的船？如果不是原来的船，那么在什么时候它不再是原来的船了？

对于哲学家，特修斯之船被用来研究物体身份的本质。特别是讨论一个物体是否仅仅等于其组成部件之和。

我们用集合论来解释。假设特修斯乘坐的那艘船是集合A，船上的部件就是它的元素。限于当时的制造水平，假设这些部件仅有木板和木制零部件两类。设木板为i，木制零部件为j，这艘船共有n块木板和m个木制零部件。可得集合A=$\{i_1,i_2,i_3$，…，i_n,j_1,j_2,j_3，…，$j_m\}$，当更换部件时，集合中的元素发生变化。例如原来的i_1,i_2,i_3，…，i_n都被替换成了i_{1+k},i_{2+k},i_{3+k}，…，i_{n+k}；木制零部件j_1,j_2,j_3，…，j_m都被替换成了$j_{1+t},j_{2+\mathrm{t}},j_{3+t}$，…，$j_{m+t}$。集合A的元素就都变了一遍。按照集合的定义，那么严格意义上的集合A就不存在了。当我们更换部件时，“特修斯之船”的定义改变了。但别忘了对于这艘船来说，木板i_1和木板i_{1+k}这两块木板的形式和内容是没区别的，那么“特修斯之船”是仍然存在的。如何判断形式和内容有没有区别是这里的关键。既然新木板i_{1+k}和被更换的木板i_1是没区别的，那么船就还是那艘船。这里的道理就和一个学校一样，尽管不断有新教师加入又不断有老教师退休，学生毕业了一批又新招录了一批，可它还是叫着原来的名字，还是那所学校。

上面用集合的理论解释时，我们并没有像亚里士多德那样考虑船的形式①。亚里士多德的意思是特修斯船可以用描述物体的四因说解决这个问题。构成材料是质料因，物质的设计和形式是形式因，形式因决定了物体是什么。出于形式因考虑，虽然材料变了，但船的设计、形式没有变，船的功能用途没有变化，所以特修斯之船还是原来的船。

亚里士多德忽略了构成特修斯船的替换木板和被替换木板的区别。也许他可能认为对于这么大一艘船来说，换几块木板与船的坚固、形制、抗风浪能力相比，其重要性

---

① 这里我们没有考虑集合中元素的次序。集合中元素的排列是没有顺序的。意思是集合具有无序性，也就是集合中的元素无论你用什么顺序书写都还是同一个集合，举个例子，集合{1,2,3,4,5}、集合{2,3,1,4,5}、集合{5,4,3,2,1}这三个集合就是相同的集合。

很小。我们也可以认为亚里士多德之所以这么想，是因为他觉得这些木板之间是具有互换性和替代性的，既然可互换可替代，那么就无须考虑其差别了。量子力学中的“全同原理”，说的是同类的粒子之间本质上是不可区分的。两个氢原子之间没有性质的区别。你用这个氢原子代替水分子中的那个氢原子，这个水分子的性质没有任何改变。在我们看来，宇宙中的物体，他们的构成要素无时无刻地进行着新陈代谢，木板会朽掉，石头会风化，生命体的细胞会死亡，无时无刻地经历旧的构成要素死亡－新生－发育的过程，类似特修斯之船的“更替”正以不间断的节奏进行着。这个问题可以延伸应用于各个领域，甚至是生命体。比如人体，也在不间断地进行着新陈代谢和自我修复。按照特修斯之船的思路，今天的生命体又死亡了许多细胞，也一定重生了许多细胞，那今天的我还是昨天的我吗？这个哲学实验的核心思想在于强迫人们去反思物品的身份在实际物体和持续发生的客观变化中不断演变这一普遍现象。那么，对于一个已经分类的物品，或者一个已经被定义、被严格界定了内涵和外延的物品，我们在分类物品和定义物品的那一瞬间之后，物品还是原来那个物品吗？还能不能以及在多长时间仍可以保持原来的命名？这一思想实验，同时也是一个哲学问题，他促使和迫使人们去思考，对于一个物品，到底是其质料（事物的组成要素）对于这个物品的本质更重要，还是组成要素的形式（如结构、次序、位置、数量、关系等）对物品的本质更重要。亚里士多德面临着艰难的选择，要么主张质料是实体，要么主张形式是实体或质料与形式的混合为实体。最后他选择了形式作为实体，这一选择对后世的影响极大，尤其对物品编码实践。亚里士多德告诉我们，为了对物品分类，为了对物品进行定义，为了界定物品的内涵和外延，我们可以认为“相对于我们命名、分类和定义物品这件事本身，那些细微的、微不足道的、相对不重要的变化就不考虑了”。出于这样的考虑，我们在分类物品，定义物品的时候，并不太考虑物品那些“细微的、微不足道的、相对不重要的”属性及其变化。这也表明，在物品编码实践中，我们并不是绝对客观地看待所有物品和事件，而是总是从我们自己的角度出发看待这些物品，并对它们进行分类、标识和描述。

第二节　那些“不存在的”物品属性及属性的泛化

不存在就是没有。要说存在，那就是无中生有。在物品编码领域，却存在相当数量的“不存在的属性”。而且这些属性还有可能甚至必须加入属性选项，成为与某一物品名称对应的物品属性数据模型的一个数据元，或者说成为描述该物品的一个数据项。

我们通常所说的物品的属性是物品本身固有的性质或特征，这是从物品编码实践的角度思考，为了应用方便，避免不可知论、不可测论而提出的一种变通的、现实主义、实用主义的处理方法。故所谓本质属性、稳定属性只能是相对本质、相对稳定。认识到这一点，有助于我们在分类实践中更好地处理那些不容易区别的属性，从而尽快达成分类一致。但是，在物品编码领域，物品的属性往往是被泛化了的。因为除了物品本身固有的性质，一些非物品本身固有的性质，也被当作管理属性和应用属性加入了物品属性当中。

例如，在建筑领域，对于预制梁式楼梯，设计阶段我们可以设置如表4−1的属性。

表4−1　预制梁式楼梯在设计阶段的属性

序　号	属 性 名 称	序　号	属 性 名 称
1	混凝土强度等级	9	梯板厚度
2	混凝土抗渗等级	10	梯板底筋
3	钢筋保护层厚度	11	梯板面筋
4	钢筋等级	12	梯板分布筋
5	踏步深度	13	梯梁上部筋
6	踏步高度	14	梯梁下部筋
7	梯段总长度	15	梯梁腰筋
8	梯段总高度	16	梯梁箍筋

表4−1列出的这些属性，是预制梁式楼梯本身固有的性质。而在预制梁式楼梯生产阶段，与预制梁式楼梯管理相关的信息，也以预制梁式楼梯属性的形式出现了。预制梁式楼梯的设计单位、施工单位、业主单位以及生产单位都需要查询和了解生产信息，因为预制梁式楼梯的生产信息对于施工、维保都非常重要。所以，对于预制梁式楼梯，从生产阶段开始就增加了如表4−2所示的属性。

表4–2　预制梁式楼梯在生产阶段的属性

序　号	生 产 属 性
1	生产单位
2	生产日期
3	构件净重
4	饰面情况
5	保温方式
6	连接方式

除了设计信息、生产信息，对于预制梁式楼梯，安装同样重要。诸如安装时间，哪个施工单位安装的，起吊的方式是什么，安装到了哪个建筑项目、哪个单元、哪个楼层、哪个部位，这些信息对于施工单位、业主单位和设计单位也同样重要。基于同样或类似的理由，对于预制梁式楼梯，安装阶段我们可以设置如表4–3所示的属性。

表4–3　预制梁式楼梯在安装阶段的属性

序　号	安 装 属 性
1	安装单位
2	进场时间
3	堆放方式
4	堆放限制
5	起吊方式
6	安装项目
7	安装单元
8	安装楼层
9	安装部位

预制梁式楼梯的固有属性应该只是表4-1中列出的那些属性。这些属性是预制梁式楼梯本身固有的性质，是预制梁式楼梯应该具有的不可缺少的性质，这些属性是预制梁式楼梯的性质的体现，是预制梁式楼梯这一事物之所以异于他事物而具有的性质的集合。但是，因为整个预制梁式楼梯在生产阶段、安装阶段均会产生一些与预制梁式楼梯的质量和责任划分有关的信息。这些信息就以预制梁式楼梯属性的方式出现，并记录在信息系统中。严格地说，后面提到生产属性、安装属性并不是预制梁式楼梯本身不可缺少的性质，虽然与预制梁式楼梯有关，但并不是预制梁式楼梯自身所具有的自然的、本身固有的属性，生产属性、安装属性并不是预制梁式楼梯性质的体现。但是，楼梯的设计单位、建造单位、安装单位和使用楼梯的人等各类参与方都认为这些属性很重要，为了方便，自然而然地就把生产属性、安装属性都纳入了预制梁式楼梯的属性管理范围，实际上是把物品的属性泛化了。从这个例子可以看出，不论是生产属性、安装属性这些管理方面的属性，还是贸易有关的诸如到货地、运输方式、计量单位等贸易属性，都可能会参与到建筑材料与部件的属性编码当中，这就是物品属性的泛化。

可以说，物品属性的泛化在物品编码领域相当普遍。一方面，属性的泛化客观上确实反映了物资管理人员的需求，一定程度上也满足了企业整体物资管理的需要；另一方面，客观上也造成了物品编码人员、物资管理人员认识理解上的差异，实际工作中确实也增加了物品编码系统建立的难度。比如在企业内部，管理物品编码、物资编码和设备编码的大多是物资管理人员。在编制物品编码体系的时候，物资管理人员往往自然地把他个人或部门所关心的属性往前排。比如同样是钢梁，A公司在其编码系统中，给钢梁这一物品设置的第一位属性是“新旧程度”，属性值是两个：新、旧；而另一家企业的物资管理人员在其物资编码系统中，给钢梁这一物品设置的第一个属性是“质量等级”；第三家企业设置的第一个属性则可能是“牌号”；第四家企业设置的第一个属性可能是生产厂家或供应商名称。

按照物品属性的定义来看，显然质量等级、牌号这些是描述钢梁质量的客观指标，是钢梁本身具有的属性。但是，“新旧程度”“生产厂家或供应商名称”就完全是管理属性了。只是第一家企业和第四家企业可能是受到了财务人员的影响对资产折旧或成本摊销更加关注，对物资的新旧程度或供应商的质量诚信更加在乎，就把这两项管理属性和贸易属性加入了进来。以此类推可以想象，同样的一项物资，在不同企业的编码系统中不仅分类编码各不相同，属性编码也各不相同。其结果就是五花八门，实现编码兼容的难度大大增加了。

第三节 物品属性的表达

物品属性表达形式是指在一个物品编码系统中，将哪些物品的属性表示出来，以及如何描述出来。分解来看有三个具体问题：一是哪些属性能列入物品的属性列表？二是用什么方式表达这些物品属性？三是一个物品有很多属性，理论上物品的属性是不可穷尽的，那么设置多少个属性为好？

一、“自动化不足，人工补”的笨办法

一个简单的方法是用自然语言描述，直接把这些属性写下来，附在物品名称的后面，或者用一个“·txt”文件保存到系统里，或者把物品属性全部列在“技术参数指标”这个数据项里，供使用者查询。这就像产品说明书、商品包装或商品标签上的产品说明那样，简单也容易理解。但是，这样一来，也会造成一个麻烦，那就是物资数量少的时候，用户还可以处理，可以从一大堆文字中辨别和寻找自己感兴趣的物品属性，也就是常说的“自动化不足，人工补”的笨办法。物资数量多的时候，这种方法就没法进行下去了，因为这时候用自然语言描述的物品的描述，是非结构化、非标准化的，是计算机看不懂也识别不了的，也就不能比较和鉴别，进而影响用户对物品的认知。

二、先解决有无问题，再打补丁

在物品编码系统开发制定方面，尽管每个物品分类系统采用的方法论和分歧处理的方法有所不同，但经过多年的应用和发展，那些大的应用广泛的物品分类编码系统，在各国无数物品分类专家的持续贡献之下，逐渐形成了一套方式方法，比如联合国标准产品与服务分类代码UNSPSC、国际物品编码组织的全球产品编码GPC系统、北约物资编目系统、商品编码与协调制度HS、ecl@ss系统等。尽管这些方法某些方面还有改进的地方，比如大多数物品编码系统都不约而同地采用线分类法，而且是“一线到底”的，面对新的物品增加，旧的物品淘汰的时候，编码空间就会不足。但是，也正是因为有了物品分类属性表达的框架，通过修修补补的方式，这些编码系统也在不断完善，把新的物品加进去，旧的物品逐渐淘汰，完成编码系统的新陈代谢。但也有一些物品编码系统，由于缺少方法论的指导，加上内部物资设备管理部门理念

和诉求的差异，导致编码系统建设遇到了不少难点。其中分类的部分相对容易，最难的、争议最大的，还是物品属性系统的建立问题。那么究竟该如何建立物品的属性系统呢？为了论述方便，我们这里把为了认识一个物品的属性所建立的一组适当数量的属性及其属性值，叫作属性系统。为了直观理解，我们举一个例子。

某建筑工业化建造领域制定的预制水泥构件编码系统中，物品基准名称“预制梁式楼梯”，设计、制造和安装人员共同从设计属性、生产属性和安装属性三个角度确定了预制梁式楼梯的属性数据模型，如表4-4所示。那么，各种类型楼梯就可以用“预制梁式楼梯”这一定义和属性数据模型进行描述。比如，我们选择的第一个属性是楼梯梯级，那么属性值就可以从单跑楼梯、双跑楼梯、三跑楼梯、剪刀楼梯这四个属性值中选择一个。

表4-4　预制梁式楼梯的属性数据模型

基准名称	属性名称	属性类型
预制梁式楼梯	楼梯梯级	设计属性
	混凝土强度等级	
	混凝土抗渗等级	
	钢筋保护层厚度	
	钢筋等级	
	踏步深度	
	踏步高度	
	梯段总长度	
	梯段总高度	
	梯板厚度	
	梯板底筋	
	梯板面筋	

续表

基准名称	属性名称	属性类型
预制梁式楼梯	梯板分布筋	设计属性
	梯梁上部筋	
	梯梁下部筋	
	梯梁腰筋	
	梯梁箍筋	
	生产单位	生产属性
	生产日期	
	构件净重	
	饰面情况	
	保温方式	
	连接方式	
	安装单位	安装属性
	进场时间	
	堆放方式	
	堆放限制	
	起吊方式	
	安装项目	
	安装单元	
	安装楼层	
	安装部位	

完善这些属性时，属性的值如何填写呢？如果是多个基准名称对应一个属性组合，根据已有BIM模型对不同构件的属性定义，结合装配式建筑的设计、生产和安装三个环节的不同特点，整理、完善各预制构件的属性即可。

三、物品属性、属性数据与物品属性数据模型

我们在描述物品属性的时候，要用到物品属性数据模型。物品属性数据模型是对构成物品的实体以及实体间关系的描述，反映了物品的静态特征（数据结构）和动态特征(数据操作)。物品属性数据模型规定了物品属性集合的构成、属性数据元间的关系等内容，习惯上也称物资物料属性模型。那么数据模型是什么？模型可以简单地认为是产品的属性数据填报模板。这些物品的属性数据模型是具体承载物品信息的实体，模型的功能是解决物品属性描述的结构化、标准化、代码化及其相关属性的集合。

为了达到唯一标识和识别某一具体物资物料的目的，需要根据物资物料的各种属性来描述物资物料，如名称、材质、重量、功能、组成、结构、包装要求等，并据此对不同种类物资物料进行比较，以判别是否为同一种物资物料，进而区分不同类型的物资物料。我们往往需要不同的属性来区分不同的物资物料，例如：区分钢材的属性主要有牌号、直径等，区分油品的属性主要有质量等级、黏度等级、灰分、硫含量、闪点等。因此，物资物料编码主数据需要针对不同类型的物资物料，建立不同的属性集合，即建立属性数据模型，作为区分物资物料品种和编码的依据。

因为各企业管理的物资物料量大复杂，不同物资物料差异很大，所以描述不同种类的物资物料需要不同的属性集合。因此，不同物资物料对应的属性数据模型就各不相同。比如说，仅在交通基础建设领域需要建立的物资物料属性数据模型数量就可能超过8000种（对应基准名称）。

物品属性数据模型，或者说物资物料属性数据模型主要是依据物资物料自身具有的、本质的自然属性，如物理属性、化学属性等来构建的，我们采用不同的物资物料属性数据模型来描述不同类型的物资物料。一般地，为了加快编码系统的开发进度，开发者会规定构建物资物料属性数据模型的逻辑：每一个基准名称对应一个物资物料属性数据模型，一个物资物料属性数据模型可以对应若干个基准名称。通常每个基准名称下都包含多个与之对应的物资物料品种。

每一种物资物料的属性数据依据对应的物资物料属性数据模型建立。在物资物料属性数据模型中，规定了描述一种物资物料需要哪些属性数据项（即物资物料属性数据元集合）以及这些属性数据项之间的关系等内容。在某些编码系统中，属性数据项构成还可以继续细分，分为物资物料共用属性数据、物资物料专用属性数据、供应商及产品属性数据。与此对应，物资物料属性数据模型主要包括：物资物料共用属性数据模型、各专业物资物料专用属性数据模型、供应商及产品属性数据模型，这样才能完整描述一个物资物料品种。专用数据模型应与共用数据模型联合使用，若无专用数据模型，则先使用共用数据模型。不同的物资物料属性数据模型，应形成不同的物资物料属性数

据模型标准。由于物资物料的差异，描述不同种类的物资物料，需要不同的属性数据元集合。因此，不同物资所对应的物资物料属性数据模型各不相同。各物资物料属性数据模型构成也不同，轮胎有轮胎的模型，啤酒有啤酒的模型，在此不一一枚举，详细内容还要看相应的物品属性数据模型标准[①]。物品数据模型是物品信息生成、管理和使用的人构建共同数据环境的过程中形成的一种协同，是建立物品共同数据环境(things common data environment)的具体化。要通过命名、形成名称、语义数模分离等过程实现。模型是承载物品信息的实体，是其相关属性的集合。物品属性具有各种关系，比如关联关系、从属关系、控制关系等17种关系，关系是指将群体中不同类的对象之间的结构关系进行分析分类组合的形态。有系统、有联系后，这个物品数据模型就"活了"。

物品数据模型的表达可采用多种方法。一般地，从物品概念数据模型、物品逻辑数据模型、物品物理数据模型、数据元索引表、代码表索引表等角度进行描述。

1.概念数据模型描述要求

概念数据模型采用图形和文字相结合的方式描述实体和实体关系，并进行必要的文字说明。

2.逻辑数据模型描述要求

逻辑数据模型主要用于描述军民通用资源信息的逻辑结构，采用实体—关系图、数据元—实体关系表、数据元取值影响说明表、复合属性代码表相结合的方式描述。应满足以下基本要求。

(1) 应编制数据元—实体关系表。

(2) 对于存在数据元取值相互影响情况的逻辑数据模型，应编制数据元取值影响说明表。

(3) 对于存在复合属性情况的逻辑数据模型，应编制复合属性代码表。

(4) 对于包含两个（含）以上实体的逻辑数据模型，宜绘制实体—关系图。

3.物理数据模型描述要求

物理数据模型应准确描述物品在具体的数据库管理系统中的物理结构，主要包括数据项名称、数据类型、数据长度、数据表定义、表间关系、主键、外键、完整性约束

---

① 由于各属性数据模型各不相同，本书示例中所列物品属性数据模型及其列举的物资物料属性数据项，即属性数据元，本意在阐述数据模型的方法；在实际应用中，可能存在差异。

等。采用实体—关系图和实体数据项定义表相结合的方式描述。

4. 数据元索引表描述要求

数据元索引表采用固定、规范的格式描述，应满足以下要求。

（1）序号：采用正整数，升序排列。

（2）复合属性代码表：如果存在复合属性情况，填写对应的复合属性代码表编号。

（3）数据元标识符、数据元名称、数据元的值域填写应符合相关标准要求。

5. 代码表索引表描述要求

代码表索引表描述应满足以下要求。

（1）序号：采用正整数，升序排列。

（2）代码表编号、代码表名称应符合相关标准要求。

（3）备注：填写必要的说明，如代码表出处等。

第四节　物品属性编码及应用

一、物品属性的定义

物品属性是物品本身固有的性质。物品属性是物品性质的体现，是从客观角度认识物品的方式。物品的性质就是该物品所决定的事实。在物品编码工作实践中，物品属性又表现得非常复杂且多变。一般地，实际工作中我们可以将物品属性划分为物品固有属性、物品贸易属性和物品流通属性三类。物品固有属性是描述物品本身、与物品固有的物理功能或化学成分相关的、本质的、可测定的、可重复、可验证的性质。物品固有属性是物品在任何条件下都具有的性质，它是无条件的不变，即不随其他外在条件的改变而变化。物品贸易属性和物品流通属性都属于物品管理属性。物品的贸易和流通特征涉及不同的贸易相关方和管理相关方，贸易属性和管理属性因此复杂多变，在贸易和流通的各环节都可能发生改变，所以它是有条件的不变。一个物品往往具有多重属性，这是由物品性质的差异性决定的。多重属性来自物品本身的组织结构和构成的复杂性，也来自于物品用途的多样性，不同的管理需求和管理方法手段也会造成物品贸易属性和物品流通属性的变化。总的来看，任何物品都具有多重属性，同一个物品可以同时属于不同的类别。比如，儿童澡巾既是洗漱用品，也是纺织品。GB/T 37056—2018《物品编码术语》对物品属性article attribute的解释是：物品本身所固有的性质或特征。

物品特征与物品属性有区别，物品特征是一物品之所以异于他物品而具有的性质。特征则是物品可供识别的、特殊的征象或标志，它是有条件的不变，即物体的特征在一定的条件下可能会发生改变。如惯性是物体的属性，因为任何物体、在任何条件下都具有惯性；固态是冰的特征，但它与温度、压强等有关。就物品的信息化管理而言，理清物品的属性，就能确定此物品的内涵、外延及其逻辑归属，从而将此物品与其他物品区别开来，同时也能将此物品与其他物品的联系明确下来。设计物品信息化管理系统的架构时，我们就可以将具有同样属性的物品列入同一个层级类目，也可以列入同一个显示页面以便于用户比较。

由于不同物品的生产过程、制造原料、加工过程各不相同，不同的角度看，任何物品都具有多重属性，这就导致同一个物品可能同时属于不同的层级类别。而且，物品的属性很难穷尽，一个物品经常具有多个方面质的表现，因而也会出现多种属性与之对应，比如加工方式、颜色、原料、宽窄、软硬度等。如果将所有属性都列出来，理论上无疑会更加准确地确定一个物品的逻辑归属，但遗憾的是这样也势必会增加物品属性区分的难度和工作量，因为物品的属性往往是不可穷尽的。而且，物品的某些属性也难以用标准化的方法计量，特别是一些容易受到人的主观判断的属性，比如长短、颜色、宽窄、软硬度。可见这也是一个两难的困扰。

鉴于此，在物品编码工作实践中，物品属性的选择还是应以实用为目的，在尊重物品的多重属性的基础上，最有效的方法是先鉴别出某一物品的若干固有属性，且这些属性完全能够满足系统准确确定这个物品的逻辑归属的要求而不至于增加物品编码工作人员额外工作量。

二、物品属性编码

以上我们对物品属性进行了阐述，接下来我们再讨论物品属性编码。如果用编码表示物品的属性和物品某一方面的性质及其具体状态，那么编码就可以作为物品属性的表达方式，这就是物品属性编码。从应用的角度看，物品属性编码可分为物品固有属性编码、贸易属性编码和流通属性编码等。以纺织面料为例，物品固有属性编码包括原料编码、纱线结构编码、交织方式编码、织物整理编码等；物品贸易属性编码包括批次编码、颜色编码、有效期编码、规格编码等；物品流通属性编码包括目的地位置编码、运输路径编码、货物托运编码、装运标识编码等。

物品属性编码主要是从多个角度、多个方位对物品进行标准化、代码化的详细描述，便于查询和搜索。全球产品分类中的属性描述系统就是一个典型的属性编码体系。用数字编码表示物品属性的做法，实际上是利用数学工具，将自然语言描述的物品属性转化为数学描述模式。在信息系统中，物品各类信息的存储就转化为各类数字编码的存储，物品的表达就可以避免自然语言的二义性，无歧义地进行表达和查询，这显然非常利于各类物品信息化管理系统的搭建。

在物品编码工作实践中，考虑到我们在描述物品属性时，首先需要明确该属性是描述物品哪一个方面的性质，这就需要用物品属性名称指代物品在这个方面的性质，也就是属性；再继续描述该这个属性名称对应该物品的具体状态是什么，二者结合使用，才能明确说明物品在某一个方面的性质及其状态。比如我们选取的物品属性是颜色，那么红色、黄色、蓝色、绿色、白色等就是属性值。颜色这个属性是不单独存在的，红色、黄色、蓝色、绿色、白色是存在的。所以，属性是依赖属性值而存在的。可见我们常常说的物品属性编码是一个统称，不单独使用，而是用物品属性名称编码和物品属性值编码共同表示的。GB/T 37056—2018《物品编码术语》对物品属性编码（article attribute number）的解释是：物品属性的编码化表示形式。通常，物品属性编码包括物品属性名称编码和物品属性值编码。

接下来我们继续谈物品属性名称编码和物品属性值编码。物品属性名称是物品属性的称谓。物品属性名称编码是物品属性名称的编码化表示形式。物品属性值编码是指表示物品属性值的编码，是衡量、刻画物品在某一方面性质的存在状态和表现程度的那个结果。比如红色、黄色、蓝色、绿色、白色是颜色这个属性的值；是、不是、未确定则是该物品是否是有机产品这个属性的值。物品属性值编码是物品属性具体状态或表现形式的编码化表示形式。比如，我们选择的属性名称是“该物品是否是有机产品”，“是”对应编码30002654，“不是”对应编码30002960，“未确定”对应编码30002518，这些就是属性值编码。

三、物品属性编码应用

在一些特殊的领域，如物流供应链领域，有一些物品的贸易属性编码和管理属性编码已经形成了国际通用的编码标准。供应链上的相关方会在物流的不同环节根据实际需要，将物品的不同贸易和管理属性转化为编码，并进一步转化为条码或二维码符号印制在产品本体或其各级包装箱上，以便于物流各环节的物流操作。应用最为广泛的有：

（1）国际物品编码组织GS1应用标识符（Application Identifier，AI），如物流单元编码、批次号、运输目的地、收货地、托运代码等；

（2）美国标准学会（ANSI）发布的ASC MH10数据标识符（Data Identifier，DI）；

（3）GPC属性分类体系；

（4）北约物资编目体系——属性编码/属性值编码。

除此之外，还有许多用于描述物品属性的行业区域或私有的物品属性编码系统。

下面对应用较为普遍的国际物品编码组织GS1应用标识符（AI）和美国标准学会ANSI 发布的ASC MH10数据标识符（DI）进行简要介绍。

（一）应用标识符

应用标识符是指GS1商品条码系统中，用于标识物流单元、贸易项目、资产等相关信息的一组数据。当用户出于产品管理与跟踪的要求，需要对具体商品的附加信息，如生产日期、保质期、数量及批号等特征进行描述，应采用应用标识符。GS1系统中，应用标识符是由2～4位数字组成的字符（GB/T 16986），用于标识其后编码数据的含义和格式，如表4–5所示。

表4–5 应用标识符示例

应用标识符	数据含义	格式	备注
11	生产日期	$N_1N_2N_3N_4N_5N_6$	YYMMDD，6位数字表示
13	包装日期		
15	保质期		
17	有效期		
30	总量（包装内）	$N_1 \cdots\cdots N_8$	最长8位数字
10	批号	$X_1 \cdots\cdots X_{20}$	数字和/或字母表示，长度可变最长20位
21	系列号	$X_1 \cdots\cdots X_{20}$	数字和/或字母表示，长度可变最长20位

数据内容和数据载体决定编码系统采用何种应用标识符。GB/T 16986规定了GS1应用标识符的含义及其对应的字符串的数据结构与符号表示。GS1应用标识符用于跨部门和国际供应链中的物品贸易属性和生产属性的编码和标识。

应用标识符由国家物品编码管理机构负责注册与维护。

GS1应用标识符AI作为全球物品供应链贸易物品属性的表示标准，出现之后即受到广泛应用，而且目前应用标识符AI仍然在不断增长，新的AI还在产生。其原因是随着信息技术经济和贸易全球化持续发展，频繁的商业交易产生了大量物流和信息流，供应链上的贸易伙伴需要这些信息对产品进行包装、发货、跟踪、分拣、接收、储存、提货以及销售等。应用标识符是应用条码技术对供应链上流动的货物进行标识和描述的，它是信息交换的工具，将物流与信息流联系起来，成为联结条码与各类物流信息系统的纽带。

近年应用标识符技术得到了快速的应用与发展，提高了全球物流的效率和信息的透明度，减低了成本。

下面我们接着说一下GS1应用标识编码数据结构。

1. 数据结构

应用标识编码的数据结构由应用标识符和应用标识符对应编码数据组成。应用标识符对应的编码数据可以是数字字符、字母字符或数字字母字符，数据结构与长度取决于对应的应用标识符。

应用标识编码的含义、格式和数据名称见GB/T 16986《附录A 商品条码 应用标识符的含义、格式、数据名称及章节索引》。

2. 表示法

a：字母字符

n：数字字符

X：字母、数字字符

an：字母、数字字符

i：表示字符个数

ai：定长，表示i个字母字符

ni：定长，表示i个数字字符

ani：定长，表示i个字母、数字字符

a...i：表示最多i个字母字符

n...i：表示最多i个数字字符

an...i：表示最多i个字母、数字字符

3. 应用标识编码的条码表示

应用标识编码采用GS1系统128条码表示，具体见GB/T 15425。图4-1为一个条码符号示例，表示商品标识代码为16901234600046，商品保质期至2005年1月1日，商

品批号为ABC，是一个非零售商品。

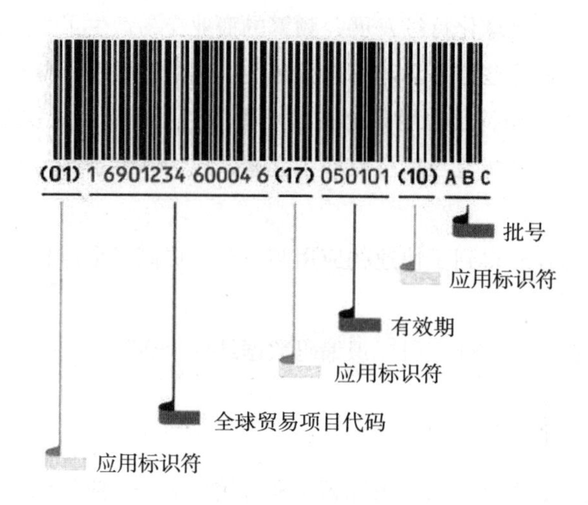

图4–1　应用标识符使用示例

（二）数据标识符

数据标识符可采用字母和数字表示。数据标识符用于确保实现跨行业应用中数据标识的一致性。ASC　MH10数据标识符格式为1位字母字符，或者是1位字母字符加1～3位的数字字符前缀。

ASC　MH10数据标识符如表4–6所示。

表4–6　ASC MH10数据标识符

类	类的定义	分配范围
第0类	没有分配或者不受ANSI/MH10.8约束的特殊字符	所有非字母数字字符
第1类	保留	A – 999A
第2类	包装箱信息	B – 999B
第3类	字段延拓	C – 999C
第4类	日期	D – 999D
第5类	环境因素	E – 999E
第6类	循环	F – 999F
第7类	保留	G – 999G

续表

类	类的定义	分配范围
第8类	人力资源	H － 999H
第9类	保留	I － 999I
第10类	牌照	J － 999J
第11类	交易关系中的交易参考	K － 999K
第12类	位置参照	L － 999L
第13类	保留	M － 999M
第14类	行业分配代码	N － 999N
第15类	保留	O － 999O
第16类	物品信息	P － 999P
第17类	度量	Q － 999Q
第18类	其他	R － 999R
第19类	实体可追溯编号	S － 999S
第20类	实体集团可追溯编号	T － 999T
第21类	万国邮政联盟（UPU）/MH 10/SC8/WG2协定代码	U － 999U
第22类	交易当事方	V － 999V
第23类	工作参照	W － 999W
第24类	保留	X － 999X
第25类	内部应用	Y － 999Y
第26类	相互约定	Z － 999Z

第五章

GS1编码标识与数据传输

第一节　GS1系统

目前，全球有150多个国家和地区采用GS1编码对流通领域物品进行标识，每天扫描商品条码达百亿次。商品条码不仅贯穿生产制造、仓储物流、批发零售、追溯召回、消费反馈和政府监管的全链条流通环节，还在物联网、大数据、区块链和人工智能等新兴数字经济领域得到了深层次应用。在我国，共有80多万家生产企业采用了GS1全球编码标识技术，使用商品条码的产品总数达数亿种，在零售行业商品条码覆盖率达到了98%。我国的商品条码系统成员数量、商品数据量双双实现全球第一。

一、GS1系统的构成

GS1系统，即全球统一标识系统（过去称为EAN·UCC全球统一标识系统，现在简称为GS1系统），是国际物品编码组织开发、管理和维护，在全球推广应用的国际物品编码标识技术体系。该体系以全球标准的物品编码为基础，以编码数据自动识别与数据传输为支撑，在全球范围内形成了一个完整技术标准体系。它包含三部分的内容：编码体系、可自动识别的数据载体和电子数据交换共享标准协议，如图5–1所示。其核心内容是采用全球标准唯一的编码为全球跨行业的产品、运输单元、资产、位置和服务等提供准确的身份标识，便于产品在全世界任何行业都能够被扫描和识读。并且这些编码能够以条码符号或RFID标签来表示，以便进行数据的自动识别。通过全球唯一的编码和数据载体，实现GS1物品编码标识在全球范围内的通用性和唯一性，避免各行业各类机构使用自身的编码体系只能在闭环系统中应用，无法跨领域跨行业使用的局限性。

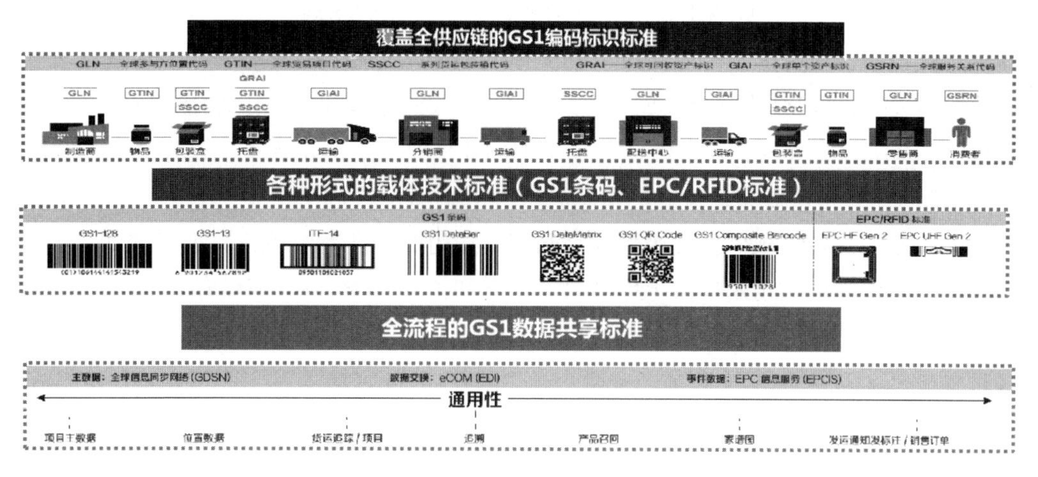

图5-1　GS1技术体系

长期的应用发展，GSI系统形成了如下几个特点：

（1）全球统一标准。GS1系统对贸易物品、包装箱、物流单元、资产、位置、服务关系等进行唯一编码，并采用标准条码、射频等自动识别技术，服务全球物流供应链建设应用，在全球150多个国家和地区得到普遍应用，作为一项事实国际标准，其编码结构及分配方式保证物品编码的全球一致性和唯一性。

（2）系统性。GS1系统从物品编码、数据载体和数据共享三个层面构成了一个完整的技术体系。首先，GS1系统建立了一整套标准的全球统一的编码（标识代码）体系，对物流供应链参与方、贸易项目、物流单元、物理位置、资产、服务关系等进行编码，为采用高效、可靠、低成本的自动识别和数据采集技术奠定了基础。其次，GS1系统采用条码、射频标签等为载体，以自动数据采集技术为支撑，为实物流和信息流的同步提供了低成本、可靠的技术支撑。最后，GS1系统通过ECOM、EDI等流通领域电子数据交换、全球数据同步网络（GDSN）或EPC信息服务（EPCIS）进行信息交换。上述三个方面相互结合，为现代物流信息和电子商务系统的建设和应用提供了完整的解决方案。

（3）科学性。对不同的编码对象，根据流通和贸易过程的特点，采用不同的编码结构，各编码结构具有整合性（如GTIN-13与GTIN-12兼容，应用标识符将各编码链接在同一个条码符号里等），并且这些编码结构间存在内在联系，因而具有科学性。

（4）可维护可扩展性。GS1系统是以标准的形式呈现的。为了开发与维护，GS1于2002年1月起实施全球标准管理流程（Global Standards Management Process, GSMP）。GSMP一个基于社区理念并且由面临相同或相似问题的企业共同合作，共同研究制定所需标准的一个平台。代表性的行业包括零售、消费、食品、医疗卫生、产品运输、物流供应链以及政府公共管理等。在这个平台中，用户而非某个机构拟定使他们公司最终受益的标准。GSMP是一个开放的、用户驱动的和透明的公共标准制定流程，在这个流程中任何标准参与者均可以提交标准需求，并监控从标准开发到实施过程所有阶段的进展。GSMP保证了GS1系统的标准的动态可维护性。国际物品编码组织GS1提供的GSMP平台吸引了来自近60个国家的商业企业和技术人员展开需求与标准对话，并基于标准形成解决方案，保证了GS1系统的可维护性和可扩展性。

随着各行业各领域信息技术的发展和深入应用，GS1系统也正在通过诸如GSMP这样的平台不断地在技术体系上完成自我发展和体系完善。从编码的角度看，GS1系统不但可以为全球的贸易物品提供GTIN这样的唯一编码，还扩展到标识全球参与方的位置代码（GLN），用于物流单元唯一标识的系列货运包装箱代码（SSCC），用于标识可回收资产的全球可回收资产标识（GRAI），用于标识单个资产的全球单个资产标识（GIAI），用于标识服务关系的全球服务关系代码（GSRN），用于标识文档类型的全球文档类型标识（GDTI），用于标识货物托运单元的全球托运标识代码（GINC），用于标识货物装运单元的全球装运标识代码（GSIN），用于标识优惠券的全球优惠券代码（GCN）以及用于标识组件或部件的组件/部件标识代码（CPID）。随着需求和应用的扩展，这些内容还可能增加。此外，针对物联网应用提出的产品电子代码（electroinc product code，EPC）及技术应用系统，面向零售商和供应商之间商品数据交换的需求开发了全球数据同步网络GDSN技术系统，以及全球产品分类系统GPC，搭建全球产品云GS1 cloud等充分体现了GS1系统的扩展性。

二、GS1系统的编码

GS1系统主要包含编码体系、数据载体、数据交换和共享等三部分内容，这三部分之间相互支持、紧密联系。编码体系是整个GS1系统的核心，是对流通领域中所有的产品和服务，包括贸易项目、物流单元、资产、位置和服务关系等起到身份标识作用的编码及附加属性代码，如图5-2所示。附加属性代码不能脱离标识代码而独立存在。这里我们只给出GS1编码体系的几个主要数据结构的名称，考虑这方面的知识在条码与自动识别技术类的书籍中已有不少介绍，这里就不再赘述。

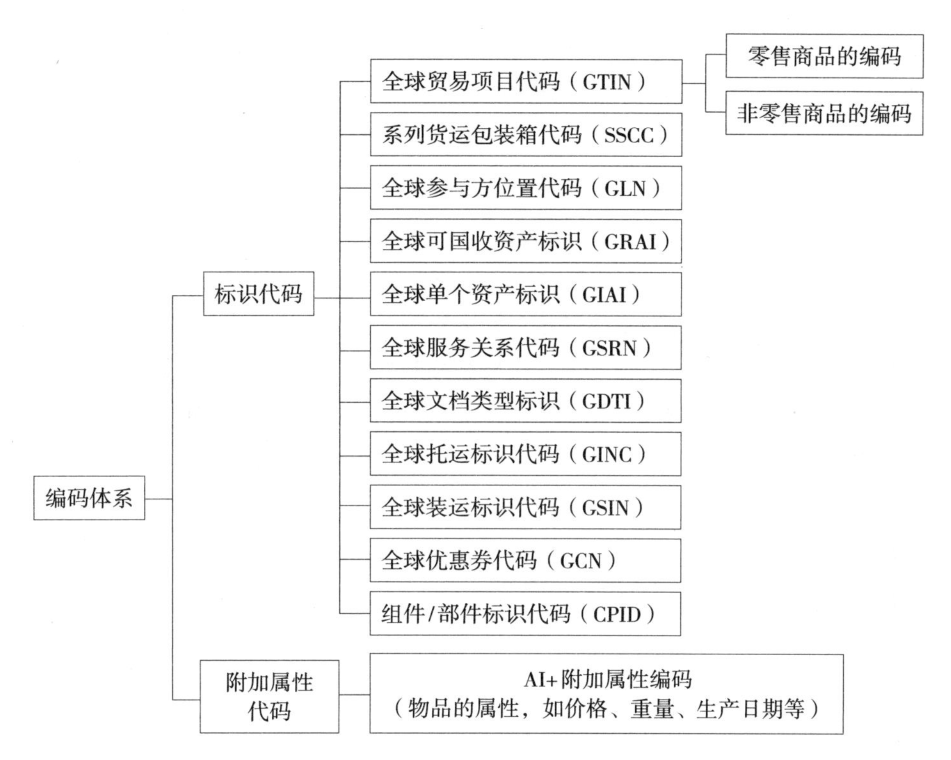

图5-2　GS1的编码体系

和其他物品编码系统一样，GS1系统也遵守一些基本原则。

首先是唯一性原则。唯一性原则是GS1编码体系重要且根本的一项原则。其基本意思是同一个物品，如全球贸易物品（global trade item）必须分配相同的物品标识代码。基本特征相同的商品视为同一商品项目，基本特征不同的商品视为不同的商品项目。商品的基本特征主要包括商品名称、商标、种类、规格、数量、包装类型等，对不同商品项目的商品必须分配不同的商品标识代码。商品的基本特征一旦确定，只要商品的一项基本特征发生变化，就必须分配一个不同的商品标识代码。

其次是稳定性原则。稳定性原则指商品标识代码一旦分配，只要商品的基本特征没有发生变化，就应保持不变。同一商品项目，无论是长期连续生产还是间断式生产，都必须采用相同的标识代码。即使该商品项目停止生产，其标识代码也不能用于其他商品项目上。另外，即使商品已不在供应链中流通，由于要保存历史纪录，需要在数据库中长期地保留它的标识代码。因此，在重新启用商品标识代码时，还需要考虑此因素。

最后是无含义性原则。无含义性原则是指商品标识代码中的每一位数字不表示任何与商品有关的特定信息。GS1系统中的物品编码体系中商品项目代码没有特定的含义。在一个编码体系设计的时候，我们往往会强调无含义，因为无含义的流水编码可以最大限度地利用编码容量，减少编码的冗余。但一旦某个编码被赋予一个特定的物品，那这个编码也就是成了这个特定物品的身份编码了。这时，可以说这个编码与这个特定的物品之间就具有了一对一的关系，因此，编码的无含义也是相对的无含义。在GS1系统中，全球贸易项目编码（GTIN）是一个典型的无含义的标识编码，GTIN分配考虑了品牌、价格、规格、计量单位、包装、语言等要素，并且把这些要素看作分配、区分GTIN的基本特征和依据。而从本书中关于物品分类的表述来看，物品的分类系统一般是不考虑这些分类要素的。所以这些GTIN并不如一般分类系统中的一个物品类那样具有某种共同的自然属性或物理特征。如果是按照自然属性物理特征划分为一个类，则是传统意义上的一个物品的类。因此从物品分类的定义来说GS1系统中的GTIN并非标识严格意义上的一个物品的类。虽然说分类就是分类，标识就是标识，二者之间并不是泾渭分明非此即彼的，我们在前面论述物品分类时，提出分类就是按照两个物品是否具有相同的属性、特征、用途等划分，如果具有共同属性则划分在一个类。那么如果我们把品牌、价格、规格、计量单位、包装、描述等信息作为物品的属性特征，那么具有相同品牌、价格、规格、计量单位、包装、描述等信息的贸易项目也可以看作一个物品的类，于是GTIN可看作这个类的编码。只不过GTIN本身并不包含严格意义上的物品分类原本应该包含的物品分类层级等属性信息。

三、GS1系统的数据载体

有了物品编码，还需要将物品编码转化为可以让机器自动识别的形式。主要有两个途径，一是将物品编码转化为条码，二是将物品编码转化为射频标签。

（一）将物品编码转化为条码

将物品编码转化为条码的过程就是条码的生成过程，即将编码生成为条码符号。条码的生成一定要依照国家标准来进行，条码标准化的意义在前面章节中已有叙述。依照国家标准生成条码符号，使编码数据图形化、符号化。用户既可以按照码制标准自行编制条码生成软件完成，也可使用各类编码软件。而且使用各类编码软件，更加专业、准确和迅速。不论是依照标准自行编制，还是采用商业化的编码软件编制，总之形成了物品的编码，也生成了对应的条码符号。我们还需要将条码印刷到各类介质上，比如印刷在商品的包装上，这就是条码印刷。条码的印刷方式一般有以下两大类。

1.预印制

预印制也叫非现场印制。其基本做法是将条码符号与物品的包装设计统一考虑，在印刷物品包装的时候，一起用印刷设备大批量印刷制作而成。这种方法适用于数量大、标签格式固定、内容相同的标签的印制，如各类常见商品的包装等。在需要大批量印制条码符号时，我们应采用工业印刷机用预印制的方式来实现，一般采用湿油墨印刷工艺，尤其是需要在商标、包装装潢上将条码胶片、商标图案等制成同一印版一起印出时，可大大降低成本和工作量。预印制按照制版形式可分为凸版印刷、平版印刷、凹版印刷和孔版印刷。

2.现场印制

现场印制即由计算机控制打印机实时打印条码标签，这种方式打印灵活，实时性强，可适用于多品种、小批量、需现场实时印制的场合。现场印制方法一般采用图文打印机或专用条码打印机来印刷或打印条码符号。图文打印机常用的有点阵打印机、激光打印机和喷墨打印机。这几种打印机可在计算机条码生成程序的控制下方便灵活地印刷出小批量的活条码号连续的条码标识。专用条码打印机有热敏、热转印、热升华式打印机，因其用途的单一性，设计机构简单、体积小、制码功能强，在条码技术各个应用领域普遍使用。

（二）将物品编码转化为RFID标签

除了采用条码这种方式，还可以将物品编码转化为可以让机器自动识别的RFID标签。RFID标签广泛应用于工业生产制造、物流集装箱、货物跟踪管理、车辆识别等应用领域，通过应用RFID实现对通过物体的感知。这种感知的距离可以是1米内，也可以超过8米，甚至有些RFID具有2秒内读取200个标签的批量读取功能，而这都是符合EPC和ISO标准协议的，如ISO 18000-6B/6C，EPC Class1 Gen2。用户需要做的是点击屏幕，往标签里面写入EPC编码（EPC-ID），读取/写标签数据，或锁定/解锁标签存储区等，就可以通过符合 EPC global和ISO标准的RFID标签为每个具体领域的物联网应用提供合适的解决方案。如果采用超高频RFID系统，还可以长距离读写，让工业生产和物流更加透明化，且具有可观成本效益比。

EPC系统是一个全球物联网应用系统，EPC本质上是一个物品的编码。这个编码用来唯一地确定供应链中某个特定的物品项目。EPC标签实际上是一个射频标签，通过射频标签识读器读取EPC标签的内存信息，获取的EPC标签信息通过EPC信息服务，实现对物品信息的采集和追踪。供应链各个环节、各个节点、各个方面都可从

EPC物联网的应用中获益。通过EPC系统的整体运作使供应链管理得到更好地运作，提高效益。

国际上，许多规模化、工程化的应用都建立在ISO或EPC标准之上，例如航空运输业中的行李管理、可回收的集装箱识别等。美国国防部运输局用于美军资产运输的射频标准就是用的EPC global的EPC物联网标准。发布的相关政策和标准文件中，详细规定了无源RFID技术在货箱、托盘和货件包装（单位包装）上应用的业务规则——作为运送到国防部的货物和国防部内部货物的唯一标识（UID）。UID要求使用货物本身上的二维码（数据矩阵码）来标记国防部有形资产。作为补充，为更方便地利用RFID记录物资交易和运输过程，国防部在支持的国防部数据环境中采用了EPC标签数据结构以及国防部标签数据结构。上述行为旨在扩大无源RFID应用的使用范围，以涵盖单个货物标签。随着可用EPC技术的成熟，国防部将使用并要求其供应商使用EPC 0级和1级标签读取器和配套设备。国防部未来还将迁移到下一代标签（UHF Gen2）和支持技术。

第二节 GS1条码及码制标识符

在机器识读物品编码形成的自动识别环境中，需要判别识读器检测到的数据载体究竟是哪一种，然后根据这种数据载体的语法规则进行译码，这就需要用到码制标识符。码制标识符为从识读器接收数据的设备提供了一种标准化的方法来区分不同的数据载体。这种识别是通过向识读器添加一个可选特性来实现的，该特性允许识读器在数据报文的标准字符串前面加上一个前缀，此前缀是一个字符串，包含有关解码符号（或其他数据载体）和识读器所做处理的信息。该前缀不以编码或其他方式显式或隐式地在符号（数据载体）中表示，除非某些可选特性的存在被识别设备检测到。比如需要编码的原始编码信息是“（414）6901234567892”，我们用GS1 128码作为数据载体，那么，GS1 128码的条码符号被机器识读的时候，读写器输出的编码信息是“]C14146901234567892”，这里，“]C1”就是GS1 128码的码制标识符，但“]C1”并不在此GS1 128码的条码符号中显式或隐式地编码。

码制标识符是全世界物品编码标识技术领域的一套通行做法和规则规范。码制标识符的作用就是唯一标识一种条码码制，它规定了由识读器生成并由接收系统译码的前导报文，该报文指示条码码制或传输数据的其他来源，以及与数据报文关联的某些特定的可选处理功能的详细信息。码制标识符适用于自动识别设备的通信约定，用以规范条码识读器和其他自动识别设备对数据载体的报告。比如说“]C1”就是GS1 128码的一个标识。这套规则由国际标准化组织和国际电工委员会IEC第一联合技术委员会、国际自动识别与移动技术协会（AIM Global）或其他公认的国际标准组织维护并发布，这是国际条码码制领域的运行规范。此外，AIM Global还可能会提供一些参考文档的码制体系。由于其历史用途，在了解和应用码制标识符时，AIM Global提供的这些码制也应考虑进来。具体应用环境下，码制标识符还应与相关码制体系规范一起使用。具体可参考［ISO/IEC 15424:2008，Information technology — Automatic identification and data capture techniques — Data Carrier Identifiers (including Symbology Identifiers)］。

一、码制标识符的组成与结构

码制标识符由标志字符（flag character）、代码字符（code character）和修饰字符（modifier character ）三个字符组成。

（1）标志字符是码制标识符字符串中的第一个字符，向主机指示它和后面的字符是码制标识符字符。

（2）代码字符是码制标识符字符串中的第二个字符，通常向主机指示已读取符号的条码码制。

（3）修饰字符是码制标识符字符串中代码字符后面的一个或多个字符，指示应用于符号的可选特性或处理。

码制标识符应是由识读设备将其前缀固定到条码符号中包含的数据的GB/T 1988—1998字符串。

码制标识符字符串的结构为]cm...

其中

] ——表示码制标识符标志字符。这里符号]是根据在GB/T 1988—1998字符集中为GB/T 1988—1998值93指定的字符。

c ——表示表5-1中定义的代码字符。

m...——表示为相关码制系统定义的修饰字符。

如果识读器被允许传输码制标识符，识读器应在每个报文的开始传输一个码制标识符。应用系统应知道识读器是否已经被允许启用码制标识符。因此，符号数据应以]开始，并能被清楚解译。

二、代码字符

代码字符取值是大写字母A到Z（GB/T 1988—1998值65～90）和小写字母a到z（GB/T 1988—1998值97～122）。目前已分配的代码字符见表5-1。代码字符区分大小写，即大写的“A”与小写的“a”是不同的代码字符。

代码字符Y不指定为特定的码制，用于系统扩展。Y后的第一个修饰符字符将是1到9之间的数字，定义码制标识符前缀字符串中剩余修饰符字符的数量。此处所有未给出的代码字符都保留供将来使用。

表5-1 代码字符表

代码字符	码 制	代码字符	码 制
A	三九条码	a	保留
B	Telepen	b	保留
C	128条码	c	Channel Code
D	Code One	d	数据矩阵码
E	EAN/UPC条码	e	RSS和EAN.UCC复合码
F	库德巴条码	f	保留
G	九三条码	g	网格矩阵码
H	Code 11	h	汉信码
I	交插二五条码	i	保留
J	保留	j	保留
K	16K条码	k	保留
L	四一七条码和MicroPDF417	l	保留
M	MSI	m	保留
N	Anker	n	保留
O	Codablock	o	OCR
P	Plessey Code	p	Posi Code
Q	快速响应矩阵码和快速响应矩阵码2005	q	保留

续表

代码字符	码　　制	代码字符	码　　制
R	交插二五条码（有2条起始/终止代码）	r	保留
S	交插二五条码（有3条起始/终止代码）	s	Super Code
T	四九条码	t	保留
U	Maxicode	u	保留
V	保留	v	保留
W	保留	w	保留
X	其他条码	x	保留
Y	系统扩展	y	保留
Z	非条码	z	Aztec Code

三、修饰符字符

码制标识符体系包含可选特性，为了使这些特性能够正确被处理，需要向接收设备指示该特性。这个可选特性由修饰符字符标识。每一种码制都有不同的可选特性集合，比如快速响应矩阵码QR（Quick Response Code）的代码字符是Q，其可选特性集合如表5-2所示。这些可选特性与代码字符、码制标识符标志字符一起，构成了各种不同码制的码制标识符。

表5-2　QR码修饰符字符

修饰符字符值	特　　性
0	QR码ISO/IEC 18004-2000模式1符号
1	QR码2005符号，不执行ECI协议
2	QR码2005符号，执行ECI协议
3	QR码2005符号，不执行ECI协议，FNC1隐含在第一个位置

续表

修饰符字符值	特　　性
4	QR码2005符号，执行ECI协议，FNC1隐含在第一个位置
5	QR码2005符号，不执行ECI协议，FNC1隐含在第二个位置
6	QR码2005符号，执行ECI协议，FNC1隐含在第二个位置
注：修饰符字符值1到6对应GB/T 18284模式符号	

每个修饰符字符都有一个分配的选项值，该选项值的具体解释应参考相关的码制体系规范。修饰符字符规定了代码字符可用的选项。确定应用系统的修饰符字符，应参考与该码制体系对应的其他相关规定和要求，如“自动识别与数据采集技术/数据载体标识符”相关国家标准，也可参考相关国际标准如ISO/IEC15424 Information Technology — Automatic Identification and Data Capture Techniques — Data Carrier Identifiers (including Symbology Identifiers)。

第三节　编码的符号表示、信息识读和存储

GS1系统中的各类编码从编码数据结构到标识，再到数据传输，就是一项数据串被传输的过程。我们先介绍从编码数据结构到标识的过程。GS1编码系统中，不同的应用环境下不同的编码对象都有与之对应的GS1编码数据结构。这些编码数据结构在GS1系统中，我们叫作GS1关键字（GS1 Key），有时候某些国家和地区的用户也将其称为GS1主数据编码。但不论如何，我们所指的这些GS1关键字包括以下11个，如表5-3所示。

表5-3　GS1关键字名称

序　　号	英文简称	中 文 名 称
1	GTIN	全球贸易物品代码
2	GLN	全球参与方位置码

续表

序　　号	英文简称	中 文 名 称
3	SSCC	系列货运包装箱代码
4	GRAI	全球可回收资产标识
5	GIAI	全球单个资产标识
6	GSRN	全球服务关系代码
7	GDTI	全球文档类型标识
8	GINC	全球托运标识代码
9	GSIN	全球装运标识代码
10	GCN	全球优惠券代码
11	CPID	组件／部件标识

表5–3所列的GS1主数据编码是目前物品编码标识领域在全球用户应用最为广泛的几个数据结构，覆盖了物品的各个包装层级和物流供应链环境中的各类物品对象，如托运单元、装运单元、服务关系、文档等。因为GS1系统的普遍接受性，上述这些GS1主要编码结构一般均可以被各类编码标识识读系统读取、解析，并在贸易伙伴之间传输。比如GLN可以用于标识在商业场景中有意义的任意位置。位置这个术语被广泛使用，除了物理位置之外，同样也包括了IT系统、部门和法律实体。比如GLN是6901234567892，那么对应的应用标识符AI是414，需要编码的原始编码信息就是（414）6901234567892。如果我们采用GS1　128码，那么在GS1　128码中的编码信息是FNC14146901234567892，按照GS1　128码的码制规则，生成的数据载体就是如图5–3所示的符号。

图5–3　采用GS1 128码表示的位置码示意图

读写器输出的编码信息是]C14146901234567892，信息系统中存储的编码是LOC NO.:6901234567892，或者是交货地位置编码6901234567892。

为了解释方便，我们用如表5-4所示的方式表达。

表5-4 GLN编码标识关系表

数据结构	N3+N13
需要编码的原始编码信息	（414）6901234567892
数据载体中的编码信息	FNC14146901234567892
数据载体（符号）	（414）6901234567892
读写器输出的编码信息	]C14146901234567892
信息系统中存储的编码	LOC NO.:6901234567892

事实上，我们还可以按照不同GS1 key在不同的数据载体中的具体表示情况，继续把上表完善下去，形成全部GS1 key 编码标识的表示情况，见表5-5～表5-11。

上面我们描述了GS1编码从编码到标识的过程，各类编码在不同数据载体中存储的数据形式。在实际应用中，各类GS1编码结构一般均可以被各类编码标识识读系统读取、解析，并在贸易伙伴之间传输。传输的时候可以用EPC格式、EANCOM格式、GS1 Xml格式。

比如，采用EPC格式传输一个SSCC编码，根据EPC的技术规定，这里适用的规则是EPC:urn:epc:id:sscc:CompanyPrefix.SerialReference，那么最后的EPC传输格式就是urn:epc:id:sscc:6901234.1234567890。如采用EANCOM格式或GS1 Xml格式，见表5-12。

表5-5　GTIN-14编码数据结构的表示

内容	EAN-8/UPC-E/UPC-A	EAN-13	ITF-14	GS1 DataBar	GS1-128	GS1 QR Code	GS1 Data Matrix	汉信码
数据结构	—	—	N14	N2+N14	N2+N14	N2+N14	N2+N14	N2+N14
需要编码的原始编码信息	—	—	26901234567896	(01) 26901234567896	(01) 26901234567896	(01) 26901234567896	(01) 26901234567896	(01) 26901234567896【规范未规定】
数据载体	—	—						
数据载体中的编码信息	—	—	26901234567896	FNC10126901234567896	FNC10126901234567896	FNC10126901234567896	FNC10126901234567896	FNC10126901234567896
读写器输出的编码信息	—	—	]I126901234567896	]e00126901234567896	]C10126901234567896	]Q30126901234567896	]d20126901234567896	]h20126901234567896
信息系统中存储的编码	—	—	GTIN:26901234567896	GTIN:26901234567896	GTIN:26901234567896	GTIN:26901234567896	GTIN:26901234567896	GTIN:26901234567896

表 5-6　GTIN-13编码数据结构的表示

内容	EAN-8/UPC-E/UPC-A	EAN-13	ITF-14	GS1 DataBar	GS1-128	GS1 QR Code	GS1 Data Matrix	汉信码
数据结构	—	N13	N14	N2+N14	N2+N14	N2+N14	N2+N14	N2+N14
需要编码的原始编码信息	—	6901234567892	06901234567892	(01)06901234567892	(01) 06901234567892	(01) 06901234567892	(01) 06901234567892	(01) 06901234567892【规范未规定】
数据载体	—	6 901234 567892			(01)06901234567892			
数据载体中的编码信息	—	6901234567892	06901234567892	FNC10106901234567892	FNC10106901234567892	FNC10106901234567892	FNC10106901234567892	FNC10106901234567892
读写器输出的编码信息	—	]E006901234567892	]I106901234567892	]e006901234567892	]C10106901234567892	]Q30106901234567892	]d20106901234567892	]h20106901234567892
信息系统中存储的编码	—	GTIN:06901234567892	GTIN:06901234567892	GTIN:06901234567892	GTIN:06901234567892	GTIN:06901234567892	GTIN:06901234567892	GTIN:06901234567892

表5-7　GTIN-12编码数据结构的表示

	EAN-8/ UPC-E/ EAN-13	UPC-A	ITF-14	GS1 DataBar	GS1-128	GS1 QR Code	GS1 Data Matrix	汉信码
数据结构	—	N12	N14	N2+N14	N2+N14	N2+N14	N2+N14	N2+N14
需要编码的原始编码信息	—	614141000036	00614141000036	(01)00614141000036	(01)00614141000036	(01)00614141000036	(01)00614141000036	(01)00614141000036 【规范未规定】
数据载体	—							
数据载体中的编码信息	—	614141000036	00614141000036	FNC100614141000036	FNC100614141000036	FNC100614141000036	FNC100614141000036	FNC100614141000036
读写器输出的编码信息	—	]E0614141000036	]I100614141000036	]e000614141000036	]C100614141000036	]Q300614141000036	]d200614141000036	]h200614141000036
信息系统中存储的编码	—	GTIN:614141000036	GTIN:00614141000036	GTIN:00614141000036	GTIN:00614141000036	GTIN:00614141000036	GTIN:00614141000036	GTIN:00614141000036

表 5-8　GTIN-8 编码数据结构的表示

内容	EAN-8	UPC-E	UPC-A/EAN-13/ITF-14/GS1 DataBar/GS1-128	GS1 QR Code/GS1 Data Matrix/GS1 汉信码
数据结构	N8	N8	—	—
需要编码的原始编码信息	20180423	00123457	—	—
数据载体	2018 0423	0 012345 7	—	—
数据载体中的编码信息	20180423	00123457	—	—
读写器输出的编码信息	]E420180423	]E000123457	—	—
信息系统中存储的编码	GTIN：20180423	GTIN：00123457	—	—

表 5-9　GLN、SSCC、GRAI 编码数据结构的表示

GS1 编码类型	内容	GS1-128	GS1 QR Code	GS1 Data Matrix	汉信码
GLN 全球位置码	数据结构	N3+N13	N3+N13	N3+N13	N3+N13
	需要编码的原始编码信息	(414) 6901234567892	(414) 6901234567892	(414) 6901234567892	(414) 6901234567892
	数据载体	(414)6901234567892	(414)6901234567892	(414)6901234567892	(414)6901234567892
	数据载体中的编码信息	FNC141469 01234567892	FNC141469 01234567892	FNC141469 01234567892	FNC141469 01234567892
	读写器输出的编码信息	]C141469 01234567892	]Q341469 01234567892	]d241469 01234567892	]h241469 01234567890
	信息系统中存储的编码	LOC NO.：6901234567892	LOC NO.：6901234567892	LOC NO.：6901234567892	LOC NO.：6901234567892

续表

GS1编码类型	内容	GS1-128	GS1 QR Code	GS1 Data Matrix	汉信码
SSCC系列货运包装箱代码	数据结构	N2+N18	N2+N18	N2+N18	N2+N18
	需要编码的原始编码信息	(00)06901234000 0000016	(00)0690123400 00000016	(00)0690123400 00000016	(00)0690123400 00000016
	数据载体				
	数据载体中的编码信息	FNC10006901234 0000000016	FNC10006901234 0000000016	FNC10006901234 0000000016	FNC10006901234 0000000016
	读写器输出的编码信息	]C10006901234 0000000016	]Q30006901234 0000000016	]d20006901234 0000000016	]h20006901234 0000000016
	信息系统中存储的编码	SSCC：06901234 0000000016	SSCC：06901234 0000000016	SSCC：06901234 0000000016	SSCC：06901234 0000000016
GRAI全球可回收资产标识	数据结构	N4+N14+X..16	N4+N14+X..16	N4+N14+X..16	N4+N14+X..16
	需要编码的原始编码信息	(8003)06901234567892 ABC0001	(8003)06901234567892 ABC0001	(8003)06901234567892 ABC0001	(8003)06901234567892 ABC0001【规范未规定】
	数据载体				
	数据载体中的编码信息	FNC18003069 01234567892ABC0001	FNC18003069 01234567892ABC0001	FNC18003069 01234567892ABC0001	FNC18003069 01234567892ABC0001
	读写器输出的编码信息	]C18003069 01234567892ABC0001	]Q38003069 01234567892ABC0001	]d28003069 01234567892ABC0001	]h280030690 1234567892ABC0001
	信息系统中存储的编码	GRAI：069 01234567892ABC0001	GRAI：0690 1234567892ABC0001	GRAI：0690 1234567892ABC0001	GRAI：0690 1234567892ABC0001

表5-10　GIAI、GSRN、GDTI编码数据结构的表示

GS1编码类型	内容	GS1-128	GS1 QR Code	GS1 Data Matrix	汉信码
GIAI 全球单个资产标识	数据结构	N4+X..30	N4+X..30	N4+X..30	N4+X..30
	需要编码的原始编码信息	(8004)6901234 ABC0001*abc0002&	(8004)6901234 ABC0001*abc0002&	(8004)6901234 ABC0001*abc0002&	(8004)6901234 ABC0001*abc0002& 【规范未规定】
	数据载体				
	数据载体中的编码信息	FNC180046901234 ABC0001*abc0002&	FNC180046901234 ABC0001*abc0002&	FNC180046901234 ABC0001*abc0002&	FNC180046901234 ABC0001*abc0002&
	读写器输出的编码信息	]C180046901234 ABC0001*abc0002&	]Q380046901234 ABC0001*abc0002&	]d280046901234 ABC0001*abc0002&	]h280046901234 ABC0001*abc0002&
	信息系统中存储的编码	GIAI:6901234 ABC0001*abc0002&	GIAI:6901234 ABC0001*abc0002&	GIAI:6901234 ABC0001*abc0002&	GIAI:6901234 ABC0001*abc0002&
GSRN 全球服务关系代码	数据结构	N4+N18	N4+N18	N4+N18	N4+N18
	需要编码的原始编码信息	(8018)69 0123400000000025	(8018)69 0123400000000025	(8018)69 0123400000000025	(8018)69 0123400000000025
	数据载体				
	数据载体中的编码信息	FNC1801869 0123400000000025	FNC1801869 0123400000000025	FNC1801869 0123400000000025	FNC1801869 0123400000000025
	读写器输出的编码信息	]C1801869 0123400000000025	]Q3801869 0123400000000025	]d2801869 0123400000000025	]h2801869 0123400000000025
	信息系统中存储的编码	GSRN:69 0123400000000025	GSRN:69 0123400000000025	GSRN:69 0123400000000025	GSRN:6901234 00000000025
GDTI 全球文档类型标识	数据结构	N3+N13+X..17	N3+N13+X..17	N3+N13+X..17	N3+N13+X..17
	需要编码的原始编码信息	(253)6901234567892 document001ABC	(253)6901234567892 document001ABC	(253)6901234567892 document001ABC	(253)6901234567892 document001ABC 【规范未规定】
	数据载体				
	数据载体中的编码信息	FNC1253690123456 7892document001ABC	FNC1253690123456 7892document001ABC	FNC125369012345678 92document001ABC	FNC1253690123456 7892document001ABC
	读写器输出的编码信息	]C125369012345 67892document001ABC	]Q3253690123456 7892document001ABC	]d22536901234567892d ocument001ABC	]h2253690123456 7892document001ABC
	信息系统中存储的编码	GDTI:690123456 7892document001ABC	GDTI:690123456 7892document001ABC	GDTI:690123456 7892document001ABC	GDTI:690123456 7892document001ABC

表5-11 GINC、GSIN、GCN、CPID编码数据结构的表示

GS1编码类型	内容	GS1-128	GS1 QR Code	GS1 Data Matrix	汉信码
GINC全球托运标识代码	数据结构	N3+X..30	N3+X..30	N3+X..30	N3+X..30
	需要编码的原始编码信息	(401)69012345 1234567890A<aAC	(401)69012345 1234567890A<aAC 【规范未规定】	(401)69012345 1234567890A<aAC 【规范未规定】	(401)69012345 1234567890A<aAC 【规范未规定】
	数据载体				
	数据载体中的编码信息	FNC140169012345 1234567890A<aAC	FNC140169012345 1234567890A<aAC	FNC140169012345 1234567890A<aAC	FNC140169012345 1234567890A<aAC
	读写器输出的编码信息	]C140169012345 1234567890A<aAC	]Q340169012345 1234567890A<aAC	]d240169012345 1234567890A<aAC	]h24016901234 51234567890A<aAC
	信息系统中存储的编码	GINC:69012345 1234567890A<aAC	GINC:69012345 1234567890A<aAC	GINC:69012345 1234567890A<aAC	GINC:69012345 1234567890A<aAC
GSIN全球装运标识代码	数据结构	N3+N17	N3+N17	N3+N17	N3+N17
	需要编码的原始编码信息	(402)6901234 0000000015	(402)6901234 0000000015 【规范未规定】	(402)6901234 0000000015 【规范未规定】	(402)6901234 0000000015 【规范未规定】
	数据载体				
	数据载体中的编码信息	FNC14026901234 0000000015	FNC14026901234 0000000015	FNC14026901234 0000000015	FNC14026901234 0000000015
	读写器输出的编码信息	]C14026901234 0000000015	]Q34026901234 0000000015	]d24026901234 0000000015	]h24026901234 0000000015
	信息系统中存储的编码	GSIN:6901234 0000000015	GSIN:6901234 0000000015	GSIN:6901234 0000000015	GSIN:6901234 0000000015

续表

GS1编码类型	内容	GS1-128	GS1 QR Code	GS1 Data Matrix	汉信码
GCN全球优惠券代码	数据结构	—	—	—	N3+N13+N..12
	需要编码的原始编码信息	—	—	—	(255)69012345 67892000001
	数据载体	—	—	—	
	数据载体中的编码信息	—	—	—	FNC1255690123 4567892000001
	读写器输出的编码信息	—	—	—	]e025569012345 67892000001
	信息系统中存储的编码	—	—	—	GCN:69012345 67892000001
CPID组件/部件标识	数据结构	N4 + X..30	N4 + X..30	N4 + X..30	N4 + X..30
	需要编码的原始编码信息	(8010)690123400 123456789ABC	(8010)690123400 123456789ABC	(8010)690123400 123456789ABC	(8010)690123400 123456789ABC 【规范未规定】
	数据载体				
	数据载体中的编码信息	FNC1801069012340 0123456789ABC	FNC1801069012340 0123456789ABC	FNC1801069012340 0123456789ABC	FNC1801069012340 0123456789ABC
	读写器输出的编码信息	]C1801069012340 0123456789ABC	]Q3801069012340 0123456789ABC	]d2801069012340 0123456789ABC	]h2801069012340 0123456789ABC
	读写器输出的编码信息	CPID:69012340 0123456789ABC	CPID:69012340 0123456789ABC	CPID:69012340 0123456789ABC	CPID:69012340 0123456789ABC

表5-12　GS1编码数据的传输

EPC格式	EANCOM格式	GS1 Xml格式
EPC:urn:epc:id:sscc: CompanyPrefix. SerialReference	EANCOM:an..35; DE7402(DE7405=BJ)	GS1 XML: string \d{18}
urn:epc:id:sscc: 6901234. 1234567890	GIN+BJ+06901234 1234567890 GIN+BJ+35412345 0000000014+35412345 0000000106'	-<logisticUnitIdentification> <sscc>06901234. 1234567890</sscc> <logisticUnitIdentification>

第四节　医院管理中的GS1编码与标识技术

GS1系统在国家经济社会发展的各个领域都有着广泛而深入的应用。本节以医院信息化管理为对象，描述GS1系统在各环节的应用方式。比如医疗器械，它的管理本身存在较大的难度，大型医院的医疗器械和耗材普遍存在种类复杂、数量大、层级复杂、来源复杂等现象。过去，各类医疗器械、耗材的生产厂家没有对自己生产的医疗器械进行编码，即使使用了编码标识，不少企业也没有采用标准的国际通行的条码。医疗机构在进货之后发现这些医疗器械和耗材要么没有编码，要么编码五花八门，一线管理人员甚至无法知道该采用什么技术手段进行解码，没有办法的时候，只好手动编码，自己贴码。

在商品条码和GS1编码技术被大规模采用之前，由于医疗器械整个领域缺乏全流程一致的编码体系，医疗机构又缺乏覆盖全流程的医疗器械信息管理系统，导致医疗器械和耗材在整个医疗器械供应链流转过程中的入库、出库、使用、计价等环节大多是靠人工录入数据完成医疗器械数据的登记工作。人工录入和识读的速度慢，更重要的是差错率高，无法实时管理，供应链各流程之间是碎片化的，医疗器械供应链的各环节是信息孤岛，各参与主体之间的信息不能及时获取，更不能互联互通。这样的编码标识方式无法形成基于网络和信息化管理系统的“链”，无法实现医疗器械和耗材体系化的应用监控，从而制约了医疗器械和耗材安全精准保障。

GS1编码标识涵盖了医院内部管理的各个环节。从患者角度看，从其入院后的化验检查、手术治疗方案、用药明细与时间、器械使用明细和时间，到医疗服务提供者、护理人员信息、用餐情况、日常检查记录等，都可以通过GS1编码标识生成详细的电子病历档案，供医护人员查阅和存储。从医院管理的角度看，从院内的医护人员、药品、医疗器械、设备、医用耗材以及各类其他物资，到地理位置（如某个手术室、病房）以及某个逻辑位置（如某个药品柜、某项服务项目），都可以通过国际标准编码标识实现自动化高效管理。上述两方面互联互通，形成一个完整的院内追溯体系，可以确保患者的安全并提升医院管理信息化效率。

自患者入院的那一刻起，他在接受医疗服务过程中接触到的所有物品，如病床、药品、医疗器械、医用耗材、病号服、食物等，都与患者的康复息息相关。如果医院没有第一时间掌握患者的具体信息就可能会影响治疗效果。为此，医院可在患者入院的时候给患者带一个柔性材料制作的腕带，腕带用GS1全球服务关系代码——GSRN标识。为了标识治疗对象，医院可以用GS1全球服务关系服务接受方代码——AI(8018)为每一个患者生成一个全球服务关系接收方代码(GSRN)，用合适的GS1数据载体对其进行标识，条码符号可置于患者的腕带、相关的医疗记录、病理样本等位置上，如图5-4所示。GSRN是可以用于链接多个或某个事项的关键词，如治疗、病房收费、医疗化验及病人收费等。医院入院服务中，可以在全球范围内用来标识一个治疗对象，并据此实现此标识的自动识别和数据采集，并建立一项无含义的不侵犯个人隐私的标识。GSRN可正确识别患者信息，并确保治疗过程准确快速记录在电子病例中，如糖尿病患者在治疗过程中需要注意用药的情况、青霉素过敏患者的具体过敏源等，如图5-5所示。

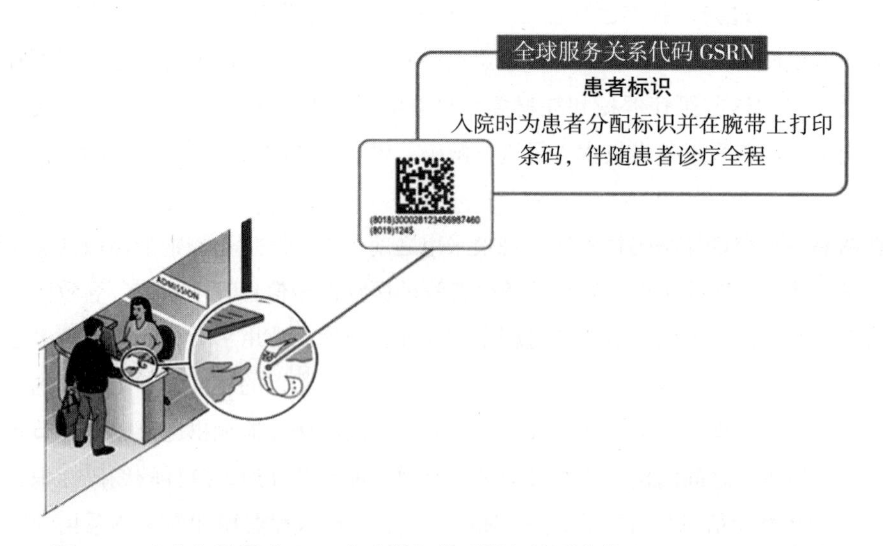

图5-4　患者入院即由GS1全球服务关系服务接受方代码——AI(8018)标识

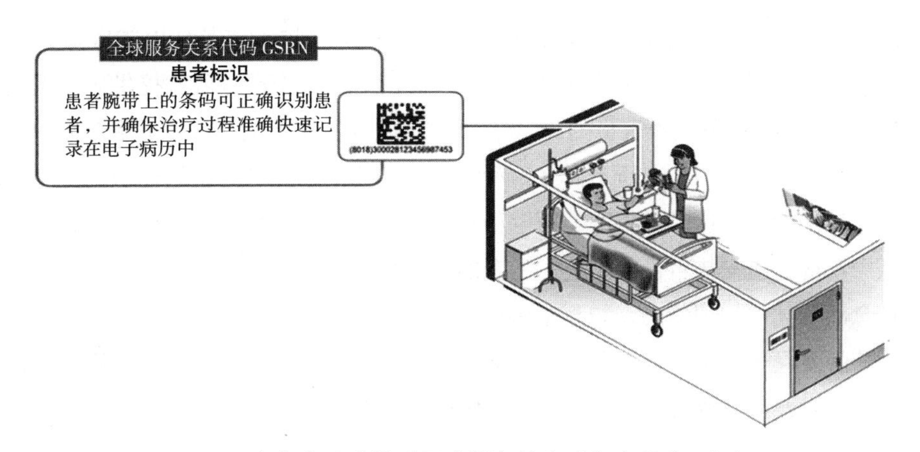

图5-5　患者在医院接受医疗服务的全过程实现唯一标识

医护人员在提供医疗服务时，如进行检查诊断、做手术或者输液之前，都可以通过扫描患者腕带上的GSRN条码，正确识别患者并通过携带的便携式pad第一时间准确地获知更多患者既往病史、过敏原等信息，进而制定合适的治疗方案或手术方案，做到对症下药，最大限度减少医疗事故，保证患者权益。从入院起患者的诊断和治疗情况，包括用药明细、医疗器械和医用耗材使用明细等都会伴随患者诊疗全程，直到康复出院。

合理饮食有助于患者身体更快康复。医院一般都会有患者饮食管理制度要求。患者饮食管理制度建设的目的是提供合理饮食，以满足机体的需要，增加机体的抵抗力。患者饮食应由医生决定，因病情需要禁忌或限制食物的患者还需开具医嘱。家属送来的食物须经医护人员核实，才能送给患者食用。总之饮食对患者康复具有重要意义，合理饮食是患者康复的一个重要环节。为了保证在食物供给时不出错误，医院可以采用系列货运包装箱代码——SSCC作为患者的餐盘标识，如图5-6所示。每一个医院食堂的工作人员在提供食物时可以通过扫描餐盘上的SSCC条码获知患者的食物信息，从而可以准确地给患者提供餐食，以免造成给糖尿病患者吃甜食，给花生过敏的患者提供含有花生的食物等这些失误。

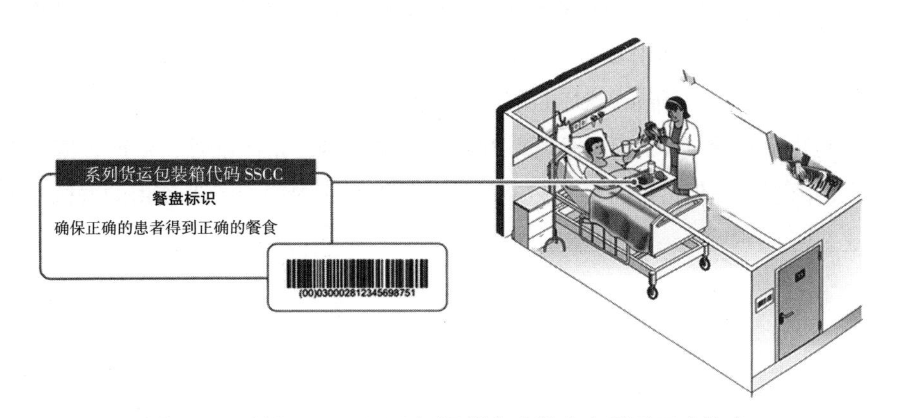

图5-6　采用GS1 SSCC标识餐盘确保患者得到正确饮食

同时，为了标识医疗服务提供人员，如主治医师、护士或其他医护人员，医院可以用GS1全球服务关系服务提供方代码——AI(8017)为每个医疗服务提供人员生成一个GSRN，并在医疗服务提供人员的ID卡、工作站以及工作单位等位置上用合适的GS1条码符号为其标识，如图5-7所示。在这种场景下，GSRN应当对条码标识进行管理以保障其无含义性、唯一性，并将其与医院信息管理系统中的有关角色链接。比如主治医生在检查患者情况时扫描自己的条码，患者的电子病历中就会具体记录下医疗服务提供人员的信息和具体的护理信息，如某某医护人员在几点几分测量了患者体温血压，或服用了什么药品及具体数量等。这些医疗服务提供信息都会记录在患者的电子病例中，患者出院后复查时，医生也可以随时查询患者情况。

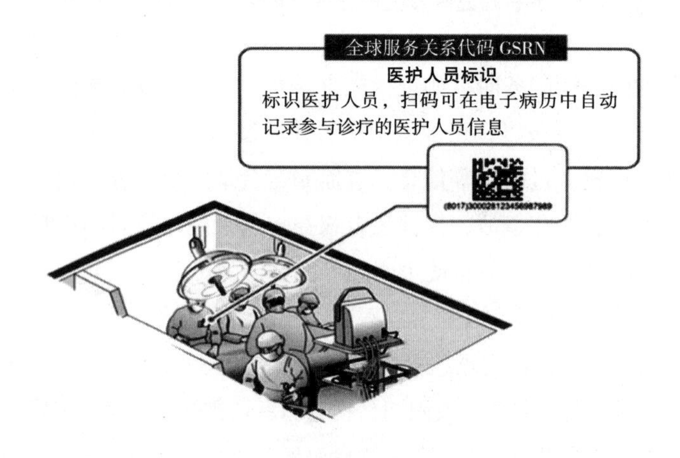

图5-7　GS1全球服务关系代码GSRN标识特定医护人员

医疗器械唯一标识UDI对患者安全的重要保护和医疗器械国际化的协同监管作用越来越受到重视。国家药监部门也越来越重视我国医疗器械的唯一标识问题，发布了《医疗器械唯一标识系统规则》等有关规定，为确保患者的健康及安全，在我国销售、使用的医疗器械都要有唯一标识UDI，相关产品信息都会上报到国家医疗器械唯一标识数据库（UDID），如图5-8所示。UDI由器械产品标识（DI）和生产标识（PI）组成。DI由全球贸易物品代码（GTIN）标识，PI可包含序列号、生产批号、生产日期、失效日期等信息，由应用标识符(AI)标识。通过扫描UDI可记录每个患者使用的器械，出现问题可快速召回。

图5-8　GS1标准的医疗器械唯一标识UDI准确记录患者使用的医疗器械

药品、医疗器械、医用耗材及设备等是医院进行诊断、治疗、护理和开展医学研究工作的工具，是提高医疗质量和工作效率的重要因素。医院的不同科室、不同患者每日每时所需的药品及医疗器械各不相同，如何保证这些药品和医疗器械准确及时送到正确的某一个药柜、冷藏柜或存放医疗器械的设备间而不出差错是颇有难度的事。这时，医院就可以采用全球位置码——GLN进行唯一标识某个逻辑位置，如内科大楼五病区2号冷藏柜，如图5-9所示。药品或医疗器械维护保障人员可以通过扫描收货位置的GLN，并与信息管理系统中的收货位置进行比对、确认，从而快速准确送达，保证正确的药品或器械在正确的时间送到正确的位置。

图5-9　采用GS1全球位置码标识药品柜器械柜等逻辑位置

一些大型综合医院往往有很多房间，包括病房、手术室、办公室、会议室、设备室等。在一些具有学科优势和特色的医院，一个科室就可能分布在多个楼层，手术室也多，全院的手术室就更多了。不同手术室在手术过程中会遇到各种情况，医生在治疗处置过程中会用到不同的药品、医疗器械、耗材和设备，人为传递信息显然可能会出现错误。医院可以在手术室门前装贴全球位置码——GLN，通过扫描可以快速确定手术室位置并确保所需物品快速送达指定地点，既保证了准确率也确保了效率，如图5–10所示。

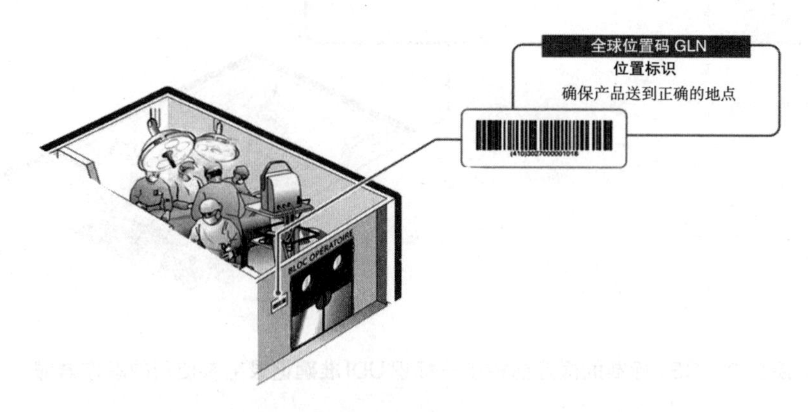

图5–10　采用GS1全球位置码标识手术室器械室等地理位置

医院的衣物、防护服（装备）有很多类型，如病号服、防护服、手术服、防护帽等，都需要定期定时清洗、消毒、维护，也需要集中管理。要高效有序地管理衣物，医院可以采用全球可回收资产代码——GRAI标识每一件衣服或防护服（装备），并用射频标签承载，如图5–11所示。使用过需要更换维护的衣物回收车通过设立在门口的门式RFID标签识读器，将车里所有衣服上的FRID标签读取完毕，衣物管理部门的工作人员在系统上确认衣服的所有者，并记录清洗时间、消毒时间、使用时间等。这样可以高效准确地为患者和医护人员提供卫生保障，满足医院感染管理制度要求。

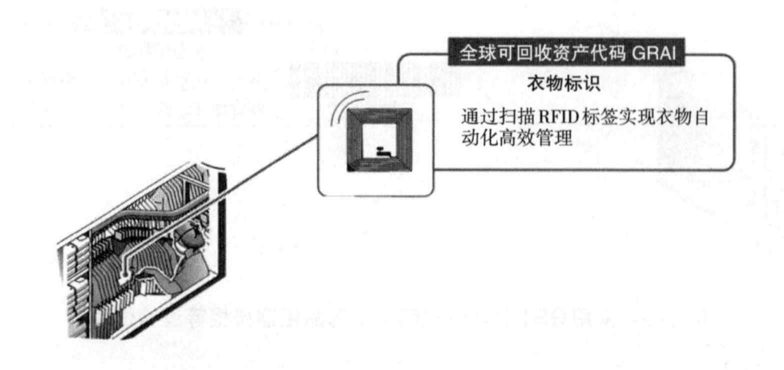

图5–11　采用GS1全球可回收资产编码标识衣物

医院资产既包括医院特有的CT、MRT、生化分析仪、呼吸机、消毒灭菌等各类诊断治疗设备，也包括计算机、网络设备，还有办公楼宇、仓库及水、电、消防等基础设施。医疗设备是医院的核心资产，是医院现代化程度的重要标志，是医疗、科研、教研、教学工作最基本的要素，也是不断提高医学科学技术水平的基本条件。医疗设备资产管理系统的建设目标就在于将院内不同品牌的、不同型号的医疗设备基础信息和运维数据进行采集、对接，再经过覆盖全院的网络将数据传输至统一的医院资产管理运维平台，重点解决医院内品类繁多的医疗设备标准化编码标识，实现资产数据自动化采集，并实现统一平台对接，实现医院资产的有效管理、定期维护。医院可以采用全球单个资产标识——GIAI，每一个固定资产可以贴一个GIAI条码，通过扫描资产上的条码可以查看资产的购买记录、维护记录、保养记录、资产管理责任人等信息，如图5-12所示。如果某个资产没有定时维护、保养，管理人员可通过扫码得知并第一时间告知资产管理责任人督促其尽快维护，以保证资产的质量及使用寿命。

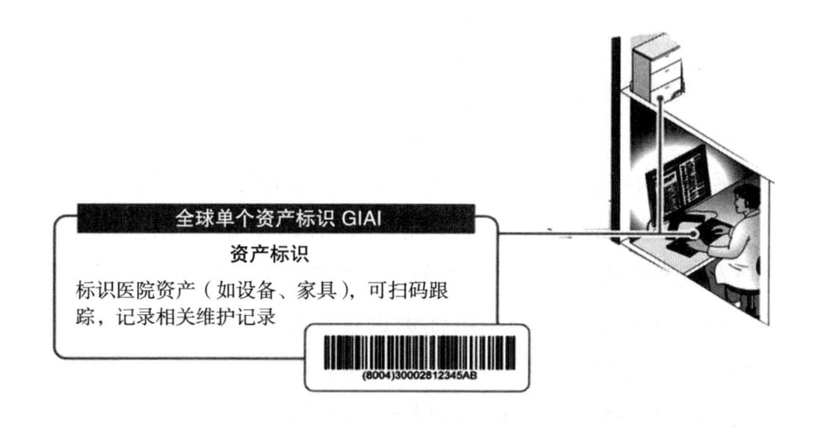

图5-12　采用GS1全球单个资产编码标识医院资产

药品、医疗器械和医用耗材向来是医院管理的重点，也是药品医疗器械监管的重点环节。药品、医疗器械和医用耗材种类繁多，从采购、运输、存储、分类到出库须有一个完整的流程记录。医院可以在运输环节采用系列货运包装箱代码——SSCC标识每一个不同的药品、医疗器械和医用耗材物流单元，入库存储时扫描包装上的物流单元标识，可提升入库效率和准确率，优化库存管理。在入库后还可以根据产品上的全球贸易物品代码——GTIN来进行产品的库存管理及内外部追溯，在药房，还可以利用药品上面的GTIN编码实现药品的自动化取药。结合患者的药品和医疗器械、医用耗材使用情况，形成一套完整的追溯体系，如图5-13所示。

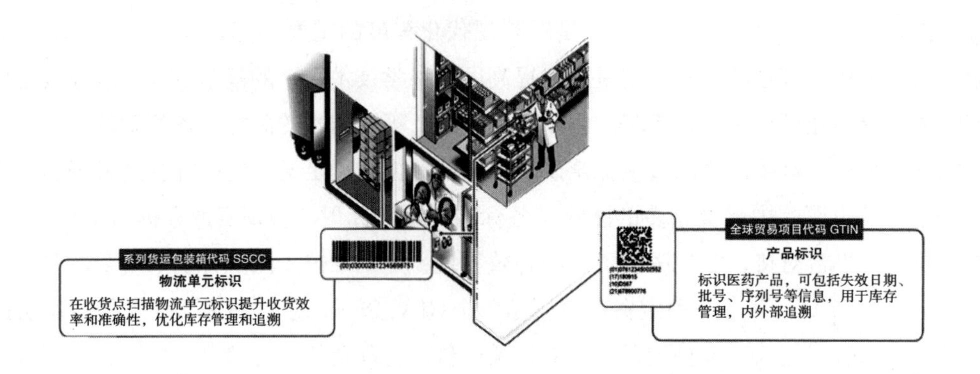

图5–13　采用GS1 SSCC和GTIN标识药品物流单元和药品

在医疗服务过程中想要实现药品和医疗器械找得到、找得准、用得上，前提是科学、无歧义、准确地知道这些医疗器械和药品是什么，在哪里，有多少，什么时间由哪些医护人员使用在了哪个患者身上？这需要科学构建系统完备、科学规范、运行高效的医疗器械编码标识体系，为医疗器械和耗材精准管理、科学决策提供精准的数据支撑和决策参考。反之，如果缺乏数据的支撑，那么科学决策和精细化的管理也就无从谈起。

近些年，随着经济全球化发展，国内外医疗器械生产厂商在全球医疗供应链的标准化意识越来越高，医疗器械产品编码标识也越来越规范，逐渐形成了产业界的共识。从覆盖率方面看，大约95%以上的OTC药品都采用了GS1标准编码和标准条码标识，医疗器械和耗材原厂条码印刷率逐渐提升。目前国内采用UDI的比例已达到93%以上，那么实施自动识别技术管理的阻力就小了。

医疗器械唯一标识UDI作为医疗器械不同层级包装，是医院实施医疗器械精细化管理的基本手段。近年来，国内不少大型医院通过建立医疗器械UDI系统，建立医疗器械信息化管理平台，利用信息化手段在医疗器械生产、经营和使用各环节精准、无歧义地快速准确识别任一包装级别的医疗器械，实现了医疗器械管理的信息化、标准化和智能化，提升了医疗机构管理水平。

第五节　GS1编码的过去和现在

商品条码已经走过了半个多世纪的发展历程。回顾当初，早在1932年，军队物资管理领域的人们就开始考虑和尝试实现非人工的、自动化的物品管理，比如尝试通过穿孔卡片技术进行销售和库存管理。20世纪40年代，美国乔·伍德兰德（Joe Wood Land）和伯尼·西尔沃（Berny Silver）两位工程师开始研究用编码表示商店里的食品单元以及相应的能够实现机器自动识别的设备。这种编码的图案各式各样，如图5-14所示。

图5-14　初期的各种条码图形

有些条码图案像一个箭靶，又像一个牛眼睛，于是被叫作“公牛眼”条码。靶式的同心圆是由圆条和空绘成圆环形。在原理上，“公牛眼”代码与后来的条码很相近，遗憾的是当时的技术水平工艺和经济条件还不能大规模印制出这种码。10年后，乔·伍德兰德作为IBM公司的工程师成为北美统一代码的奠基人。以吉拉德·费伊塞尔（Girard Fessel）为代表的几位发明家，于1959年提请了一项专利，描述了数字0～9中每个数字可由七段平行条组成。但是机器难以识读这种码，人读起来也不方便。不过这一构想促进了后来条码的产生与发展。不久，E. F.布宁克（E. F.Brinker）申请了另一项专利，该专利是将条码标识在有轨电车上。20世纪60年代西尔沃尼亚（Sylvania）发明的一个系统，被北美铁路系统采纳。这两项可以说是条码技术最早期的应用。

1970年美国超级市场AdHoc委员会制定出通用商品代码（Universal Product Code，UPC）。UPC码首先在杂货零售业中试用，这为以后条码的统一和广泛采用奠定了基础。1973年美国统一编码协会（Uniform Code Council，UCC）选定UPC条码作为超市扫描的条码标准，成功在美国和加拿大等北美地区推广使用，UPC条码系统得以正式建立，同时也实现了UPC条码码制的标准化。同年，食品杂货业把UPC码作为该行业的通用标准码制，为条码技术在商业流通销售领域里的广泛应用，起到了积极的推动作用。

1976年在美国和加拿大超级市场上，UPC码的成功应用给人们很大的鼓舞，尤其是欧洲人对此产生了极大兴趣。次年，欧洲共同体在UPC-A码基础上制定出欧洲物品编码EAN-13和EAN-8码，签署了“欧洲物品编码”协议备忘录，法国、英国、德国等12国成立欧洲物品编码协会（European Aticle Numbering，EAN），开始推广商品条码取得巨大成功。到了1981年由于EAN已经发展成为一个国际性组织，故改名为“国际物品编码组织”，简称EAN。

2002年，EAN正式接纳UCC成为EAN的成员。UCC的加入有助于发展、实施和维护EAN/UCC系统，有助于实现制定无缝的、有效的全球标准的共同目标。2004年的EAN全会上通过EAN更名战略，将“EAN”更名为“GS1”。2005年，EAN正式更名为GS1。EAN/UCC系统并入GS1全球统一标识技术体系。

时至今日，GS1技术体系已经形成一套完整的编码标识技术体系，成为世界通用的商贸语言和商业流通标准化体系，在全球150多个国家和地区得到广泛应用。从世界范围看，目前国际物品编码仍然在围绕产品追溯、工业数字化和防务等领域持续展开。

1. GS1技术与产品追溯

产品追溯是国际物品编码组织GS1多年来一直在推动的一项技术研究与应用工作，并成立了专门工作组。目前，GS1开发并向全世界分享了新的GS1全球可追溯性标准(GTSv2)。该追溯标准的实施可最大限度地确保各类行业追溯系统具有互操作性和可扩展性，在贸易合作伙伴之间可以实现产品追溯协作并共享信息，从而实现整个供应链的可视性。在产品追溯的具体实践中，农产品、食品等单一来源或具体的产品实现追溯相对容易，但如果是稀土、化肥、粮食等大宗产品，或者是原料多样且来源复杂的产品的追溯则难度会增加很多。如何在消费品领域之外的行业推进GS1 GTSv2的应用，则需要更多的探索。

2. GS1技术在工业领域的应用

GS1技术在工业领域应用的核心思想是将GS1编码标识和技术体系与建筑、制造业、铁路、工程建设等领域的标准化建设结合，重点是GS1关键标识符和数据交换在这些具体行业的商业过程中的应用与深化，借此提升这些目标领域的数据服务和共享。其中，建筑领域围绕建筑信息模型（Building Information Modeling，BIM）展开。其重点聚焦在建筑部件、部品和建筑材料的统一标识、EPC和数据应用，包括建筑材料主数据、数据质量、质量验证等。铁路方面，欧洲的铁路部门对GS1技术的需求是近年来兴起的，然后一直有着持续的发展。如瑞士铁路（Schweizerische Bundes Bahnen，SBB）采用AI和GS1主代码的方式来标识风扇、车厢外门、刹车系统等铁路部件的来源去向，项目由一些大的企业如西门子、阿里斯通等共同实施。但并不是所有国家的铁路部门都具有相同的思路，比如在推动GS1体系向铁路领域延伸的过程中，一些国家的铁路部门遇到的问题如合作意愿、与原有系统的兼容等仍然需要进一步解决。

3. GSI技术在防务领域的应用

近年来北约物资编目（NATO Codification System）成员国开始开展军用物资编码标识标准化工作。在北约物资编目体系里，GS1编码是军用物资采用的标准产品标识编码。其作用是充分利用国际成熟的广泛应用的物品自动识别分数据采集技术成果，与北约物资储备编码NSN（对应军队物资品种编码）进行映射，以防止假货，实现军用物资质量数据管理和MRO（Maintenance，Repair & Operations，维修、修理和操作）全流程的质量追溯等。北约全球数据库（NMCRL，北约物流参考主数据目录）中还创建一个专门区域存放产品的GTIN编码。德国和波兰军队分别在2013年和2014年强制要求供应商在供军物资上采用GS1-128和GS1 Databar条码。其中，德国国防部的“货物交货技术条件”要求德国联邦国防军的供应商给所有已分类物资或将被分类并交付给联邦国防军作为供应物资使用的物资使用GS1编码，建立GTIN与军用物资品种标识代码NSN的映射，目的是通过这样的方式，不断提高军用物资管理的精细度。波兰军队在食品、药品、医疗器械、军装制服、战场测量设备、油品、润滑油、建筑材料、清洁剂和其他军用设备方面采用GS1标准。澳大利亚军队采用的GS1标准编码包括GTIN、SGTIN、SSCC、AI等。希腊最大的军队医院Hellenic Army在药品、医疗器械、手术室、细胞实验室等开始使用GS1标准。印度在供应军队的干货、肉类、蔬菜等品类采用GTIN进行数据交换和物流仓储，他们用GTIN标识军用物品，用SSCC标识军队物资物流单元，GTIN由军队负责分配，SSCC则由军队供应商分配。印军甚至还开始采用GTIN+批次+序列号，数据载体采用商品条码或GS1 QR[①]，可见其军队物资管理或者说军用物资追溯的颗粒度之细。综合来看，在防务领域，核心思路是实现军用物资品种标识代码NSN和GS1编码如商品条码GTIN、单品商品编码SGTIN、物流单元编码SSCC以及GS1应用标识符AI之间的兼容互认。

【应用案例】利用GS1 SSCC实现快递包裹的统一编码——欧洲标准化委员会选择GS1 SSCC来帮助转变跨境包裹投递

2017年6月21日，欧洲标准化委员会(CEN)成员发布了《邮政服务技术规范——跨境包裹接口》(*Postai Services—Interfaces for Cross Bogder Parcels*，CEN/TS 17073:2017)，标志着欧洲标准化委员会CEN选择了GS1 SSCC来实现跨境包裹递送。CEN认可GS1系列货运包装箱编码(SSCC)作为端到端快递包裹追溯编码。这意味着每个寄件人不管选择哪种快递服务，都将遵循相同的标准，将唯一的代码赋予每个包裹，如图5-15

① 快速响应矩阵码GR码的一种形式，该形式支持GS1编码模式。

所示。

这一成就是邮政组织、在线零售商、快递公司、快递和包裹服务提供商共同努力的结果，也是欧盟委员会战略的一部分：数字单一市场，消除障碍，释放在线机会。

“这是欧洲创新提升跨境包裹递送服务的重要一步。之前包裹递送困难的主要原因之一是封闭的标准。导致各快递公司都有自己的专有网络，这对在线卖家形成了不利的市场条件。”欧洲电子商务电子物流工作组联合主席、CEN标准化标签工作负责人沃尔特·特雷泽克解释道。

采用GS1标准来唯一标识快递包裹，并实现快递包裹在不同网络之间的互操作性，GS1 SSCC是一个自然的正确选择，因为许多公司已经在他们的业务中使用它和其他GS1标准。

图5–15　CEN包裹标签

通过全球标准的新CEN包裹标签，之前封闭的网络现在可以连接起来，从而创建一个端到端的跨国包裹递送网络。包裹发送者对所有包裹使用相同的标签，包裹快递公司使用SSCC更容易跟踪包裹从发送者到消费者的过程，并且如果需要，还可以将收货信息返回至发送者。最终目标是通过使用包含唯一包裹标识编码SSCC的单一通用包裹标签来转变和提升跨境包裹递送服务。

通过使用相同的SSCC标签，包裹递送公司更容易合作，满足客户在服务选项、灵活性、可见性和可靠性方面的期望。GS1将继续为CEN转变跨境包裹管理的举措作出贡献，并与欧洲其他电子商务组织合作，共同推广通用包裹标签。包裹的所有者跟踪包裹从发送者到消费者的全过程，实现邮寄包裹全流程追溯，如图5–16所示。

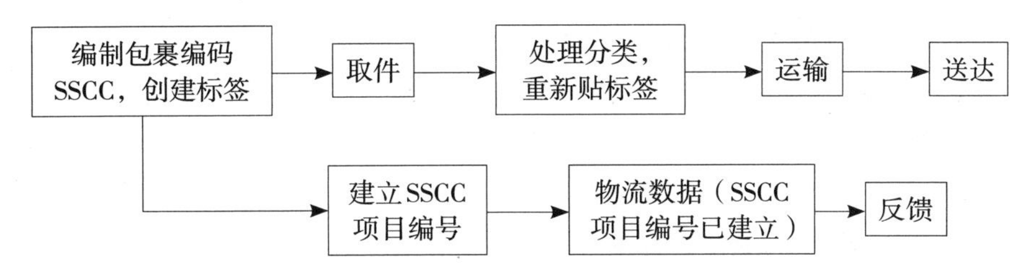

图5-16 采用SSCC跟踪包裹追溯流程

采用统一的SSCC收益主要来自两个方面，一是采用国际通用的GS1编码标识体系，可以为每一个快递包裹分配一个唯一、通用、全球认可的编码，并将其用于包裹追溯全流程具有积极意义；二是对客户来说最大的好处就是不用再关注不同快递公司的私有性，而是通过标准的统一编码支持消费者在任何时候查询包裹，并对投递过程进行实时监控，提高了参与性，保证了消费者利益。

【应用案例】GS1商品条码的扩展应用：全国海关“单一窗口”商品条码申报功能正式启用①

技术总是随着应用的驱动而前进。50年前，北美的食品杂货行业开始应用商品条码。随着需求的不断扩展，商品条码技术在生产制造、物流供应链、医疗卫生、电子商务等多个国民经济行业领域，都形成了广泛应用的局面。随着我国进出口贸易规模稳步扩大，商品条码在我国的零售、制造、医疗健康、邮电通信、物流服务等领域的近亿种商品中广泛使用，其应用已经由大中城市向县城乃至乡镇发展，由大中型超市向连锁店、便利店发展，由商品零售向物流供应链全过程发展。同时，随着电子商务的飞速发展，商业零售模式由线下实体商店向网络购物、移动商务发展，商品条码在线上线下的全面渗透。现在，GS1商品条码又扩展到国民经济和社会经济发展与管理的方方面面。比如在商品通关领域，就有打通分类编码和标识编码的尝试——海关HS编码与GS1编码的应用。

前文在描述物品编码的类型时，提到物品编码可以大致划分为物品分类编码、物品标识编码和物品属性编码这三大类。物品分类编码主要是用于物品的统计、支出分析、汇总，或者挑选部分类目作为集中采购目录。一般地，一类产品作为一个类别，那么这个类别下面就有成百上千家企业生产的千千万万的产品。同样，海关商品分类HS也是这样的一个商品分类体系。比如某一分类体系中，热轧带肋钢筋是最小一个类别的话，

---

① GS1标准化商品信息助力进口通关效率化［EB/OL］.［2019-08-06］［2021-11-24］. Http://ancc.org.cn/News/article.aspx?Id=9544.

那么世界上所有钢铁企业生产的热轧带肋钢筋就都属于这个类。

近年来，随着信息化的发展，为提升企业进出口申报信息化、智能化、规范化水平，推进大数据技术在海关税收征管改革中的应用，根据海关总署统一安排，自2019年8月1日起在全国“单一窗口”商品条码申报功能正式启用。

商品条码简称GTIN码，国际上一般称为全球贸易物品代码（Global Trade Item Number，GTIN），是按照国际物品编码组织（GS1）制定的全球通用编码标识标准，由源头制造商编制和印刷在商品包装上的，用于表示商品的代码。由一组规则排列的条、空及其对应代码组成，其中商品代码就像商品的“身份证”和“通行证”，是商品在生产、运输、销售等市场流通过程中的全球唯一身份标识，是商品在全球生产、销售、仓储、零售、贸易、运输、物流、结算等流通过程当中的全球唯一身份标识编码。

企业进入单一窗口货物申报系统后，只要将产品的名称、类型、税号、规格型号、原产地区等基本信息和商品编码录入，系统将会自动收集并生成历史库。企业在后期再次申报时，只需输入商品条码，系统就会自动调取历史库数据智能返填该商品条码所包含的申报要素信息。企业可对该信息进行修改、确认，无须二次重新录入，同时还有商品表体批量导入功能，大大节约了企业申报的时间，简化了申报程序，并且有效提高了申报的准确性和规范性，着力体现了通关的智慧化和便利化。

“单一窗口”简洁的操作界面、便捷的通关模式、快速的信息反馈等优点获得了企业称赞。相关公司关务人员表示，过去手工填报信息，再加上人工审核，不仅需要花费大量时间，还容易出现一些填报错误，现在有了海关推广的商品条码申报功能，为企业简化申报手续以及快速、准确申报提供了便捷的工具，通关更为便捷高效，准确性也大大提高，有力提升了用户满意度。

商品识别码（Commodity Identification Code）是识别商品的统一标识编码，即商品的“身份证”号码。是标准化、数字化的商品信息。商品识别码共有三个层级识别码。分别是商品条码、行业标准码和企业标准码。

行业标准码包括化工领域内应用化学物质识别号码CAS码、汽车行业领域内应用VIN码，也就是车辆识别代号；零售业内广泛使用的SKU码，也就是最小出货单位；医疗器械领域应用的UDI编码，也就是医疗器械唯一标识编码等。

企业标准码，比如企业ERP系统里的集成电路编号、零件号、单号等企业数据编码标识编码则唯一标识一个产品、一批产品或者某家企业生产具体产品。

商品条码具有以下特点：

（1）适用范围广，覆盖主要进出口终端消费品。

（2）规范、全球统一，大部分国家和地区遵循并广泛应用GS1条码规范。

（3）具有全球唯一性和稳定性。

（4）识别简单，使用通用的条码扫描设备、手机甚至人眼就可以准确地识别商品条码。

（5）商品条码可以获取大量后台信息，通过GS1的数据交换体系，可以获得大量标准化的商品数据。包括四个方面的备案信息。

一是生产企业、品牌商等企业信息。

二是商品属性的基础信息，包括品牌名称、规格、型号、用途等。

三是包装度量信息，包括高宽深重量、包装等，多用于物流。

四是扩展信息，包括商品的成分、用途、结构等属性的图片、证照等信息。

随着进出口商品种类、数量的快速增长以及进出口贸易政策趋复杂，企业上报不规范、不准确等问题日益突出，影响通关效率。为了加速全球商品信息传输和流通，促进贸易便利化，世界海关组织（WCO）提出了HS编码现代化。在2019年5月世界海关组织在布鲁塞尔举行的专题会议上，中国海关专门介绍了利用商品条码解决HS编码申报难题的工作进展。

中国海关自2012年7月开始了商品条码在报关单申报中的应用研究。海关通过建设条码信息数据库，覆盖原料构成、品牌、规格、型号、原产地、用途等多维度商品信息，企业在进出口有商品条码的商品时，只需在"单一窗口"系统中申报商品条码即可自动识别商品，实现对归类、原产地、规格等申报要素信息的自动采集。

2017年10月，商品条码应用试点的首票报关单在南京海关申报成功，实现单项商品规范申报要素填报时间由原来的10～20分钟缩短至10秒钟之内。此后，试点商品又扩大至奶粉、红酒和化妆品。2019年8月1日，"单一窗口"商品条码申报功能正式在全国推广，标志着海关在商品条码申报应用上又进入了新的阶段。

应用商品条码申报有哪些好处呢?

一是实现商品信息的"秒录入"。作为全国海关通关一体化改革中的一种新型辅助管理模式，商品条码为企业提供了方便、快捷、简单的报关单申报方式，跨越原始的手工填报，实现智能辅助的"秒录入"。二是规范申报"零差错"。通过将商品条码和产品型号、商品编号、原产地、规格、型号等信息进行数据关联，后期申报资料录入条码号，系统会自动根据历史数据自动返回报关单表供企业确认，有效提高了企业规范申报的准确性和可操作性。三是改革红利"再释放"。通过与国际通用的商品编码GTIN对接，可以加速全球商品信息传输，实现贸易便利化。未来中国海关将通过商品识别码等技术建立自己的商品数字标准并在世界推动应用，提高中国的国际地位和竞争力，不断优化营商环境，释放改革红利。

第六节 GS1 数字链接

如今，在商品外包装上印刷条码、二维码已经比较常见。消费者往往希望通过手机扫描这些条码或二维码了解更多的商品信息，商品销售商、监管部门也希望通过扫描商品上的条码或二维码获得更多产品信息。比如医疗器械销售商希望扫描条码获得医疗器械的质量管理记录和销售记录；患者希望获得医疗器械的追溯信息等。针对这样的需求，生产商在商品上印制了条码（比如QR二维码）以提供更多产品信息。然而，由于缺少标准支撑，手机扫描条码有时会出现无效链接或者信息不完整、不相关的网页，比如扫描条码后跳转到生产企业的商品广告或者售卖小程序。此外，现在有些产品上面的条码二维码已经很多了，无论在消费者的手机上，还是在物流环节，过多的条码都会让他们感到困惑。为此，要解决这个问题，无论是产品生产者，还是产品销售者，都要协调一致共同采用全球标准和通用解决方案，并在行业范围内一致采用，最终在整个行业普及应用。GS1 数字链接（Digital Link）就是针对这样的应用场景开发的一个基于全球标准的通用数字化应用方案。

GS1 数字链接将商品上印制的条码或二维码（GS1标识符）作为由物到数的“入口”，类似统一资源定位符（URL）或者网页地址。同时，品牌商（也可以是第三方机构）在生产的源头给产品建立一套基础主数据。通过产品唯一ID这个入口，链接产品主数据，并逐渐在配送、仓储、销售甚至售后保养、维修过程中逐渐建立起更加丰富的产品信息，还可以将任何形式的产品信息与B2B和B2C信息关联起来，为产供销全程一体化奠定无缝连接的基础。简单地说，GS1数字链接就是网上的GS1系统，可以将任何GS1标识符转换为Web地址，且任何一组GS1标识符都可以以Web地址形式存在。所以，对于一个企业来说，只需要通过一个条码（GS1标识符），且无论这个标识符代码是否在Web地址中，即可实现与网络建立链接，开展线上业务推广等。

GS1 数字链接在二维码中嵌入一个“URI”——这在本质上是一个网站URL，并在末尾添加产品GTIN，如图5-17所示。用户使用智能手机进行扫描，解析后通过GS1 数字链接访问有关产品的信息。品牌商还可以选择在GS1 数字链接的URI的数据字符串中添加更多GS1应用标识符（application identifier，AI）来添加更多粒度和级别的信息，比如产品的批次和批号，或是针对序列化产品的单个产品码或序列号，如图5-18所示。

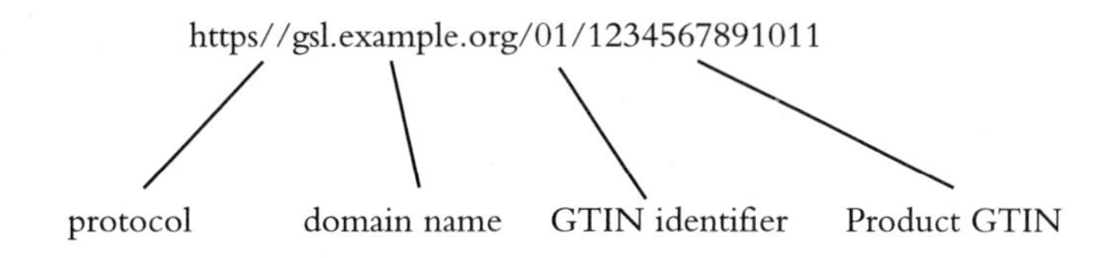

图5-17 GS1数字链接的URL结构示例

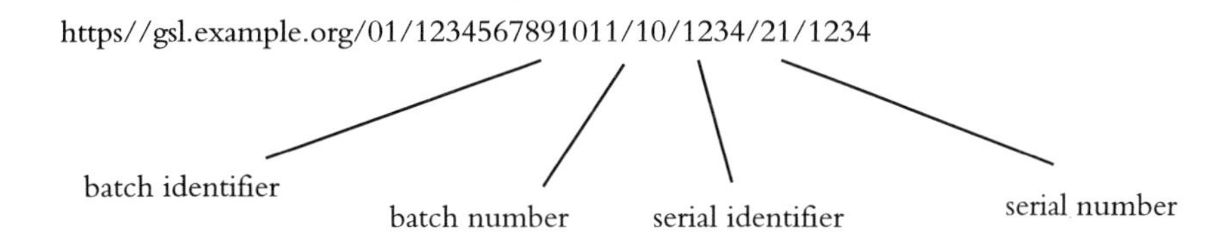

图5-18 带有批次和序列号信息的GS1数字链接的URL结构示例

GS1数字链接将产品信息编码为二维码并随后让该信息成为网络的一部分，让消费者、零售商以及供应链中的任何人均能够访问一系列可即时更新和由品牌方控制的产品信息。GS1数字链接通过标准化的解析器（Resolver），对遵循GS1标准的不同链接类型网址进行识别和分析，将不同语言、不同位置、不同版本、不同寻址等数字链接请求转发到适当的目标指向，将任何形式的B2B和B2C信息关联起来，GS1成员组织、品牌商、供应商等都可以建立自己的解析器。消费者用手机扫描产品的二维码就可以获取商品的各种信息，例如商品规格、图片、保质期限、营养数据、保修登记信息、问题说明甚至是商品宣传报道的相关链接。消费者还可以通过扫描条码来购买商品、收集积分以及将商品“分享”给朋友。这个统一标识符，就如同人的护照可以唯一准确地识别到人的信息一样，产品也借助GS1标识符这个唯一的身份标识，连接产品的物理世界和数字世界。

GS1标识符将商品唯一身份标识与产品在线实时信息源连接起来，使GS1标识符成为网络的一部分，以此来扩展产品唯一身份标识的功能和灵活性。所以GS1数字链接实际上也是对商品条码或其他数据载体的重新赋能，赋予传统商品条码成为网络链接，使条码可以链接到商品的主数据和衍生数据。GS1数字链接可为不同用户在产品生产、运输、仓储、售后、召回等供应链的各环节提供精准的信息记录与传递方式，提高了信息透明度和商品的可追溯性。

GS1数字链接给企业带来的主要好处是：产品可以借助互联网，将包装信息进行无线扩展，实际上是将产品空间最大化，同时，企业只需将GS1标识符链接到数据所在的位置，不需要聚合和复制，从而节省了成本，实现数据共享成本的最小化。对于用户来说，只要能上网就能实现数字链接，因为直接利用现有的互联网，几乎没有额外技术上的投入，所以数字链接可以帮助企业实现产品主数据、产品的使用说明、相关配件信息、用户评价、直接购买、可追溯性、社交媒体、多语言版本访问、个性化定制网址等多个信息互联，让不同的利益相关方看到不同的信息。

第六章

国际物品分类编码系统

选取一定的分类原则和方法，根据物品编码对象的属性特征和管理使用要求，把相同内容或相同属性的物品、事务或概念集中在一起，将不同类型物品编码对象分门别类，科学系统地区别开来，并建立明确的分类结构体系，对应地形成分类编码的层级结构及每层的编码位数，以此为已确定层级的物品编码对象赋予唯一确定的编码，从而将不同类型物品编码对象准确、无歧义地组织起来。这在国际上也逐渐成了一个专门的领域，形成了许多国际物品分类编码系统。

物品分类编码体系应该涵盖全部物品编码对象及其对应的分类编码，共同组成以代码表示的具有确定层级结构的分类体系，有时称为产品目录（catalog），有时称为代码集（codesets），还有时称为分类（classification）。在分类编码系统中，理论上每个编码对象都有且只有一个适当的位置和相应的分类编码与之对应。典型的物品分类编码体系有联合国标准产品与服务分类代码、产品总分类等。比如要出口白喉疫苗到某个国家，但对方要求提供白喉疫苗的UNSPSC代码以便提前报关，用户就可以在UNSPSC代码集中输入“白喉疫苗”，便可查询出它的编码是51201604。但也经常查不出物品直接对应的UNSPSC编码，只能找到该物品所属的小类分类和小类名称。

表6-1为UNSPSC-医学实验室和测试设备、用品和用药的代码及名称。

表6-1 UNSPSC-医学实验室和测试设备、用品和药品的代码及名称

UNSPSC代码	中 文 名 称	英 文 名 称
	医学实验室和测试设备、用品和药品	Medical laboratory and test equipment, supplies and pharmaceuticals
51000000	药物和药品	Drugs,and pharmaceuticals products
51200000	免疫调节药物	Immunomodulating drugs
51201600	疫苗以及抗原和类毒素	vaccines and antigens and toxoids
51201601	炭疽抗原	Anthrax antigen
51201602	布鲁氏杆菌抗原	Brucella antigen
51201604	白喉疫苗	Diphteria vaccine
51201605	乙型脑炎病毒疫苗	Encephalitis virus vaccine
51201606	流感嗜血杆菌疫苗	Hemophilus influenzae vaccine
51201607	乙型肝炎病毒疫苗	Hepatitis B virus vaccine
51201608	流感病毒疫苗	Influenza virus vaccine
51201609	麻疹病毒疫苗	Measles virus vaccine
51201610	炭疽抗原	Anthrax antigen
…	…	…

目前国际上的物品编码种类繁多，它们在各自的领域上发挥着一定作用。但是这些编码方案各不相同，互不兼容。目前国际上通用的编码标准主要有《国际贸易标准分类》(Standard Trade Classification，SITC)、《商品名称及编码协调制度》(HS)、《产品总分类》(CPC)、《联合国标准产品与服务分类代码》(UNSPSC) 等。

第一节 国际贸易标准分类

一、制定与维护机构

《国际贸易标准分类》（SITC）是1950年由联合国经济和社会事务部（经社理事会）下设的统计委员会（统计司）编制并公布的。现在是2008年版SITC“修订4版”。SITC是用于国际贸易商品的统计和对比的标准分类方法，联合国统计司为该分类的管理者。

SITC是世界各国政府普遍采纳的商品贸易分类体系。到2006年为止，该标准分类经历了四次修改：1950年版为原版；1961年修改版为SITC“修订1版”；1975年修改版为SITC “修订2版”；1988年修改版为SITC “修订3版”（将商品分为10大类、63章、223组、786个分组和1924个项目）。SITC“修订4版”（SITC Revision 4）于2006年3月由联合国统计署第三十七届会议通过，该分类法将商品分为10大类、67章、262组、1023个分组和2970个项目。

该标准目录使用5位数字表示，第1位数字表示类，前两位数字表示章，前3位数字表示组，前4位数字表示分组，最详细的产品分类用5位数字表示，如表6-2所示。

SITC采用经济分类标准，即按原料、半制品、制成品分类并反映商品的产业部门来源和加工程度。

表6-2 SITC编码及描述示例

SITC编码	描 述
0	食品和活动物
02	乳品和禽蛋
022	牛奶、奶油和乳制品（除黄油和奶酪）
0221	牛奶（包括脱脂牛奶）、奶油，非浓缩或加糖的
02212	含脂牛奶（含脂量1% ～6%）

二、主要用途

SITC主要用于经济分析，是国际间贸易统计的一个商品分类。乌拉圭回合的关税谈判之后，由于《协调商品名称和编码制度》（HS）已正式生效。现在，世界各国贸易已经普遍使用HS而不是SITC。

三、分类特点

通常将0～4类初级产品归为资源密集型产品；第6、8类工业制成品归为劳动密集型产品；第5、7类工业制成品归为资本和技术密集型产品。

按照商品的加工程度由低级到高级编排，同时也适当考虑商品的自然属性。

第二节　商品名称及编码协调制度

一、制定与维护机构

《商品名称及编码协调制度》是由海关合作理事会（Customs Co-operation Council，CCC）制定的，CCC是为统一关税、简化海关手续而建立的政府间协调组织。1994年，为了更明确地表明该组织的世界性地位，海关合作理事会（CCC）更名为世界海关组织（World Customs Organization，WCO），HS就是由其主持制定的一部供海关、统计、进出口管理及与国际贸易有关各方共同使用的商品分类编码体系。它是在《海关合作理事会分类目录》（*Customs Co-operation Council Nomenclature*，CCCN）和联合国《国际贸易标准分类》（SITC）的基础上，以CCCN为核心，吸收了SITC和国际上其他分类体系的长处，参照国际上主要国家的税则、统计、运输等分类目录而制定的。

二、HS的产生背景

在国际贸易中，各主权国家会对进出本国的商品按类别征收税金，政府为了解进出口贸易情况，也需要借助商品目录进行统计。因此，许多国家不同限度地开发了对进出口商品的分类和编码工作。

最早的商品目录极为简单，仅是将商品名称按笔画多少或字母顺序列成表。由于各国的商品目录在商品名称、目录结构和分类方法等方面存在种种差别，由此产生的统计资料的可比性很差，无法准确反映贸易活动和货物进出口数量。为此，从20世纪初期，国际上就开始探索如何制定一个国际统一的商品分类目录。经过几十年的努力，两套国际通用的分类编码标准诞生了：1950年，联合国统计委员会编制并公布了《国际贸易标准分类》（SITC）；欧洲经济委员会（欧洲海关同盟）于1950年12月15日在布鲁塞尔签订了《海关税则商品分类目录公约》，1972年修订后改名为《海关合作理事会商品分类目录》（CCCN）。SITC和CCCN的出现，对简化国际贸易程序，提高工作效率起到了积极的推动作用。但两套编码同时存在，仍不能避免商品在国际贸易往来中因物品分类方法不同而需重新对应分类、命名和编码。许多联合国的成员国按《国际贸易分类标准》（SITC）作外贸商品统计和经济分析，而参加关税合作理事会的许多国家则采用《关税合作理事会商品分类目录》（CCCN）作外贸商品统计。这些国家进行外贸经济分析时，必须把统计资料，按《国际贸易分类标准》的类目重新组合，这不仅阻碍了信息的传递，妨碍了贸易效率，而且增加了贸易成本，不同体系的贸易统计资料难以进行比较分析，也给利用计算机等现代化手段来处理外贸单证及信息带来很大困难。因此，势必要对这两个分类标准进行协调。从1973年5月开始，海关合作理事会成立了协调制度临时委员会，以CCCN和SITC为基础，以满足海关进出口管理、关税征收和对外贸易统计以及生产、运输、贸易等方面的需要为目的，着手编制一套国际通用的协调统一商品分类目录。约60多个国家和20多个国际组织参与了新目录的编制工作。经过13年努力，终于在1983年6月海关合作理事会第61届会议上通过了《商品名称及编码协调制度》及其附件《协调制度》，以HS编码“协调”涵盖了CCCN和SITC两大分类编码体系，于1988年1月1日正式实施。这样，世界各国在国际贸易领域中所采用的商品分类和编码体系有史以来第一次得到了统一。

三、编制的目的

HS是一个以国际公约进行约束管理和统一执行的国际商品分类目录，其宗旨是便利国际贸易，便利资料统计，特别是便利国际贸易统计资料的收集、对比与分析，减少国际贸易往来中因分类制度不同导致重新命名、分类及编码而引起的费用，便利数据的传输和贸易单证的统一。

HS是一种主要供海关统计、进出口管理及国际贸易使用的商品分类编码体系。它除了用于海关税则和贸易统计外，在运输商品的计费、统计、计算机数据传递、国际贸易单证简化以及普遍优惠制税号的利用等方面，都提供了一套可使用的国际贸易商品分类体系。

联合国统计委员会和关税合作理事会对SITC和CCCN这两个功能相似的商品分类标准进行了多次协调，最终将两大分类编码体系合并为HS，世界各国在国际贸易领域中所采用的商品分类和编码体系才得到了统一。可见，即便是两个相似度较高的分类编码体系进行协调，其难度还是很大的。原因是这些分类标准是按有关业务要求编制的，它们在制定时的历史背景、制定机构、用途等存在差异，以致彼此类目差别很大。

国际通用的物品分类标准之间的紧密结合和代码相互转换，对国际贸易和生产领域的标准化，尤其是产品贸易管理、统计和核算诸方面的标准化，起了非常重要的推动作用，提高了经济效益和工作质量。

四、HS的分类特点

在HS中，“类”基本上是按经济部门划分的，如食品、饮料和烟酒在第4类，化学工业及其相关工业产品在第6类，纺织原料及制品在第11类，机电设备在第16类，运输设备在第17类，武器、弹药在第19类等。

HS“章”分类基本采取两种办法：一是按商品原材料的属性分类，相同原料的产品一般归入同一章。章内按产品的加工程度从原料到成品顺序排列。如第52章棉花，按原棉—已梳棉—棉纱—棉布顺序排列。二是按商品的用途或性能分类。制造业的许多产品很难按其原料分类，尤其是可用多种材料制作的产品或由混合材料制成的产品（如第64章鞋、第65章帽、第95章玩具等）及机电产品等，HS按其功能或用途分为不同的章，而不考虑其使用何种原料，章内再按原料或加工程序排列出目或子目。HS的各章均列有一个起“兜底”作用，名为“其他”的子目，使任何进出口商品都能在这个分类体系中找到自己适当的位置。

同国际上以往主要的商品分类目录相比，HS有以下突出特点。

（1）HS是一部多功能、多用途的商品分类目录。HS是国际上多个商品分类目录协调的产物，是各国专家长期努力的结晶。正如HS公约所阐明，HS的编制充分考虑了与贸易有关各方面的需要，是国际贸易商品分类的一种“标准语言”。

（2）HS是世界上被采用得最广泛的商品分类目录。世界上已有150多个国家使用HS，全球贸易总量90%以上的货物都是以HS分类的。

（3）作为一个国际上政府间公约的附件，国际上有专门的机构、人员进行维护和管理，HS委员会决定，每四年对HS作一次全面审议和修订。

（4）为了避免在商品归类上发生争议，HS还为每个类、章甚至目和子目增加了注释。这些注释和品目条文都是确定商品最终归属的依据，被称为“法定注释”，而相对来说，各类、章的标题对商品的归类却没有法定的约束力，仅为查阅的方便而设。了解这一点对正确查阅HS编码十分重要。

通过上述分析，我们可以看出HS的分类原则是按商品的原料来源，结合其加工程度、用途以及所在的工业部门编排商品。这里原料来源为编排的主线条，加工程度及用途为辅线条。主辅线条相辅相成，再加上“法定注释”，就使人们能在HS所涉及的成千上万种商品中迅速、准确地确定自己商品所处的位置。因此，HS分类法具有一定的科学性和系统性。

HS的应用集中在国际贸易领域，如果用在其他领域则可能产生一定的不适应。比如说HS产品目录更新速度慢，这在快速变化的电子商务领域难以起到在线产品检索“关键词”的作用，也难以满足电子商务交易各方的要求。由于HS对产品和服务的分类标准比较宽泛，因此在B2B电子商务交易中适用性较差。某一产品或服务的HS代码一经确定，短期内不能随意更改，用户不能修改、删除、移动或编辑某一产品或服务的HS代码，灵活性差，不能及时体现市场的实际需求和产品与服务变化情况。

另外，HS编码前6位是国际统一的，从第7位开始的代码由各国海关机构自行安排，这样就有可能在国际范围内出现同一产品同一服务HS代码不同的情况。如用于电子商务等场景，就会带来产品标的和指向的不一致，从而影响交易的进行。同时，HS编码一般是6位代码，没有产品的说明，交易商不能对产品进行属性描述，对于准确定位和区别产品的边界非常不便，不利于交易的正常进行。

五、编码方法和编码结构

HS既是一个6位数字的多用途分类目录，也是一个4位数字税目为基础的结构式分类目录。4位数字用于海关征税，6位数字主要用于贸易统计和分析。

HS的总体结构包括三大部分：归类规则；类、章及子目注释；按顺序编排的目与子目编码及条文。这三部分是HS的法律性条文，具有严格的法律效力和严密的逻辑性。

为了保证国际上对HS使用和解释的一致性，使某一特定商品能够始终如一地归入一个唯一的类目，HS首先列明6条归类总规则，规定了使用HS对商品进行分类时必须遵守的分类原则和方法。

HS的许多类和章在开头均列有注释（类注、章注或子目注释），严格界定了归入该类或该章中的商品范围，阐述HS中专用术语的定义或区分某些商品的技术标准及界限。

HS中，“类”基本上是按经济部门划分的，HS一级代码的情况如下。

第1类　活动物；动物产品。

第2类　植物产品。

第3类　动、植物油、脂及其分解产品；精制的食用油脂；动、植物蜡。

第4类　食品；饮料、酒及醋；烟草、烟草及烟草代用品的制品。

第5类　矿产品。

第6类　化学工业及其相关工业的产品。

第7类　塑料及其制品；橡胶及其制品。

第8类　生皮、皮革、毛皮及其制品；鞍具及挽具；旅行用品、手提包及类似容器；动物肠线（蚕胶丝除外）制品。

第9类　木及木制品；木炭；软木及软木制品；稻草、秸秆、针茅或其他编结材料制品；篮筐及柳条编织品。

第10类　木浆及其他纤维状纤维素浆；回收（废碎）纸或纸板；纸、纸板及其制品。

第11类　纺织原料及纺织制品。

第12类　鞋、帽、伞、杖、鞭及其零件；已加工的羽毛及其制品；人造花；人发制品。

第13类　石料、石膏、水泥、石棉、云母及类似材料的制品；陶瓷产品；玻璃及其制品。

第14类　天然或养殖珍珠、宝石或半宝石、贵金属、包贵金属及其制品；仿首饰；硬币。

第15类　贱金属及其制品。

第16类　机器、机械器具、电气设备及其零件；录音机及放声机、电视图像、声音的录制和重放设备及其零件、附件。

第17类　车辆、航空器、船舶及有关运输设备。

第18类　光学、照相、电影、计量、检验、医疗或外科用仪器及设备、精密仪器及设备；钟表；乐器；上述物品的零件、附件。

第19类　武器、弹药及其零件、附件。

第20类　杂项制品。

第21类　艺术品、收藏品及古物。

第22类　特殊交易品及未分类商品。

HS把全部国际贸易商品分为22大类，98章。章下再分为目和子目。商品编码的前两位数字代表“章”，共有98章。其中1～24章（1～4类）为农副产品，25～96章（5～21类）为工业产品，第77章留空作为备用章97章（21类）为艺术品、收藏及古物，98章（22类）为特殊交易品及未分类；第三、四位数字为该产品于该章的位置

(按加工层次顺序排列)亦即品目，共有1241个品目，每个品目编一个四位数字的品目号，前两位数字表示该品目所属的章，后两位数字字表示该品目在这一章内的顺序号，中间用圆点隔开。前四位数字代表“目”(heading)；五、六位数字代表“子目”(subheading)，共有5113个子目。前面六位码各国均一致。以后各国根据本身需要可以在第六位代码数字后增加代码数字。表6-3以第25章为例对HS代码的类目结构进行说明。

表6-3　HS代码的类目结构实例

25	第25章　盐；硫磺；泥土及石料；石膏料、石灰及水泥
2501	盐（包括精制盐及变性盐）及纯氯化钠
250100	盐（包括精制盐及变性盐）及纯氯化钠
25010011	食用盐
25010019	其他盐
25010020	纯氯化钠
25010030	海水
2502	未焙烧的黄铁矿
25020000	未焙烧的黄铁矿
2503	各种硫磺，但升华、沉淀及胶态硫磺除外
2504	天然石墨
250410	粉末或粉片天然石墨
25041010	磷片天然石墨
2505	各种天然砂，但第26章的含金属矿砂除外
25051000	硅砂及石英砂
25059000	其他天然砂
2506	石英（天然砂除外）；石英岩

六、我国的应用

我国海关自1983年开始研究HS，并参与了对HS的制订工作。1987年将HS译成了中文，并着手将原海关税则目录和海关统计商品目录向HS转换。1992年6月23日，我国海关经外交部授权，代表中国政府正式签字成为HS公约的缔约方。之后，我国海关对于HS的修订也作出了努力，积极参与HS制定和修订工作，在国际场合争取我国的经济利益，扩大我国的影响。

1992年1月1日我国海关正式采用HS，并于1996年1月1日按时实施了1996年版HS编码。我国海关采用的HS分类目录，前6位数字是HS国际标准编码，第七、八两位是根据我国关税、统计和贸易管理的需要加列的本国子目。为满足中央及国务院各主管部门对海关监管工作的要求，提高海关监管的计算机管理水平，在8位数字分类编码的基础上，根据实际工作需要对部分税号的编码又增加了第九、十两位数字。

第三节　产品总分类

一、CPC的产生背景

20世纪70年代初期，联合国已经有了协调各项国际分类的想法，并且意识到要实现协调各项国际分类这一目标，其关键是为所有产品建立一个标准分类。于是，1972年统计委员会的第17届会议、1973年欧洲统计学家会议的第21届大会都提到了建立产品总分类的议题。在联合国及其他国际组织的主持下，这两个组织的成员与各国际组织秘书处之间就协调经济和其他领域中的各项分类达成了一般性协议。

编制《产品总分类》起因于20世纪70年代初为统一国际物品分类而提出的倡议。为落实这些倡议，后续行动将编制一个全部产品的标准分类看成是一个关键要素。在1972年欧洲统计委员会第十七届会议、1973年欧洲统计学家会议第二十一届会议上都提到了建立产品总分类的想法。在联合国及其他国际组织的支持下，这两个组织的成员与各国际组织秘书处之间就协调经济和其他领域中的各项分类达成了一般性协议。

根据联合国秘书处专家组的建议，1976年统计委员会的第十九届会议批准了一项规划，来协调联合国、欧共体以及多边经济援助理事会之间的活动分工，准备开发一个经济活动和产品的综合分类体系（Integrated System of Classifications of Activities and Products，SINAP），而产品总分类，即CPC则是实现这项规划的一个基本工具。所建议的产品总分类准备采用HS的细类子标题作为可运输商品的构造模块。

1987年统计委员会第24届会议对《产品总分类》的第一份完整的草案进行了审查。1989年统计委员会第25届会议审议了最后的草稿并核准作为暂定文件出版，1991年联合国出版了《暂定产品总分类》。经过8年的使用后，统计委员会在1997年2月批准，并于1998年公布了CPC1.0版。2002年对CPC自投入使用以来所出现的问题进行了必要的改动。2008年12月31日，统计委员会发布了CPC第2版，之前的所有版本和草案都已作废。目前，CPC第二级（CPC Version2）作为一个国际通行的国际经济比较框架，促进了商品和服务有关的各类统计数据的统一。

二、编制目的和维护机构

《产品总分类》（CPC）也称为主要产品分类体系，是由联合国统计署制定的一个物品分类编码体系，联合国统计署分类部为该分类的管理者。CPC是一种涵盖经济活动、货物和服务的完整产品分类，意在充当一种国际标准，用以汇集各种要求，给出产品细目的数据。CPC作为一个分类体系，包括了国内、国际交易的产品和经济活动产生的各种产品以及非生产的有形和无形资产，囊括了商品、服务和资产等全部可运输和不可运输的产品分类编码。

CPC作为发展或订正现行产品分类办法的指南，旨在使现行各类产品分类符合国际标准。编制CPC主要是为了促进经济和统计领域的统一和加强国民账户作为协调经济统计手段的作用。它为把最初分类的基本统计资料改编为便于进行分析的标准分类提供一个基础。

三、CPC的特点

CPC为产品、服务及资产统计数据的国际比较提供一个框架和指南，保证了不同经济领域之间对已有产品的修订以及新的产品分类的开发都能够与国际标准协调一致。

作为标准产品总分类，CPC又是一个能对所有要求产品细类的统计资料进行汇编和列表的工具。这些统计资料包括生产、中间及最终消费、资本形成对外贸易或价格。它们涉及商品物流、库存及国际收支，并被汇编在投入产出表、国际收支平衡表以及其他分析性表格中。

CPC为所有商品和服务建立了一个完整分类，在开发CPC之前还没有一个能够覆盖所有不同服务产业全面产出“频谱”并能满足不同分析需要的国际分类。同时，正因为CPC是为满足普通需要而设计的分类，所以它所提供的分类不如其他专业性的分类体系那样详细，例如国际日用品贸易统计所用的HS。

CPC包括了所有可用于国际国内交易或库存的商品类别，它所描述的这些商品均为经济活动产出，包括可运输商品、不可运输商品及服务，也包括了部分非生产资产(produced assets)如土地，还包括了用以证实的（如专利、许可证、商标、版权等）无形资产所有权。

四、CPC的设计原则

在CPC的所有设计原则中，类别内的同质性是最大的原则。为了体现同质性，CPC将产品划入各个类别时，是以产品本身的物质特征、内在性质以及产品的产业来源为依据的。产品的物质特征和内在性质包括：产品所用原材料、生产阶段、生产商品或提供服务的方式与目的、使用者范围以及价格。

一项产品或服务的产业来源（industrial origin）是指分组到CPC每一个小类的产品主要是根据该产品是否由一单项产业产出。通过产品与产业来源标准（industrial origin criteria）之间的联系，CPC的结构也就反映了产品的投入结构、技术和生产组织特征。产品的产业来源标准也是联合国另一项分类，即全部经济活动的国际标准产业分类所采用的原则之一。

尽管CPC的设计原则充分考虑了产品性质和产业来源这两项标准，但是在实际操作中却必须一个个地解决具体问题：在某些情况下，同一产业的产品具有极为不同的性质，例如肉类和皮毛都来自屠宰业，但不能放在CPC的同一类别甚至是同一部类(section）中。因为未加工皮毛只被作为原材料，因此分类归0部类（农林渔产品），肉却分类归2部类（食品）。在某些情况下，不同产业来源的产品却被归类在CPC的同一个单一类别中。

CPC包括所有的货物和服务，是一种既无所不包又互相排斥的类别体系。这意味着如果某项产品不适合CPC的某一类别，它必定自动适合另一类别。与所用的其他原则相一致，在各个类别内部尽量实现同质性。CPC根据产品的物理性质和固有性质及原产业的原则对它们进行分类。CPC部门0～4中每个次级相当于《商品统一分类和编码办法》（世界海关组织的一种分类）中的项、分项及各项或分项的归并。

五、编码方法和编码结构

CPC采用层次码，代码分5个层次，各层分别命名为大部类（sections）、部类（divisions）、大类（groups）、中类（classes）、小类（subclasses）。CPC2.1版本中，一级为10个大部类，以1位数编码；二级为71个部类，以2位数编码；三级为329个大类，以3位数编码；四级为1299个中类，以4位数编码；五级为2887个小类，以5位数编码表示。代码结构如图6-1所示。

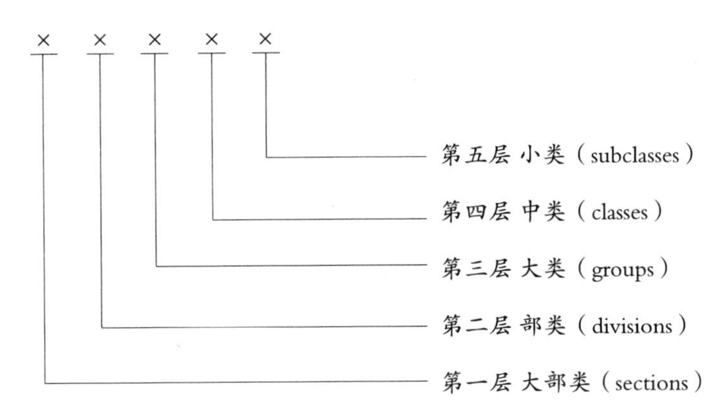

图6-1　CPC代码结构

CPC代码采用5位阿拉伯数字（十进制）表示。每层各用1位数字表示。第一层代码为0～9，其余各层代码为1～9。为了避免与其他分类代码混淆，CPC编码5位数字之间没有任何分隔符。

对于分类终止于中间某一层级的类目名称的代码，信息处理时补“0”至设计的总码长（5位数字长度），标准文本不补“0”。在信息处理时，“0”可以用来表示本层次所有的分类。“9”则被保留，用来表示其余所有的分类。

CPC代码采用5位阿拉伯数字（十进制）表示。每层各用1位数字表示。第一层代码为0～9，其余各层代码为1～9。CPC编码由5个数字组成，数字之间无任何间隔。

六、我国的应用情况

联合国统计委员会建议各国在CPC的基础上，制定适用于本国的产品分类标准体系。根据我国国情，并考虑加入WTO和世界经济一体化的需求，我国亟需建立起一个可供各部门使用并与国际通行产品目录协调一致的国家产品分类编码标准体系。我国于1987年结合实际情况并在参照《产品总分类》CPC1.0版的基础上制定了GB/T

7635.1—2002《全国主要产品分类与代码 第1部分：可运输产品》、GB/T 7635.1—2002《全国主要产品分类与代码 第2部分：不可运输产品》。2002年，对GB/T 7635—1987进行了修订。该标准主要用于国民经济总量和行业经济统计等，为国家宏观经济调控提供支持。

其中我国主要产品分类代码结构（可运输）的代码结构如图6–2所示。

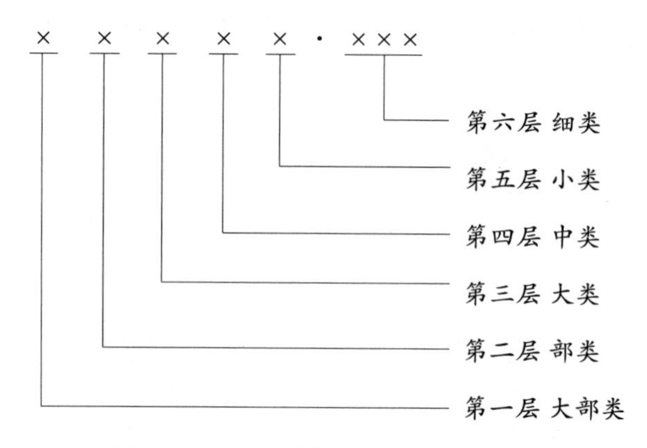

图6–2 中国主要产品分类代码结构（可运输）的代码结构

具体的编码方法是：代码用8位阿拉伯数字表示。第1～5层各用1位数字表示，第一层代码为0～4，第二、五层代码为1～9，第三、四层代码为0～9，第六层用3位数字表示，代码为010～999，采用顺序码和系列顺序码；第五层和第六层代码之间用圆点(·)隔开，信息处理时应省略圆点符号。

下面列举一个实例，如表6–4所示。

表6–4 CPC代码的类目结构实例

4					金属制品、机械和设备
	41				碱性金属
		411			碱性钢铁
			4111		钢铁原材料的冶金
				41111	锭状、块状或其他原状的生铁和镜铁
				41112	锰铁合金
				41113	铬铁合金
				41114	镍铁合金

续表

				41115	其他铁合金
				41116	用铁矿石和其他海绵铁产品直接还原法获得的块状、丸状或类似形状的含铁产品，其最低纯度为99.94克重的块状、丸状或类似形状的生铁、镜铁、铁或钢的颗粒和粉末

第四节　联合国标准产品与服务分类代码

一、制定与维护机构

《联合国标准产品与分类代码》（UNSPSC）是由联合国计划开发署（United Nations Development Program，UNDP）于1998年主持制定，并委托邓百氏咨询公司（Dun & Bradstreet）开发并维护，主要用于B2B电子商务和政府间采购的通用全球产品与服务分类代码。它是依据邓百氏咨询公司的标准产品与服务分类(Standard Products and Services Classification，SPSC)及联合国通用代码分类系统（United Nations Common Coding system，UNCC）而制定的。

2003年5月9日，UNDP正式宣布国际物品编码组织GS1的成员组织美国统一代码委员会（Uniform Code Council，简称UCC，现名GS1 US）为UNSPSC永久性的维护专责机构（code manage）。由该机构负责UNSPSC代码集的实时维护和管理。中文版UNSPSC维护工作由中国物品编码中心负责。

二、UNSPSC的产生背景

UNSPSC是两个编码系统合并之后开发的分类体系，每个编码体系其分类原则和目的从根本上来说是不一样的。第一个体系是由联合国设计开发并由联合国开发计划署为分析和管理开发基金所使用的代码系统——联合国通用编码系统（UNCCS）。这套系统基本上是着眼于第三世界国家的经济发展。第二个体系是标准产品与服务编码(SPSC)，这是由金融服务企业邓百氏公司设计开发的。这套编码主要是用于分析和管理商业采购，它关注的焦点是发达国家国内和国际商务发展动态。

这次两个体系的合并，不仅在当时是独一无二的，即便在今天，它仍然是编码系统开发事业的先驱。其他以产品为中心的分类编码不能达到UNSPSC这样的广度和深度。UNSPSC是公开的、透明的、实时维护与管理的一个代码集。

2003年5月，UNDP正式委托美国统一代码委员会全权实时维护和管理UNSPSC。UNSPSC每年大约发布两个版本，目前在用新版本为V23，该版本包含57个大类，546个中类，7902个小类，147893个细类产品，见表6–5。目前已有上百个国家和地区的上万家公司在使用。

表6–5　历次版本更新情况表

版本	大类	中类	小类	细类
V7.0901	55	352	2032	17998
V8.0401	55	352	2074	18711
V8.1201	55	363	2125	19037
V9.0501	55	364	2129	19166
V9.1201	55	365	2147	19468
V10.1201	55	371	2386	24118
V11.0501	55	383	3057	36794
V11.1201	55	388	3116	38103
V14 0801	56	420	3819	49022
V15 1101	56	423	3856	49711
V160901	56	423	3856	49717
V190501	57	486	6145	76540
V23	57	546	7902	147893

UNSPSC的大类名称与分类代码如表6–6所示。

表6-6　UNSPSC的大类名称与分类代码

大类代码	中文名称
10	活植物、活动物及其附件和用品
11	矿物、纺织品、非食用植物和动物材料
12	包括生物化学品和气体原料的化学制品
13	树脂、松脂、橡胶、泡沫、薄膜和弹性材料
14	造纸原料和纸制品
15	燃料、燃料添加剂、润滑剂和防腐蚀材料
20	采矿、钻井机械和附件
21	农林牧渔机械和附件
22	建筑、建设机械和附属设备
23	工业制造、加工机械和附属设备
24	材料运输、预处理、储存机械及其附件和用品
25	商用、军用、私人用车及其零件和附件
26	发电、配电机械和附件
27	工具和通用机械
30	构件、建筑施工零件和用品
31	制造业零部件和用品
32	电子元器件
39	电系统、照明设备及其零件、附件和用品
40	配电、调节系统设备和零件
41	实验室用测量、观测、测试仪器和设备
42	医疗设备、附件和用品
43	广播和通信
44	办公设备、附件和用品
45	打印、摄影、音频和视频设备及用品
46	国防、执法、安全、保密设施和用品
47	工业清洁装置、废水处理装置

续表

大类代码	中 文 名 称
48	服务业机械、设备和用品
49	运动、娱乐设施、用品和附件
50	食品、饮料和烟草
51	药物及其制剂
52	家用电器和日用电子产品
53	服装、箱包、个人护理用品
54	座钟、珠宝和宝石产品
55	出版物
56	家具和装饰
60	乐器、游戏、玩具、工艺品、教育器材和用品
70	农、渔、林、牧服务
71	采矿、石油和天然气服务
72	建筑、施工和维护服务
73	工业生产和制造业服务
76	工业清洁维修服务
77	环境服务
78	运输、储藏和邮政服务
80	工商管理和行政服务
81	工程、研究和技术基础服务
82	编辑、设计、绘图、工艺美术服务
83	公益事业和公共部门相关的服务
84	金融和保险服务
85	医疗保健服务
86	教育和培训服务
90	旅游、食品、住宿、娱乐服务
91	个人和家政服务

续表

大类代码	中 文 名 称
92	国防、社会治安、保密和安全服务
93	政治、公民事物服务
94	机构和俱乐部

三、编制的目的

UNSPSC是一个运用分类学（taxonomy）对所有产品与服务进行分类的全球性物品分类（classification）体系。联合国计划开发署UNDP编制UNSPSC主要是为了满足对全世界范围内不同种类的货物和服务进行采购、销售和对产品规则进行分析的需要，也就是为了满足商务的需要。在电子商务领域，开发UNSPSC是为了满足电子商务标准化发展的需求，主要用于B2B电子商务和政府间采购的通用的全球产品与服务分类代码。

供应链交易的各方，如果都采用统一、唯一的物品或服务分类编码，那么就不需要去完成多个代码集的映射，同时也避免了因多种语言对同一种产品的描述不同而产生的歧义。例如：一个跨国公司要分析各部门或各地区分（子）公司的物资采购或资金支出情况，如果使用的产品与服务的名称都是本土的产品名称，那将无法汇总；要想汇总必须掌握各地的方言名称，必须掌握多国语言才有可能进行此项工作，这将是一项十分困难的工作。利用物品分类编码是解决这个问题的有效方法。UNSPSC采用了非连续的8位数字代码表示所有产品与服务的类目名称。在UNSPSC中，每个具体的产品与服务的类目名称，有且只有唯一的一个8位数字代码与之对应。在供应链中，供应链交易的各方可通过唯一的8位数字UNSPSC分类代码实现产品与服务的精准识别。利用分类代码可检索、查询、求和和汇总。层次分类代码使用户在搜寻具体产品与服务时，通过产品与服务的隶属关系逐级向下寻找，管理者也可同时将大量的采购记录向上归类，进行公司采购的整体分析。例如，在分析支出模式时，不同的公司，根据需求可利用不同的层次代码满足自己公司的支出分析。以食品制造业为例，食品的原材料购买是该公司的主要支出项目，因此，它关心的不仅只有“50大类：食品、饮料和烟草”；还要关心更细的类目，“50120000海产品”“50121537冷冻鱼”“50121539新鲜的鱼”等。而对与杂志分析商或金融服务公司的买方来说“50大类：食品、饮料和烟草”不是该公司的主要支出项目，“50大类：食品、饮料和烟草”就足够具体了，再细分的类目对该公司是不需要的。因此，层次分类能让不同用户找到自己所需的分类等级。

层次分类使买方能够方便寻找采购交易的团体。因此，可以采取集中采购等措施，在价格和服务上得到更多的优惠。

另外，利用产品与服务的分类编码，也可使用户能够很方便地在层次分类中，根据需求变换某一具体的产品与服务类目的层次位置。这对公司修改分类是十分重要的。

随着时间的推移，产品与服务的类目将逐渐增多，并且分类将逐步完善和科学合理。因此，产品与服务的唯一的分类编码可以对这些产品与服务的分类情况进行跟踪和记载，通过分类编码的唯一，使前后分类的交叉和变化有了比较的可能性。

四、UNSPSC的特点

UNSPSC基本上是根据产品的“功能和用途”进行分类的，即UNSPSC的主体分类构架是按照物品通用功能和主要用途进行分类。每层结构内物品的排列顺序，基本是没有任何含义的，和产品与服务类别名称的语序也无关。

UNSPSC是实时维护管理的，用户可以随时提出对产品与服务分类的需求。比如中国的一家企业生产了一种全新的产品，恰好在UNSPSC的新版本里面也没有这样的一个产品，确实需要增加，就可以通过UNSPSC中文版的维护机构向UNSPSC英文版的维护机构提出申请，经过专家投票确认确实有必要增加，那么就在下一版本中予以确认。这其实也是和国际物品编码组织GS1制定的其他标准一样，采用了一种GSMP（全球标准管理程序）的方式，以便于在编码用户和维护机构之间实现互动。

联合国标准产品与服务分类代码标准UNSPSC不仅包括了产品与服务的分类，还包括了具体产品与服务的标识。

UNSPSC是一个用于对产品进行分类（classification）的系统，而不是产品识别(identification）的系统。换句话说，UNSPSC提供的是一种产品归类的方法，而不是对产品从细节上加以区分彼此。然而，在最低级的层次上，UNSPSC仍然要依靠准确的产品命名，这就是一个产品识别的问题。

UNSPSC作为一个用户驱动的分类代码体系，发展迅速，越来越多的跨国企业采用UNSPSC作为采购目录，要求供应商在其产品信息和交易中使用UNSPSC编码来协助完成电子方式的产品信息传输，包括目录表、交换电子订货单、发票、发货通知和其他交易信息等。UNSPSC也可以嵌入企业信息管理系统，如ERP、MRPII等。

作为一个新的代码集，UNSPSC具有以下优点。

1. 便捷性

以往的国际产品与服务的分类代码标准的大类设置上，通常是服务于政府管理部门或是行业的管理者，往往是按产品所属的部门和生产的过程来设置产品分类中的大类名称，在分类上更适用于政府部门和行业的管理者统计、汇总。UNSPSC的分类面向用户，面向用户的直接需求，整个代码集的形成不过分强调同层次物品之间的先后和逻辑顺序，而是以产品的通用功能和主要用途作为分类的主要依据。特别是大类的设置，便于用户通过拟采购商品的大类用途去查找，方便用户检索和查询。

2. 稳定性

以往的国际产品与服务分类代码系统通常是按产品生产的过程分类，按归属行业分类，与行业和管理者有着密切的关系。随着社会的进步，科技的发展，产品生产加工的过程也会发生变化，行业也在变化，产品的经营者和管理者往往是多种多样，管理目标也各不相同，甚至大相径庭。因此，按产品生产加工过程分类是欠科学的，并且稳定性差，受管理者影响的因素较多。UNSPSC的分类是对产品本身的分类，产品本身的通用功能和主要用途是产品的自然属性，和行业、管理者并无关系，这样的分类更科学、更稳定，不会因为行业和管理者的变化而变化。

3. 完整性

UNSPSC标准囊括了人们从事的所有活动及产品，且采用层次分类，适于所有层次的管理者和用户使用，是一个全面的，无所不包的分类目录。它不仅包括产品，还包括服务；不仅包括经济活动，还包括社会活动；不仅适用于政府部门，同时适用于行业管理，还适用于企业的管理和集团采购。除此之外，更重要的是UNSPSC的产品与服务是实时维护和管理的，用户随时可申请新增尚未纳入分类的产品和服务，保持整个分类体系的完整性。

4. 准确性

UNSPSC对每一个具体的产品与服务都有一个确切的定义，每一个类目的定义具有明确的内涵和外延，都有确定的描述或说明，方便人们充分理解此类目的含义。同时，UNSPSC采用层级分类代码表示每个产品与服务的类目。这就全面防止了人们理解上的歧义。例如：商品“墨水”属于办公用品。

44办公设备、附件和用品

10办公用计算机及其用品和辅助设备

11办公室和办公桌附件

12办公用品

15邮寄用品

16桌上用品

17书写工具

18改错用品

19墨水和铅笔芯

02铅笔芯

04墨水填充器

05墨水和图章垫

按照这样的结构，就可以在UNSPSC分类代码的代码集中逐层向下展开，直到查询到墨水的对应的代码为44121905。

5. 一致性

在UNSPSC中，每一个产品与服务有且只有一个分类名称与分类代码与之对应。相似功能和用途的产品与服务可以向上归为更高层次的类别。同一层次的产品与服务可以求和、汇总也可进一步分解出更细的类目，而不损害其准确性。

UNSPSC的分类体系不仅一致而且完整，包括用户所有可购买的商品和服务，用户可以在UNSPSC这个分类体系中清楚地查到所有相关的产品与服务类别和供应商，不断地进行分析和完善管理。

6. 国际性

UNSPSC分类编码标准具有国际性。尽管它是联合国计划开发署委托邓百氏咨询公司开发的，但是它目前已经是一个全球通用的产品与服务分类标准。标准制定全过程，从分类原则的设定，分类名称及层级关系的设定，代码的选取以及代码维护管理机构的选取等，都是以适用全球为前提的，最终形成的分类系统普遍被各国所接受。

7. 可维护性

UNSPSC具有可维护性。美国统一代码委员会GSIUS建立了用户和标准管理者互动机制，对UNSPSC进行实时维护和管理，实时完成产品代码的添加、更新和修改等工作，以保证商品的代码始终处于最新状态。UNSPSC分类编码体系因此迅速且以低成本方式适应市场变化的功能。

通常分类编码标准都是定期修订的，一般是四年，有的时间会更长一些。国际大型分类系统大多定期由主管部门组织修订。这样的标准难以满足瞬息万变的市场。同时，新的产品层出不穷，就需要有新的产品与服务名称，编码也需要不断更新，需要对产品与服务标准进行实时维护。以往的大型国际标准往往是标准的管理者负责分类代码系统的定期维护和管理，很少有用户参与。而产品的添加、修改与更新只有生产者和供应商最了解，只有生产商和供应商积极主动地参与标准修订，才能适应市场的变化。因此，UNSPSC英文版的维护机构美国物品编码组织建立了用户和标准管理者的互动机制，做到了UNSPSC标准的实时维护。实时维护除了标准管理者的作用外，很大程度上是取决于供应商的参与。当然采购商，即用户的需求是供应商参与的巨大动力。

8. 中立性

UNSPSC由第三方机构GSIUS管理维护，这是一个非营利的机构，也是一个标准化机构。在分类代码标准上，它既不代表供应商的利益，也不代表采购商的利益，以统一的方式方法来对待整个产品与服务的分类，并且协调供应商和采购商二者之间的关系，满足电子化采购需求，以提高供应链管理的效益和效率，并以此保证UNSPSC的准确性、一致性和完整性。在分类时，没有一定把某一产品划分到哪一类的动机和需求，因此，能保证分类的质量，同个别公司、制造商或行业管理相比，相对而言会更准确、无偏见、更可信赖和完整。

五、UNSPSC分类的基本原则

UNSPSC产品与服务的分类基本原则如下。

首先，根据产品和服务的通用功能、主要用途分类，即按使用目的分类。每层结构内的顺序基本没有含义，与产品与服务类别名称的语序也无关。

其次，按照产品和服务相似的生产和加工过程分类。

最后，如上述两个准则都不适用则按照产品的原材料进行分类。

当一个产品与服务有许多功能和用途时，在分类时首先选择该物品在全球市场中的主要用途作为分类基础。物品的主要用途对于不同国家、不同地区甚至不同时间都有可能不同。因此，首先要强调该物品在全球范围内国际性的、通用的主要用途和功能，而不是地区性的或基于企业的用途。

六、编码方法和编码结构

UNSPSC覆盖了国民经济各行各业，共设置大类、中类、小类、细类产品四个层次。UNSPSC第6版本（2004年版）共设置55个大类、351个中类、2015个小类、19000多个细类产品；UNSPSC的第11版本（2011年版）共设置55个大类、388个中类、3116个小类、38103个细类产品；到了第23版，设置了57个大类546个中类、7902小类和147893个细类产品。可以看出，随着应用的发展，UNSPSC代码集的发展速度非常快，但大类保持不变或较少变化，中类、小类的变化较大，细类产品变化最大。

UNSPSC与国际上现有的其他产品与服务分类标准如CPC、HS等不同。UNSPSC的主体分类构架是按照物品的通用功能和主要用途进行分类，便于用户实现全球产品与服务的检索和查询。UNSPSC是实时维护管理，用户可以随时提出对产品与服务分类的需求，最后，UNSPSC采取GSMP（全球标准管理程序）的方式实施用户和维护机构之间的互动。

UNSPSC采用四层八位的数字层次码结构。UNSPSC四个层次的分类代码的结构是$X_1X_2X_3X_4X_5X_6X_7X_8$，其中，X_1X_2是第一层，也就是产品与服务所属的大类(segment)，表示产品隶属的行业，用于分析产品与服务种类的逻辑组合。

X_3X_4是第二层，也就是产品与服务所属的中类（family），一种通用的内部互相联系的商品与服务种类，是该项产品与服务在UNSPSC所属的子行业（产品隶属的小行业）。

X_5X_6是第三层，也就是产品与服务所属的小类（class），表示产品隶属的领域，是该项产品与服务在UNSPSC隶属的族，表示产品与服务的类别（具有共同用途和功能的一组商品与服务）。

X_7X_8是第四层，也就是产品与服务所属的细类（commodity），表示具体产品和服务，是基本的产品类别。细类是UNSPSC最小颗粒度的分类。

以制造业零部件和用品的UNSPSC编码为例，如表6-7所示，制造业零部件和用品是大类，铝压模铸件在 UNSPSC 编码中是31101501，它的编码的组成如下。

大类：制造业部件和用品（manufacturing components and supplies）——31。

中类：铸件(castings) ——10。

小类：压模铸件(die castings) ——15。

细类：铝压模铸件(aluminum die castings) ——01。

铝压铸件的编码＝铝压铸件　大类＋中类＋小类＋细类＝ 31101501。

表6-7　UNSPSC制造业零部件和用品表

代　码	名　称	类　别
31000000	制造业零部件和用品	大类
31100000	铸件	中类
31101500	压模铸件	小类
31101501	铝压模铸件	细类
31101502	铁合金压模铸件	细类
31101503	铁压模铸件	细类
31101504	有色合金压模铸件	细类
31101505	不锈钢压模铸件	细类
31101506	钢压模铸件	细类
31101507	镁压模铸件	细类
31101508	锌压模铸件	细类
31101509	锡压模铸件	细类
31101510	钛压模铸件	细类
…	…	…

七、主要用途

UNSPSC系统是第一个应用于电子商务的产品及服务分类系统，它具有以下功能与作用。

(1) 产品和服务的搜索工具。

(2) 分析费用、销售和市场份额的分析工具。

(3) 自动采购系统的数据交换工具。

(4) 建立分类目录、专用归类指引和计划的组织工具。

(5) 保证商品名称一致和编码符合惯例的标准化工具。

(6) 在公司内部和公司之间进行电子商务管理的控制系统。

（7）为全球市场上的商家搭起一座沟通和联系的桥梁。

（8）提高交易的效率。

（9）减少交易耗费的人力、周转时间和成本。

（10）提高数据的准确性。

需要指出的是，UNSPSC一般不能直接用作专用产品归类的索引或目录集，也不能直接用作物资和采购目录或供应商目录的替代品，UNSPSC不是一个完整的企业级的目录管理解决方案，而是一个较为宏观的对产品和服务进行归类的粗分类。

对于采购方而言，如果采用UNSPSC编码标准，其供应商在产品信息和交易过程中也应同步使用UNSPSC代码，与供应商进行电子交易，双方通过电子方式传送产品信息。涉及产品与服务名称的，例如电子订单、发票、发货通知和其他交易信息，都采用UNSPSC代码。

企业如果能够在开发软件的时候将UNSPSC代码标准嵌入到系统中，如资源计划ERP、采购、核算、数据库和其他系统，那将在后面的应用中获得先发优势，并满足世界上其他国家合作伙伴的物品与服务分类要求。

总之，UNSPSC编码系统既是一个分类系统，又是一个连接UNSPSC中最低层次类别（commodity）与行业标准归类指引和公司产品与服务目录中更低层次商品（sub-commodity）特征的桥梁。更重要的是，准确识别商品，对于UNSPSC系统今后的发展和完善密切相关，起着十分重要的作用。

八、我国的应用情况

中文版UNSPSC维护工作由中国物品编码中心负责。在国内，中国物品编码中心充分认识到UNSPSC是企业全球采购的主要目录，积极开展预研工作。2003年12月，美国统一代码委员会（UCC）授权中国物品编码中心独家负责UNSPSC中文版本的全部工作。中国物品编码中心的UNSPSC动态维护管理团队（UNSPSC-China）负责UNSPSC中文版本的实施、维护和管理。目前，UNSPSC在国内的应用还比较分散，一些出口企业根据国外贸易伙伴的要求，为出口商品标注UNSPSC代码，便于国外贸易伙伴进行采购分析，或者便于提前报关申请。一些电子商务网站，特别是一些行业垂直类型电商网站以UNSPSC为基础搭建产品目录，以确保采购商和供应商能简易快捷地找到所需的产品及服务，便于我国产品与服务的全球检索和全球范围内的标准化电子商务流程实践。它们主要将UNSPSC用于产品关键词搜索，创立物资分类编码，通过基于UNSPSC的数据管理体系管理其复杂的产品。

第五节　其他分类系统

就国际分类而言，除了物品和服务分类，还有行业分类，如所有经济活动的《国际标准行业分类》(ISIC)。这是一个生产性经济活动的国际基准分类。ISIC由联合国经济和社会事务部（经社理事会）下设的统计委员会（统计司）编制并公布，现在使用的是2009年版ISIC/Rev.4。ISIC提供了一套能用于根据此类活动编制统计数据的活动类别。《国际标准行业分类》(ISIC）是行业分类，而《产品总分类》《协调制度》和《国际贸易分类》是产品分类。产品分类原则通常只是在《国际标准行业分类》所界定的一个产业内生产的货物或提供的服务组合在一个类别中。

如钢这个领域，在ISIC中是钢铁铸造业，而在CPC、HS和ISTC中，则是钢筋、钢材等产品。说明ISIC是一个产业分类，而后者是产品分类。一个是上游，另一个是下游。

在ISIC的基础上，部分国家制定了适用于自己国内的分类体系，如《欧洲共同体内部经济活动的一般产业分类》(NACE Rev.1)以及《北美产业分类体系》(NAICS - Canada、Mexico、USA）等。常见的一些国际物品分类系统如表6-8所示。

表6-8 常见的一些国际物品分类系统

分类缩写	分类名称	中文名称	制定单位	应用范围	中国本地化	与其他分类编码的关系	代码结构	用途
ISIC	International Standard Industrial Classification of All Economic Activities	国际标准行业分类	联合国秘书处经济和社会事务部(UNDESA)	联合国各成员国	《国民经济行业分类与代码》(GB/T 4754-2011)	CPC和ISIC之间有对照表格	4位4层数字结构，21个门类，766条目	用于比较不同国家统计数据；我国在推荐性国家标准《国民经济行业分类与代码》(GB/T 4754-2011)中采用ISIC4作为国内经济行业分类的标准
CPC	Central Product Classification	产品总分类	联合国秘书处经济和社会事务部(UNDESA)	联合国各成员国	国家统计局编制的《统计用产品目录》	与HS2002紧密相关，CPC和SITC的产品部分最初是与HS1996版同步更新的	5层5位数字结构，CPC2.1版设置了10个部类、71个类、329个组、1299个小类、2887个子小类	是一种涵盖货物和服务的完整产品分类，意在充当一种国际标准，用以汇集和以表格列出各种要求给出产品细目的数据，并为国际比较提供一种框架，促进有关货物和服务的各种统计的统一
SITC	Standard International Trade Classification	国际贸易标准分类	联合国秘书处经济和社会事务部(UNDESA)	世界各国政府	国家统计局使用SITC用于更好地与世界其他国家的进出口进行横向比较	与HS有良好的相互关系；在结构、原则方地与HS具有相似性；SITC 3.0是以HS的子标题为构造模块而创造出的一种更适用于对贸易进行经济分析的商品分组	5位5层数字结构	用于国际贸易商品的统计和对比
HS	International Convention for Harmonized Commodity Description and Coding System	商品名称及编码协调制度	世界海关组织（WCO）	200多个国家和地区	《海关进出口税则》和《海关统计商品目录》	HS和其他分类之间存在密切的关系，HS96的5000多个标题和子标题作为构造模块而创造出了CPC的子小类	四级子目，8位代码	广泛应用于海关税则、国际贸易统计、原产地规则、国际贸易谈判、贸易管制等多个领域

续表

分类缩写	分类名称	中文名称	制定单位	应用范围	中国本地化	与其他分类编码的关系	代码结构	用途
UN-SPSC	United Nations Standard Products and Services Classification	联合国标准产品与服务方法	联合国开发计划署（UNDP）委托美国统一代码委员会（UCC）	98个国家和地区	中国物品编码中心	UNSPSC是两个编码体系合并的产物，第一个体系是联合国开发计划署（UNDP）分析和管理开发基金使用的代码系统（联合国通用代码系统UNCCS），第二个是SPSC（标准产品与服务分类）	4层8位数字结构，第19版共设置57个大类486个中类，6145小类和76540个细类产品	主要适用于全球范围内的电子商务和政府间采购
GPC	Global Product Classification	全球产品分类	国际物品编码组织（GS1）	全球100多个国家和地区	中国物品编码中心	GPC的部分分类选用UNSPSC，部分分类则属于GPC分类本身	4层8位代码；共有条目3417条，涵盖35个大类	广泛用于供应链、电子商务以及数据同步交换等领域
eCl@ss	eCl@ss	eCl@ss信息系统分类	eCl@ss协会	欧洲、美国、亚洲	eCl@ss协会中国代表处	对产品和服务进行分类与描述的国际标准，eCl@ss分类体系的方法依据《ISO标准13584的第42部分：结构化零件族方法学》来构建	29个专业范围、637个主类、4995个分类、33379个支类、39041个条目	广泛用于电子商务与企业采购领域
CPA 2008	Statistical Classification of Products by Activity in the European Economic Community	欧盟经济活动产品分类体系	联合国统计司	希腊、奥地利、芬兰、挪威、斯洛伐克、斯洛文尼亚等欧盟国家		与CPC1.0版与ISIC 3.0都保持联系的产品分类；建立在NACE基础上的CPA在细类上与CPC相连	第一层：21个部门；第二层：88个大类；第三层：261个组；第四层：575个小类；第五层：1432个类目；第六层：3142个子类目	用于编制国民经济核算，分类在4位数级别用于数据收集，在2位数级别用于数据发布

续表

分类缩写	分类名称	中文名称	制定单位	应用范围	中国本地化	与其他分类编码的关系	代码结构	用途
NACE v2	Statistical Classification of Economic Activities in the European Community	欧洲共同体经济活动产业分类体系	欧盟统计局	欧盟所有国家		修订后的NACE及相关的欧盟产品分类的结构和内容都与ISIC和CPC一致	分类符号体系为4层，第一层：21个部门；第二层：88个大类；第三层：270个组；第四层：617个类	此分类用于调查；商业调查的数据收集目前为4位数的NACE，数据大多数以2位数的级别发布；调查企业和国民经济核算
GP 2009	Classification of Products for Production Statistics，Edition 2009（GP 2009）	生产统计产品分类，2009年版（GP 2009）		欧盟		基于欧洲共同体产品清单（PRODCOM list 2008），该清单遵循欧洲经济共同体按经济活动划分的产品分类（CPA 2008）；CPA本身与联合国产品分类中心（CPC2.0）以及《商品名称及编码协调制度》（HS）相关联；可提供GP 2009与年度变更的PRODCOM列表（隐含CPA）之间的转换表以及GP 2009与HS［或分别为欧洲联合命名法（CN）］之间的对应表	29个产品部门，104个产品组，245个产品类，592个产品类目，1583个产品子类目，5137种产品类型	月度和季度生产数据（数量和价值、涉及企业数量）统计；国民经济核算（包括投入产出表）、生产和价格指数

续表

分类缩写	分类名称	中文名称	制定单位	应用范围	中国本地化	与其他分类编码的关系	代码结构	用途
CO ICOP	Classification of Individual Consumption by Purpose	《按目的划分的个人消费分类》	联合国统计司	联合国成员国	《居民消费支出分类（2013）》	COICOP是联合国2000年制定的《按目的划分的支出分类》的四部分之一，另外三部分是生产者支出目的分类（COPP），政府职能分类（COFOG）和为住户服务的非营利机构的目的分类（COPNI）	分类有五个级别，级别*计数（1.1.2012）：部门12个，组46个，类127个，类目258个，价格代码1050个	此分类用于家庭预算调查；第五级收集数据，第四级发布数据
BEC	Classification by Broad Economic Categories	按广泛经济作用类别分类	联合国统计司	联合国成员国		BEC中19个基本类型同国民核算体系SNA中的基本货物类别有对应关系表，BEC同HS02和SITC3.0有同步对应关系；通过其与SITC的密切联系而与CPC相关	采用3位数编码结构；第三次修订本把全部国际贸易商品分为7大类，7大类分为19个基本类，最终按用途汇总为资本品、中间产品和消费品三个门类	按照国际贸易商品的主要最终用途或经济类别（资本品、中间产品和消费品）对国际贸易SITC数据的基本项目编号进行综合汇总
COPP	Classification of the Outlays Producers According to Purpose	生产者支出目的分类	联合国统计司	联合国成员国		COPP是联合国2000年制定的《按目的划分的支出分类》的四部分之一，另外三部分是按目的划分的个人消费分类（COICOP），政府职能分类（COFOG）和为住户服务的非营利机构的目的分类（COPNI）		此分类用于开展支出结构分析，按中间消费、资本支出对金融、非金融公司及非公司企业支出奋进分类，对进行支出结构的国际比较具有重要的意义

续表

分类缩写	分类名称	中文名称	制定单位	应用范围	中国本地化	与其他分类编码的关系	代码结构	用途
COPNI	Classification of the Purpose of Ncn-profit Institutions Serving Household	为住户服务的非营利机构的目的分类	联合国统计司	联合国成员国		COPNI是联合国2000年制定的《按目的划分的支出分类》的四部分之一，另外三部分是生产者支出目的分类（COPP），政府职能分类（COFOG）和按目的划分的个人消费分类（COICOP）	采用三级结构，一级为类（2位数编码），二级为组（3位数编码），三级为小类（4位数编码），分类单位是活动	此分类用于开展支出结构分析，按最终消费支出、中间消费、资本形成总额、资本及经常项目转移等度位住户服务的非营利机构支出进行分类，对进行支出结构的国际比较具有重要的意义

下篇

物品编码应用实践

第七章

美国与北约物资编目系统

第一节　美国联邦后勤信息系统

军队后勤的作用是把武装力量获得的成果转化为军队战斗力，其对军队建设和作战的保障程度取决于一支军队背后的国家综合实力。随着科学技术的发展，军队现代化程度越高，对后勤的依赖越大，后勤的地位和作用就越重要。各国军队后勤的工作范围并不完全相同，但一般都包括财务、军需、卫生、军械、军事交通、车船、油料、物资、基建营房等。从后勤的工作范围可以得知，军队后勤所管理的物资设备种类纷繁复杂，数量十分庞大。因此，世界各国军队都十分重视军事物资的分类编码及相应的编目工作。美军是最早对军事物资进行统一编目的军队，在法规、标准、机构建设和信息系统建设方面开展了大量工作，目前其物资编目系统仍然处于世界领先水平。

一、美军物资编目的产生

美国联邦后勤信息系统（Federal Logistics Information System，FLIS）即为军事物资统一编目的系统。FLIS以美军的物资装备及相关的活动为对象，采用编目相关标准，按照统一规则采集、存储、处理和维护物资装备的基础信息，实现“一物一名一码一串描述数据”，并为各级、各部门提供物资和装备信息服务。FLIS有力支撑了美军军事物资代码的管理、服务和应用，为美军带来了诸多好处，如节约经费、减少库存、避免重复研发、降低采购价格、促进军种之间的联勤保障、提高保障效率、跟踪重要信息、辅助后勤决策等。

目前，美军发展应用了大量的信息系统，包括编目、通信、业务和指控等系统，用以确保后勤指挥控制和保障军事任务的高效实施。美国联邦后勤信息系统是美军后勤信息化的核心，为各种后勤信息系统数据交换、数据协调、数据传送提供基础。

早在1914年，美军海军部为了对仓库的物资进行有效管理，从图书馆使用的图书目录卡片中得到启发，决定对仓库的物资进行分类编码，用以快速获取物资的有关信息。但是到第二次世界大战前，美军物资、装备保障由军队各部门分别独立实施分类编目方法，军种间条块分割、各自为政，各军种都有自己的物资编目方案。这导致“二战”期间，美军后勤保障活动混乱，出现物资保障权力重叠、职责混乱、业务多头等现象，装备物资信息体系零乱、分类繁杂、定义多样、表示各异。“二战”后不久，为改变这种状况，罗斯福总统下令对物资进行分类编码，并建立联邦物资编目系统。

1954年，美国国会通过《国防编目和标准化法》，要求建立统一的联邦物资编目系统（Federal Catalog System，FCS）。从此，美军物资编目系统建设走向了正规化。该法规明确规定国防部长的职责如下。

（1）制订和维护军用物资编目和标准化计划。

（2）指导和协调国防部所有供应职能部门逐步使用物资编目，从确定需求到最终处置。

（3）指导、审查和批准所有物品（item）的命名、描述和描述模式，所有物品（item）描述的筛选、合并、分类和编号，出版和分发物资编目。

（4）保持与行业咨询小组的联系，以使物资编目和标准化计划的制定与行业最佳实践相协调，并在制订物资编目和标准化计划的过程中获得行业最大限度的合作和参与。

（5）在国防部内建立、发布、审查和修订军事规范、标准和合格产品清单，并解决军事部门、局和军种之间的分歧。

（6）将部分物资编目和标准化计划工作分配给军方国防部的各部、局和服务部门。

（7）在可行且符合其能力和对供应品需求的情况下，制订（6）的工作时间表和任务分配计划。

（8）对与物资编目和标准化计划有关的所有事项作出最终决定。

有了法律依据，美军建立物资编目走上了制度化、标准化的快速发展道路。1972年，在联邦物资编目系统的基础上建立了基于大型计算机的编目应用系统——国防综合数据系统（Defence Integrated Data System，DIDS），统一管理、维护500万种物资。从1997年开始美军实行军事转型，其中后勤转型首当其冲。美军后勤以军事业务现代化、资产可视化为目标牵引，通过实施业务转型和信息系统集成，极大地提高后勤业务管理和所有资产状况的可视化程度。编目系统是与物资有关的所有应用系统的基础和核心，是联系其他后勤应用系统的纽带。因此，在国防综合数据系统的基础上建成了“联邦后勤信息系统”，并用于管理、维护美军物资。

随着美军物资编目工作的技术不断改进，编目系统不断易名，如1972年前称为联邦物资编目系统，1972—1997年称为国防一体化数据系统，1997年后称为联邦后勤信息系统，但其核心内容并没有改变。经过半个世纪的正规化和标准化建设，美军物资编目系统已成为目前世界上最先进的物资编目系统，编目工作已完全实现了网络化处理。目前，美军物资编目系统管理着美军现用的1500多万种物资和世界范围内的2400多万种物资及零备件的主要信息，为国防部和各军种的270多个单位提供统一采集、传输、处理军用物资和军事物流信息方面的服务，是美军后勤真正进入物资可视、无纸办公和电子勤务时代的基石。

与法规制度配套的是一系列标准文件、规范、技术标准和信息系统，即《联邦后勤信息系统程序手册》FLIS程序手册。

二、《联邦后勤信息系统流程序手册》介绍

《联邦后勤信息系统程序手册》（简称FLIS程序手册）的各卷从不同方面帮助用户操作和使用联邦后勤信息系统。

目前，DOD4100.39-M《联邦后勤信息系统程序手册》共包括16卷，如表7-1所示。

表7-1　FLIS程序手册分卷

卷号	卷英文名	卷中文名
0	Glossary	词汇
1	General and Administrative Information	总则
2	Multiple Application Procedures	应用规程
3	Development and Maintenance of Item Logistics Data Tools	后勤数据工具的开发和维护
4	Item Identification	物品标记识别
5	Data Bank Interrogation/Search	数据库查询
6	Supply Management	供应管理

续表

卷号	卷英文名	卷中文名
7	Establish/Maintenance of Organization Entity and Provisioning Screening Master Address Table	建立和维护组织实体代码及供应预案审核主址表
8	Document Identifier Code (DIC) Input/ Output (I/O) Formats (Fixed Length)	文档识别代码——输入/输出格式（定长）
9	Document Identifier Code (DIC) Input/ Output (I/O) Formats (Variable Length)	文档识别代码——输入/输出格式（可变长）
10	Multiple Application References/Instructions/ Tables and Grids	代码表应用指南
11	Edit/Validation Criteria	编辑和确认原则
12	Data Dictionary	数据元素字典
13	Materiel Management Decision Rule Tables	物品管理决策规则表
14	Reports and Statistics	统计报表
15	Index	术语及索引
16	Logistics Remote Users Network	在线访问

卷0为词汇，包括了手册中涉及的各种词汇，如简写及军事用语。卷1为总则，系统介绍了手册各卷的主要内容。卷2为应用规程，主要是针对数据操作，包括数据交换、数据协调、数据传送、涉密编目数据处理等方面的操作方法。卷3为后勤数据工具的开发和维护，主要为软件的应用、开发及维护工作。卷4为物品标记识别，是对编码好的物品的标识及相关载体的介绍。卷5为数据库查询，介绍各种数据查询方法。卷6为供应管理，是对供货商的管理要求。卷7为建立和维护组织实体代码及供应预案审核主址表，为组织实体建立代码以及后期维护工作。卷8及卷9分别是文档识别代码——定长/可变长的输入/输出格式，规定了定长及可变长文档识别代码的使用方式。卷10为代码表应用指南，提供了各种表格的使用方法。卷11为编辑和确认原则，规定了编辑和确认数据的原则。卷12为数据元素字典，是对各种元素的解释。卷13为物品管理决策规则表，介绍物品编码的相关处理规则。卷14为统计报表，为管理及统计相关工作的说明。卷15为术语及索引，为快速查找的目录卷。卷16为在线访问，提供在线访问说明。

美国国防部发布的该手册名称最终限定为“联邦”，之所以如此，是因为手册规定的内容不仅仅是军方要执行的，并且也是全联邦范围内为军方服务的所有部门（包括政府和商业部门）都必须执行的。实际上，很多美国国家标准是由美军制定的，甚至很多国际标准是以美军标准为基础制定的。

FLIS程序手册发布后经过多次改动，形成了以下这些版本。

1967年以前其名称是《国防后勤数据系统程序手册》。

1967年手册更名为《国防集成数据系统程序手册 应用规程》，美军联邦编目系统将装备物资属性数据纳入进来，手册中增加相应的内容。

1987年增加CD册（共15卷），第二卷中“半年信息发布”内容相应增加光盘版内容。

1989年更名为《国防后勤信息系统程序手册》。

1993年更名为《联邦后勤信息系统程序手册》，并增加自动邮件系统册。

此后，版本基本上没有大的变化，发布过2003版、2005版、2006版、2007版、2010版等，但都是小的修改。

DOD4100.39–M《联邦后勤信息系统程序手册》是美军、北约及全球60多个国家军方编目系统建设、应用的标准之一，依据这些标准，外军建立了军用装备物资管理的信息系统，为不同语言、文化、装备物资管理机制的国家物资编目数据交换奠定了基础。

三、FLIS的管理和使用

一个物资编目系统，必然也是一个实时管理和维护的系统。FLIS程序手册中规定了不同类型物资的编目负责机构及其负责的物品编目范围。比如综合物资由国防部各单位或美国联邦政府事务管理总局，如国防供应中心、美国陆军坦克机动车辆司令部、美国联邦政府事务管理总局负责；核武器由核武器编目办公室负责，这个机构又属于美国能源部；等等。不同的机构负责的范围和权限不同，相应地，物品也分为按大类、小类或按物品进行编目管理。在应用中，不管是民间供应商的编目建议，还是军方的编目建议，都有确定的编目受理机构。受理机构审核、批准、公布并返回到提交者。

美军的物资装备保障是全球化的保障，世界各国的产品均有可能进入联邦后勤信息系统。由于各国的文化、语言、物品生产管理的不同，物品的各类唯一标识，美军叫作参考号（reference number，REF），编码结构形形色色，既有图号零件号，又有企业内部五花八门的私有编码，结果必然导致编码不统一，导致物品识别数据无法输入。鉴于此，FLIS和北约编目系统对进入编目系统的参考号统一采取了格式化处理，并且用参考号格式化代码（Reference Number Format Code，RNFC）标识参考号是否已经按要求进行格式化处理，还给出了参考号代码格式化的具体要求。

当采用规范号作为参考号时，须满足以下规定。

（1）应按规范的要求，增加一个或多个其他的参考号。

（2）当规范号中存在短横线连字符时，应视为整体。

（3）当规范号的CAGE为21450、24065、81348、81349、82350、81352、96906、58536时，按卷10表21中的要求处理参考号。

（4）当规范号紧跟的圆括弧中有机构／符号时，删除圆括弧及其中的内容。

（5）当规范号中包含有不确定（供应品／产品）的型号、样式、分类、等级、系列号、尺寸等，应删除后缀。

（6）存在确定的参考号后缀、且能完全识别供应品／产品时，格式化时应分为两个参考号，基本参考号和确定的参考号。

（7）当上述规范号对于非新供应品，存在非协调的修改，非协调的部分作为第2参考号。例如通用的规范，修订后的部分为海军专用。

当采用标准号作为参考号时，需要满足下列规定。

（1）当采用标准号作为参考号时，应按标准的要求增加一个或多个其他参考号。

（2）当参考号是以标准号为基础加件数、物品代码形成的标准件代码或标准号，这些标准件代码都应分列。

（3）当采用标准号后，规范号一般不再采用，除非规范号指向确定的样式产品。

当采用商品条码作为参考号的规则时，需要满足下列规定。

当商品条码的厂商没有CAGE代码时，规定其CAGE代码采用1UPC1，实际还有采用1EAN1、1GS11等的情况。

通过类似的规定，美军的编目系统把各种不同国家、不同部门、不同用途的代码纳入到编目系统中来，既满足不同部门管理的需求，又统一兼顾了物资的产品／管理代码。

四、美军物品编码和自动识别技术的应用

美军采取大规模、强制手段推动和实施物品自动识别分数据采集技术，包括物品唯一识别（IUID）技术、一维条码和二维码、磁条、射频识别（RFID）技术、IC卡等自动识别技术，尤其推崇射频识别技术和物品唯一识别技术。这些自动识别技术应用的基础都是物品编码，为美军物流供应链体系建设和美军资产可视性建设作出了巨大贡献。

机制建设方面，美军制定了国防运输条例4500.5R和《配送可视性政策》，要求实现各级各类物品及人员的可视。根据该条例中有关的射频识别技术的应用规定，所有准备运往美军责任区的国防部所属货物、合并转运货物以及大宗部队装备都必须使用射频标识标签，以保证所有物资资产的在运可视；必须做到部队运输可视、持续保障物资可视、伤病员运输可视、全球运输网和运输司令部运输调度及指挥与控制执行系统可视。技术方法方面，美军在资产编码的基础上，重点加强射频识别技术的应用，改进物资配送流程。美军采用互补式“被动—主动—被动”射频识别运用模式，实现了集装箱／托盘／包装容器内、外可视及在运可视。2007年，美军军事配送系统中射频识别标签的使用数量已超过300万个，设置在科威特、伊拉克、巴基斯坦和阿富汗等国的射频识别标签读写站约有3100个。这些射频识别标签、读取器、读写站以及卫星追踪装置构成了全球射频在运可视系统，用于跟踪起运点（仓库或承包商）到最终目的地物资的身份、状态和位置。

美军资产唯一标识IUID用物品唯一标识（unique item identifier，UII）来表示。UII是美军资产可视化的核心和基础。物品唯一识别技术UII的应用，使资产可视化管理变得精确，同时提高物资全寿命周期管理效能。美军资产物品的编码数据结构UII的数据载体采用二维码——数据矩阵码（Data Matrix），也就是用二维码作为数据载体承载资产唯一编码UII，然后标注在每件合格品上，以示该件物品与其他所有物品的不同。

UII的编码结构基于国际标准，UII以及其中储存的数据将伴随该物品的全寿命周期。创建一个UII原则上非常简单，一种方法就是采用CAGE加上供应商或者生产制造企业对该产品的唯一标识两部分构成。UII的编码结构为UII=CAGE+生产制造企业的物品唯一标识，如图7-1所示。

Enterprise identifier organism D
EID 2AD3N
PN. 1PW1234
SN S786950
UII D2AD3N1PW1234S786950

D= AC 135 CAGE Code
EID = Enterprise identifier;
PN= Original part number
SN = Serial Number
UII = Unique Item Identifier

图7-1 美军资产唯一编码UII的一种结构

实际上，美军资产管理中，资产唯一标识IUID是一种兼容的结构。IUID还有一些等效物，也就是美军认可的其他国际标准的资产编码结构，包括：

（1）车辆识别号码VIN，唯一标识一辆道路车辆，VIN是表明车辆身份的代码。

（2）GS1 AI 8002识别蜂窝移动电话电子序列号(ESN)。

（3）GS1 AI 8003确定了全球可回收资产标识符(GRAI)。

（4）GS1 AI 8004是全球单个资产标识符(GIAI)的应用标识符。GIAI最多30个字符，是GS1公司前缀和个人资产参考的组合，由GS1公司前缀的持有者分配，也可以使用GS1程序将序列化的全球贸易识别号(GTIN)转换为GIAI。

IUID表示的编码数据因为采用了数据矩阵码，就变成了可被机器自动化读取，并与信息系统特别是物资管理信息系统相连。所有的UII一旦与某一物品发生关联，将被登入国防部IUID注册系统。根据美国国防部IUID相关政策，资产唯一标识UII必须具有全球唯一性，UII的使用范围必须覆盖全球，以此作为财务、财产核算、采办、补给、维修和后勤自动化信息系统的关键通用数据，以支持美军资产核算、估价和寿命周期管理。

第二次世界大战前，美军物资保障工作是由三军分别进行，军种间条块分割、各自为政，各有各的物资编目信息，致使物资保障权力重叠、职责混乱、业务多头，乃至物资信息体系零乱、分类/标识编码繁杂不统一、定义多样、表示各异。散乱杂的“权、职、利、事和信息”导致了重复建设、采购盲目、库存杂乱、浪费严重等现象大量涌现。

1949年，美国国会为改变散乱杂的物资管理状况，通过了“联邦资产及管理事务法”(40USC481)，明确由联邦事务管理总局GSA授权美国国防部DoD建设“国家供应系统”(编目系统的前身)。

1952年，美国第82届国会通过了LAW 82−436号公共法案《国防编目与标准化法》，该法案主要内容是：为实现经济高效的物资管理，军队必须建立统一的编目系统，在物资全寿命周期内的各项业务中，凡是需要重复采购、供应、使用、储存、维修的任何一种物资都必须具备统一的标识和必要信息。

为落实这一法案，建立统一的联邦编目系统FCS，美军制定了DOD4130.2《联邦编目系统》等一系列的方针政策和标准，明确物资信息管理的目标、政策、职责，并设立了国防后勤信息服务中心（DLIS）来统一管理联邦编目系统，未经该中心批准编码的物资，不得进入物资流通领域。

1961年8月31日，美国国防供应局DSA成立（1977年1月1日改为国防后勤局DLA），下辖若干补给中心、服务中心、仓库和配送中心（包括DLIS），作为全军物资集中采购、控制、监督与服务的部门。

1965年计算机进入联邦编目系统，1967年《联邦物资识别指南》FIIG引入编目系统，使该系统能处理更繁杂的数据，编目更为精确，质量更高。1972年3月31日发布指令，联邦编目FCS系统更新为国防集成数据系统DIDS，1989年系统更新为国防后勤信息系统DLIS，1993年该系统更新为联邦后勤信息系统（FLIS）。

1956年2月，北约军事标准化局空军委员会在伦敦召开工作会议，通过了STANAG 3150第二版（1954年第一版），决定采用联邦供应分类FSC作为北约分类，随后相继提出了一系列以美军编目系统为基础建立北约编目系统的标准化协定，如STANAG 3150、STANAG 3151、STANAG 4177等，这样北约物资编目系统的物资代码和数据结构与美军完全相同，实现了北约各成员国物资统一编目，为北约各国联合后勤保障提供了基础。该系统逐步从美国、加拿大、澳大利亚、新西兰开始向北约及全世界扩展应用范围，2011年已被70多个国家的军方采用。

第二节　美军/北约编目系统的基本思路

美军解决编目的基本方法就是找出问题，然后针对性地提出解决办法。

一、问题的提出

以往的物资编码采用或者是按管理部门编码，或者是按隶属关系的方式编码，两种方式都会造成物资交叉重复编码的状况。

（一）物资按管理部门分类编码

设想一下在统一编目之前，各军种的物资管理部门各自编码时，枪支的编码情况。

对于陆军来说，步枪（比如M16）是重要的武器，陆军的物资管理部门可能将其分类和编码排在第一位，比如A001−0001。

但步枪对于海军来说是次要的武器，海军的物资管理部门可能将其分类和编码排在次要的位置，比如N007−B010。

对于空军也一样，可能的编码是AF00F090。

由于编码不同，同一种M16步枪的采购、储存、运输、维修以及弹药的补给，都只能各军种各自进行。陆军需求量大，订货价格可能相对便宜；海、空军需求量小，价格可能高。

对于所有的军用物资和装备都存在这种情况，这种按照部门管理关系展开的物资分类编码方式，在部门内部没有问题，但无法实现全军统管，造成巨大的浪费。

（二）物资随其设备分类编码

以最普通的螺栓、螺母为例，如果按照物资的隶属关系分解部件、零件的方式分类编码，则可能会出现如下情况。

汽车QC——发动机QCFDJ——……——螺栓QCFDJLS001

汽车QC——发动机QCFDJ——……——螺母QCFDJLM001

拖拉机TLJ——发动机TLJFDJ——……——螺栓TLJFDJLS001

拖拉机TLJ——发动机TLJFDJ——……——螺母TLJFDJLM001

按照这种方法，如果同一种物资用在不同的场合，编码就不同的话，那么对于标准件、电子元器件、通用件，可能用在非常多的设备上，这样将造成海量编码，即使对于一个部门来说，也是不可承受的。

二、解决办法

（一）分类的依据

为解决上述问题，美军编目系统提出了以物理特征、技术属性为基本依据分类编码方法，不管什么部门用，该物资是什么就是什么，如“电脑”，不能说用在空军就是“空军电脑”、用在海军就是“海军电脑”，分类编码尽可能排除部门管理属性。

（二）供应品与产品的概念及关系

1.供应品

供应品（item of supply）是指能满足后勤保障功能、服务具体要求的产品的集合，供应品的标识由物资的品种标识代码（NSN国家库存物资代码标识），在全球范围内唯一。

2.产品

产品（item of product）是指由厂商+参考号（零件号、型号、规范、内部管理码等）组成的零部件或物品的集合，集合中的产品符合相同的图纸、规范或检测要求，功能或性能相同，可以互换和替代。

3. 供应品与产品的关系

供应品可以是不同厂商的产品集合，也可以是不同产品的成套组合。当只有一个产品时，则供应品等于产品；对于存在多个产品，则每个产品都是供应品的货源。

（三）编码的方法

美军编目系统采取了将分类码与品种标识代码分开的编码方法，专用的部件随上级设备分类，标准件、通用件等独立分类。物资的品种标识代码没有类的含义，为满足各编目成员国的编目需求，品种标识代码中包含了两位编目局代码，确保品种标识代码在全球范围内唯一。

第三节　编目数据构成

美军／北约编目系统数据库中，2010年汇集了60多个成员国的2400多万个物资品种（NSN，IOS），约1100万个品种含有物资属性描述数据，3500多万个产品（参考号，IOP），270多万个供应商或机构（NCAGE）及详细信息。

虽然各国的物资编目系统都遵循统一的标准，但实际上各国的编目系统并没必要也不可能汇总所有的编目数据，而是可根据自己的需要进行取舍，并且，其输入、输出界面也可能不同。

一、美军联邦后勤信息系统的数据情况

美军联邦后勤信息系统中物资的编目数据包括：品种识别数据、产品标识数据、维护规则数据、标准化数据、运输数据、供应管理数据、包装数据和技术属性数据，内容如图7–2所示。

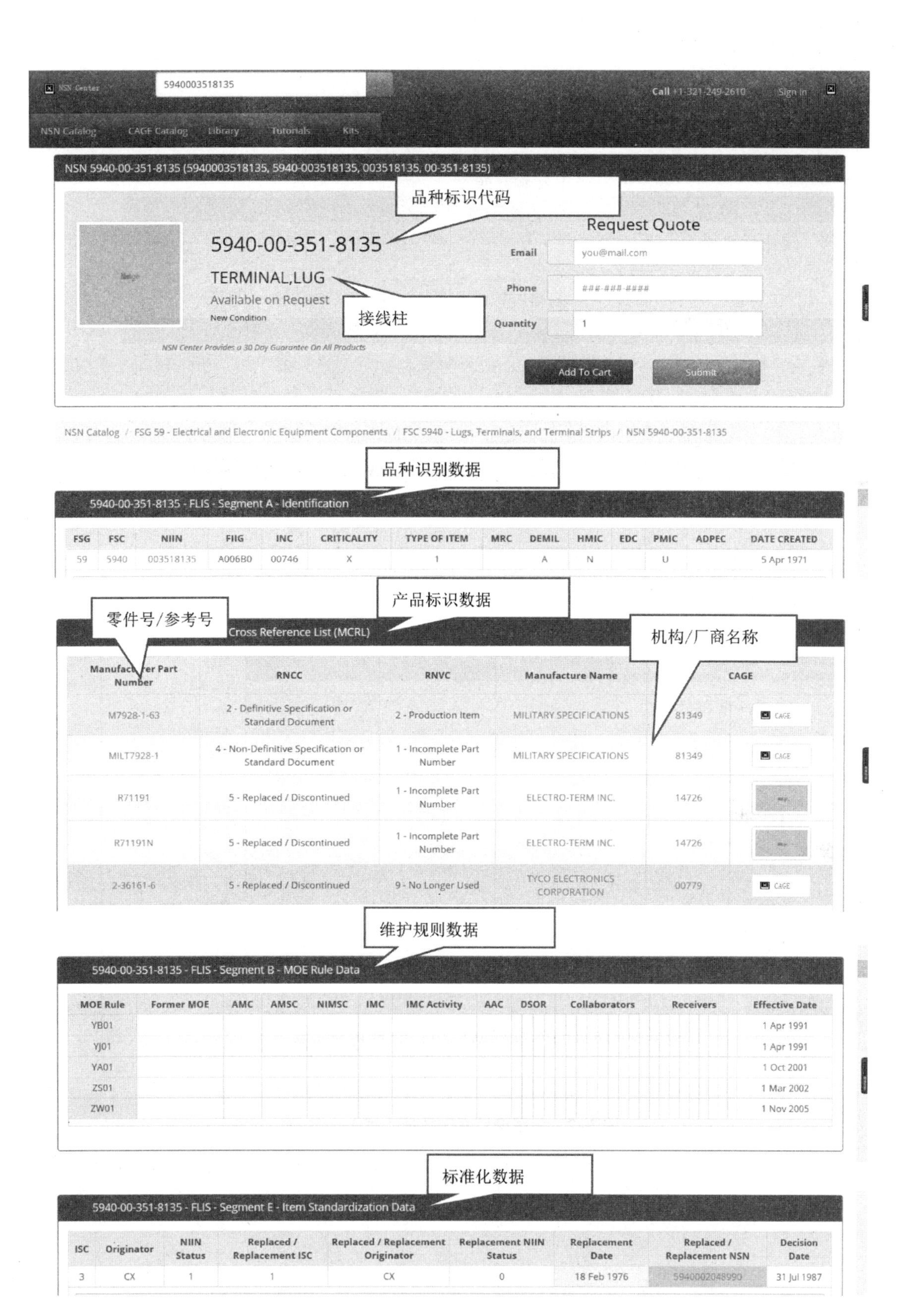

图7–2　美军编目系统数据

Integrity	Originating	HMC	LCL	WCC	TCC	SHC	ADC	ACC	ASH	LTL	NMFC	NMFC Sub Item	UFC	Freight Description	Rail Variance
	CX			658	Z	9	A	H	Z	W	061680	Z	34570	ELEC-WIRING-PLUGS-ETC	

MOE	SOS	AAC	CIIC	QUP	Reparability	UI	SLC	Unit Price
DA	SMS	Y	U	1	Z	EA	0	$0.12
DN	SMS	Y	U	1		EA	0	$0.12

Source	PICA / SICA	Packaging Category	Storage	Preservation	Clean/Dry	INT Qty	Unit Weight	Unit Size	Unit Pack Cube	Item Weight	Item Dims
	P			10	1	ZZZ	0.1 lbs		0.001 cu ft		

Preservation Material	Wrapping Material	Cushioning / Dunnage	Cushioning Thickness	Unit Container	Intermediate Container	Unit Container Level	Special Marking	Level A Packing	Level B Packing	Minimal Packing	Optional Procedure
00	00	00	0	A1	D3			E	Q	U	

MRC	Decoded Requirement	Clear Text Reply
AAJU	Overall Length	1.198 INCHES
AAJV	Overall Width	0.373 INCHES
AAJX	Material Thickness	0.040 INCHES
AAKV	Maximum Conductor Size Accommodated	10 AWG
AALV	Electrical Insulation Feature	INSULATING SLEEVE
AALX	Mounting Method Style	RING
AAMA	Mounting Hole Diameter	0.147 INCHES
AAMC	Mounting Tongue Width	0.373 INCHES
AAMK	Mounting Facility Thickness	0.040 INCHES
AAPC	Identification Code Color	YELLOW
AGTA	Basic Shape Style	CRIMP
CSFJ	Conductor Accommodation Type	RECESSED BARREL SINGLE END
FEAT	Special Features	INCL BROWN BANDS OR STRIPES ON THE INSULATION PORTION OF
MATT	Material	COPPER OVERALL EXCEPT INSULATION
MATT	Material	PLASTIC INSULATION
SFTT	Surface Treatment	TIN OVERALL EXCEPT INSULATION SINGLE LAYER
STDC	Surface Treatment Document And Classification	MIL-T-10727 MIL SPEC SINGLE TREATMENT RESPONSE OVERALL EXCEPT INSUL

图7-2　美军编目系统数据（续）

二、北约编目系统的数据情况

北约编目系统主要包括三部分：品种标识数据，见图7–3；产品数据，见图7–4；属性数据，见图7–5（某些样式示意图，见图7–6）。

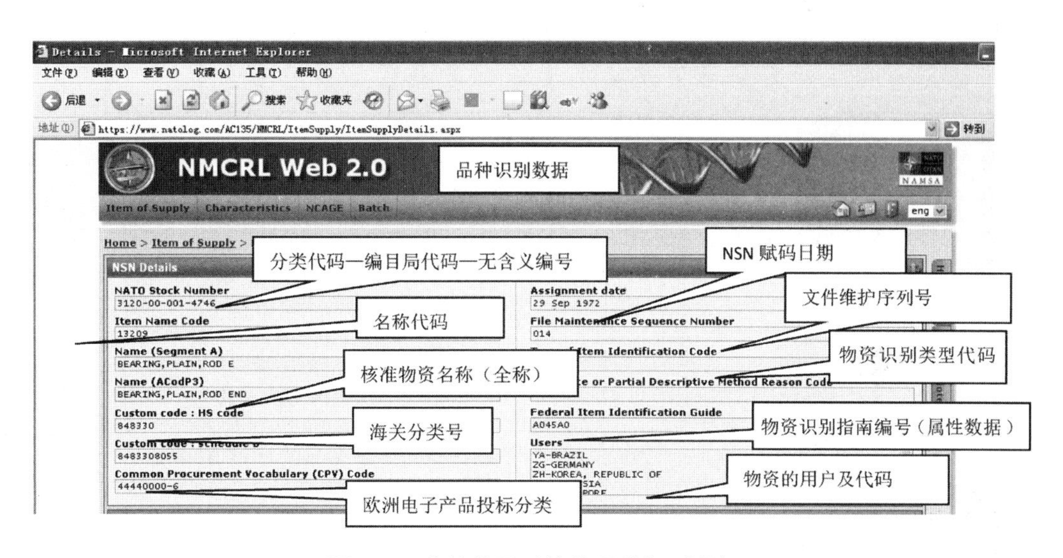

图7–3　北约编目系统的品种识别数据

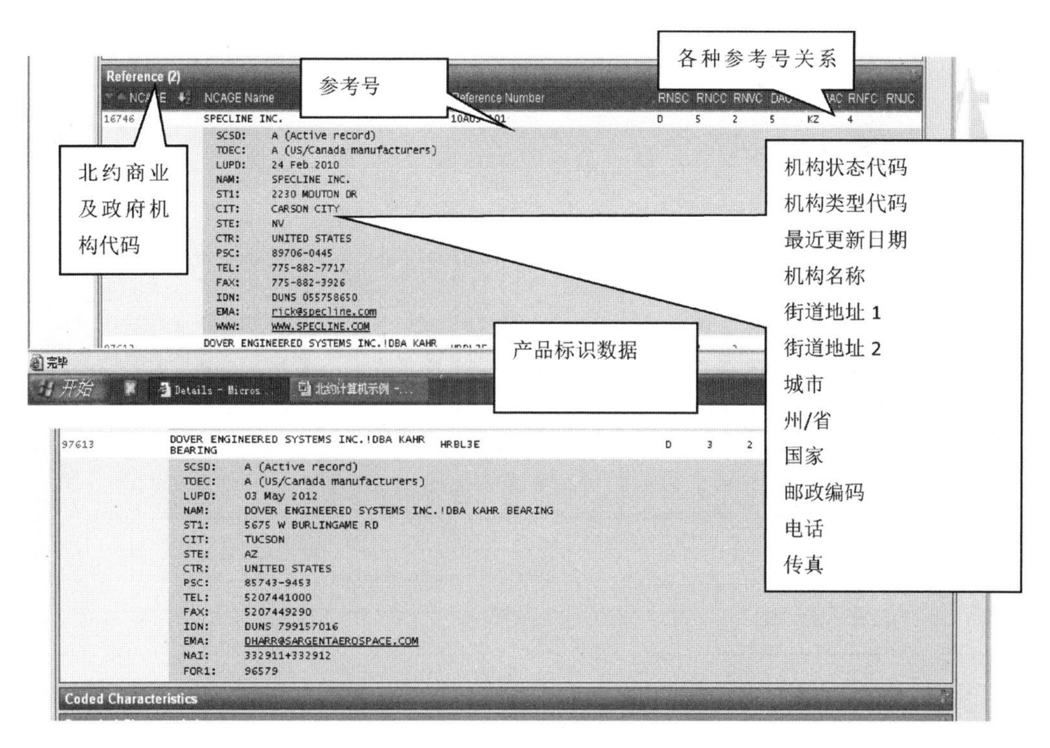

图7–4　北约编目系统的产品数据

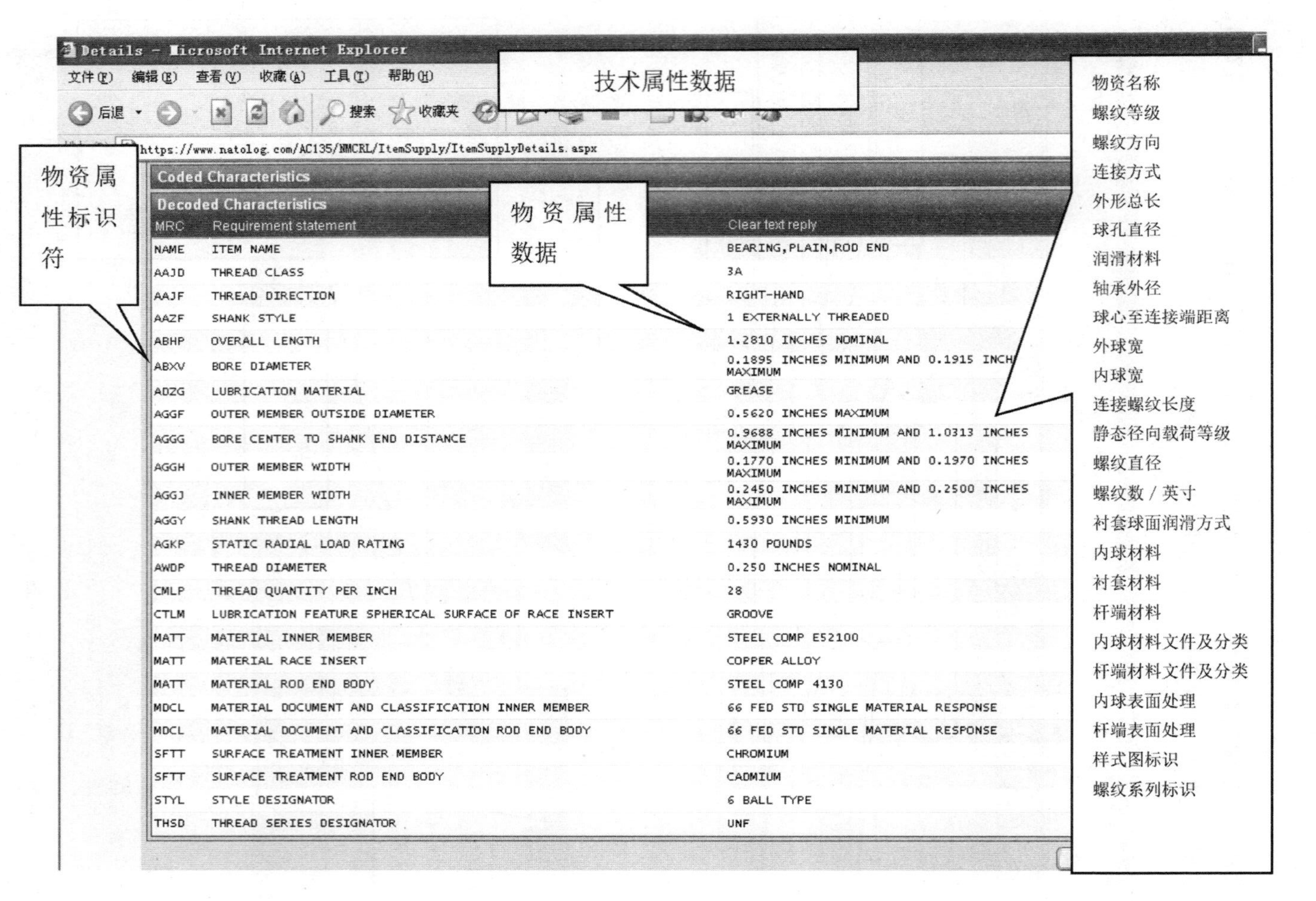

MRC	Requirement statement	Clear text reply
NAME	ITEM NAME	BEARING,PLAIN,ROD END
AAJD	THREAD CLASS	3A
AAJF	THREAD DIRECTION	RIGHT-HAND
AAZF	SHANK STYLE	1 EXTERNALLY THREADED
ABHP	OVERALL LENGTH	1.2810 INCHES NOMINAL
ABXV	BORE DIAMETER	0.1895 INCHES MINIMUM AND 0.1915 INCH MAXIMUM
ADZG	LUBRICATION MATERIAL	GREASE
AGGF	OUTER MEMBER OUTSIDE DIAMETER	0.5620 INCHES MAXIMUM
AGGG	BORE CENTER TO SHANK END DISTANCE	0.9688 INCHES MINIMUM AND 1.0313 INCHES MAXIMUM
AGGH	OUTER MEMBER WIDTH	0.1770 INCHES MINIMUM AND 0.1970 INCHES MAXIMUM
AGGJ	INNER MEMBER WIDTH	0.2450 INCHES MINIMUM AND 0.2500 INCHES MAXIMUM
AGGY	SHANK THREAD LENGTH	0.5930 INCHES MINIMUM
AGKP	STATIC RADIAL LOAD RATING	1430 POUNDS
AWDP	THREAD DIAMETER	0.250 INCHES NOMINAL
CMLP	THREAD QUANTITY PER INCH	28
CTLM	LUBRICATION FEATURE SPHERICAL SURFACE OF RACE INSERT	GROOVE
MATT	MATERIAL INNER MEMBER	STEEL COMP E52100
MATT	MATERIAL RACE INSERT	COPPER ALLOY
MATT	MATERIAL ROD END BODY	STEEL COMP 4130
MDCL	MATERIAL DOCUMENT AND CLASSIFICATION INNER MEMBER	66 FED STD SINGLE MATERIAL RESPONSE
MDCL	MATERIAL DOCUMENT AND CLASSIFICATION ROD END BODY	66 FED STD SINGLE MATERIAL RESPONSE
SFTT	SURFACE TREATMENT INNER MEMBER	CHROMIUM
SFTT	SURFACE TREATMENT ROD END BODY	CADMIUM
STYL	STYLE DESIGNATOR	6 BALL TYPE
THSD	THREAD SERIES DESIGNATOR	UNF

图7-5　北约编目系统的属性数据

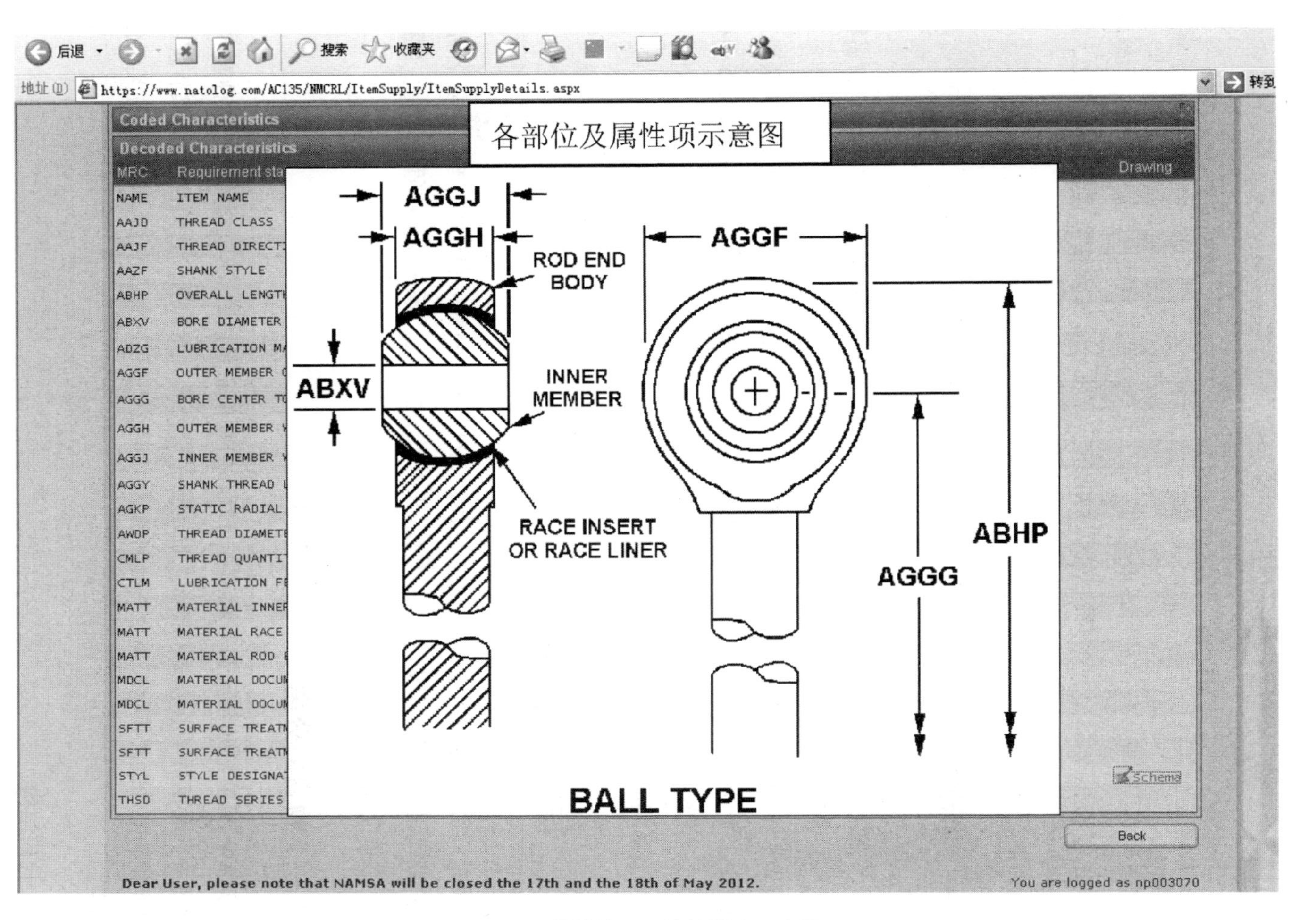

图 7-6　北约编目系统的样式示意图

第四节　物资编目标准

北约物资编目是以标准的形式展现的。那么这些标准的制定目的是什么呢？归根到底是为了描述和命名，用户物资包括识别的统一、唯一，实现物资管理的标准化、规范化。

一、标准构成

简单版本（北约）由手册ACodP-1（PDF）、分类ACodP-2（网络版）和名称ACodP-3（网络版）三部分构成。

复杂版本（美军）由H系列、FLIS系列和FIIG系列三部分构成。其中，H系列包括H系列、分类H2、弹药代码H3、商业及政府机构代码H4/H8、子公司代码H5和核准物资名称H6。

FLIS系列的内容具体参见表1-1。

二、标准规定的内容

美军/北约编目系统标准主要规定了物资的分类、品种标识代码、核准物资名称、机构厂商代码、产品标识代码、联邦物品识别指南数据元、系统及供应管理代码、数据模型、数据交换等。

（一）物资的分类

美军从20世纪50年代起开始建立《联邦后勤信息系统》，所包含的物资品种繁多，数量浩大，既包括军用物资和装备，也包括民用物资（如香烟、酒精饮料），其管理起初是由国防部和联邦事物管理总局共同负责，后来全部由国防部负责。物资的分类是依据物资的性质、功能和用途进行的。

1.代码结构

《联邦后勤信息系统》的特点之一是代码整体采用复合结构，即分类码与标识码分离，它们之间不存在隶属关系，并且都相对稳定。分类采用线分类法，代码结构为2层4位数字代码。

X_1X_2　　X_3X_4

大类　　小类

2. 分类代码表

分类共计78大类、800个小类。表7-2是其第一层类目（大类）的情况。

表7-2　美军/北约编目物资分类（大类）

大类代码	大类类目名称	大类代码	大类类目名称
10	武器	53	五金与磨料
11	核武器	54	预制构件和脚手架
12	火力控制设备	55	木材、木制品、胶合板和贴面板
13	弹药和炸药	56	建筑材料
14	导弹	58	通信、探测及辐射设备
15	飞机和飞机结构件	59	电气和电子设备元器件
16	飞机部件和附件	60	光纤材料、元件、组件和附件
17	飞机起飞、着陆和地面搬运设备	61	电线、电力和配电设备
18	航天器	62	照明设备和灯具
19	舰、艇、趸船和浮船坞	63	报警、信号和安全探测系统
20	舰船设备	65	医疗、牙科、兽医设备和用品
22	铁路设备	66	仪器仪表和实验室设备
23	地效应车、机动车、挂车、自行车	67	摄影设备
24	牵引车	68	化学制品和化工品
25	车辆设备部件	69	训练器材及设备
26	轮胎和内胎	70	数据处理设备、软件和辅助设备
28	发动机、涡轮机及部件	71	家具
29	发动机附件	72	家用、商用室内陈设用品和器具
30	机械传动设备	73	食品加工和餐饮服务设备

续表

大类代码	大类类目名称	大类代码	大类类目名称
31	轴承	74	办公机械、文件处理系统和可视记录设备
32	木工机械和设备	75	办公用品和设备
34	金属加工机械	76	书籍、地图及其他出版物
35	维修服务设备	77	乐器、留声机和家用无线电设备
36	行业机械	78	娱乐和运动器材
37	农业机械和设备	79	清洁设备和用品
38	建筑、采矿、挖掘和公路养护设备	80	刷子、油漆、密封胶和黏合剂
39	物资装运设备	81	容器、包装材料和包装用品
40	绳索、缆索、链条和配件	83	纺织品、皮革制品、毛皮、服装和鞋辅料、帐篷和旗帜
41	制冷、空调和空气循环设备	84	服装、个人用品和徽章
42	消防、救生和安全、环保设备和物资	85	化妆品
43	泵和压缩机	87	农用品
44	热力炉、蒸汽设备、烘干装置及核反应堆	88	活体动物
45	管道、采暖和废物处理设备	89	主副食品
46	水净化和污水处理设备	91	燃料、润滑剂、油和蜡
47	硬管、软管和配件	93	非金属制品
48	阀门	94	非金属原材料
49	维修车间设备	95	金属棒、板及型材
51	手动工具	96	矿石、矿物及其初级产品
52	量具	99	其他

3. 具体物资归类原则

由于美军／北约编目系统的物资分类不是按隶属关系进行的，具体物资归类时需要作出判断，如：硝酸甘油既可以作为治疗心肌梗死的药，也可以作为黄色炸药，还可作为化工品；凡士林既可以作为润滑脂，也可以提炼作为医用敷料，还可以提炼加香料作为润肤霜。这也就是一个核准物资名称可以对应多个分类的原因。为便于确定具体物资的归类，美军／北约物资分类标准有如下规定。

（1）一种物资只归入一个类，但所归的类目不再合适时可以变更。

（2）对于零部件、元器件有专门类的，归入专门类；无专门类，按上级组件归类。

（3）对于多用途的物资按以下顺序归类。

①归入用途最重要的类。

②归入最不可能过时的类。

③归入用途最广的类。

（4）成套物资归类有如下要求。

①同种物资组成的成套物资，按组套的物资归类。

②不同物资组成的成套物资，按用途归类。

（二）品种标识代码

北约编目系统的库存物资代码（NSN）是北约编目系统最重要的代码，用于唯一标识物资的品种，该代码伴随物资品种的全寿命周期，即使废止，也不能用于其他的物资品种[①]。

1. 代码的组成

该代码由13位数字组成，前4位为分类代码（FSC），第5、6位为编目局代码（NCB），后7位为无含义流水号。

$N_1N_2N_3N_4$	N_5N_6	$N_7N_8N_9N_{10}N_{11}N_{12}N_{13}$
分类代码	编目局代码	无含义流水号

该代码的后9位，即2位编目局代码和7位无含义流水号，构成北约物资识别码（NIIN），可以单独使用，也即只需9位代码即可完全识别北约编目系统中的所有物资的品种（IOS）。

① FLIS第1卷的1.1–7页，第4条。

2. 关于编目局代码的理解

需要特别强调该代码指的是：该物资品种（NSN）的编目是由哪个编目局完成的，不是表示制造国代码，该品种（NSN）可能由多个国家生产。

如果误解为制造国代码，会引出一些问题。在北约编目系统中，接口一样的100瓦白炽灯，只有1个NSN，由美国编目局编目。制造国可以是美国的通用电气、日本的日立、荷兰的飞利浦或德国的欧司朗，这些都作为产品在品种下的产品参考号信息（IOP）中列出。如果是制造国代码，由于不同的制造国代码不一样，就会变成4个品种NSN（IOS）。

如果其他国家的公司希望将自己的产品加入进来，新增编目前必须查询，是否已经编目。若没编目，符合条件，允许新增品种NSN（IOS）；若已编目，则不允许新增品种NSN，但产品可以添加到已有NSN下的产品（IOP）中，也即NCAGE+RENFERENCE NUMBER。

（三）核准物资名称

北约编目系统成员国有60多个，每个成员国有自己的语言，如：英语的螺栓是“bolt”，德语的螺栓是“bolzen”，如果各成员国都希望用本国的物资名称，甚至厂商的物资名称、俗称，那么系统中相同的物资，其名称将五花八门。为此，北约编目系统制定了核准物资名称目录标准，明确规定了物资在系统中的法定名称，一般情况下，成员国、厂商没有权利给自己的物资命名，只能从核准物资名称中选用。

1. 核准物资名称及代码

核准物资名称（AIN）是指一组具有相似特征的、可以用同一个定义描述的物资的名称。

在确定物资和装备具体名称时应根据《核准物资名称目录》（ACodP-3/H6）进行，这意味着，一种物资的命名不是由物资的生产厂商负责，只能从目录中选择。目前，该目录共有名称条目47872条，其中被取消了9023条，实际只有38849条。

为了易于进行数据处理和交换，每一个核准物资名称都被赋予一个唯一的5位代码，代码范围为0～69999；非核准物资名称代码为77777；基本名称的代码范围为70000～77776。

每个核准物资名称对应唯一的物资识别指南（属性数据模型），核准物资名称示例见表7-3。

表7-3　核准物资名称示例

物资名称代码	核准物资名称	物资识别指南编号（属性数据模型）	子模型标识码（APP KEY）	定　义	分类代码
…	…	…	…	…	…
00010	线绕固定电阻器	A001A0	B	一种电阻值不能调节或不可变的电阻器；其电阻体是由高阻线（或带）绕在绝缘骨架上或由自身支撑而构成的；对电流通过的阻碍作用是这种高阻线的固有特性，并表现为电阻器的热耗散；不包括火花干扰抑制器	5905
00013	蓄电池组	T139−A	AD	一种电池组，由两只或数只单体电池组成一个单元而构成；它可以简便地分开，也可能不易分开；经过电池通以与放电电流反向的电流，可以对电池有效地充电；这种电池组可以配备组合充电设备；对于只含一个电池的物品，见电池组电池	6140
…	…	…	…	…	…

对于类似“××系统”“××设备”“××套件”“××组件”等集合性的核准物资名称，对应的物资识别指南是A238。北约核准物资名称中涉及此类物资的约有3990个。

北约的4位物资分类代码，相对较粗，核准物资名称可以视为对分类进一步细化，北约核准物资名称目录中提供了与分类的对应关系，通过分类查询其下的核准物资名称及代码。

2. 俗称

俗称是平时补给时，常用的、人们都认可的习惯名称，在核准物资名称目录H6中共有31657条俗称。对于俗称，名称代码是1位字母加4位数字。

俗称不能直接作为物资的品种名称，也不能直接用于查询物资的品种，必须通过查找对应的核准物资名称，确定对应的物资识别指南（属性数据模型）的方式，间接采用。从这个意义上来看，一个核准物资名称可以对应多个俗称，一个俗称理应只能对应一个核准物资名称（一个数据模型）。但实际上北约编目系统中，存在一个俗称对应多个核准物资名称的情况，如俗称“meter,switchboard”（配电板仪表）对应的核准物资名称有“AMMETER”（电流表）“VOLTMETER”（电压表）“VARMETER”（无功功率表）“WATTMETER”（功率表），但这四个核准物资名称对应的物资识别指南完全相同，都是A310A0，见图7–7。

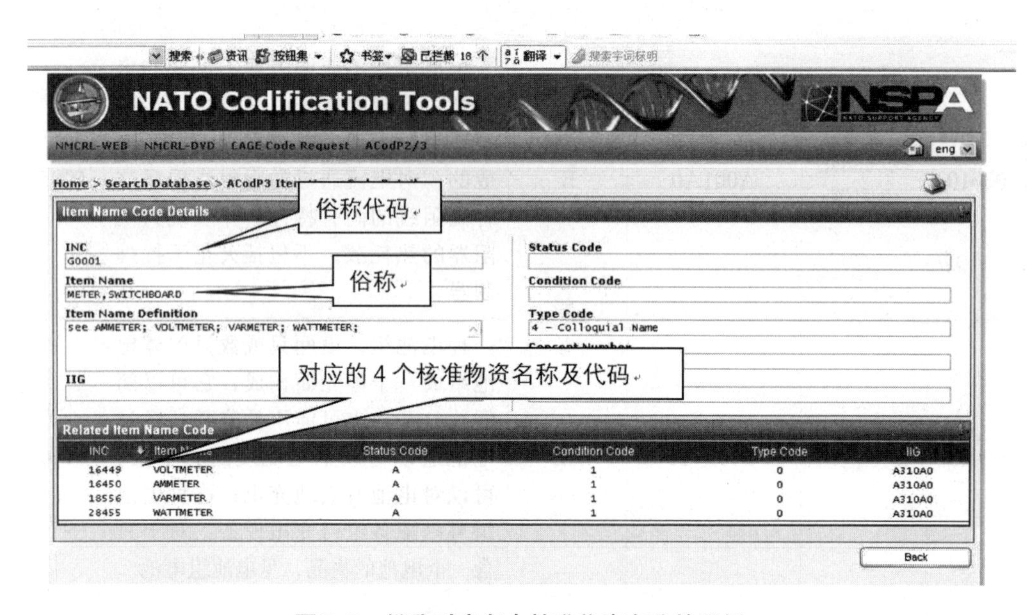

图7–7　俗称对应多个核准物资名称的示例

3. 核准物资名称与其他分类代码之间关系

由于美军／北约编目系统主要用于各成员国之间军品的筹、供、储、运、修，因此会涉及军品的进出口，为此，美军编目系统建立了核准物资名称与海关协调系统HS以及通用采购词汇CPV之间的对应关系。

电子商务代码管理协会ECCMA，则将联合国标准产品与服务代码UNSPSC等与核准物资名称等进行了映射。

（四）机构厂商代码

美军／北约编目系统中的商业及政府机构代码CAGE是专门用于标识产品（IOP）的厂商／供应商或有关资料的负责机构的代码。

1. CAGE代码结构及分配

商业及政府机构代码由5位大写字母和数字组成。

首位和末位为数字表示是美国的机构，不含字母I和O。

首位或末位含大写字母（O除外）为北约和其他国家的机构。首位字母为I、S、L，则末位只能为数字。首位字母为I表示国际编目机构；为S表示SCAGE，即一级成员国（或非成员国）的机构代码（tier-1），一级成员国无编目数据提交资格。

2. 获得机构代码的条件

美军／北约编目系统规定，下列机构可以获得商业及政府机构代码。

（1）物资（IOS）供应商

（2）设计机构

（3）产品制造机构

（4）独家配送机构

（5）制造或控制设计的政府机构

（6）产品材料供应商

（7）需要打印到标牌上的厂商

（8）各种标准及规范的研发机构

3. 代码容量及占用情况

根据代码分配规则的规定，北约商业及政府机构代码的理论容量可以达到 $33 \times 35 \times 35 \times 35 \times 34=48105750$，即可以给4800万余个机构赋码，目前已经赋码的机构有270万余个，涉及的产品约3500万余种（参考号）。

4. 中国厂商代码情况

2016年，北约编目系统中已注册的中国机构约3000个，多数为民用产品制造商、香港的公司、合资企业等，但也有一定数量的军工企业，表7-4所示为我国部分军工企业的机构代码情况。

表7-4 中国部分厂商的CAGE代码

商业及政府机构代码CAGE	厂　家
S4866	中国航空技术出口公司
S5460	西安航空发动机厂
S7982	黎明飞机发动机厂
S8081	哈尔滨飞机制造公司
SCH15	成都飞机工业集团有限公司（黄田坝）
SAP60	沈阳黎明飞机发动机集团有限公司
SBN66	中国直升机研究与开发研究所
SBN68	中国航空动力研究所
SCY48	中国南方航空工业有限公司
SDD62	第二军医大学
SDR59	航空技术公司（天津）
SDU10	西安飞机工业集团有限公司
SE440	北京航空材料研究所
SK029	中国航空工业方华仪器电子厂
SK603	四川成发航空科技有限公司
SM208	宏远航空锻造工业公司
ST710	成都航空技术制造有限公司
SW196	贵州航空锻造有限公司
SW850	沈阳飞机公司
SZZ41	西安XR航空部件公司

需要说明的是，中国的厂商并不是主动申请注册的，而是由于对外销售了产品或者采购了国外的产品，被国外编目局间接注册的。北约编目系统为了确保物资获取的渠道畅通，除了提供商业及政府机构代码、机构名称外，还提供机构的地址、电话、电子邮箱等联系方式的详细信息（见图7−8、图7−9）。

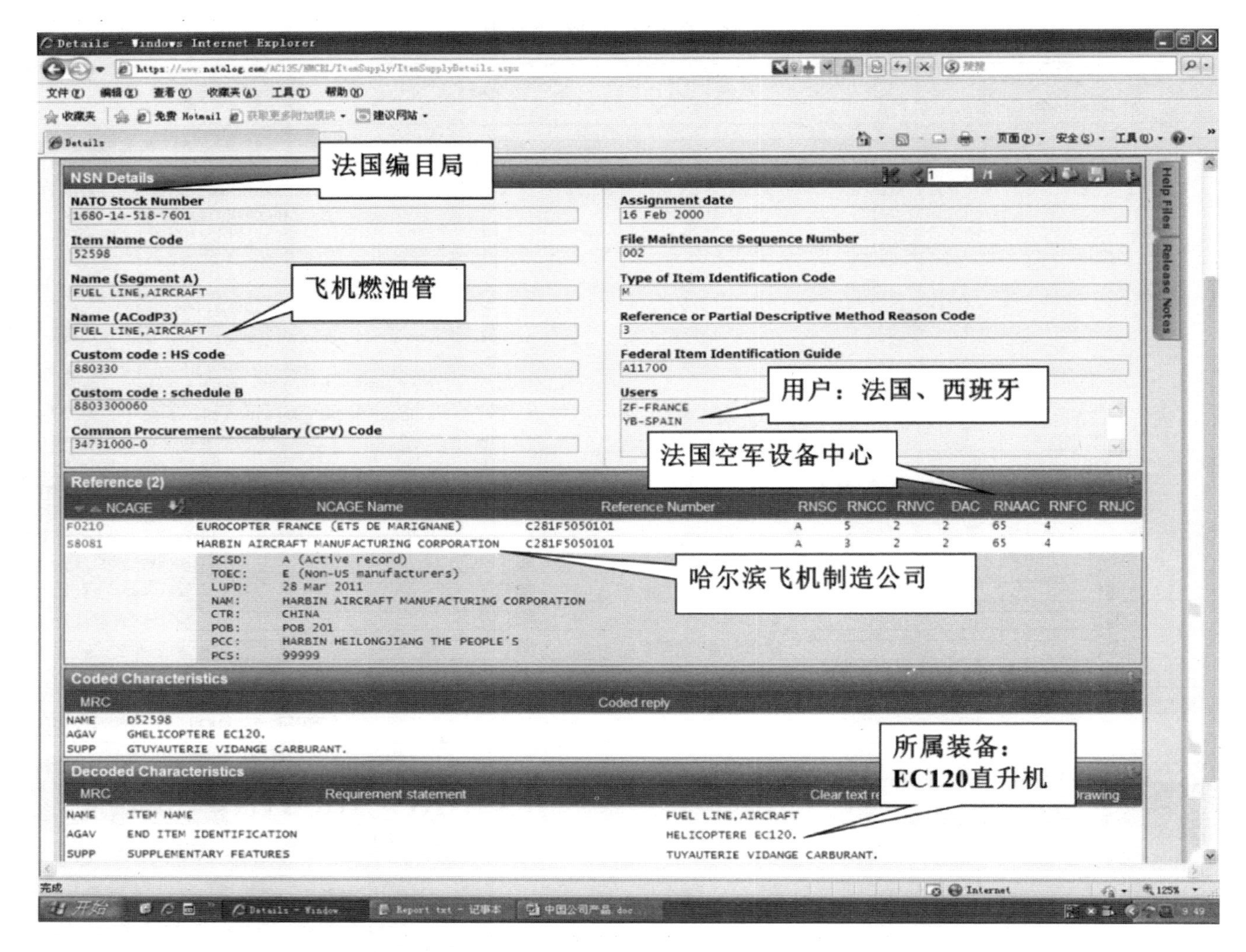

图7-8　中国厂商出口航材被法国编目局注册示例

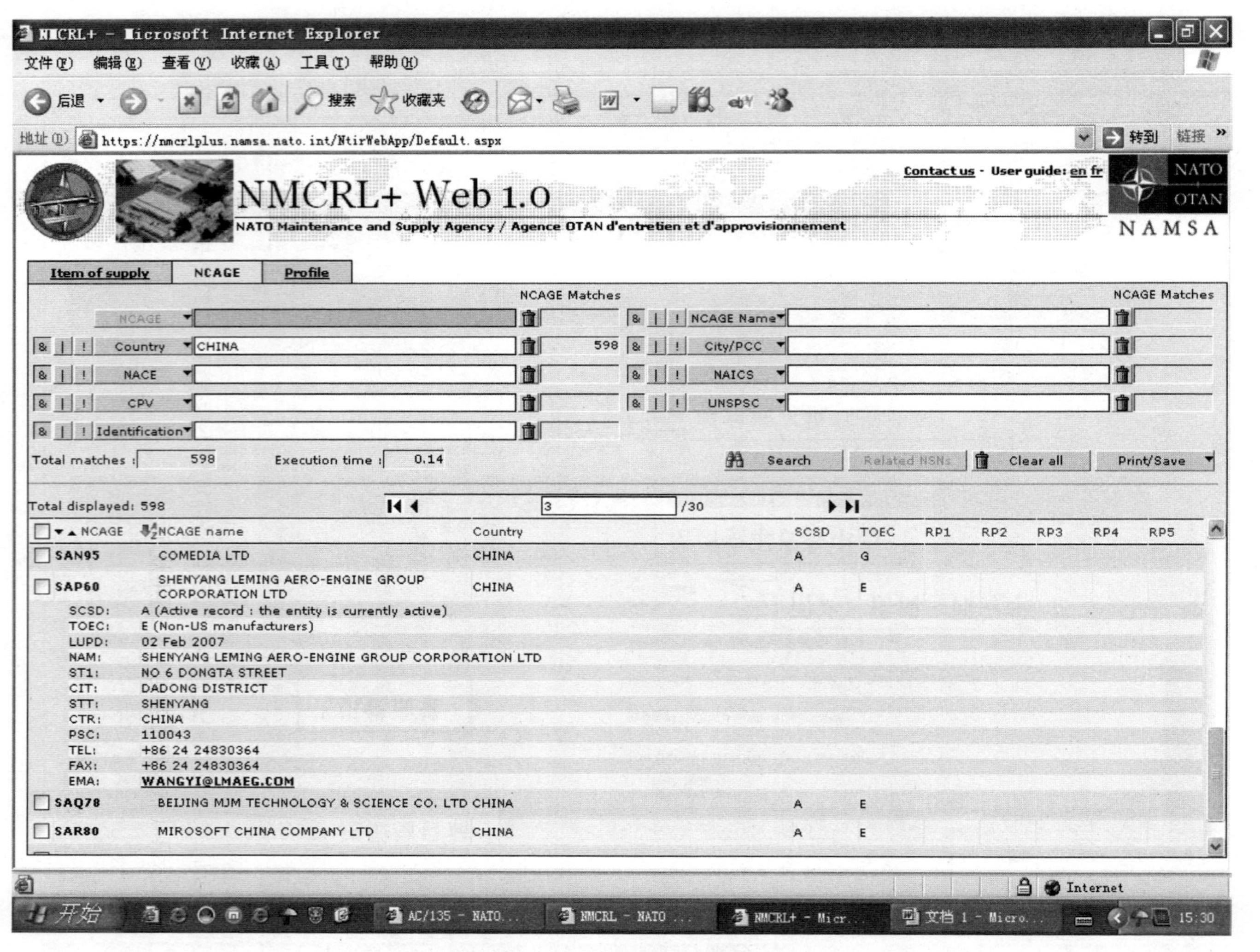

图7-9　机构注册信息示例

（五）产品标识代码

1.参考号的概念

北约编目手册ACodP-1定义：参考号（Reference Number）是用于标识产品或供应品的代码或编号，与北约库存物资代码（NSN）相比，NSN只能定位到供应品的品种，而参考号可以定位到供应品扦入（IOS）下生产厂商的具体产品（IOP）。

北约编目系统规定，参考号可以是以下几种。

①厂商的零件号；②厂商（设计部门）的图纸号；③厂商的型号；④厂商（供应商）的源头控制号；⑤规格控制号；⑥商品名称；⑦北约物资识别代码（NIIN）；⑧规范或标准号。

图7-10所示显示了某齿轮润滑油品种下的各种参考号。

2.关于参考号的理解

根据北约标准的定义，参考号是产品的代码。对于零件号、型号、商品名称等可以理解，但是将图号、标准/规范号认为是该物资产品的代码就难以理解了。

参考号的真正含义应该是：与该物资或装备有关的资料或产品在不同机构内的编号或代码。

规范/标准是与物资有关的资料，不同的厂商可以按同一规范/标准生产、验收物资和装备；规范/标准也可以是与物资有关的产品，可以单独销售。图纸是与物资有关的资料，不同的厂商可以按同一图纸制造、装配物资和装备；图纸也是与物资有关的产品，并且是带有知识产权的产品，转让费可能比物资本身要高得多。

由于参考号是由机构/供应商/厂商自行编制，代码的类型和格式没有统一的规定，但是该代码在机构内是唯一的。参考号不能单独使用，必须与机构代码绑定才有意义。如果物资的代码或编号与机构代码绑定后不能指向具体的产品，则参考号不能作为产品标识（非限定性参考号，通用规范）。

从图7-10可以看出，有很多参考号既不是生产厂商的零件号、型号，也不是标准发行部门的标准号、设计部门的图号，而是军方的供应中心、甚至是军方的管理部门的代码，实际上只要能在机构内部唯一指向某个具体品种和产品，那么机构内部代码就可以作为参考号。这样不同军兵种，甚至不同国家对同一产品赋的内部管理分类标识代码就可以继续保留，映射到品种唯一标识代码NSN下。

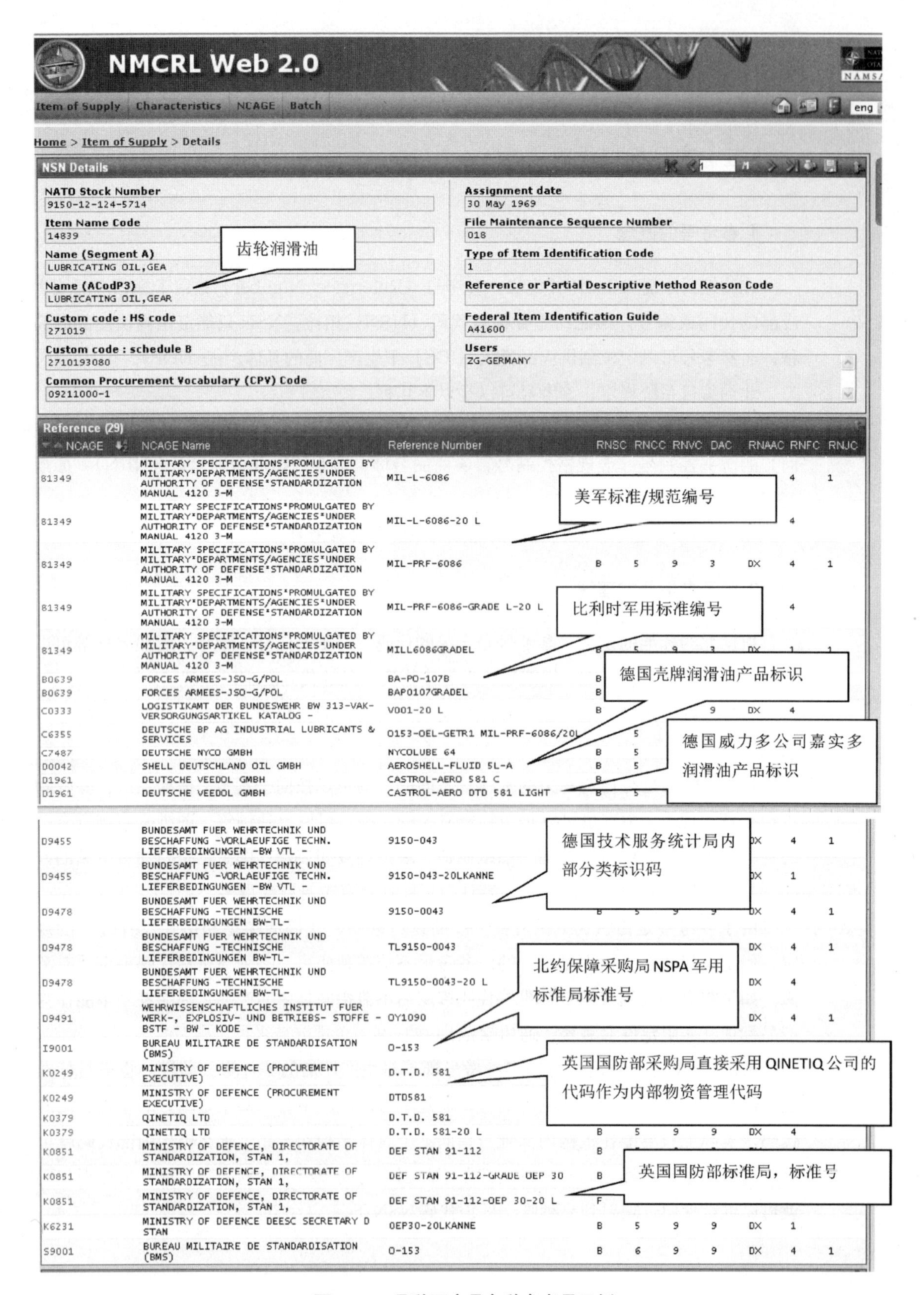

NMCRL Web 2.0

Item of Supply | Characteristics | NCAGE | Batch

Home > Item of Supply > Details

NSN Details

NATO Stock Number	9150-12-124-5714	Assignment date	30 May 1969
Item Name Code	14839	File Maintenance Sequence Number	018
Name (Segment A)	LUBRICATING OIL,GEA	Type of Item Identification Code	1
Name (ACodP3)	LUBRICATING OIL,GEAR	Reference or Partial Descriptive Method Reason Code	
Custom code : HS code	271019	Federal Item Identification Guide	A41600
Custom code : schedule B	2710193080	Users	ZG-GERMANY
Common Procurement Vocabulary (CPV) Code	09211000-1		

Reference (29)

NCAGE	NCAGE Name	Reference Number	RNSC	RNCC	RNVC	DAC	RNAAC	RNFC	RNJC
81349	MILITARY SPECIFICATIONS*PROMULGATED BY MILITARY*DEPARTMENTS/AGENCIES*UNDER AUTHORITY OF DEFENSE*STANDARDIZATION MANUAL 4120 3-M	MIL-L-6086						4	1
81349	MILITARY SPECIFICATIONS*PROMULGATED BY MILITARY*DEPARTMENTS/AGENCIES*UNDER AUTHORITY OF DEFENSE*STANDARDIZATION MANUAL 4120 3-M	MIL-L-6086-20 L						4	
81349	MILITARY SPECIFICATIONS*PROMULGATED BY MILITARY*DEPARTMENTS/AGENCIES*UNDER AUTHORITY OF DEFENSE*STANDARDIZATION MANUAL 4120 3-M	MIL-PRF-6086	B	5	9	3	DX	4	1
81349	MILITARY SPECIFICATIONS*PROMULGATED BY MILITARY*DEPARTMENTS/AGENCIES*UNDER AUTHORITY OF DEFENSE*STANDARDIZATION MANUAL 4120 3-M	MIL-PRF-6086-GRADE L-20 L						4	
81349	MILITARY SPECIFICATIONS*PROMULGATED BY MILITARY*DEPARTMENTS/AGENCIES*UNDER AUTHORITY OF DEFENSE*STANDARDIZATION MANUAL 4120 3-M	MILL6086GRADEL	B	5	9	3	DX	1	1
B0639	FORCES ARMEES-JSO-G/POL	BA-PO-107B	B						
B0639	FORCES ARMEES-JSO-G/POL	BAP0107GRADEL	B						
C0333	LOGISTIKAMT DER BUNDESWEHR BW 313-VAK-VERSORGUNGSARTIKEL KATALOG -	V001-20 L	B		9		DX	4	
C6355	DEUTSCHE BP AG INDUSTRIAL LUBRICANTS & SERVICES	0153-OEL-GETR1 MIL-PRF-6086/20L		5					
C7487	DEUTSCHE NYCO GMBH	NYCOLUBE 64	B	5					
D0042	SHELL DEUTSCHLAND OIL GMBH	AEROSHELL-FLUID 5L-A	B	5					
D1961	DEUTSCHE VEEDOL GMBH	CASTROL-AERO 581 C	B						
D1961	DEUTSCHE VEEDOL GMBH	CASTROL-AERO DTD 581 LIGHT	B	5					
D9455	BUNDESAMT FUER WEHRTECHNIK UND BESCHAFFUNG -VORLAEUFIGE TECHN. LIEFERBEDINGUNGEN -BW VTL -	9150-043					DX	4	1
D9455	BUNDESAMT FUER WEHRTECHNIK UND BESCHAFFUNG -VORLAEUFIGE TECHN. LIEFERBEDINGUNGEN -BW VTL -	9150-043-20LKANNE					DX	1	
D9478	BUNDESAMT FUER WEHRTECHNIK UND BESCHAFFUNG -TECHNISCHE LIEFERBEDINGUNGEN BW-TL-	9150-0043	B	5	9	9	DX	4	1
D9478	BUNDESAMT FUER WEHRTECHNIK UND BESCHAFFUNG -TECHNISCHE LIEFERBEDINGUNGEN BW-TL-	TL9150-0043					DX	4	1
D9478	BUNDESAMT FUER WEHRTECHNIK UND BESCHAFFUNG -TECHNISCHE LIEFERBEDINGUNGEN BW-TL-	TL9150-0043-20 L					DX	4	
D9491	WEHRWISSENSCHAFTLICHES INSTITUT FUER WERK-, EXPLOSIV- UND BETRIEBS- STOFFE - BSTF - BW - KODE -	OY1090					DX	4	1
I9001	BUREAU MILITAIRE DE STANDARDISATION (BMS)	O-153							
K0249	MINISTRY OF DEFENCE (PROCUREMENT EXECUTIVE)	D.T.D. 581							
K0249	MINISTRY OF DEFENCE (PROCUREMENT EXECUTIVE)	DTD581							
K0379	QINETIQ LTD	D.T.D. 581							
K0379	QINETIQ LTD	D.T.D. 581-20 L	B	5	9	9	DX	4	
K0851	MINISTRY OF DEFENCE, DIRECTORATE OF STANDARDIZATION, STAN 1,	DEF STAN 91-112	B						
K0851	MINISTRY OF DEFENCE, DIRECTORATE OF STANDARDIZATION, STAN 1,	DEF STAN 91-112-GRADE OEP 30	B						
K0851	MINISTRY OF DEFENCE, DIRECTORATE OF STANDARDIZATION, STAN 1,	DEF STAN 91-112-OEP 30-20 L	F						
K6231	MINISTRY OF DEFENCE DEESC SECRETARY D STAN	OEP30-20LKANNE	B	5	9	9	DX	1	
S9001	BUREAU MILITAIRE DE STANDARDISATION (BMS)	O-153	B	6	9	9	DX	4	1

图7–10　品种下产品各种参考号示例

（六）联邦物品识别指南

美军／北约编目系统不仅包含物资的标识信息，还包含物资的技术属性信息。

物资的属性是指物资的形状、尺寸、重量、材料、物理化学特性、功能用途等技术管理特征的集合。不同的国家、地区由于语言的不同、管理方式的不同，对物资的属性描述方法可能不同，这样对同一物资会形成不同的属性数据结果。编目系统为统一不同国家、地区间物资属性和管理数据的采集、编码、传输和检索，制定了《联邦物品识别指南》（FIIG）。FIIG大约有子模型38000个。

FIIG一般包括以下几个方面：前言、概述、正文、附录等。

1.前言

前言强调FIIG的强制性，属性数据描述必须采用FIIG。

2.概述

概述是指导阅读FIIG的最基本的部分，该部分包括：目的和范围、各章节内容说明、举例、特殊指示等，主要是说明该指南如何使用。

3.属性数据标识符索引

该部分列出了每个属性数据标识符（MRC）引用到的页码。

物资属性标识符是用于唯一标识物资每个属性的4位字母代码，如：NAME 为“核准名称”标识符，ABMZ 为“直径”标识符，ABNM 为“厚度”标识符。

目前已经采用的物资属性标识符约有27000多个，通过MRC的不同组合形成不同物资和装备的模型，相同模型中的不同属性值形成不同的物资品种。

物资属性标识符索引表中按MRC的字母顺序列出了FIIG中用到的所有MRC、属性项的名称含义以及该属性数据具体填报要求的页码。

对于第1章有多个部分（part），并且属性在多个部分被采用，则会有多个页码，如表7–5中的AGUC（包装单元数量）、AGXZ（包装单元类型）属性就有4个页码。

在药品中的生物制品描述指南T088中，共采用了如表7–5所示的47个属性数据标识符。

表7-5　物品的技术属性数据

物资属性标识符	属 性 名 称	页　码
第Ⅰ章　物资属性数据详细要求		
AFHR	附带组件	24
AGUC	包装单元数量	20,26,28,31
AGXW	物理形态	23
AGXZ	包装单元类型	21,26,28,31
AJJW	组件数量	20
AJUC	美国医院处方集服务分类号	37
AKJX	稀释的添加剂	23
AKKF	包装单元中物品的数量	21
ALCD	用量	20
ALPC	组成与数量	20
ANNW	直接容器类型	25,27,31
ANNX	直接容器数量	25,27,31
ANNY	每个直接接触容器内物品的数量	26,28,31
BBRK	来源	19
BCDN	卡介苗划针数量	25
CKYJ	包装单元内的物品内容	20
CLWT	供应量	25
CMBX	每单位活性成分	24
CMCB	稀释剂	19
CMCF	缓冲稀释剂标识	24
CMCG	病毒状态	27
CMDL	化合价	29
CMDM	病毒株	29
CMSN	每毫升细胞凝集反应单位的滴定量	30
CMSP	吸附剂标识	30

续表

物资属性标识符	属 性 名 称	页　　码
CMSQ	吸附材料	30
CRTL	关键属性标记	35
ELCD	超长属性描述	36
ELRN	超长参考号	36
FEAT	特殊特征	33
NAME	物资名称	19,23,27,29
PRPY	知识产权	36
SPCL	特别测试要求	34
TEST	测试依据文件编号	33
ZZZK	规范/标准编号	34
ZZZT	非限定性规范/标准编号	35
ZZZY	参考号区别属性	35
	第Ⅲ章　补充技术及管理数据详细说明	
AFJK	体积	39
AGAV	物资所属上级成品标识	39
AJCN	存储要求	40
CRYC	受控物质分级	42
CXCY	管控机构指定的产品名称	41
DERM	潜在皮肤刺激水平	41
HZRD	含有的危险物质	42
SUPP	补充特征	39
ZZZP	采购描述标识	40
ZZZV	物品的分类	40

4. 核准物资名称索引

该部分列出了每个核准物资名称适用的属性数据子集标识符（属性数据子模型代码）。

各种生物制品均采用表7–6所示的9个属性数据子模型进行描述。

表7–6　生物制品属性数据子模型

各核准物资名称（略） 适用的生物制品子模型类型	属性数据子集标识符 （子模型代码）
凝血酶类制品	BE
响尾蛇毒血清制品	BF
水痘和黄热类疫苗制品	BS
结核菌素类制品	CD
血浆制品和伤寒改良疫苗类制品	CH
麻、风、腮疫苗类制品	CL
兽用狂犬疫苗类制品	DA
流感疫苗类制品	EP
其他生物制品	DE

5. 属性数据子集标识符索引

该部分列出了每个属性数据子模型的属性数据标识符集合。例如，凝血酶类生物制品、响尾蛇毒血清制品、水痘和黄热类疫苗制品的子模型如表7–7所示。

表7–7　属性数据子模型

物资属性标识符（MRC）	属性数据子模型及标识代码		
	BE 凝血酶类生物制品	BF 响尾蛇毒血清制品	BS 水痘和黄热类疫苗制品
NAME	X	X	X
BBRK	X	X	
CMCB	X		X

续表

物资属性标识符（MRC）	属性数据子模型及标识代码		
	BE 凝血酶类生物制品	BF 响尾蛇毒血清制品	BS 水痘和黄热类疫苗制品
AJJW		X	
ALPC		AR	
ALCD		AR	
AGUC	AR		AR
CKYJ	AR		AR
AKKF	AR		AR
AGXZ	AR		AR
FEAT	AR	AR	AR
TEST	AR	AR	AR
SPCL	AR	AR	AR
ZZZK	AR	AR	AR
ZZZT	AR	AR	AR
ZZZY	AR	AR	AR
CRTL	AR	AR	AR
PRPY	AR	AR	AR
ELRN	AR	AR	AR
ELCD	AR	AR	AR
AJUC	AR	AR	AR
AFJK	AR	AR	AR
AGAV	AR	AR	AR
SUPP	AR	AR	AR
ZZZP	AR	AR	AR
ZZZV	AR	AR	AR
AJCN	AR	AR	AR
CXCY	AR	AR	AR

续表

物资属性标识符（MRC）	属性数据子模型及标识代码		
	BE 凝血酶类生物制品	BF 响尾蛇毒血清制品	BS 水痘和黄热类疫苗制品
DERM	AR	AR	AR
HZRD	AR	AR	AR
CRYC	AR	AR	AR

注：X表示必选属性，AR表示可选属性。

6.正文

FIIG的第Ⅰ、Ⅲ章主要用来说明如何用每个属性数据标识符。

美军／北约物资编目的属性数据一般通过如下形式描述。

属性数据标识符MRC+数据模式代码＋属性数据

属性描述数据的组织非常灵活，表7–8列出了数据表达的多种形式。

表7–8　属性数据模式代码表

模式代码	含　　义
A	数据为文本
B	数据为带小数的数据，至少有一位小数
D	数据为代码表中的代码（固定不变）
E	用于标识例外的属性数据，与规定格式一致
F	数据为表示范围的带小数的数据
G	数据为文本，不编码、解码
H	用于标识两个以上的属性数据，数据为代码型
J	用于标识一个以上的属性数据，数据为代码型并附带不定长度的数据
K	用于替代除D、G外的任何模式代码的例外数据
L	数据为标识概念、图形的字符数字，但必须与具体文件联用才能定位

美军／北约编目属性数据中的A模式后直接引出文本；B模式后直接引出数据，D模式后直接引出代码；B、D模式允许存在多值模式，取值之间用$或者$$分开，$用于标识多值中选取1个值，即“或”取值所示；对于同时存在多个取值的情况，采用$$标识即“和”取值所示；F模式后直接引出数据的下限和上限，并用斜杠分隔。表7–9以生物制品属性数据为例展示。

表7–9　联邦物品识别指南正文部分示例

<table>
<tr><th>序号</th><th>子模型标识代码</th><th>物资属性标识码</th><th>模式代码</th><th>属性数据填报要求</th></tr>
<tr><td rowspan="3">1</td><td rowspan="3">ALL</td><td rowspan="3">NAME</td><td rowspan="3">D</td><td>物资名称</td></tr>
<tr><td>定义：一个名字，有或无修饰语，通过它可获知供应的物品</td></tr>
<tr><td>属性值说明：输入核准物资名称目录中摘选出的核准物资名称代码
示例：
NAME D 29124*</td></tr>
<tr><td rowspan="3">2</td><td rowspan="3">CD*，CH</td><td rowspan="3">AGXW</td><td rowspan="3">D</td><td>物理形态</td></tr>
<tr><td>定义：物品自然或精加工后确定的形状、形态、结构或模具，完全与物品外观对应</td></tr>
<tr><td>属性值说明：输入下表（AE98）中适用的属性值代码
示例：
AGXW D AAAL*；
AGXW D AAAL $ D AAET*
<table><tr><td>属性值代码</td><td>属性值代码含义(AE98)</td></tr><tr><td>AAFN</td><td>干态</td></tr><tr><td>AAAL</td><td>液态</td></tr><tr><td>AAFP</td><td>冻干态</td></tr><tr><td>AAET</td><td>药片</td></tr></table></td></tr>
<tr><td>…</td><td>…</td><td>…</td><td>…</td><td>…</td></tr>
</table>

注：表中的属性数据，示例为便于阅读，采用空格分开，实际属性数据编码没有空格。数据结束采用“*”标记。$用于标识“或”取值，如表中第二个示例中，物品或为AAAL液态，或为AAEP药片。

属性数据描述中比较复杂的模式是J模式，表7-10以药物的活性成分量属性为例进行展示。

表7-10　药物的活性成分量属性

AKJA	J	定义：合成药物制剂的成分及其公认的治疗价值。（一般使用物资名称通用命名法加以表示）
		属性值说明： 请输入附录A表AG53、附录A表AG54以及附录A表AG55中适用的回复代码，后跟数字数值。 示例： AKJA J GM A118 BL 1.500* 对于多重回复，请使用AND代码（$$），按附录A表ΛG54中的顺序进行输入。 示例： AKJA J GM A1118 BL 0.500 $$ J GM A1092 BL 0.500* 代码1 代码2 代码3 代码1 代码2 代码3

AKJA属性数据需要从3个代码表中选取代码，然后再输入数据，第二示例表示物品中药物的活性成分中每克中分别含有阿司匹林0.5毫克和维生素C0.5毫克。

目前编目系统中已经出现存在从6个代码表中选取代码，然后再接数据的情况。

更复杂的属性数据编码是第二地址编码ISAC，一般某个产品由多个零部件组成，不同零部件的材料可能不相同，比如订书机，工作部件是钢材，外壳是塑料，底座防滑减震垫是橡胶，那么描述订书机的材料就需要采用第二地址编码方法，如图7-11所示。

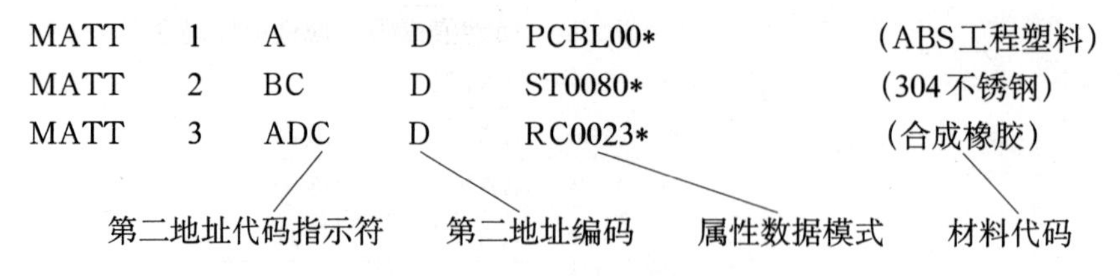

图7-11　第二地址编码ISAC

图7-12中的杆端滑动轴承技术属性数据就多处采用了第二地址编码表示物品的内圈、衬套、杆端等部位的材料、依据的相关文件和表面处理方法。

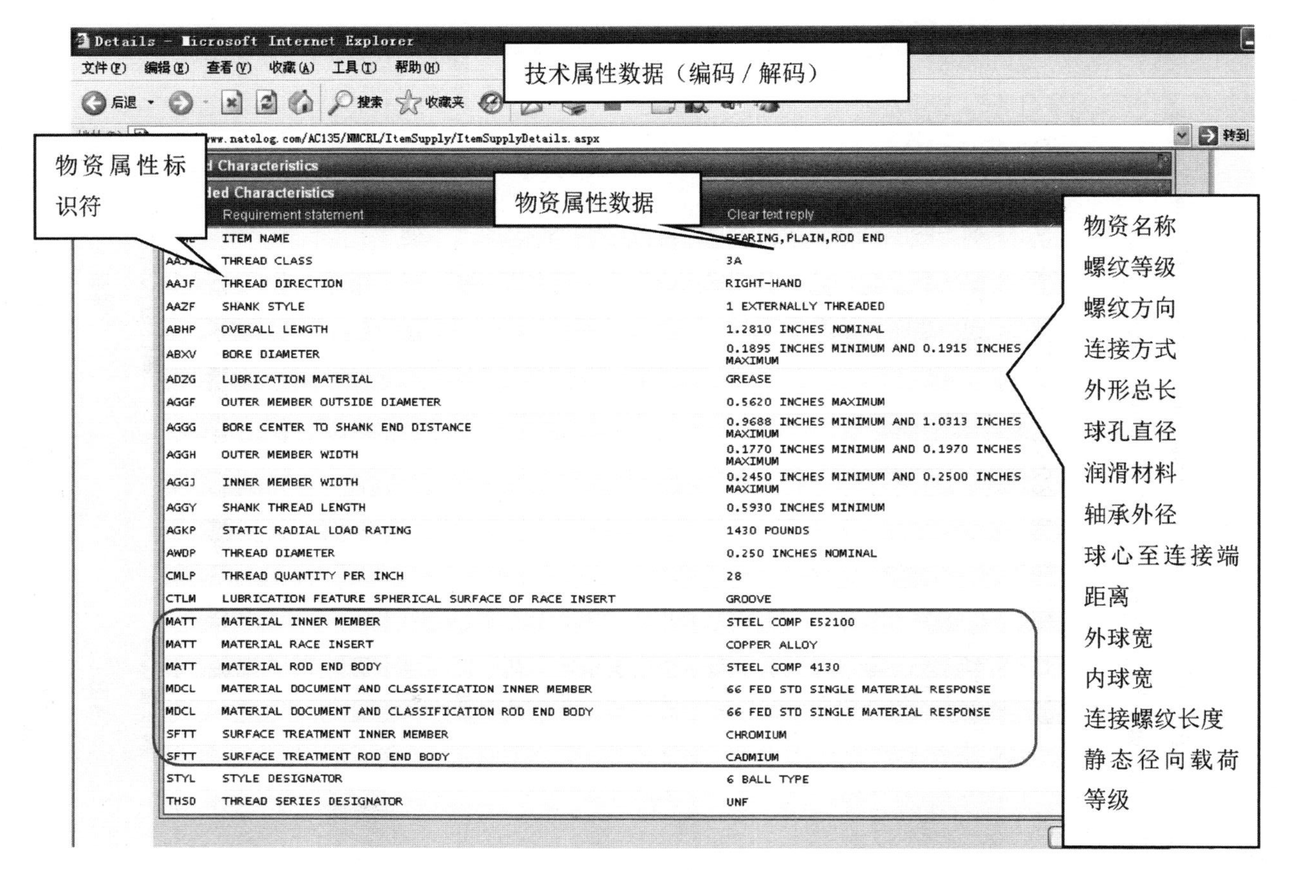

图7-12　北约编目物资的属性数据

7. 附录

FIIG的附录列出了正文中的属性数据标识符需要用到的图或代码表。表7–11、表7–12展示了药物和化学成分属性值代码和计量单位属性值代码。

表7–11　药物和化学成分表（FIIG表编号AG54）

属性值代码	属性值代码含义
A	任何可以接受的
A0040	醋酸
A1376	苄索氯铵
B3459	碳酸氢钠
A2023	氯化钙
B4177	白色念珠菌
B1256	氯
A4940	甘油
B4124	绿白腊树
B4123	啤酒花
B2801	等渗氯化钠溶液
A8350	钾
…	…

表7–12　计量单位（FIIG表编号AG67）

属性值代码	属性值代码含义
MR	剂量
AL	毫克
AM	毫升
JX	蛋白质单位
LY	测试
AZ	单位
…	…

（七）数据元

数据元是用一组由定义、标识、表示和允许值等描述属性构成的基本数据单元，通俗地说就是经标准化处理的数据项。

由于北约编目系统需要在70多个国家间交换数据，如果对数据不加以规范，则可能引起误解。为使北约编目数据能在各国顺利交换，美军／北约编目系按照ISO 11179《信息技术 元数据注册》的规则，统一制定并发布了数据元字典标准。

美军／北约编目系统给每个数据项进行唯一命名，然后赋以一个唯一的由4位数字组成的数据记录代码（DRN）作为标识符，对每个数据元进行定义以增加使用者对其的理解，并规定数据的类型和长度，指示其使用的位置（数据表、物理模型）。在数据元定义中，还给出了需要用代码表示数据元值的代码表（FLIS V10）。

美军编目系统的所有6088个编目数据元经过标准化、规范化、得到批准（注册）后，汇总发布在FLIS V12中的第4章，数据元采用如表7-13的方式表示。

表7-13 编目数据元表示方式

<table>
<tr><td>数据记录代码</td><td>COBOL字段名</td><td>DB2字段名</td><td>数据元维护机构</td><td>数据格式
定变长
类型
长度</td></tr>
<tr><td colspan="5">数据元名称</td></tr>
<tr><td colspan="5">定义</td></tr>
</table>

规定了数据元的标识方式，就可以据此表示数据元了。数据元的表示形式如图7-13所示。

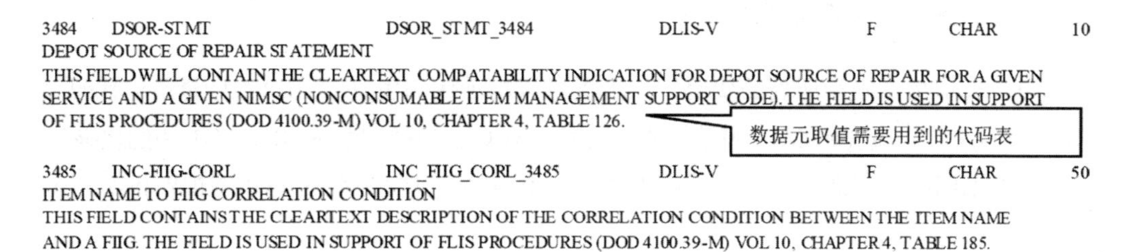
3484 DSOR-STMT DSOR_STMT_3484 DLIS-V F CHAR 10
DEPOT SOURCE OF REPAIR STATEMENT
THIS FIELD WILL CONTAIN THE CLEARTEXT COMPATABILITY INDICATION FOR DEPOT SOURCE OF REPAIR FOR A GIVEN SERVICE AND A GIVEN NIMSC (NONCONSUMABLE ITEM MANAGEMENT SUPPORT CODE). THE FIELD IS USED IN SUPPORT OF FLIS PROCEDURES (DOD 4100.39-M) VOL 10, CHAPTER 4, TABLE 126.

3485 INC-FIIG-CORL INC_FIIG_CORL_3485 DLIS-V F CHAR 50
ITEM NAME TO FIIG CORRELATION CONDITION
THIS FIELD CONTAINS THE CLEARTEXT DESCRIPTION OF THE CORRELATION CONDITION BETWEEN THE ITEM NAME AND A FIIG. THE FIELD IS USED IN SUPPORT OF FLIS PROCEDURES (DOD 4100.39-M) VOL 10, CHAPTER 4, TABLE 185.

图7-13 FLIS V12 数据元示例

北约编目系统进行了精简，从中选取了250个数据元，发布在ACodP-1的第5章中，采用表7-14、图7-14的方式表示。

表7-14 简化后的编目数据元表示方式

数据记代码	数据元名称及定义	数据格式	引用的数据段

8575	**QUANTITATIVE EXPRESSION**	13X	H
	An expression which specifies the content (decimal locator, quantity and unit of measurement) of the nondefinitive unit of issue assigned to an item of supply (see Sub-Section 553, Table 36).		
8855	**ASSOCIATION CODE, NCAGE -AC NCAGE-**	5X	C
	A code assigned by NCBs to identify the corporate complex entity and all related sub-entities that comprise a corporate complex. This code is used in item identification screening operations to determine actual duplicate items or possible duplicate items when the Reference Number is the same, but the NCAGE Code is different.		

图7-14 ACodP-1 中数据元示例

（八）系统及供应管理代码

代码是用数字、字母形式表示数据元值的符号。它具有简单易于处理的特点，可以实现用简短的代码表示需要用较长的数据或一段说明性的文字标识的事物。

美军／北约编目系统的代码总体上分为两类。一类是前面《联邦物品识别指南》章节中用于详细描述物品的技术属性代码，共有约2000个代码表，18万个代码。另一类就是本章中叙述的编目软件和供应业务管理中用到的代码，《联邦信息系统程序手册》FLIS第10卷第3章表1～表226将编目系统中需要采用的147个代码表进行了汇总，该部分的代码主要包括以下三种。

1.物品储运中需要用到的属性代码

用于表示物资固有属性的代码，如贵重金属指示代码表（PMIC）、计量单位代码表（UIC）、度量代码表（UOM）、危险性质代码表（HCC）、特殊材料表（SMCC）中的代码。

需要说明的是，北约编目综合标准中的物资属性代码并不完全与物资识别指南FIIG中的属性代码一致。

2.供应管理业务中用到的代码

供应管理业务中用到的代码主要包括与物资采购、供应管理有关的代码，如标识物资被取消、替代、重启、在用、非激活（停用）代码，北约物资识别代码的状态代码（NIIN STATUS CODE）代码表，用于标识采购中供应品替代关系的物资标准化代码表（ISC），特殊包装指示代码表（SPI）中的代码。

用于标识美军各部门的供应品源头代码表（SOSC）、描述源头性质的供应品源头修饰代码表（SOSMC）标准中给出的实际上仅用于美军内部的通用供应管理代码。类似的还有美军各军种专用的管理代码，如海军陆战队存储统计代码表（SAC）、陆军物资种类代码表（MCC）、空军基金代码表（FC），这些代码主要用于标识美军部门内部供应、管理、维修中的业务事项等。

北约编目系统编制代码表时，最显著的特点是追求代码的简短，而不是追求代码的层次、规则、规律。如表7–15所示的计量单位代码，没有字母顺序、数字顺序，字母、数字可以混合编码。

表7–15　计量单位代码（FLIS V10 表81）

代码	计量单位名称
AR	suppository
AV	capsule
BF	Board foot
BQ	BRIQUET
B7	CYCLE
CC	CUBIC CENTIMETER
CD	CUBIC YARD
CF	CUBIC FOOT
CG	CENTIGRAM
CI	CUBIC INCH
CM	CENTIMETER
CU	CURIE
CZ	CUBIC METER
KR	CARAT
…	…

3. 系统运行中需要用到的代码

用于表示美军／北约编目系统数据处理、交换、传输、更新维护等所用的代码，如用文件标识代码表（DIC）标识数据交换中用到的各种输入、输出数据段含义，用连续指示代码（CIC）标识数据段中的全部数据是否结束，用数据元终止符代码（DETC）标识某数据项的数据是否完整，用返回代码表（RETURN CODE）标识数据交换处理的结果，用参考号性质代码表标识参考号的状态等。这些代码主要是系统建设、数据更新维护人员使用。

（九）数据模型

数据模型是指描述事物（实体）输入、输出数据以及各种约束条件数据之间的关系。模型的准确程度与模型中包含的数据元及输入数据数量密切相关，数据元及输入数据多，则描述清晰，数据元及输入数据少，描述就模糊；输入数据的值不同，导致输出结果的不同，就形成了同类事物的不同个体，对于物资编目系统，就是物资的品种。

编目系统的数据模型分为三种：一是用于描述物资技术属性的数据模型，也就是前面章节中所述的《联邦物资识别指南》FIIG；二是用于说明北约编目系统数据交换的模型——数据段SEGMENT，包括品种标识、厂商／参考号、属性等，这也是美军编目系统旧的数据模型；三是本章所述的美军编目系统的新数据模型——组表（group table），即依据编目系统各相关部分实体及数据构成之间的关系建立的模型。

1994年开始，美军对旧数据模型进行现代化改造，形成了依据逻辑模型推导出新的物理关系数据模型——《联邦后勤信息系统程序手册　第12卷　数据元字典》（FLIS V12）。

新的数据模型由1000个数据组表构成，每个数据组表除有表名外还有编号，以及组表中用到的数据元和主键，通过不同数据组表的组合及主键构成了各数据实体间的关系。

由于FLIS　V12只按数据表编号顺序提供了编目系统物理模型，没有给出这些数据表的E-R图，并且数据组表数量庞大（约1000个），我们无法获知美军编目系统完整的逻辑模型。但是，借助美军／北约编目系统的界面，结合物理模型数据组表，还是可以勾画出美军／北约编目系统一些关键局部的逻辑模型。

1. 关键数据实体

1）物资识别数据实体

物资识别数据一部分由FLIS　V12的表684给出，主键1为编目局代码，主键2为无含义7位流水号；另一部分由FLIS V12表010给出，主键1为编目局代码，主键2为无含义7位流水号，主键3为数据生效日期。

2）参考号属性实体

一个物资品种（NIIN）可以对应多个产品，产品的参考号REF信息数据由FLIS V12表014（或686）给出，主键1为编目局代码，主键2为无含义7位流水号，主键3为参考号，主键4为NCAGE代码。

3）商业及政府机构数据实体

商业及政府机构代码CAGE数据由FLIS V12表685给出，主键1为NCAGE代码。

4）用户数据实体

用户数据由FLIS V12表041给出，主键1为编目局代码，主键2为无含义7位流水号，主键3为大单位代码MOE。

5）编码后属性数据实体

虽然物资的属性数据模型，在核准名称后就确定了，但一个具体的物资品种是否有属性数据由识别类型决定，即物资可以有核准物资名称，但对于2型识别法，就没有属性数据，也就是物资的属性数据（含图形属性）由物资的品种（NIIN）决定。编码后的属性数据由FLIS V12表116给出，主键1为编目局代码，主键2为无含义7位流水号，主键3属性标识符，主键4第二地址指示符，主键5为第二地址代码，主键6为属性值顺序号。

6）解码后的属性数据实体

解码后的属性数据由FLIS V12表498给出。主键1信息分发标识码，主键2复审级别记录，主键3为编目局代码，主键4为无含义7位流水号，主键5为属性值顺序号。

7）图形数据实体

需要注意的是对于样式图的属性数据，仅给出样式图的图号并不能唯一确定具体图的位置，如：FIIG A003B中的组A、组B、…组G中的图都是按1、2、…、7顺序编号，FIIG A004A中的组A、组B也同样是按数字顺序编号，因此，仅有图号不能确定具体的图式，图示信息必须关联到具体FIIG中的图的特定位置。

FLIS V12表075将NIIN关联到FIIG，其中数据元DRN 0772的第5部分为FIIG各部的图号，再通过FLIS V12表131关联到FIIG各部分中的图号及图形属性说明，最后通过FLIS V12表321关联到具体的分图。

2. 各实体之间的关系

将各物理数据组表综合起来，就形成了如图7-15所示的逻辑模型。

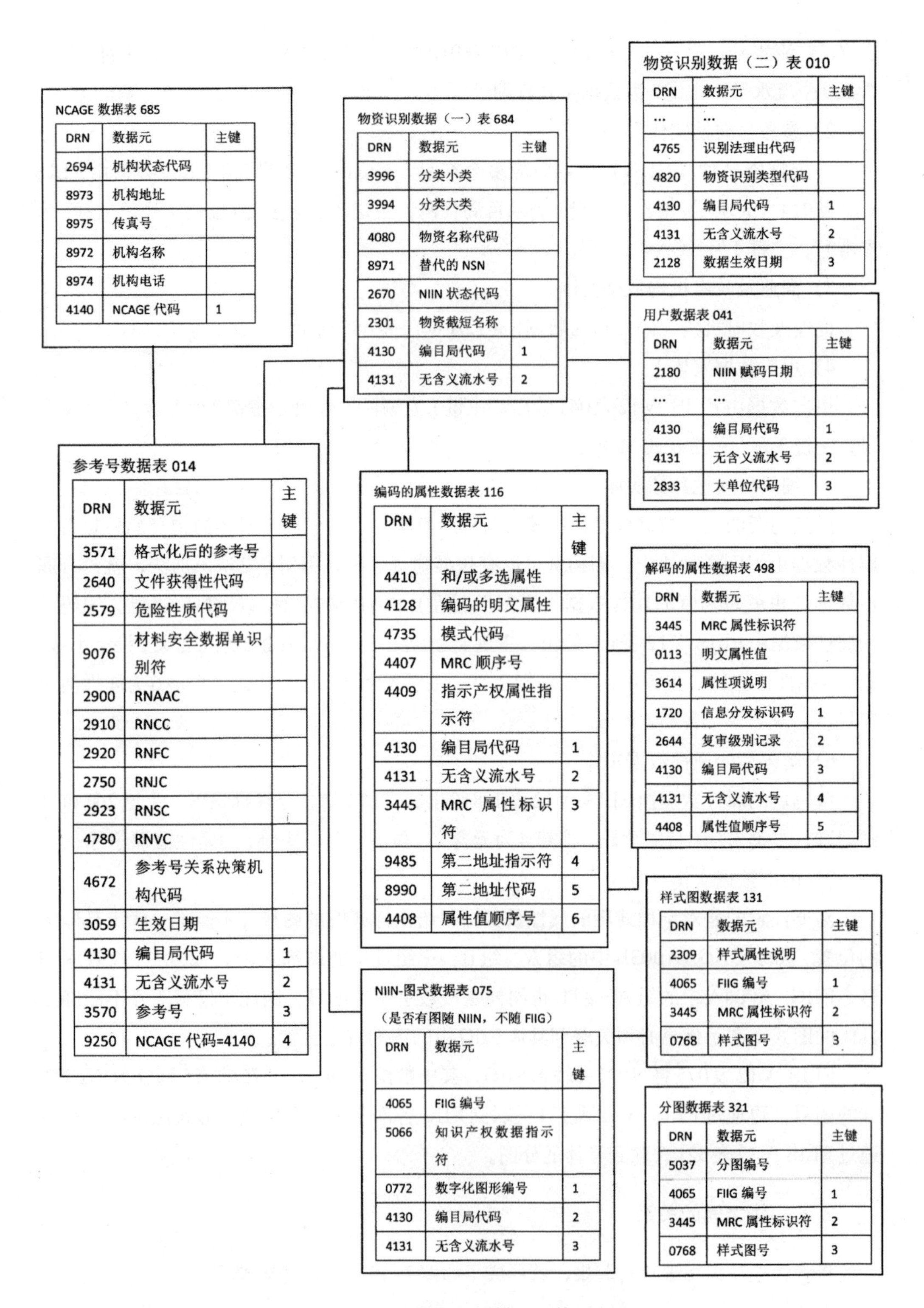

NCAGE 数据表 685

DRN	数据元	主键
2694	机构状态代码	
8973	机构地址	
8975	传真号	
8972	机构名称	
8974	机构电话	
4140	NCAGE 代码	1

物资识别数据（一）表 684

DRN	数据元	主键
3996	分类小类	
3994	分类大类	
4080	物资名称代码	
8971	替代的 NSN	
2670	NIIN 状态代码	
2301	物资截短名称	
4130	编目局代码	1
4131	无含义流水号	2

物资识别数据（二）表 010

DRN	数据元	主键
…	…	
4765	识别法理由代码	
4820	物资识别类型代码	
4130	编目局代码	1
4131	无含义流水号	2
2128	数据生效日期	3

用户数据表 041

DRN	数据元	主键
2180	NIIN 赋码日期	
…	…	
4130	编目局代码	1
4131	无含义流水号	2
2833	大单位代码	3

参考号数据表 014

DRN	数据元	主键
3571	格式化后的参考号	
2640	文件获得性代码	
2579	危险性质代码	
9076	材料安全数据单识别符	
2900	RNAAC	
2910	RNCC	
2920	RNFC	
2750	RNJC	
2923	RNSC	
4780	RNVC	
4672	参考号关系决策机构代码	
3059	生效日期	
4130	编目局代码	1
4131	无含义流水号	2
3570	参考号	3
9250	NCAGE 代码=4140	4

编码的属性数据表 116

DRN	数据元	主键
4410	和/或多选属性	
4128	编码的明文属性	
4735	模式代码	
4407	MRC 顺序号	
4409	指示产权属性指示符	
4130	编目局代码	1
4131	无含义流水号	2
3445	MRC 属性标识符	3
9485	第二地址指示符	4
8990	第二地址代码	5
4408	属性值顺序号	6

解码的属性数据表 498

DRN	数据元	主键
3445	MRC 属性标识符	
0113	明文属性值	
3614	属性项说明	
1720	信息分发标识码	1
2644	复审级别记录	2
4130	编目局代码	3
4131	无含义流水号	4
4408	属性值顺序号	5

样式图数据表 131

DRN	数据元	主键
2309	样式属性说明	
4065	FIIG 编号	1
3445	MRC 属性标识符	2
0768	样式图号	3

NIIN-图式数据表 075
（是否有图随 NIIN，不随 FIIG）

DRN	数据元	主键
4065	FIIG 编号	
5066	知识产权数据指示符	
0772	数字化图形编号	1
4130	编目局代码	2
4131	无含义流水号	3

分图数据表 321

DRN	数据元	主键
5037	分图编号	
4065	FIIG 编号	1
3445	MRC 属性标识符	2
0768	样式图号	3

图7-15　关键数据逻辑模型实体关系图

3.数据表中数据记录的模式

由于美军/北约编目系统中的编目数据是按数据组表记录的，因此，一个物品的编目数据会记录在不同的数据组表中，不同物品的同类性质的编目数据会记录在相同的数据组表中，下面以库存物资代码（NSN）为5905009693926的可变电阻为例说明数据在数据组表中的记录情况。

1）物资识别数据和用户数据

北约编目系统物资识别数据界面如图7-16所示。

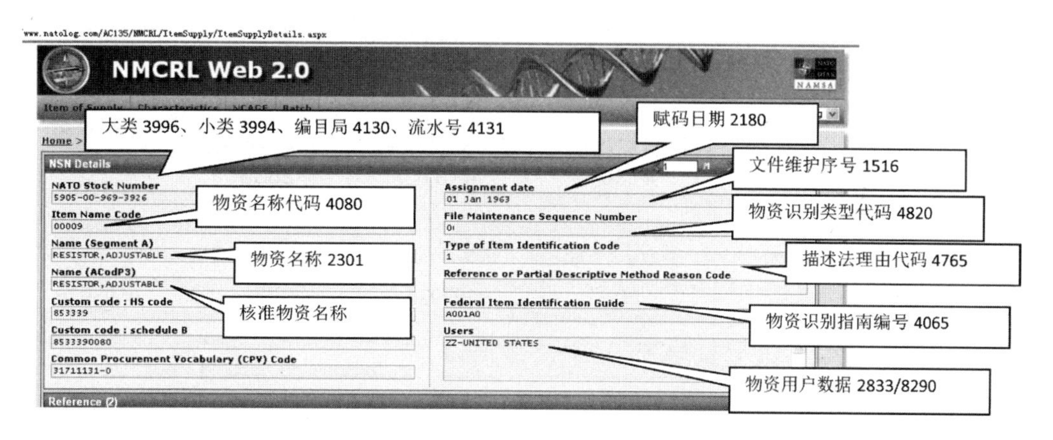

图7-16　物资识别数据中的数据元示例

对应的物资识别数据和用户组表数据记录如表7-16、表7-17、表7-18所示。

表7-16　物资识别数据（一）组表684数据记录示例

分类小类 3996	分类大类 3994	物资名称代码 4080	替代的 NSN8971	NIIN状态代码 2670	物资截短名称 2301	编目局代码 4130	无含义流水号 4131
…	…	…	…	…	…	…	…
05	59	00009		1	RESISTOR, ADJUSTABLE	00	9693926
…	…	…	…	…	…	…	…

表7-17　物资识别数据（二）组表010数据记录示例

…	识别法理由代码4765	物资识别类型代码4820	编目局代码4130	无含义流水号4131	数据生效日期2128	无含义流水号4131
…	…	…	…	…	…	…
…		1	00	9693926	63001	9693926
…	…	…	…	…	…	…

表7-18　用户数据（三）组表041数据记录示例

NIIN赋码日期2180	…	编目局代码4130	无含义流水号4131	大单位代码2833	无含义流水号4131
…	…	…	…	…	…
63001	…	00	9693926	ZZ	9693926
…	…				…

2）机构和参考号数据

检索的机构和参考号数据如图7-17、表7-19、表7-20所示。

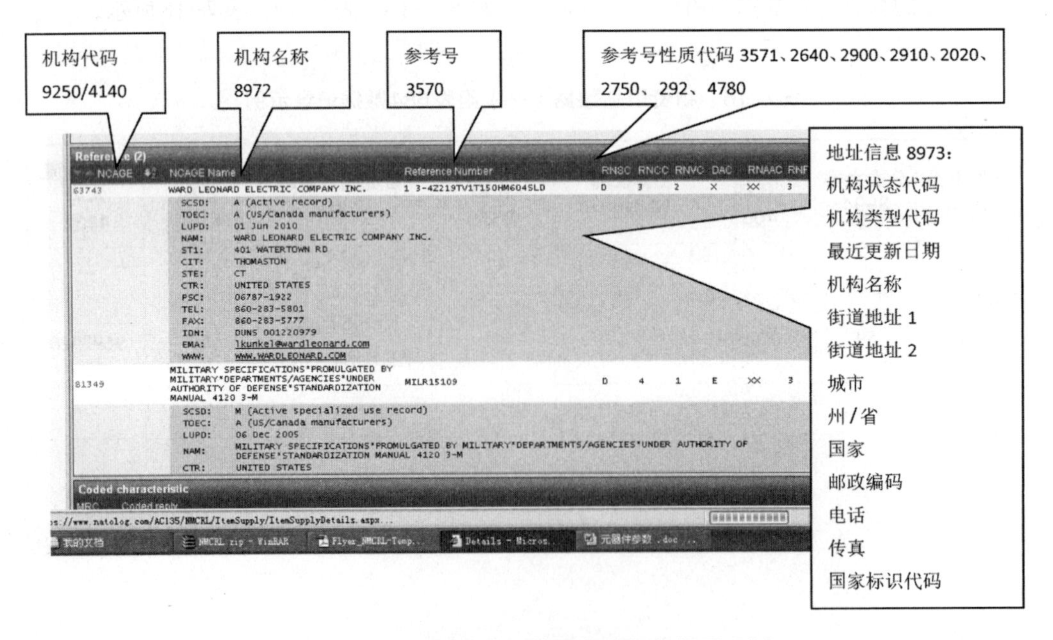

图7-17　产品数据中机构及参考号数据元示例

表7-19　对应的机构、参考号信息组表014数据记录示例

格式化后的参考号 3571	…	**1 3-4Z219TV1T150 HM6045SLD**	**MILR15109**	…
文件获得性代码 2640	…	X	E	…
…	…			…
RNAAC 2900	…	XX	XX	…
RNCC 2910	…	3	4	…
RNFC 2920	…	3	3	…
RNJC 2750	…			…
RNSC 2923	…	D	D	…
RNVC 4780	…	2	1	…
…	…			…
编目局代码 4130	…	00	00	…
无含义流水号 4131	…	9693926	9693926	…
参考号 3570	…	1 3-4Z219TV1T150 HM6045SLD	MILR15109	…
CAGE代码 9250(4140)	…	63743	81349	…

表7-20　商业及政府机构信息记录组表685数据记录示例

机构状态代码 2694	机构地址 8973	传真号 8975	机构名称 8972	机构电话 8974	NCAGE代码 4140
…	…	…	…	…	…
A	WARD LEONARD ELECTRIC COMPANY INC. 401 WATERTOWN RD TOMASTON CT UNITED STATES 06787-1922	860-283-5777	WARD LEONARD ELECTRIC COMPANY INC.	860-283-5801	63743
M	MILITARY SPECIFICATION PROMULGATED BY MILITARY DEPARTMENTS/ AGENCIES UNDER AUTORITY OF DEFENSE STANDARDIZATION MANUAL 4120 3-M UNITED STATES		MILITARY SPECIFICATION PROMULGATED BY MILITARY DEPARTMENTS/ AGENCIES UNDER AUTORITY OF DEFENSE STANDARDIZATION MANUAL 4120 3-M		81349
…	…	…	…	…	…

3）编码和解码的属性数据

编码和解码的属性数据如图7-18、表7-21、表7-22所示。

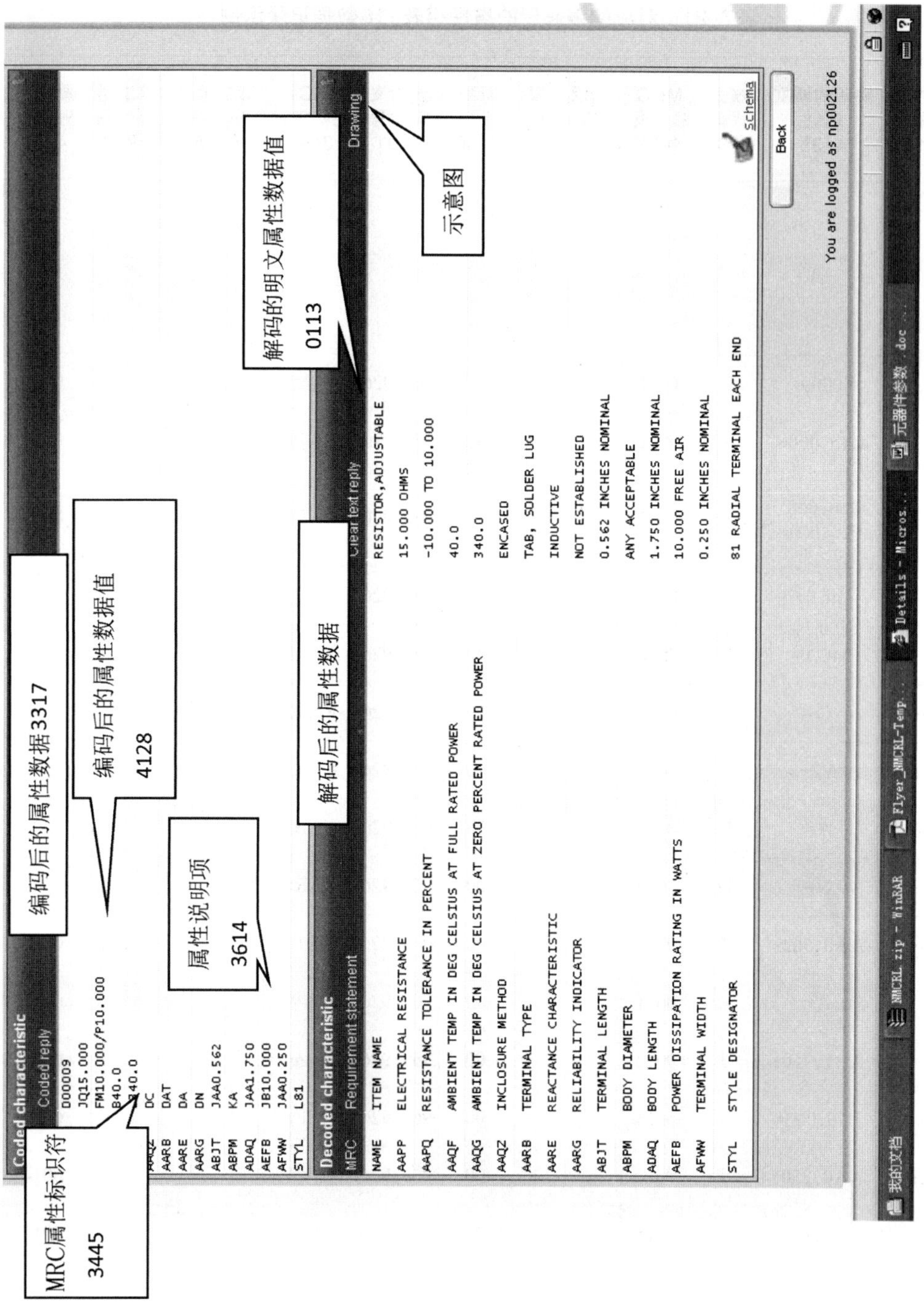

MRC属性标识符 3445

编码后的属性数据3317

编码后的属性数据值 4128

属性说明项 3614

Coded characteristic

MRC	Coded reply
	D00009
	JQ15.000
	FM10.000/P10.000
	B40.0
	340.0
AAQZ	DC
AARB	DAT
AARE	DA
AARG	DN
ABJT	JAA0.562
ABPM	KA
ADAQ	JAA1.750
AEFB	JB10.000
AFWW	JAA0.250
STYL	L81

解码后的属性数据

解码的明文属性数据值 0113

示意图

Decoded characteristic

MRC	Requirement statement	Clear text reply	Drawing
NAME	ITEM NAME	RESISTOR,ADJUSTABLE	
AAPP	ELECTRICAL RESISTANCE	15.000 OHMS	
AAPQ	RESISTANCE TOLERANCE IN PERCENT	-10.000 TO 10.000	
AAQF	AMBIENT TEMP IN DEG CELSIUS AT FULL RATED POWER	40.0	
AAQG	AMBIENT TEMP IN DEG CELSIUS AT ZERO PERCENT RATED POWER	340.0	
AAQZ	INCLOSURE METHOD	ENCASED	
AARB	TERMINAL TYPE	TAB, SOLDER LUG	
AARE	REACTANCE CHARACTERISTIC	INDUCTIVE	
AARG	RELIABILITY INDICATOR	NOT ESTABLISHED	
ABJT	TERMINAL LENGTH	0.562 INCHES NOMINAL	
ABPM	BODY DIAMETER	ANY ACCEPTABLE	
ADAQ	BODY LENGTH	1.750 INCHES NOMINAL	
AEFB	POWER DISSIPATION RATING IN WATTS	10.000 FREE AIR	
AFWW	TERMINAL WIDTH	0.250 INCHES NOMINAL	
STYL	STYLE DESIGNATOR	81 RADIAL TERMINAL EACH END	

Schema

Back

You are logged as np002126

我的文档 NMCRL.zip - WinRAR Flyer_NMCRL-Temp... Details - Micros... 元器件参数.doc ...

图7-18　物资属性数据中数据元示例

表7-21　对应的编码后的属性组表116数据记录示例

和/或多选属性 4410	编码的明文属性 4128	模式代码 4735	MRC顺序号 4407	知识产权指示符 4409	编目局代码 4130	无含义流水号 4131	MRC属性标识符 3445	第二地址指示符 9485	第二地址代码 8990	属性值顺序号 4408
…	…	…	…	…	…	…	…	…	…	…
…	…	…	…	…	…	…	…	…	…	…
…	…	…	…	…	…	…	…	…	…	…
…	00009*	D	0001		00	9693926	NAME			0001
…	Q15.000*	J	0002		00	9693926	AAPP	1	Q	0002
…	M10.000/P10.000*	F	0003		00	9693926	AAPQ			0003
…	40.0*	B	0004		00	9693926	AAQF			0004
…	340.0*	B	0005		00	9693926	AAQG			0005
…	C*	D	0006		00	9693926	AAQZ			0006
…	AT*	D	0007		00	9693926	AARB			0007
…	A*	D	0008		00	9693926	AARE			0008
…	N*	D	0009		00	9693926	AARG			0009
…	AA0.562*	J	0010		00	9693926	ABJT			0010
…	A*	K	0011		00	9693926	ABPM			0011
…	AA1.750*	J	0012		00	9693926	ADAQ			0012
…	B10.000*	J	0013		00	9693926	AEFB			0013
…	AA0.250*	J	0014		00	9693926	AFWW			0014
…	81*	L	0015		00	9693926	STYL			0015
…	…	…	…	…	…	…	…	…	…	…
…	…	…	…	…	…	…	…	…	…	…
…	…	…	…	…	…	…	…	…	…	…

表7-22 对应的解码后的属性组表498数据记录示例

MRC属性标识符3445	解码的明文属性数据值 0113	属性项说明 3614	信息分发标识码 1720	复审级别记录 2644	编目局代码 4130	无含义流水号 4131	属性值顺序号 4408
…	…	…	…	…	…	…	…
NAME	RESISTOR, ADJUSTABLE	ITEM NAME	…	…	00	9693926	0001
AAPP	15.000OHMS	ELECTRICAL RESISTANCE	…	…	00	9693926	0002
AAPQ	−10.000 TO 10.000	RESISTANCE TOLERANCE IN PERCENT	…	…	00	9693926	0003
AAQF	40.0	AMBIENT TEMP IN DEG CELSIUS AT FULL RATED POWER	…	…	00	9693926	0004
AAQG	340.0	AMBIENT TEMP IN DEG CELSIUS AT ZERO PERCENT RATED POWER	…	…	00	9693926	0005
AQZ	ENCASED	INCLOSURE METHOD	…	…	00	9693926	0006
AARB	TAB,SOLDER LUG	TERMINAL TYPE	…	…	00	9693926	0007
AARE	INDUCTIVE	REACTANCE CHARACTER ISTIC	…	…	00	9693926	0008
AARG	NOT ESTABLISHED	RELIABILITY INDICATOR	…	…	00	9693926	0009
ABJT	0.562 INCHES NOMINAL	TERMINAL LENGTH	…	…	00	9693926	0010
ABPM	ANY ACCEPTABLE	BODY DIAMETER	…	…	00	9693926	0011
ADAQ	1.750 INCHES NOMINAL	BODY LENGTH	…	…	00	9693926	0012
AEFB	10.000 FREE NOMINAL	POWER DISSIPATION RATION IN WATTS	…	…	00	9693926	0013

续表

MRC属性标识符3445	解码的明文属性数据值0113	属性项说明3614	信息分发标识码1720	复审级别记录2644	编目局代码4130	无含义流水号4131	属性值顺序号4408
AFWW	0.250 INCEHS NOMINAL	TERMINAL WIDTH	…	…	00	9693926	0014
STYL	81 RADIAL TERMINAL EACH END	STYLE DESIGNATOR	…	…	00	9693926	0015
…	…	…	…	…	…	…	…

4）图形数据

电阻的图形数据如图7–19、表7–23、表7–24所示。

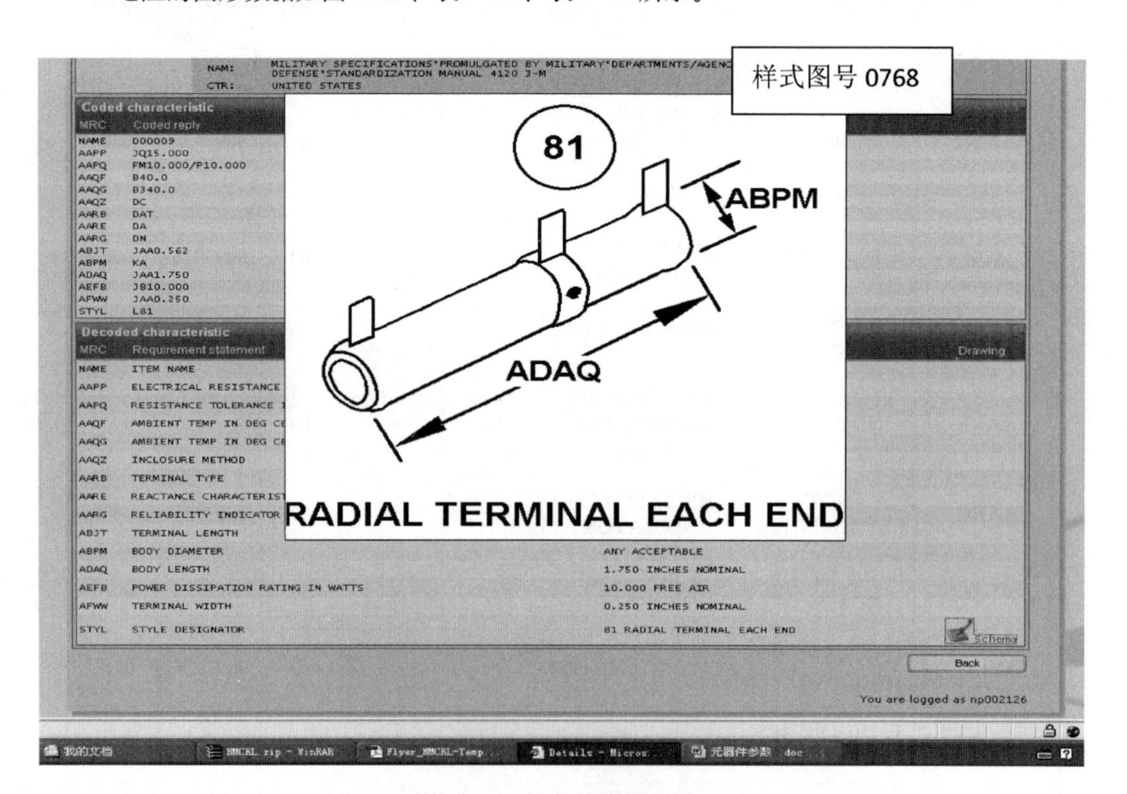

图7–19　物资示意图示例

表7-23　对应的图形数据（一）记录组表075示例

FIIG编号 4065	知识产权数据指示符5066	数字化图形编号 0772	编目局代码 4130	无含义流水号 4131
…	…	…	…	…
A001A0	…	XXXXX　X　XX　XX XXXXXXXXX00081	00	9693926
…	…	…	…	…

表7-24　图形数据（二）记录组表131示例

样式属性说明 2309	FIIG编号 4065	MRC属性标识符 3445	样式图号 0768
…	…	…	…
STYLE DESIGNATOR	A001A0	STYL	00081
…	…	…	…

（十）数据交换

2010年，北约编目系统的成员国已达60多个，其中有些国家需要从北约编目系统获取数据（查询只能获得部分数据，还有很多数据必须通过数据交换才能获取），有些国家需要向北约编目系统提供数据，各国之间还可根据双边协议进行编目数据交换，成员国内部的不同部门之间也有编目数据的交换，如美国的各军队机构之间编目数据的交换。

所谓数据交换，指的是数据发送者，按事先的约定，将数据打包，发给指定的接收对象，数据包一般由包头、包体（数据或消息）、包尾组成。由于北约编目系统参与交换的成员多，为确保数据交换顺利进行，北约以美军的AUTODIN（自动数字网络）为技术基础开发了编目数据交换通信系统——MBS（邮箱系统），制定了北约编目系统的交换标准、统一交换的内容和格式、统一交换的通信程序、统一交换参与者的标识（路由标识代码）等。

北约编目系统的数据交换统一采用数据段方式进行。

1. 数据段

北约编目手册ACodP−1中的511.2.1定义：数据段是一组相互关联和功能分组的数据元。由此可以看出数据段其实是一种数据模型。

北约编目系统构造数据段时采用带有特定标识的80列记录，根据不同的记录要求，80列数据被分成若干部分，每一部分的数据严格按照数据元标准规定的要求填写，北约编目手册ACodP−1中列出了20个这样的数据段，具体如表7−25所示。

表7−25　北约编目数据交换数据段

数据段代码	数据记录代码	名　　称
	9094	输入头
	9098	输出头
1	9121	数据修改通知
2	9125	通过参考号审核
8	0249	北约商业及政府机构数据
A	9100	物资识别数据
B	9101	大单位规则数据
C	9102	参考号数据
D	0752	数据消息控制段
E	9104	标准化关系数据
H	9108	物资管理数据
J	9122	审核响应子头
K	9109	物品识别状态／废止数据

续表

数据段代码	数据记录代码	名　　称
L	9110	输出文件数据子头
M	9111	解码后的明文属性数据
P	9113	基于返回码且不带值的数据元（数据元）
Q	9114	基于值和返回码的数据元（数据）
R	9115	基于值的数据元（数据）
T	9117	大单位规则废止/删除数据
V	9118	编码后的属性数据
W	9127	包装数据
Z	9119	未来数据（待处理数据）

北约编目系统的关键数据段是物资识别数据段A（图7-20）、机构及参考号数据段C（图7-21）、编码属性数据段V和解码属性数据段M（图7-22）。

从图可以看出，物资的各数据段的数据元与图7-16、图7-17、图7-18中查询输出界面中的数据元是一致的。

数据交换时只要按80列的具体位置，填报数据，并将需要操作的具体文件标识代码填入数据段的前3位。

2.数据交换

北约编目系统的数据交换包括编目申请和对申请处理的回复，由通信传输头（尾）（图7-23）、数据输入（出）头、传输数据内容构成。

字段	文件识别代码（DIC）	数据包序号（PSN）	（PIC）优先指示代码	文件控制代码 1015：出处代码	文件控制代码 1015：提交者代码	文件控制代码 1015：处理日期	文件控制代码 1015：文件控制系列号	序号	分配的北约库存物资代码	数据段代码	物资识别指南编号	物资名称代码	核准/非核准物资名称	物资识别类型代码	描述法理由代码	退役代码	赋码日期	
代码	3920	1070	2867	4210	3720	2310	1000	1516	3960	8999	4065	4080	5010/5020	4820	4765	0167	2180	
位置	1 2 3	4 5 5	7	8 9	10 11	12 13 14 15 16	17 18 19 20 21 22 23	24 25 26	27 28 29 30 31 32 33 34 35 36 37 38 39	40	41 42 43 44 45 46	47 48 49 50 51	52 53 54 55 56 57 58 59 60 61 62 63 64 65 66 67 68 69 70 71	72	73	74	75 76 77 78 79	80
类型	A	X	N	X	A	N	X	N	N	N	X	X	X	X	X	A	N	

物资识别数据模型——数据段 A（输出）（DRN9100）

字段	文件识别代码（DIC）	数据包序号（PSN）	（PIC）优先指示代码	文件控制代码 1015：出处代码	文件控制代码 1015：提交者代码	文件控制代码 1015：处理日期	文件控制代码 1015：文件控制系列号	北约文件维护序号	分配的北约库存物资代码	数据段代码	大单位规则代码		连续指示代码
代码	3920	1070	2867	4210	3720	2310	1000	1516	3960	8999	8920		8555
位置	1 2 3	4 5 6	7	8 9	10 11	12 13 14 15 16	17 18 19 20 21 22 23	24 25 26	27 28 29 30 31 32 33 34 35 36 37 38 39	40	41 42 43 44	45 46 47 48 49 50 51 52 53 54 55 56 57 58 59 60 61 62 63 64 65 66 67 68 69 70 71 72 73 74 75 76 77 78 79	80
类型	A	X	N	X	A	N	X	N	N	A	X	X	

用户数据模型——数据段 B 大单位规则数据（输入，输出）（DRN9101）

图7–20　物资识别数据段、用户数据段

字段	数据元代码	位置	类型
文件识别代码（DIC）	3920	1–3	A
数据包序号（PSN）	1070	4–6	X
优先指示代码（PIC）	2867	7	N
文件控制代码 1015：出处代码	4210	8–9	X
文件控制代码 1015：提交者代码	3720	10–11	A
文件控制代码 1015：处理日期	2310	12–16	N
文件控制代码 1015：文件控制系列号	1000	17–23	X
机构代码	4140	24–28	X
北约机构状态指示代码	2694	29	A
国际/国内指示代码	4235	30	(1) N
机构代码类型	4238	31	A
最后更新日期	9567	32–36	N
		37–39	
数据段代码	8999	40	N
北约机构数据集	9566	41–75	(2) X
数据元结束代码	8268	76	(3) #
		77–80	

北约商业及政府机构数据模型——数据段 8（输出）（DRN0249）

字段	数据元代码	位置	类型
文件识别代码（DIC）	3920	1–3	A
数据包序号（PSN）	1070	4–6	X
优先指示代码（PIC）	2867	7	N
文件控制代码 1015：出处代码	4210	8–9	X
文件控制代码 1015：提交者代码	3720	10–11	A
文件控制代码 1015：处理日期	2310	12–16	N
文件控制代码 1015：文件控制系列号	1000	17–23	X
北约文件维护序号	1516	24–26	N
分配的北约库存物资代码	3960	27–39	N
数据段代码	8999	40	A
		41	
参考号格式代码	2920	42	N
		43	
参考号种类代码	2910	44	X
		45	
参考号变化代码	4780	46	N
		47	
文档获取代码	2640	48	X
		49	
参考号赋码机构代码	2900	50–51	X
		52	
参考号状态代码	2923	53	(2) N
参考号审核代码	2750	54	N
参考 0846：北约机构代码	4140	55–59	X
参考 0846：参考号	3570	60–75	X
		76–79	
连续指示代码	8555	80	X

参考号信息数据模型——数据段 C（输入，输出）（DRN9102）

图 7–21 机构及参考号数据段

文件识别代码（DIC）	数据包序号（PSN）	优先指示代码（PIC）	文件控制代码 1015				北约文件维护序号	分配的北约库存物资代码	数据段代码		编码后的属性数据集	数据元终止代码	编码后的属性数据集	数据段V结束代码		连续指示代码
			出处代码	提交者代码	处理日期	文件控制系列号										
3920	1070	2867	4210	3720	2310	1000	1516	3960	6668		3317	8268	3317	0339		8555
1 2 3	4 5 6	7	8 9	10 11	12 13 14 15 16	17 18 19 20 21 22 23	24 25 26	27 28 29 30 31 32 33 34 35 36 37 38 39	40	41	42 43 44 45 46 47 48 49 50 51 52 53 54 55 56 57	58	59 60 61 62 63 64 65 66 67	68 69	70 71 72 73 74 75 76 77 78 79	80
A	X	N	X	A	N	X	N	N	A		(1) X	2 X	(3) (5) X	(4) x		X

编码后的属性数据模型——数据段V（输出）（DRN9118）

文件识别代码（DIC）	数据包序号（PSN）	优先指示代码（PIC）	文件控制代码 1015				北约文件维护序号	分配的北约库存物资代码替代的NSN，标准化关系	数据段代码	MRC属性标识符	打印控制代码	属性说明项	控制字符代码	解码的明文属性数据值	数据元终止代码	连续指示代码
			出处代码	提交者代码	处理日期	文件控制系列号										
3920	1070	2867	4210	3720	2310	1000	1516	3960/9625	6668	3445	0234	3614	8255	0113	8268	8555
1 2 3	4 5 6	7	8 9	10 11	12 13 14 15 16	17 18 19 20 21 22 23	24 25 26	27 28 29 30 31 32 33 34 35 36 37 38 39	40	41 42 43 44	45	46 47 48 49 50 51 52 53 54 55 56 57 58 59	60	61 62 63 64 65 66 67 68 69 70 71 72 73 74 75 76 77 78	79	80
A	X	N	X	A	N	X	N	N	A	X	N	(1) (2) X	3 X	(1) (4) X	3 X	X

解码后的明文属性数据模型——数据段M（输出）（DRN9111）

图7-22　属性数据段

1	2 3	4	5 6 7 8	9	10 11 12 13 14 15 16	17 18 19 20	21	22 23 24	25 26 27 28	29	30 31 32 33	34	35 36 37 38	39 40	41 42 43 44 45 46 47	48	49 50 51 52 53 54 55 56 57 58 59 60 61 62 63 64 65 66 67 68 69 70 71 72 73 74 75 76 77 78 79 80
前置符	语言和媒体格式	安全类别	内容指示代码		发起方代码 4210	通讯站系列号 0754		于连日期	时间区域		记录计数	短横杠	分类冗余	路由信号开始	地址	路由信号结束	
*	CC	*	*		*	*		*	(1) *		*	_	*	– –	*	.	

通信传输头格式

1	2 3	4	5 6 7 8	9	10 11 12 13 14 15 16	17 18 19 20	21	22 23 24	25 26 27 28	29	30 31 32 33	34	35 36 37 38	39 40 41 42 43 44 45 46 47 48 49 50 51 52 53 54 55 56 57 58 59 60 61 62 63 64 65 66 67 68 69 70 71 72 73 74 75 76	77 78 79 80
前置符	语言和媒体格式	安全类别	内容指示代码		发起方代码 4210	通讯站系列号 0754		于连日期	时间区域		记录计数	短横杠	分类冗余		EOT信号
*	CC	*	*		*	*		*	(1) *		*	_	*		NNNN

通信传输尾格式

图7-23　通信传输头和传输尾

1）通信传输头和传输尾

通信传输头各部分有关数据说明见表7–26。

表7–26　通信传输头数据填写要求

记录卡列	定义	数据填写要求
1	优先权	字母“R”或“P”（R表例行，P表优先）
2～3	语言或媒体格式–LMF–	字符“CC”表示以80列的形式发送
4	密级	字符“U”表示非涉密
5～8	内容指示代码	“CIC IHFG”表示向其他国家数据库发送消息 “CIC ZYVW”表示发送消息控制数据段（DIC KWA） 例外，“CIC IHFH”表示美国编目局向其他国家发送数据，“CIC IHFR”表示美国编目局向其他国家发送控制数据段（DIC KWA） “CIC ZYVW”还用于美国通信中心发送说明性或服务性的消息 “CIC IAZZ”表示VENUS（有价值的和有效的网络公用业务）数据交换请求
9	空格	空置
10～16	发送方代码	见AC/135 CodSP–23；表104，可能是直接/间接，提交方是直接
17～20	通信站通信信息系列号–SSN–	按顺序给该站的每条消息一个系列号（即每个通信国家/NAMSA的每条消息有一个从0001至9999的系列号，见ACodP–1的第四章493.5.2.2段）
21	空格	空置
22～24	于连日期	发送消息的于连日期（001–366）
25～28	时间	消息发送的时间（24小时制）；当通过商业电话线传输时显示“0000”

续表

记录卡列	定义	数据填写要求
29	空格	空置
30～33	记录数	本区域或者显示“MTMS”，或者显示80列记录的条数，包括头和传输结束记录例外，当消息含有正常的输出数据时，美国编目局发出的标准TC头将在此字段反映“MTMS”；当消息含有编目输入数据、AC7数据或者KWA时，此字段或者反映80列记录的编号（包括头和传输结束符），或者是“MTMS”(MTMS=Magnetic Tape Message System)；当数据通过通信电话线传输时，字符“MTMS”将始终显示
34	一个“–”	短横符号（–）
35～38	分类冗余	此字段的字符必须与记录的第4列的字符（即UUUU）一致
39～40	路由信号开始	2个短横，即“––”
41～47	地址	见AC/135CodSP–23
48	路由信号结束	英文句号，即“.”
49～80	空格区	空置

通信传输尾数据填写要求有关数据见表7–27。

表7–27　通信传输尾数据填写要求

记录卡列	定义	要求/描述
1～29		重复显示传输头数据
30～33	记录数	此字段反映消息中80列记录的编号，包括头和传输结束符EOT
34～38		重复显示TC头数据
39～76	空格区	空置
77～80	传输结束信号	显示字符“NNNN”

2）数据输入头或输出头

输入／输出数据头的前3位是文件识别码DIC。

文件识别码主要用于区分各种输入、输出文件的种类。

如果需要对数据库中已记录保存的编目数据进行增、删、改，可通过将文件识别代码为LXX形式的输入文件作为消息体提出申请，处理结果则由文件识别代码为KXX形式的输出文件回复。文件识别码的编码规则如下。

第1位为L表示数据输入，第1位为K表示数据输出。

第2位通常的含义如下。

A——增加物资数据

B——物资重新启用数据

C——修改物资数据

D——删除物资数据

K——取消物资数据

N——新提交文件（输入）

Q——文件兼容性数据

R——再提交文件（输入）

S——审核搜索物资信息（输入）

T——获取物资信息／询问（输入）

第3位则根据输入输出数据内容的具体情况决定。例如，需要增加物资品种的产品，则需要增加产品的参考号，文件标识符则为LAR。

输入／输出头的具体格式见图7-24。

3）传输数据内容（数据体）

需要传输的数据紧跟在传输数据输入头或者输出头后面，其文件标识符应与输入头／输出头的DIC一致。例如，申请增加参考号（reference）的输入数据LAR，由于参考号信息由数据段C表示，因此参考号的数据输入需要通过数据段C的填报数据。

增加参考号的申请批准与否，是通过 KAR回复的，即对数据段C的输出操作。

LAR和KAR的具体格式如图7-25、图7-26所示。

4）数据交换示例

以图7-27中的电阻增加属性数据为例，编码后的属性数据如下。

5905-00-969-3926

NAMED00009*

AAPPJQ15.000*

AAPQFM10.000/P10.000*

文件识别代码(DIC)	数据包序号(PSN)	(PIC)优先指示代码	文件控制代码 1015						分配的北约库存物资代码	
			出处代码	提交者代码	处理日期	文件控制系列号				
3920	1070	2867	4210	3720	2310	1000			3960	
1 2 3	4 5 6	7	8 9	10 11	12 13 14 15 16	17 18 19 20 21 22 23	24 25 26	27 28	29 30 31 32 33 34 35 36 37 38 39	40 41 42 43 44 45 46 47 48 49 50 51 52 53 54 55 56 57 58 59 60 61 62 63 64 65 66 67 68 69 70 71 72 73 74 75 76 77 78 79 80
A	X	N	X	A	N	X		(1)	N	

数据输入头 Input Head

文件识别代码(DIC)	数据包序号(PSN)	(PIC)优先指示代码	文件控制代码 1015				北约文件维护序号	分配的北约库存物资代码 3960				文件识别代码输入		指定机构代码	
			出处代码	提交者代码	处理日期	文件控制系列号		北约物资分类	北约物资标识代码 4000						
									编目局代码 4130	物资序列号					
3920	1070	2867	4210	3720	2310	1000	1516	3990				3921		3880	
1 2 3	4 5 6	7	8 9	10 11	12 13 14 15 16	17 18 19 20 21 22 23	24 25 26	27 28 29 30	31 32	33 34 35 36 37 38 39	40 41	42 43 44	45	46 47	48 49 50 51 52 53 54 55 56 57 58 59 60 61 62 63 64 65 66 67 68 69 70 71 72 73 74 75 76 77 78 79 80
A	X	N	X	A	N	X	N	N	N	N		A		A	

数据输出头 Output Head

图7-24 输入/输出头的具体格式

字段	卡片位置	数据元代码	LAR
文件识别代码（DIC）	1 2 3	3920	LAR
数据包序号（PSN）	4 5 6	1070	*
（PIC）优先指示代码	7	2867	*
输入发起者代码	8 9	4210	*
提交者代码	10 11	3720	*
交换处理日期	12 13 14 15 16	2310	*
文件控制系列号	17 18 19 20 21 22 23	1000	*
	24 25 26		
赋予的NSN	27 28 29 30 31 32 33 34 35 36 37 38 39	3960	*
数据段代码	40	8999	[illegible]
	41		
参考号格式代码	42	2920	*
	43		
参考号种类代码	44	2910	*
	45		
参考号区别代码	46	4780	*
	47		
文件可获性代码	48	2640	*
	49		
参考号文件获取执行机构代码	50 51	2900	*
	52		
参考号状态代码	53	2923	*
参考号审核代码	54	2750	*
参考信息 0846：北约机构代码	55 56 57 58 59	4140	*
参考信息 0846：参考号	60 61 62 63 64 65 66 67 68 69 70 71 72 73 74 75	3570	*
	76 77 78 79		
连续指示代码	80	8555	*

图7-25　LAR——增加参考信息和有关的代码的申请

字段	卡片位置	数据元代码	KAR
文件识别代码（DIC）	1 2 3	3920	KAR
数据包序号（PSN）	4 5 6	1070	A01
（PIC）优先指示代码	7	2867	*
输入发起者代码	8 9	4210	*
提交者代码	10 11	3720	*
交换处理日期	12 13 14 15 16	2310	*
文件控制系列号	17 18 19 20 21 22 23	1000	*
北约文件维护系列号	24 25 26	1516	*
赋予的NSN	27 28 29 30 31 32 33 34 35 36 37 38 39	3960	*
	40 41		(1)
输入DIC	42 43 44	3921	*
	45		
目的地机构代码	46 47	3880	*
	48–80		

图7-26　KAR——增加参考号及有关代码的回复

文件识别代码(DIC)	数据包序号(PSN)	(PIC)优先指示代码	文件控制代码 1015				北约文件维护序号	分配的北约库存物资代码	数据段代码		编码后的属性数据集	数据元终止代码	编码后的属性数据集	数据段V结束代码		连续指示代码
			出处代码	提文者代码	处理日期	文件控制系列号										
3920	1070	2867	4210	3720	2310	1000	1516	3960	8999		3317	8268	3317	0339		8555
1 2 3	4 5 6	7	8 9	10 11	12 13 14 15 16	17 18 19 20 21 22 23	24 25 26	27 28 29 30 31 32 33 34 35 36 37 38 39	40	41	42 43 44 45 46 47 48 49 50 51 52 53 54 55 56 57	58	59 60 61 62 63 64 65 66 67	68 69	70 71 72 73 74 75 76 77 78 79	80
A	X	N	X	A	N	X	N	N	A		(1) X	2 X	(3) (5) X	(4) X		X

```
1 2 3 4 5 6 7 8 9 10 11 12 13 14 15 16 17 18 19 20 21 22 23 24 25 26 27 28 29 30 31 32 33 34 35 36 37 38 39 40 41 42 43 44 45 46 47 48 49 50 51 52 53 54 55 56 57 58 59 60 61 62 63 64 65 66 67 68 69 70 71 72 73 74 75 76 77 78 79 80
L A V A 0 1 4 0 5 2Z N 8 8 3 2 2K N 2A A A A   5 9 0 5 0 0 9 6 9 3 9 2 6V N A M E D 0 0 0 0 9• A A P P J Q 1 5. 0 0 0• A A P Q F M 1 0. 0 0 0\ P 1—
L A V A 0 2 4 0 5 2Z N 8 8 3 2 2K N 2A A A A   5 9 0 5 0 0 9 6 9 3 9 2 6V 0. 0 0 0• A A Q F B 4 0. 0• A A Q G B 4 0. 0• A A Q Z D C • A A R B D A —
L A V A 0 3 4 0 5 2Z N 8 8 3 2 2K N 2A A A A   5 9 0 5 0 0 9 6 9 3 9 2 6V T • A A R E D A • A A R G D N • A B J T J A A 0. 5 6 2• A B P M K A • A D A —
L A V A 0 4 4 0 5 2Z N 8 8 3 2 2K N 2A A A A   5 9 0 5 0 0 9 6 9 3 9 2 6V Q J A A 1. 7 5 0• A E F B J B 1 0. 0 0 0• A F W W J A A 0. 2 5 0• S T Y —
L A V A 0 5 4 0 5 2Z N 8 8 3 2 2K N 2A A A A   5 9 0 5 0 0 9 6 9 3 9 2 6V L L 8 1#
```

图7-27　数据交换示例

AAQFB40.0*
AAQGB40.0*
AAQZDC*
AARBDAT*
AAREDA*
AARGDN*
ABJTJAA0.562*
ABPMKA*
ADAQJAA1.750*
AEFBJB10.000*
AFWWJAA.0250*
STYLL81*

5）北约数据交换的未来发展

根据北约编目系统网站公布的信息，2011年正在开发新的数据交换标准，2022年后已采用XML数据交换技术。

第五节　编目系统的应用

美军／北约编目系统主要用于物资的合格测试、采购与发放、储运、资产管理等环节。

一、产品的合格测试环节

产品是否合格，需要对产品进行测试，通过测试的产品将列入美军的合格产品清单QPL（如图7-28所示），当然只有合格厂商清单QML的厂商才有资格申请QPL测试，合格产品清单中主要内容就是编目中的产品信息。

QPL-AS81934

2011-01-31

QUALIFIED PRODUCT LIST
OF
PRODUCTS QUALIFIED UNDER PERFORMANCE SPECIFICATION
SAE-AS81934

BEARINGS, SLEEVE, PLAIN AND FLANGED, SELF-LUBRICATING, GENERAL SPECIFICATION FOR

This QPL has been prepared for use by or for the Government in the acquisition of products covered by the subject non-Government standard and inclusion of a product is not intended to and does not connote endorsement of the product by the Department of Defense. All products included herein have been qualified under the requirements for the products as specified in the latest effective issue of the applicable non-Government standard. This QPL is updated as necessary and is subject to change without notice. Inclusion of a product does not release or otherwise affect the obligation of the manufacturer to comply with the non-Government standard requirements.

THE ACTIVITY RESPONSIBLE FOR QUALIFICATION APPROVAL IS THE NAVAL AIR SYSTEMS COMMAND, (CODE 4.3.5.3), 48110 SHAW ROAD, BLDG. 2187, PATUXENT RIVER, MD 20670-1908.
THE ACTIVITY RESPONSIBLE FOR THIS QUALIFIED PRODUCTS LIST IS THE NAVAL AIR SYSTEMS COMMAND (ATTENTION: COMMANDER, NAVAL AIR WARFARE CENTER AIRCRAFT DIVISION, CODE 4L8000B120-3, HIGHWAY 547, LAKEHURST, NJ 08733-5100).

Provisions for Government Procurement. Procurement of these bearings shall be in accordance with FAR 52.225-3 (Buy American Act) and DFAR 52.225-7012 (Preference for Domestic Specialty Metals). The contractor should include these provisions in every subcontract and purchase order.

NOTE:

1. Each bearing manufacturer listed in this QPL is approved to supply its approved unplated bearings (listed herein) with the outside diameter zinc-nickel plated according to SAE-AMS 2417, Type 2 or cadmium plated according to QQ-P-416, Type II, Class 2 when plating is specified by the purchaser. The designation for plated parts is characterized by addition of the letter P to the Non-Government Standards Body (NGSB) designation for the unplated parts. For existing inventories, cadmium plated parts are acceptable.

2. Each bearing manufacturer listed in this QPL is approved to supply its approved bearings (listed herein) with oversize outside diameters when an oversize bearing is specified by the purchaser. There are two permissible oversize diameter increments (0.010 and 0.020 inch oversize). The designation for an oversize part is characterized by the addition of the letters T or U to the NGSB designation (T for 0.010 inch oversize, and U for 0.020-inch oversize).

The addition of the letters PT to the NGSB designation indicates plated oversize bearings.

3. Each bearing manufacturer listed in this QPL is approved to supply its approved bearings (listed herein) in all length codes established in Table 2 of the SAE-AS91934/1 and SAE-AS81934/2 specification sheets.

产品遵循的标准号	产品零件号参考号	测试依据的文件号	商业及政府机构代码			
GOVERNMENT DESIGNATION	**MANUFACTURER DESIGNATION**	**TEST REFERENCE**	**CAGE CODE**	**Supplier Type**	**Certified Status**	**Stop Ship**
M81934/1-04A	AJB-4TA-XXX	NAWCADWAR ltr Ser 435200R08 /006195 of 5 Dec 1995	56644	M	GREEN	N
M81934/1-04A	AJB-4TA-XXX		56644	P	GREEN	N
M81934/1-04A	GBJMS10XX-04A	NAVAIR ltr Ser AIR-4.3.5BEW/ 7.4319 of 11 Jun 2001	0HUZ6	M	GREEN	N
M81934/1-04A	GBJMS10XX-04A		0HUZ6	P	GREEN	N
M81934/1-04A	KRJ4YB-XXXM	NADC ltr 3021 7406 of 9 Sep 1976	50632	M	GREEN	N
M81934/1-04A	KRJ4YB-XXXM		50632	P	GREEN	N
M81934/1-04A	KRJ4YB-XXXS	NADC ltr 6061 Ser 8906 of 29 Nov 1978	50632	M	GREEN	N

QPL-AS81934

图7–28　合格产品目录QPL中编目信息示例

需要注意的是，编目系统的合格供应商，并不意味着其所有的产品都是准入产品，如联想是合格供应商，联想的计算机是准入产品，但联想若扩大主营业务，生产白酒、红酒，则不是准入产品。

二、在物资采购、发放环节

DOD 4000.25-1-M《美军物资申请和发放标准程序》规定，物资采购之前合同必须经过综合物资管理员（IMM）审核、批准，审核的内容包括以下三项。

（1）需求的物资是否为准入的供应品，即是否有NSN。

（2）物资的生产厂商是否为合格供应商，即是否有CAGE。

（3）需求的物资是否为准入产品，即是否有REF No。

物资申请需要填写申请表（DD FORM 1348-6），其中包括物资的NSN、CAGE、REF No等，如图7-29所示。

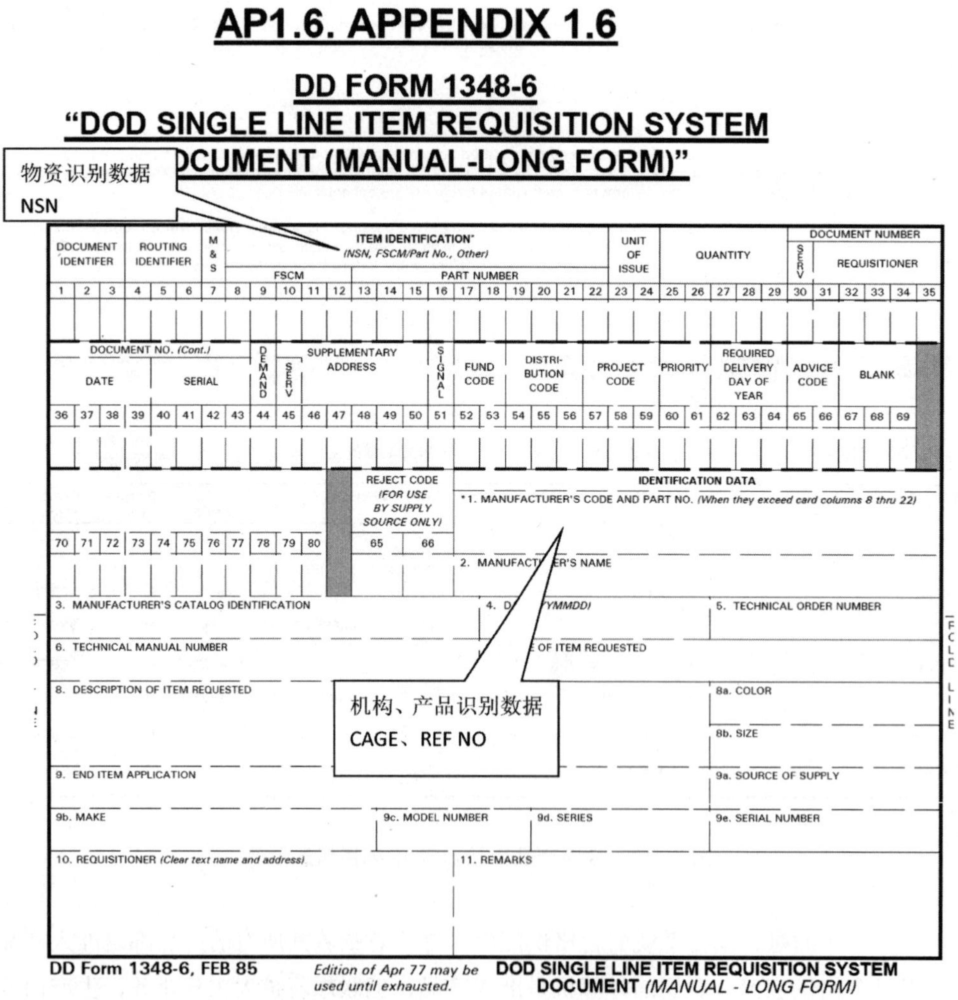

AP1.6. APPENDIX 1.6

DD FORM 1348-6

"DOD SINGLE LINE ITEM REQUISITION SYSTEM DOCUMENT (MANUAL-LONG FORM)"

DOCUMENT IDENTIFER | ROUTING IDENTIFIER | M & S | ITEM IDENTIFICATION* (NSN, FSCM/Part No., Other) FSCM PART NUMBER | UNIT OF ISSUE | QUANTITY | DOCUMENT NUMBER SERV REQUISITIONER

1 2 3 4 5 6 7 8 9 10 11 12 13 14 15 16 17 18 19 20 21 22 23 24 25 26 27 28 29 30 31 32 33 34 35

DOCUMENT NO. (Cont.) DATE SERIAL | DEMAND | SERV | SUPPLEMENTARY ADDRESS | SIGNAL | FUND CODE | DISTRIBUTION CODE | PROJECT CODE | PRIORITY | REQUIRED DELIVERY DAY OF YEAR | ADVICE CODE | BLANK

36 37 38 39 40 41 42 43 44 45 46 47 48 49 50 51 52 53 54 55 56 57 58 59 60 61 62 63 64 65 66 67 68 69

70 71 72 73 74 75 76 77 78 79 80 | REJECT CODE (FOR USE BY SUPPLY SOURCE ONLY) 65 66 | IDENTIFICATION DATA

*1. MANUFACTURER'S CODE AND PART NO. (When they exceed card columns 8 thru 22)

2. MANUFACTURER'S NAME

3. MANUFACTURER'S CATALOG IDENTIFICATION

4. DATE (YYMMDD)

5. TECHNICAL ORDER NUMBER

6. TECHNICAL MANUAL NUMBER

7. NAME OF ITEM REQUESTED

8. DESCRIPTION OF ITEM REQUESTED

8a. COLOR

8b. SIZE

9. END ITEM APPLICATION

9a. SOURCE OF SUPPLY

9b. MAKE

9c. MODEL NUMBER

9d. SERIES

9e. SERIAL NUMBER

10. REQUISITIONER (Clear text name and address)

11. REMARKS

DD Form 1348-6, FEB 85 | Edition of Apr 77 may be used until exhausted. | DOD SINGLE LINE ITEM REQUISITION SYSTEM DOCUMENT (MANUAL - LONG FORM)

图7-29　美国防部产品申请表

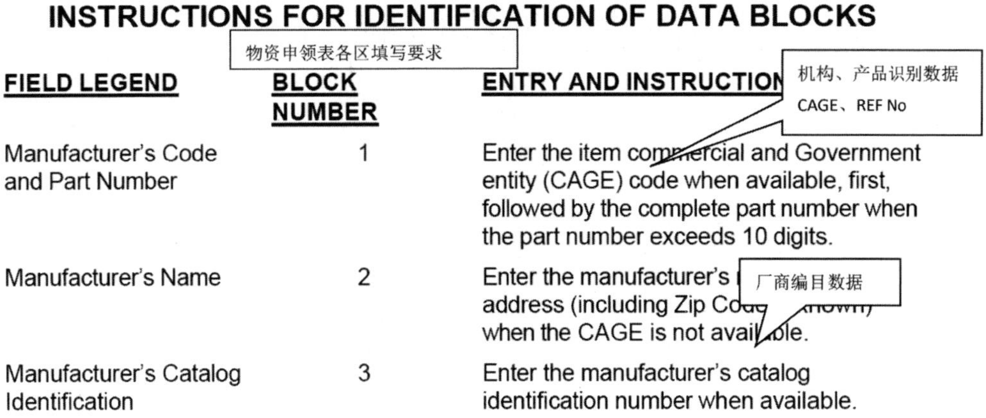

INSTRUCTIONS FOR IDENTIFICATION OF DATA BLOCKS

物资申领表各区填写要求

机构、产品识别数据 CAGE、REF No

厂商编目数据

FIELD LEGEND	BLOCK NUMBER	ENTRY AND INSTRUCTION
Manufacturer's Code and Part Number	1	Enter the item commercial and Government entity (CAGE) code when available, first, followed by the complete part number when the part number exceeds 10 digits.
Manufacturer's Name	2	Enter the manufacturer's [illegible] address (including Zip Co[illegible]) when the CAGE is not avail[illegible]ble.
Manufacturer's Catalog Identification	3	Enter the manufacturer's catalog identification number when available.

图7–29　美国防部产品申请表（续）

实际上美军物资申领的审核、物资的准入，主要是围绕合格供应商和参考号进行。如果申领的物资不是编目系统准入供应品和产品、供应商不是合格的供应商，IMM将推荐准入的编目替代品/互换品。

三、物资的储运环节

物资存储、运输时，需要通过物品标签进行自动识别，美军的MIL–STD–129《军用储运标签》标准规定的厂商代码、物品编码等即为编目数据中的信息，见图7–30。

四、资产管理环节

美军的资产管理环节中用到编目数据的是资产自动识别标签，美军的MIL–STD–130《资产标签标准》规定的厂商代码、资产编码等即为编目数据中的信息，见图7–31。

图7–30　储运标签二维码

合格供应商
NCAGE

MIL-STD-130N

TABLE VI. Data qualifiers for IUID usage

Data Element	DI (ISO/IEC 15418) Format Indicator 06	AI (ISO/IEC 15418) Format Indicator 05	TEI (ATA CSDD) Format Indicator 12
Enterprise Identifier • CAGE/NCAGE • D-U-N-S • GS1 Company Prefix • DODAAC • Other Agencies	 17V 12V 3V 7L 18V[1]	 - - - - -	MFR[2], SPL[3] or CAG, DUN EUC - -
Serial Number within Enterprise Identifier	-	-	SER[4] or UCN[5]
Serial Number within Original PIN (or Serial Number within Lot/Batch Number)	S	-	SEQ
Original Part Number	1P	-	PNO
Lot/Batch Number	1T	-	LOT, LTN, or BII[6]
Single Element UIIs Complete UII UII not including the IAC (CAGE + Serial Number within CAGE) IUID Equivalents VIN ESN GRAI GIAI	 25S[7] 18S[8] I[9] 22S[10]	 - 8002[11] 8003[12] 8004[13]	 UID USN or UST - - - -
Current Part Number (additional data element-not used in UII)[14]	30P	240	PNR
Lot/Batch Number (additional data element-not used in UII)[15]	30T	-	-

产品参考号
零件号

图7–31 唯一物品标识要求

第六节 管理机构和机制

美军／北约物资编目数据相当复杂，60多个成员国的具体情况均不相同，如果仅有编目数据标准，而没有一个强有力的管理机构，各说各的需求、技术，不说编目数据的采集、传输、处理、共享，就连物资的统一赋码都不可能实现。因此，美军／北约从编目系统建设启动时，就成立了一系列的编目管理机构负责编目数据的采集、处理、协调、维护等工作，各部门的具体职责在文件中都明确予以规定。

一、美军编目机构

美军编目系统标准和数据维护管理程序比较复杂。对于美军编目系统中的装备物资管理业务方面的代码，采取的是谁产生、谁负责维护的原则，即由各部门负责，每年一次；对于系统修改方面的建议（SCR），各部门提交联络点，处理的进展状态分发到联络点（每月）和分管的24个接收机构（每季度）。

对于涉及数据元、物资分类、物资识别指南和数据等方面的更新维护，则按图7–32所示机制进行。

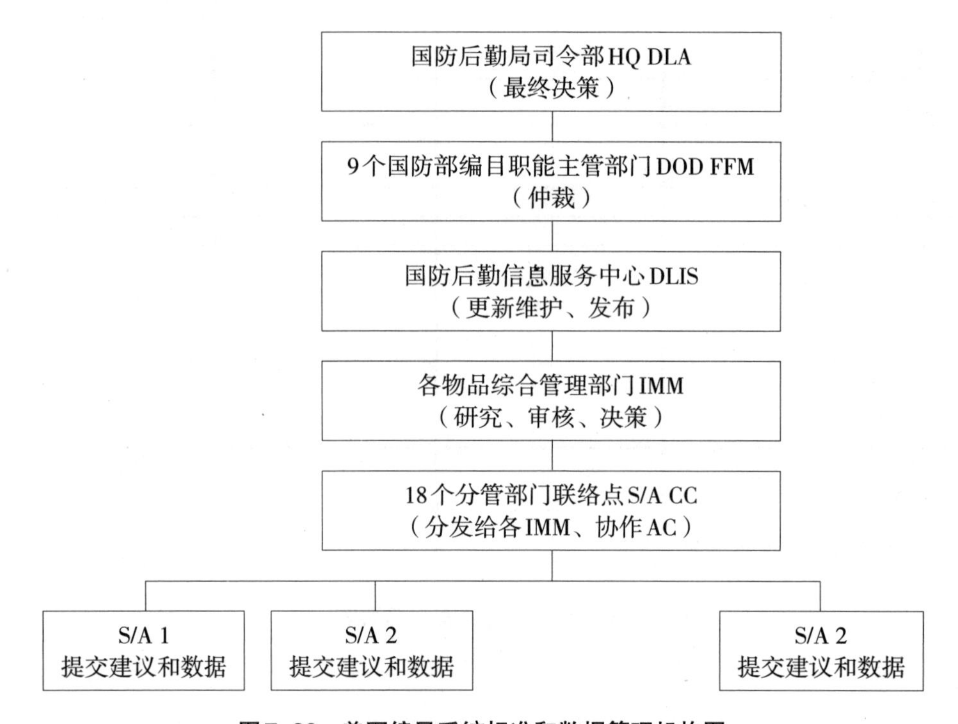

图7–32　美军编目系统标准和数据管理机构图

美军编目系统数据的处理流程如下。

（1）编目数据由各部门提交到装备物品分管部门联络点。

（2）联络点根据标准规定的规则，将数据分发到相应的综合物品管理主管部门IMM和协作单位AC。

（3）综合物品管理部门对提交的数据进行研究、审核，作出初步决策，然后提交到国防后勤信息服务中心DLIS。

（4）如果决策没有不同意见，则DLIS直接更新维护数据并发布。

（5）如果存在纠纷，DLIS则将数据提交到国防部的9个编目职能主管部门。

（6）职能部门将对存在纠纷的意见进行研究，提出仲裁，然后返回DLIS发布。

（7）如果不能达成仲裁，则提交国防后勤局DLA司令部作最终决策。

国防部编目职能主管部门（DOD FFM）见表7–28。

表7-28　国防部编目职能主管部门（DOD FFM）

序号	主管范围	职能负责人	地址（编制负责人）
1	FLIS	工程、质量、标准化主任助理	弗吉尼亚州贝尔瓦堡国防后勤局企业事务系统主任
2	装备物资管理编码和后勤再分配	消耗物资职责转移工作组、数据迁移主任助理	弗吉尼亚州贝尔瓦堡国防后勤局综合物品管理主任
3	国防部退役事务	报废计划主任助理	弗吉尼亚州贝尔瓦堡国防后勤局报废计划主任
4	补给源	国防自动寻址系统中心主任助理	俄亥俄州代顿市国防自动寻址系统中心
5	国防部互换性和替代性数据	工程、质量、标准化主任助理	弗吉尼亚州贝尔沃堡国防后勤局互换性和替代性计划主任
6	个人财产再利用	后勤系统开发、补给服务中心和联邦系统工作组主任助理	弗吉尼亚州贝尔瓦堡国防后勤局个人财产再利用计划主任
7	运输分类和处理	军事交通管理司令部岛屿交通司谈判处补给船及分类科主任	弗吉尼亚州贝尔瓦堡军事交通管理司令部运输计划司令
8	包装	后勤政策、配送管理组政策系统和工程主任助理	弗吉尼亚州贝尔瓦堡国防后勤局包装计划主任
9	军事工程数据资产定位系统	客户产品和服务司客户产品处主任	密执安州拜特克里克国防后勤信息中心司令

国防后勤信息服务中心DLIS就是美国国家编目局NCB（美国NCB的网址就是DLIS的网址），其机构设置如图7—33所示。

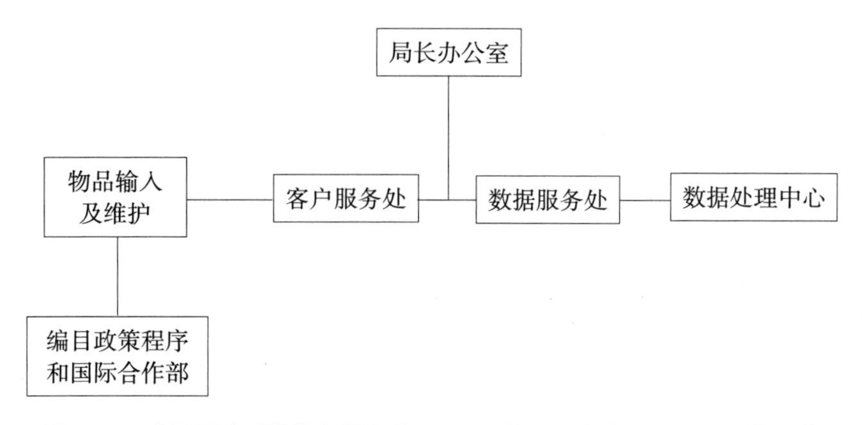

图7–33　美国国防后勤信息服务中心DLIS/美国国家编目局NCB机构组成

此外，美国国家编目局NCB还设有编目分支机构，见图7-34。

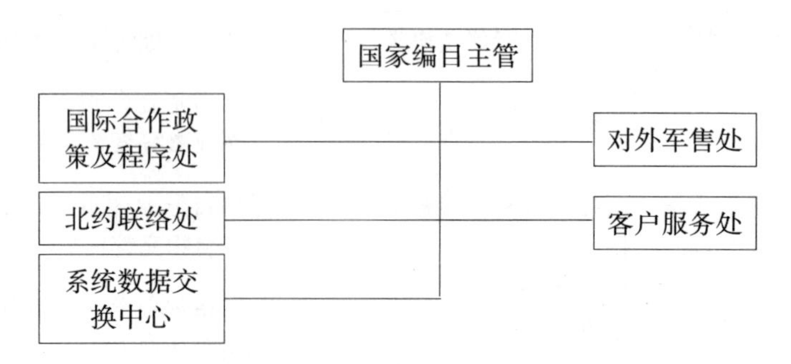

图7-34 美国编目局下分支机构

美国编目局NCB最初人员高达800人，现编制人员约为400人。

二、北约编目机构

北约编目机构的最高领导层是AC135联盟委员会，主要负责协调成员国开展编目国际合作业务。其下设有北约编目局（北约维护与供应局NSPA），负责各成员国编目数据的处理与美军的协调；PANEL A总体组主要由北约成员国组成，负责研究、终审、决策成员国提交的数据；PANEL B工作组为各成员国组成的理事会，负责研究初审成员国提交的数据，如图7-35所示。北约编目局下机构设置如图7-36所示。

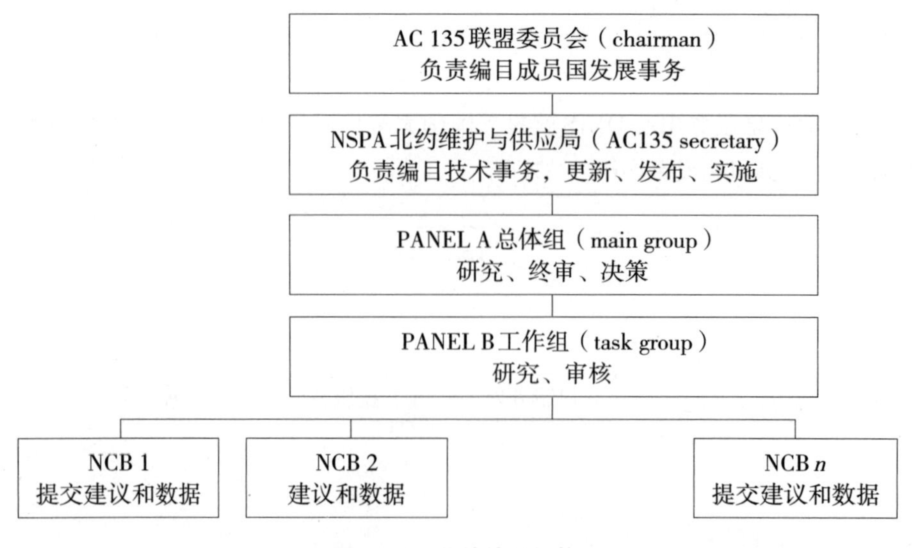

图7-35 北约编目机构

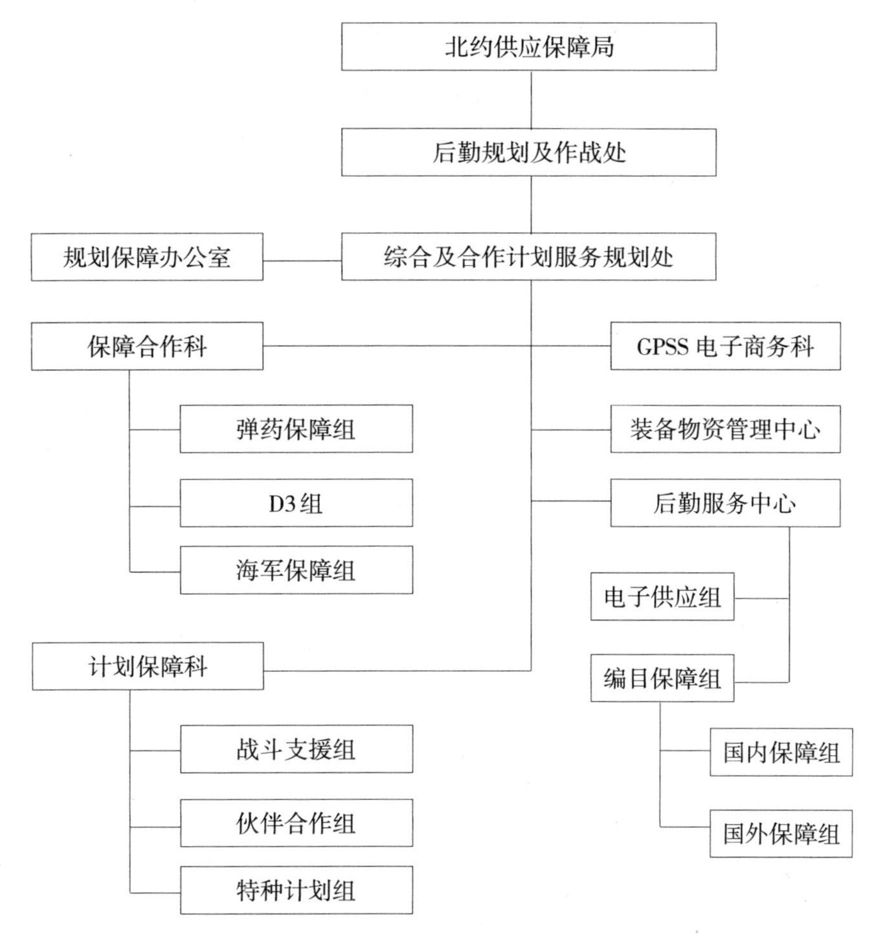

图7-36　北约编目局下机构设置

三、GS1技术体系在防务领域的应用

由于GS1技术和标准体系强大的影响力，整个GS1体系在欧美国家的防务领域有着越来越多的应用。比如在北约的标准文件中，就有不少直接采用、引用了GS1的标准，具体如下。

北约标准化协议STANAG 2495 AST (Edition 2) – Data Formats for Asset Tracking, (Jun. 2004)

STANAG 4281 AST (Edition 2) NATO Standard Marking for Shipment and Storage (Nov. 2009)

the NATO Guidance on Unique ID Items (Jul. 2010)

STANAG 4329 AST (Edition 4) – NATO Standard Bar Code Symbologies AAP–44(A) (Sep. 2010)

STANAG 2233 AST (Edition 3) – NATO Consignment and Asset Tracking by Radio–Frequency Identification (Nov. 2010)

STANAG 2290 AST (Edition 2) – NATO Unique Identification of Items (Nov. 2010)

STANAG 2494 (Edition 4) – NATO Asset Tracking Shipping Label and Associated Symbologies (Oct. 2012)

NATO Manual on codification (Jan. 2014)

STANAG 3151 (Edition 10) – Codification – Uniform System of Item Identification (Jul. 2015)

……

In National Armed Forces Documents :

Germany : TL A–0032 – Technical General Specifications (Aug. 2013)

Poland: DECYZJI Nr 3/MON MINISTRA OBRONY NARODOWEJ z dnia 3 stycznia 2014 r (Jul. 2014)

Spain: GS1 XML messaging (EDI) for consumer goods as a requirement for public tenders.

第八章

企业物资设备编码体系的开发应用

企业信息化建设是建设现代企业的重要内容，对企业经营发展意义重大。随着企业信息化程度的不断提高，物资设备的统计汇总、支出分析、集中管理、集中采购的需求日益迫切。尽管企业所处行业竞争程度和各自的经营状况千差万别，企业信息化建设的内容和重点也各有区别，其重要性却不用多言。企业物资设备编码，某些情况下也叫作企业物资物料分类①。企业物资、设备等信息化管理的基础手段，是企业在信息化建设中实现物资设备描述、鉴定，并实现物资设备信息交换和信息共享的基础性工作。其研究、发展水平和推广应用程度一定程度上代表了企业信息化的发展水平。因此，企业物资设备分类编码一般被看作企业实现物资设备信息化管理的必要基础和前提。大型企业集团纷纷开展物资设备编码研究开发和统一管理工作，以满足企业的物资设备集中采购、统一管理等信息化应用需求，从而进一步实现企业的资源整合、透明采购、节约采购成本等实际意义。

在企业生产经营过程中，各类物资设备包括物资物料设备器材的分类和编码是一项复杂且浩大的工程。物品分类编码本身有着内在的规律和科学性，物品编码的过程本身就是统一各类物品包括物资设备的鉴定、命名和描述的过程，这就涉及分类人员采用何种相对科学、标准且可复制的方法去鉴定、命名如此复杂、如此浩繁的各类物资设备，包括物品物资物料器材设备等不同叫法。同时，不同企业的物资设备编码又由于企业具体情况的不同而千变万化。它既包含对企业物资设备器材的分类编码过程，也包含着对企业物资设备分类编码的使用过程、维护过程。企业物资设备分类编码既要满足企业本

① 企业物资设备编码是物品编码的一个具体应用领域，企业物资设备编码属于物品编码的范畴。为了叙述的方便，本章所说的企业物资设备编码就是企业物品编码，二者可以看作具有相同的内涵和外延。

身经营管理的需要，也要符合各类物资设备管理和使用过程中因物资设备本身特征而产生的对于特定编码标识技术的需要，比如炸药、子弹的标识编码如果采用射频标签，就要满足场强电磁兼容识读距离等技术要求。在经济往来频繁、市场化运营的环境下，企业物资设备分类编码还要满足企业之间乃至行业之间，直至经济全球化竞争环境中各类经济活动产生的物资设备信息交换的需要。因此，做好企业物资设备分类编码对企业信息化工作至关重要，尤其是物资设备的分类编码如果能够实现最大限度的标准化，比如尽量采用国际通用分类方法和代码表，则是企业实现物资设备资源互联互通、信息共享的基础和前提。

作者曾经在一家大型企业调研物资设备分类编码，发现其巨资开发的ERP系统中，物资设备管理模块同时在线仅有11人，该企业物资设备年采购量在百亿元以上，为何在线人数这么少呢？可能的原因有不少，比如管理制度、系统易用性等，但有一个重要原因是该ERP系统采用的编码是简单的粗分类＋物资设备人员自行添加的模式，没有物资的命名，没有物资设备的属性说明，也没有对物资属性进行描述和限定。用户查询结果五花八门，不知道该如何选取，于是纷纷自行填加物资分类名称，不需要费力核对、辨识物资名称、属性。比如在系统中按大类展开，找到钢筋这个中间分类并展开，显示下面有2000多个子类，比如“20毫米热轧带肋钢筋”“热轧带肋钢筋20mm包钢生产”“×××码头二期工程热轧带肋钢筋60吨20mm”等。如果直接在系统中输入“螺纹钢”，则可搜出“螺纹钢”“×××牌螺纹钢规格8mm”“鞍钢螺纹钢”“东青区牛胜栏供螺纹钢”“8mm螺纹钢甲方指定”“甲方供应，螺纹钢，8mm”等物资名称，带规格、重量、公司品牌、直径的就更多。事实上，经过调研我们发现无论企业的综合能力多强，实力多雄厚，但如果物资编码没有做好，那么其物资管理的效率必然存在问题。缺乏对物资科学有效的管理，企业最终的竞争能力和盈利能力就会打折扣，不利于可持续经营能力的提升。

在企业信息化建设过程中，物品编码或者说物资设备编码受到相关者很大的关注。第一是各类物资设备信息管理系统的开发企业，比如采购供应系统、供应商管理系统、企业集中采购平台、某某集团招标采购网等，虽然名称各异，但都包含物资设备器材的分类。对于物资设备信息系统开发企业来说，他们开发的物资物料设备信息化管理系统只要做到进一出一即可，也就是系统给新增加的物资设备一个唯一编码，出系统的时候也保持这个唯一编码即可。但如何新增，由系统最终用户也就是企业物资设备管理人员自己决定。只要是他们认为是一个产品就赋一个新的编码，而不管这个产品是否存在，是否已经有了编码；也不管该产品的层级和颗粒度。如果物资设备管理人员搜不出，或怕麻烦，那么就会新增一个物资分类，长此以往，就产生了一物多名现象。如上述的各种“20毫米热轧带肋钢筋”系列，就是这样产生的。第二是企业物资设备管理人员，这些被称为物资经理的人员主要任务是保障企业物资设备供应，同时，还要千方百计地降低库存，提高企业资金利用率，提升物资设备管理的颗粒度和精准度。没有统一的物资设备编码显然是无法做到这一点的，这一类人员对物资设备统一编码的需求尤为迫切，但他们往往缺乏物品编码方法论的指导，物品编码标准化意识不强，往往会自行设计编码结构和编码体系。客观地说，这也是目前各类企业在用物资设备编码系统从方法论到架构体系，从编码结构类型到编码表现形式都是千差万别、五花八门的重要原因。第三是科研院所研究人员和标准化研究人员。这一类人员的标准化意识较强，对物品编码的方法论和惯常做法也有所掌握。但他们所掌握的物品编码理论、方法往往缺乏物品编码实践的支持。各种理论的适用性、可行性如何，如果没有经过实践检验，难以得到一个令人信服的结果。

从企业经营整体需求出发，系统地开发制定企业物资设备分类编码的标准，加强企业物资设备分类编码的标准化程度是十分迫切和重要的。为此，本章针对企业经营过程中物资设备信息管理和处理的整体需要以及企业经营过程中所涉及的各类物资设备信息交换的需要，对如何编制企业物资设备分类编码进行阐述，为物资设备管理人员在制定与实施本企业编码系统时提供参考。

第一节　企业物资设备编码的内涵

企业物资设备编码是物品编码的一个具体应用领域。企业物资设备分类主要解决和关注的是物资设备的界定、命名和描述问题。这就要求编码人员必须了解各类物品，包括物品的来龙去脉、关键用途等，才能做好编码体系的设计和建设。

一、理解企业物资设备编码

企业物资设备编码属于物品编码的应用范畴。我们前面提到，物品编码是将事物或概念赋予一定规律性的易被人或机器识别和处理的数字、符号、缩简的文字，并且按编码功能、编码对象、编码应用领域以及是否具有特定含义等可以划分为不同的类型。企业物资设备编码也是一样，企业物资设备编码在大类上也可以划分为物资设备分类编码、物资设备标识编码和物资设备的属性编码三类。在企业信息化实践中，这三类物资设备编码，都是物资设备信息化的基础，也是企业信息化管理实现规范化、标准化的重要内容。对企业的物品进行编码，实际上就是将企业所有的物资设备按照这三类划分，将物品进行梳理归类，形成一个物品信息谱系。将文字表述的物资设备名称、属性，以编码形式记录到数据库中，使信息化系统能够识别，满足企业信息化管理中的各种活动。所以，我们在讨论和研究企业物资设备编码的时候，应该有一个体系化的概念，避免因基本概念的不同而造成理解错误。其中，①企业物资设备分类编码的目的是实现对物资设备的分类管理，避免物资设备名称的随意性和不规则性，通过标准化、规范化的物资设备编码和标准化的命名（物资设备基准名称编码），以及物资设备属性描述来规范、限定某一种或某一类物资设备。这都是为了便于计算机以一种精确的方式接收和处理物品信息，以提高物品信息管理的效率。企业通过标准化的物资设备分类编码，达到统一企业内部各物资设备使用部门的口径，规范物资设备的描述，减少各类物资设备信息收集工作，减少对物资信息进行重复采集加工储存的情况，最大限度地消除对物资物料的命名描述分类和编码不一致所造成的误解和分歧。②企业物资设备标识编码的目的是避免自然语言的二义性，便于对物品进行自动识别和信息采集。其任务是将物品编码用线性条码、二维码或RFID等数据载体承载并进行自动识别。物品标识编码是按照一定的规则和确定的数据结构赋予物品的身份标识编码，用以标识某类、某种物品或某个具体物品本身。物品标识代码通常是物品的唯一性标识。③企业物资设备属性编码的目的是对物资设备属性特征的名称、属性特征的存在状态或表现形式进行编码化表示的结果。物资设备属性名称编码是对物资设备某一方面特征编码化表示的结果；物资设备属性值编码是对物资设备某一方面特征状态或表现形式编码化表示的结果。在一个物资设备编码系统中，每一个确定的物资设备属性只有一个属性编码；与之对应，一个属性编码只表示一个确定的物资设备属性。选用描述物资设备本身、与物资设备固有的物理特性或化学成分相关的、本质的、可测定、可重复、可验证的特征作为物资设备属性。一个给定的物资设备属性集合是能够使该物资设备区别于其他物资设备的最小集合。

二、理解企业物资设备分类及分类编码

要了解、掌握和应用企业物资设备分类编码就要正确理解企业物资设备分类与企业物资设备分类编码。归根到底，物品分类就是物品管理。企业物资设备分类就是企业物资设备管理人员对企业所管理的物资和设备的一种管理行为。物资设备分类编码系统是企业开展集中采购、降低管理层级、实现物资设备管理精细化的基本依据，也是建立企业集团内部物资大数据平台的基本依据。各大企业集团近年来都先后进入物资设备集中采购、资源管理集中调拨的新阶段，物资设备分类编码系统的作用越发重要，日益成为企业标准化信息化管理的基础，也是企业整体采购、管理物资设备的先决条件。企业

物资设备编码归根到底是为企业生产经营服务的，属于企业经营管理范畴，天然地具有管理属性。物资设备的分类过程，就是实施物资设备管理的过程。这体现了不同企业物资设备管理的理念、思路、方法和惯性。之所以提惯性，是指习惯用法，比如我们曾经遇到一个案例，一家企业的物资设备只有两大类："新的、旧的"，新物资设备编码是1，旧物资设备编码是2。然后在新或旧的基础上继续分类，继续扩展和延拓细化。"新""旧"就是该企业对物资设备管理的一种思路，新的物资设备是一种管理模式，旧的物资设备是另一种管理模式。

物资设备的管理是有层级的。一般来说，层级越多，难度越大，成本越高。在物品编码工作中，我们遇到不少企业高层管理人员要求编码实现编码分形，也就是无限编码，要求集团所管辖的所有物资设备都能逐层展开，不但要实现每一艘工程施工船舶拥有一个唯一编码，还要实现每一个船用零配件也拥有一个唯一编码，不但要实现每一条生产线拥有一个唯一编码，还要求构成生产线的每一个部件部品甚至零配件拥有一个编码，甚至要到每一把螺丝刀，每一副手套，都要有唯一的编码。我们理解这样做的初衷和想法。如果真的实现了这样的编码方式，那这个编码就可能是拥有多个层级的线性分类，典型的"一线到底法"，看似彻底解决了编码的问题，实则不仅难以实现，即便实现了弊端也很多。企业物资设备管理的层级需要这么多、这么复杂吗？物资设备管理的颗粒度需要这么细吗？对于一般机器零配件管理来说，编码的最小颗粒度设定为每一个螺丝螺母，以及对于吃饭的人来说，编码的最小颗粒度设定为每一粒米都是没有意义的。当然，对于特殊行业如医疗器械管理来说，编码的最小颗粒度设定为每一个接骨用螺丝钉确实可能是有现实意义的。我们必须明白，物品的管理是有层级的。如果是物品的类、品种这样相对"粗"的颗粒度，需要的物资设备编码层级就不用太多。物资设备的精细化管理实际上就是将物品管理的颗粒度延伸拓展到更细、更小，相应地物资设备编码的层级也要延伸拓展下去，编码的层级因此增加。对物资设备属性特征不熟悉的人是无法对物资设备进行正确分类的。因此编码人员需要尽可能多地了解、熟悉和掌握物资设备的属性特征和功能用途。分类层级越多，所需跨专业的知识就越多，分类编码的工作量就越大，难度也越大，所需的时间、成本自然就水涨船高。所以，作为企业管理者，在决定开发本企业物资设备编码系统的时候，要"适可而止"——既不能过于粗放管理，也不能追求不切实际的精细化要求。对于物资设备编码，也要寻找"合适恰当的颗粒度"——重点管控的物资设备分类到什么层级，手套、螺丝刀这样的低值易耗品分类到什么层级。所以，企业开展物资设备编码的过程中，物资设备分类人员，尤其是高层管理者，对企业物资设备编码要有一个理性的、合适的要求和预期，不能要求太高——不是技术上不能，而是不具有经济性和易用性。

对于企业物资设备编码，也可能有认识上的误区。一是不重视物资设备编码，觉得没有物资设备编码也可以，物资设备也能实现企业经营管理目标。尤其是一些中小企业，管理和使用的物资和设备品种简单，数量少，人工方式也能处理，没有物资设备编码也能运营。但企业规模大了之后，物资设备要实现自动化、信息化管理，要用计算机管理的时候，没有编码就寸步难行了。二是简单地将物资设备编码看作一个简单的非常容易完成的任务。“不就是给这些物资设备编个码吗，有什么难的。”但我们知道，在企业生产经营过程中要使用和管理千千万万种类繁多、形态各异的物资设备。每一种物资设备都要逐一进行鉴定、命名和描述，尤其是各类属性的选取、设置和标准化、结构化处理，都要耗费大量的人力物力。各类物品包括物资物料的分类和编码是一项复杂而浩大的工程。物品分类编码本身也有着内在的规律和科学性，需要用到一些特定的方法论和处理经验。所以，企业物资设备编码工作是不能简单化的。三是复杂化。这样的情况也不少。在企业物资设备编码体系建设过程中也会遇到个别比较“较真”的物资设备分类人员，物资设备作为物质是处于不断变化的，“人不能两次踏入同一条河流”，世界没有两个完全一样的物品。既然彼此间存在差异那么将这些物品人为、强行地划分为一个类别就是忽视了这种差异性，就是不对的。物品的属性有很多，自然物理属性之外，还有管理属性、贸易属性、物流属性、仓储属性等。物资设备分类编码人员理解的这些物资设备，只是物资设备外在的属性的一部分。漏掉的某些属性，完全可能是最重要的、最能决定此物是此物的属性。比如在航空、精密机械领域，某些润滑油润滑脂，如果只看所谓的关键指标，亚洲A公司生产的润滑油和北美B公司的润滑油指标一样无二，但用在设备上具体表现却差异极大，一个老出问题，一个不出问题。物资设备的属性是不可穷尽的，大概齐全是不行的，千万不能漏掉！所以分类时必须要将物资的各种属性特征逐一列明，否则就不能分类，也不能赋予编码。

三、理解企业物资设备分类的作用

在现代企业管理实践中，一般地，企业物资设备编码均在企业物资设备信息管理系统中使用。事实上，企业物资设备编码本身也是企业物资设备管理信息系统的一个构成要素，或者是一个构成的功能模块。在企业物资设备管理信息系统中，物资设备编码用于表示编码对象的名称及其该编码系统中所处的逻辑位置等信息，是编码对象信息输入、储存、整理、查找及交换的基础，是物资设备作为编码对象与物资设备管理信息系统连接的基础，起到区分、标识或代表某物品或某类物品的作用，在信息系统中的作用包括两个方面。

一个方面是标识作用。具体包括三类：①物资设备分类作为物资设备实体的类的标识，即标识物资设备所在的类别。特别地，某些物品编码系统中，为了信息交换的需要，还需要增加物资设备名称编码作为某一项物资设备实体或物资的基准名称的唯一标识，如北约物资编目系统、全球产品分类GPC编码系统等。也有一些企业物资设备编码体系里面，并没有设置物资设备基准名称和基准名称编码，只是在实际操作中，不自觉地将最小类当成了基准名称，虽然也能在一定程度上解决分类层较少的问题，但因其仍然是一个分类，所以依然受制于分类编码固有的限制：最小类依然是一个分类，不可避免地有编码位数、编码容量的限制。相比之下，一些企业物资设备编码系统，设置了基准名称和物资设备基准名称编码，则不受到编码容量和位数的限制，可及时反映物资设备的自然更替，也能灵活地反映管理层级的变化，保证了编码体系的灵活性和易用性。②物资设备身份标识（即物品的标识编码），作为某一项物资设备实体或物资本身的唯一标识。③标识物资设备的某种属性。物资设备属性编码作为物资设备属性的唯一性标识，可作为信息管理系统中业务模型层面的信息对象的标识，其标识作用的代码被称为标识代码。

另一个方面是分类作用。把物资设备看作实体进行类别划分，其分类结果作为物资设备信息管理系统中物资设备对象分类检索的导航，或作为关键字，从而起到分类作用。此时，物资设备分类编码也被称作分类编码。分类体系有两种显示方法，一种是逐层展开法（drill down），按大类—中类—小类—细类逐层展开。这时，物品的分类编码就是找到该物品所在编码体系中的位置的导航。这种方式我们经常使用，比如查询“商品编码与协调制度HS”“统计用产品目录”的时候，我们经常使用这样的方法。因为这两个分类编码体系是正式出版物，所以，我们要想在里面找到某种具体的物资设备，就只能按大类、中类、小类一层一层地找下去，直到找到该产品所在的位置。另一种是将整个物品分类体系导入计算机系统，直接在系统中按关键字搜索。比如我们电脑上打开“联合国标准产品与服务分类代码UNSPSC”的代码集（codesets），进行关键字搜索，比如键入“盐酸普鲁卡因”，系统会显示结果“名称：盐酸普鲁卡因；编码：52171922；类别：商品细类；所属：中类，(氨基苯甲酸酯)麻醉剂，中类编码51271900”。后面这种方法就起到“关键字”的作用，就是键入搜索的那个“key”。对于具体的代码而言，可能是某个物资设备实体类的标识代码（类标识），也可能是该类实体中类的具体实体的分类编码（个体标识）。如果是类的标识，那么物资设备的分类编码就是物资设备某一个类的唯一标识。“类标识”是这个类的共同特征的编码化表示的结果。比如在某个企业物资设备编码系统中，1003是一个2层4位的中类，表示起重机，我们可以作如下判断：所有具体类型起重机的分类名称都置于起重机此分类名称之下，这些具体类型起重机如梁式起重机、固定回转起重机的分类编码均以1003作为起始编码。比如梁式起重机就是起重机这个中类下面的一个小类（此处不妨假设该分类体系的结构是大类—中类—小类—细类—基准名称），这个小类的分类编码是100301。固定回转起重机也是起重机这个中类下面一个小类，这个小类的分类编码是100302。如果继续往下划分的话，单梁梁式起重机是梁式起重机这个小类下面的一个细类，这个细类分类编码是10030101，双梁梁式起重机也是梁式起重机这个小类下面的一个细类，此细类与单梁梁式起重机平行，其分类编码是10030102。

物品的分类大多数情况是要体现物品（事物）的客观属性的，不论是一般的物品分类编码体系，如HS、UNSPSC、CPC等，还是特殊领域的物品分类编码体系，如北约物资分类。不同领域的物资分类编码体系的开发人员首先考虑的，也是一再强调的，就是物品的分类要依据物品的本质属性、自然属性。本质属性和自然属性二者都是抽象名词，它们是对自然界事物面貌、规律、现象以及特征的本质的描述说明。企业物资设备分类编码体系的开发人员之所以强调本质属性或自然属性，就是从理论上认为物品的自然属性和本质属性是不受人的意志支配的，不会由人的因素而调整、改变的部分说明。但为什么是选择物品的本质属性呢？为什么不是管理属性呢？为什么不是贸易属性呢？那么什么是物品的本质属性？选择本质属性和自然属性作为分类的依据，这本身就是一种分类思路的体现。另外，所谓的本质属性、自然属性，只是习惯上的、物品分类实用主义所采用的一种说法，从哲学上说，事物并没有所谓的本质属性、自然属性。花店老板眼里的花和诗人看到的花显然不是同样的东西，二者对花的定义和描述也显然不同。不同时间、不同心境看同样的花，结果也是不一样的。狗看花和人看花也不一样，狗的视觉系统和人的视觉系统不同，狗无法和人一样分辨各种色彩，比如说狗能够分辨深浅不同的蓝色紫色，但对红绿等高彩度色彩却没有特殊的感受力。红色对狗来说是暗色，绿色对狗来说则是白色。因此狗眼中的世界是黑色、白色和暗灰色，同时夹杂着红黄色和蓝色，世界就如同黑白电视里面的画面，无法分辨色彩的变化。事物作为一种存在本身是中性的，对于人来说事物就是外物，外物触发了不同物品分类人员的不同的意动，也就是不同的理解，这是我们应该关注的重点。所以，物品本没有意义，是人赋予其意义，不同的人赋予不同的意义。但物品分类是求同存异，是把相似或相近的物品归为一类。但什么是“相似”，什么是“相近”，需要物品分类人员加以判断，判断的依据和标准必然受到物品管理者的影响。虽然道理上、方法论上我们选择物品的本质属性、自然属性是客观的，但是研究企业物资设备分类编码的人终究是人，或者说物资设备管理者作为人的个人判断和标准终究是加了进来的，那么物品的分类就成了一种不那么客观的分类。比如说，热轧带肋钢筋的公称直径（nominal diameter）、公称横截面面积、理论重量三个属性被拿来作为热轧带肋钢筋的三个本质属性。同时，我们还把钢筋牌号、碳当量及Si、Mn、P、S含量限值作为热轧带肋钢筋的本质属性。但公称直径这里是指某一具体牌号的标准化直径，是一个用来描述热轧带肋钢筋的人造指标，是为了记忆和使用方便而规定的一个简洁称呼，因为公称直径的那个数字并不代表实际直径。公称横截面面积和理论重量也一样是人造指标，分类的时候，我们把它拿来当作热轧带肋钢筋的本质属性了。但我们知道公称直径显然并不是热轧带肋钢筋的本质属性。只不过这个指标好用，恰好被造出来，客观上满足了我们对钢筋进行分类这一个特定的需要。

我们有理由相信，热轧带肋钢筋确实存在某些本质的属性，这些属性决定了热轧带肋钢筋之所以是热轧带肋钢筋这个基本事实。但我们在分类的时候，却选取或者说制造了几个公称直径、公称横截面面积、理论重量、钢筋牌号、碳当量以及化学成分等容易添加人的因素或者说容易被人为因素干扰的属性作为了本质属性。那么，我们还能在分类里面找到百分百的“本质属性”吗？

随着人类认知和科学水平的持续提高，反映到人脑中的物品自然属性的东西也在不断地发展和变化。例如铁元素存在于铁矿石，人要生老病死。这些事物，有的就可以被意志改变：铁矿石里的铁元素经过冶炼变成热轧带肋钢筋，人得病之后可以通过医治延续寿命，等等。这些被改变了的事物的属性就具有了社会属性范畴。相应地，物品的分类最终变成了物品的分类管理。物品分类体系要体现事物的客观属性。不同企业的物资分类编码体系首先考虑的是物品的本质属性，但这本身就是一种分类思路的体现。对物品进行分类是对物品进行编码的基础，是编码和最终形成物品分类代码表的前提和基础。科学合理的物品分类，是物资设备编码化标准化、物资设备数据规范化的前提，是对物品信息化管理的保障。物品分类就是要确定物品的上位类和下位类，从而在逻辑上确定物品的归属和包含范围。物品分类在不同应用环境下的叫法不同，如“物品区分”“物品归类”等，叫法不同，意思一样。

第二节　企业物资设备的分类方法

企业物资设备分类编码体系建设有三个难点：一是建立边界清晰、明确、颗粒度匀称的分类编码；二是建立标准、无歧义的物资设备标识代码；三是建立物资设备数据模型、支持系统相互调用的标准化产品数据结构，进而在企业内部形成物资设备标准化数据环境。针对上述问题，开发物资设备分类编码系统成为企业物资设备信息化管理标准体系建设的重心，它的目标是建立一套完整、标准、科学，涵盖所有物资设备的编码标准体系和分类编码系统，满足集团对物资统一管理、集中采购、统一分析等信息化管理需要。

物资设备分类主要是要确定物资设备的上位类和下位类，从而在逻辑上确定物资设备的归属和包含范围。为此，企业开展物资设备分类编码，就要选择一种物资设备分类方法。目前，物品分类比较成熟的方法主要有三种，即线分类法、面分类法和综合分类法。

一、线分类法

线分类法又称层次分类法，是一种传统的分类方法。线分类法是按选定的若干属性（或特征）将分类对象逐次地分为若干层级，每个层级又分为若干类目的一种物资设备分类方法。

在线分类体系中，一个类目相对于由它直接划分出来的下一层级的类目而言，称为上位类，也称母项；由上位类直接划分出来的下一层级类目，相对于上位类而言，称为下位类，也称子项。上位类与下位类之间存在着从属关系，即下位类从属于上位类。在线分类体系中，由一个层次直接压分出来的各类目，彼此称为同位类。同位类的类目之间为并列关系，既不重复，也不交叉。

按照线分类法对物资设备进行物资设备分类的结果，一般可划分为大类、中类、小类、品类、品种和细目等类目层次。例如，依据国家标准GB/T 4754—94《国民经济行业分类与代码》对我国国民经济行业进行的划分使用的就是线分类法。它将社会经济活动划分为门类、大类、中类和小类四级，与其相对应的编码主要采用层次编码法。

我国行政区划编码采用的就是线分类法，共有6位数字码。第1、2位表示省（自治区、直辖市），第3、4位表示地区（市、州、盟），第5、6位表示县（市、旗、镇、区）。如表8-1所示，列出了河北省的行政区划编码代码。

表8-1 河北省行政区划编码代码

代　码	名　称	
130000	河北省	
130100	石家庄市	
130101		市辖区
130102		长安区
130103		桥东区
130104		桥西区
130105		新华区

续表

代　　码	名　　称	
130107		井陉矿区
130108		裕华区
130200	唐山市	
130201		市辖区
130202		路南区
130203		路北区
…	…	…

基于线分类法生成的代码称作层次码。层次码作为数据编码结构有很多优点：一是层次码具有明确的层次性及隶属关系，理论上用户只要找到上位类，就可以逐层展开，从而找到搜寻目标；二是层次码一般采取数字型代码的形式，也就是用一个或若干个阿拉伯数字表示编码对象，结构简单，使用方便，便于用户通过类目的统计对比获得产品信息；三是层次码具备唯一性和简洁性，易于实现标准化。

（一）线分类法应遵循的基本原则

使用线分类法时，一般应遵循以下原则。

（1）在线分类法中，由某一上位类类目划分出的下位类类目的总范围应与上位类类目范围相同。

（2）当一个上位类类目划分成若干个下位类类目时，应选择一个划分标志。

（3）同位类类目之间不交叉、不重复，并只对应一个上位类。

（4）分类要依次进行，不应有空层或加层。

（二）线分类法的优点

线分类法的优点是层次性好，上位类和下位类严格遵守既定的分类原则，物资设备的归属关系和包含关系被直观地体现出来，因而能较好地反映类目之间的逻辑关系，既符合信息手工处理的传统习惯，又利于计算机对信息的处理。因此，目前国际上大部分的物资设备分类体系的分类方法都采用了线分类法，如HS、UNSPSC、CPC、GPC等。

（三）线分类法的缺点

首先，线分类法的结构弹性差。一旦确定了分类深度和每一层级的类目容量，并固定了划分标志后，要想变动某一个划分标志就比较困难。因此，使用线分类法必须考虑有足够的后备容量。

其次，从不同的角度来看，任何产品都具有多重属性，同一个产品可以同时属于不同的类别。比如，儿童澡巾既是洗漱用品，也是纺织品，还可以是婴儿用品。但大多数分类体系没有充分考虑这一点，只是按照严格的层级划分，将一个产品仅放置在一个上位类下。

最后，产品分类层次过多容易造成混乱。比如，买家要搜寻儿童澡巾，采用产品目录逐层展开人工查找的时候，他就必须在选择下位类的时候作出决定：儿童澡巾究竟属于哪个大类，哪个小类，哪个中类或哪个细类？显然这是一个非常复杂的问题，需要用户在产品分类体系的多个类目间做出选择，经过多次选择之后，往往并不能如愿找到该产品。不同的用户对于该产品的归属必然存在认识上的偏差，因此，产品分类层次过多也是线分类法的一个缺点。

二、面分类法

面分类法又称为平行分类法，是指将所选定的分类对象的若干标志视为若干个面，每个面划分为彼此独立的若干个类目，排列成一个由若干个面构成的平行分类体系。

例如，服装的分类就可采用面分类法。把服装所用的面料、式样和款式分成三个相互之间没有隶属关系的“面”，每个“面”又分成若干个不同范畴的独立类目。使用时，将有关的类目组合起来，便成为一个复合类目。以螺钉为例，如表8–2所示，代码2342表示黄铜Φ1.5方形头镀铬螺钉，代码1233表示不锈钢Φ1六角形头镀锌螺钉。

表8–2　以螺钉为例的面分类法

材　　料	螺钉直径/mm	螺钉头形状	表 面 处 理
1. 不锈钢	1．Φ0.5	1. 圆头	1. 未处理
2. 黄铜	2．Φ1.0	2. 平头	2. 镀铬
3. 钢	3．Φ1.5	3. 六角形	3. 镀锌
		4. 方形头	

使用面分类法，一般应遵循如下一些原则。

（1）根据需要，应将分类对象的本质属性作为分类对象的标志。

（2）不同类面的类目之间不能相互交叉，也不能重复出现。

（3）每个面有严格的固定位置。

（4）面的选择以及位置的确定应根据实际需要而定。

面分类法的优点主要表现在分类结构具有较大柔性。分类体系中任何一个面内类目的改变，不会影响其他的面，而且便于添加新的面或删除原有的面。此外，面分类法有较强的适用性，可实现按任何面的信息进行检索。同时，面分类法的缺点也很明显，它不如线分类法直观，没有助记功能，给人工操作带来一定的不便。面分类法的缺点还表现在不能充分利用容量。因为在实际应用中许多可组配的类目无实用价值，传统上无使用的习惯，难以手工处理信息。

三、综合分类法

线分类法和面分类法是商品分类的基本方法，在使用时，应根据管理上的需要进行选择。在实践中，由于商品复杂多样，常采用以线分类法为主、面分类法为辅，二者相结合的分类方法。

综合分类法也叫作混合分类法，是将线分类法和面分类法结合使用。以其中一种为主，另一种作为补充的分类方法。一般地，如果要采用此分类方法，首先要制定物资设备大类代码。物资设备分类实践中有一个现象，就是分类专家在物资设备划分大类的时候，大家能较快地达成一致。原因比较简单：自己关注的物品能够显然是属于这些大类中的某个大类的话，人们之间的歧义就不会多，发生争论的可能性也较小。但大类划分之后在此基础上继续延拓细化，形成二级类目、三级类目甚至四级类目的时候，争议开始产生。而且，层级越低，争议就越多、越大。所以，有些物品分类系统，看上去甚至有些奇怪。继续划分下去就可能发现某个特定的物资设备类目下面的编码容量竟然不够用了。比如，假设某个物资设备编码体系设定了四层八位每层两位的编码结构。编码人员可能会发现某个中类下面就有超过99个物资要进行分类，编码容量即使是00开始编码到99，也有不够用的情况。之所以出现这样的情况，可能是因为某些类目下面根本就没有太多的产品类型，而某些类目下面的产品类型又非常多，子类品种非常细。举个例子，如果将人的分类和苹果的分类并列在一起，我们发现，按照门纲目科属种划分，人是脊索动物门—哺乳纲—灵长目—人科—人属—智人种。因为人属下面的其他如尼安德特人、佛洛里斯人、海德堡人等已灭绝了。而苹果下面则有超过100种苹果。比如联合国标准产品与服务分类体系中，苹果的细类就有100种，而且新苹果品种还在不断被培育出来，形成一个种。编码容量是既定的，物资新陈代谢是不可改变的。新增的怎么办？这是个大问题。人们就此进行了一些巧妙的处理。既然大家在大类划分的时候能够达成一致，争议较小，那么在物资设备分类体系构建的过程中，把作为一级类目的大类，作为二级类目的中类，保持相对稳定。在大家容易产生歧义的第三、第四或者更细的分类层级上，采用流水码的形式，如北约物资编目体系。北约物资编目的代码由三个组成部分，4位物资分类+2位编目局编码+7位品种标识编码。7位品种标识编码就是无含义的流水编码。人为地隔断前两层的基础上继续延拓细化的既定思路，改为增加一个物资品种，对应地就增加一个品种标识编码。而这个品种标识编码，是一个7位的无含义编码，编目机构在赋码的时候，可以是随机赋7位码，也可以赋7位的顺序码，但它们会有一个机制保证这7位绝不重复。这7位的品种标识代码实际上仍然是一个物品的类，比如25%葡萄糖注射液。所有厂家生产的不同包装规格的25%葡萄糖注射液都属于这个类别，不管是20mL、100mL、250mL还是500mL，也不管是东北制药厂、西南制药厂还是东南制药厂、西北厂制药。而这个类，可以看作前面4位物资分类的继续划分，但我们发现这样的编码设计完全突破了传统线分类法对编码容量的层级限制。

物资设备分类法的发展和应用趋势是线分类与面分类结合使用。在国家物品基础编码体系中，机织物（化纤）的分类中，属性代码的表示采用属性排列顺序+属性值连接表示的方法。其中，属性排列顺序可以根据具体应用环境而赋予特定含义。如设置机织物（化纤）属性及属性值代码可以先定义属性代码的数据结构，再将不同的属性值代码连接，如图8-1所示。

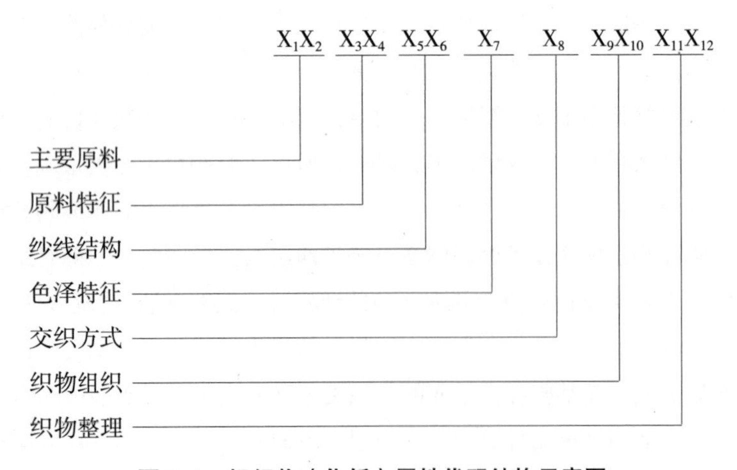

图8-1　机织物（化纤）属性代码结构示意图

机织物（化纤）属性代码结构$X_1 \cdots X_{12}$中，X_1X_2表示主要原料，X_3X_4表示原料特征，X_5X_6表示纱线结构，X_7表示色泽特征，X_8表示交织方式、X_9X_{10}表示织物组织，$X_{11}X_{12}$表示织物整理。数据结构$X_1 \cdots X_{12}$即可表示机织物（化纤）属性及属性值代码结构。

第三节　构建企业物资设备编码体系的步骤

物资设备种类复杂多样，涉及物资设备的规格型号等特征属性的数量庞大，因此企业在物资设备的管理中，存在诸多问题。例如上面提到的，对物资设备分类方法不标准、分类维度不统一导致一个物资设备在多个分类中存在或交叉的情况；标准名称不统一，出现一物多名的情况，导致系统中存在大量的重复数据、错误数据；规格型号等特征属性的描述不统一，导致属性描述数据的繁杂、重复。因此，建立一套标准、科学、合理、完整的物资设备编码体系架构，是企业物资设备信息化应用顺利运行的基础。该体系的建设，既要满足企业对物资设备的缴存分类统计需要，又要满足能够管理到规格型号等特征描述的物资设备实际采购、生产、库存等应用需要。

企业物资设备分类编码工作的主要内容是构造企业物资设备的分类结构，并对该分类结构代码化。信息分类结构构造是指根据物资物料管理的需求和应用的需求，将大量复杂分散、杂乱无章的物资物料有目的、有次序地加以组织。聚集成信息实体，并且从不同角度不同层次上对信息实体进行分类。进行定义命名描述，确定其范围内容表示方法，从而得到实体类的过程。分类结构代码化设置按照一定规则对分类结构中的实体和实体属性赋予代码的过程。通过物资设备分类编码，使每一种物资设备在分类体系结构中都有一个适当的位置和相应的代码，以便在一定范围内建立管理上的共同认可和统一的语言、标识和描述。

这里我们需要指出的是企业物资设备分类编码与企业资源计划（ERP）中的企业资源是有区别的。企业资源这一概念的内涵和外延较大。企业资源信息包括所有企业资源实体对象，包括企业人力资源、组织资源、财务组织资源、物质组织资源、技术知识资源服务资源等。我们今天讲的物资设备编码主要是指企业资源中的物质资源。所以，企业物资设备分类编码的对象就是企业经营活动中涉及的各类物资物料以及与之有关的各种信息的实体。

企业物资设备编码体系的作用是使企业管理的物资设备体系化、结构化，使之真正成为联结系统各环节的纽带。企业物资设备编码开发的主要任务是对企业所管理的物资设备进行鉴定、命名和描述。在此基础上，按照物资设备的属性特征，根据相互之间的相似性进行分类，相似性大的放在一个类目，不相似的放在不同的类目，进而形成一个分类体系。这个分类体系应该是各种物资设备的名称，有上位类，有下位类。处于上位类物资设备的概念的内涵和外延要比下位类的大。比如上位类是起重机，下位类就是各类具体类型的起重机，并且所有具体类型的起重机都从属于起重机这个类目的下面。这个过程，我们可以把它称为是分类结果的序列化，是一个建立物资设备相互包含与被包含的过程，是在复杂多样的物资设备中人为建立一个属于与被属于、包含与被包含的逻辑过程。

这其中，物资设备的名称和描述的科学化、统一化、规范化、标准化是核心。本节的主要任务是描述企业物资设备编码体系建立的一般步骤。

一、设计企业物资设备编码体系架构

构建企业物资设备编码体系架构，先要有一个体系的概念，也就是首先要确定企业物资设备编码到底是哪种编码？是用于企业物资设备的分类编码？还是涉及上下游与生产、运输、配送、物流、仓储、领用有关，需要与条码、二维码和射频标签等自动识别技术有关的物资设备标识编码？还是仍然与物资设备的命名、规格或者属性描述有关的物资设备属性编码？这就要从体系的角度思考，构建企业物资设备的编码体系。企业物资设备编码系统建设，先就是开展企业物资设备编码体系设计。针对大型企业集团物资设备名称不统一、分类不统一、编码不统一造成的“信息迷雾”等问题，对物资设备的编码体系进行设计，采用科学和体系化的思路，从三类物品编码及其管理和运营两个角度展开。一般地，根据企业物资设备的信息化应用需求，企业物资设备编码标准体系框架分为3层，如图8-2所示。

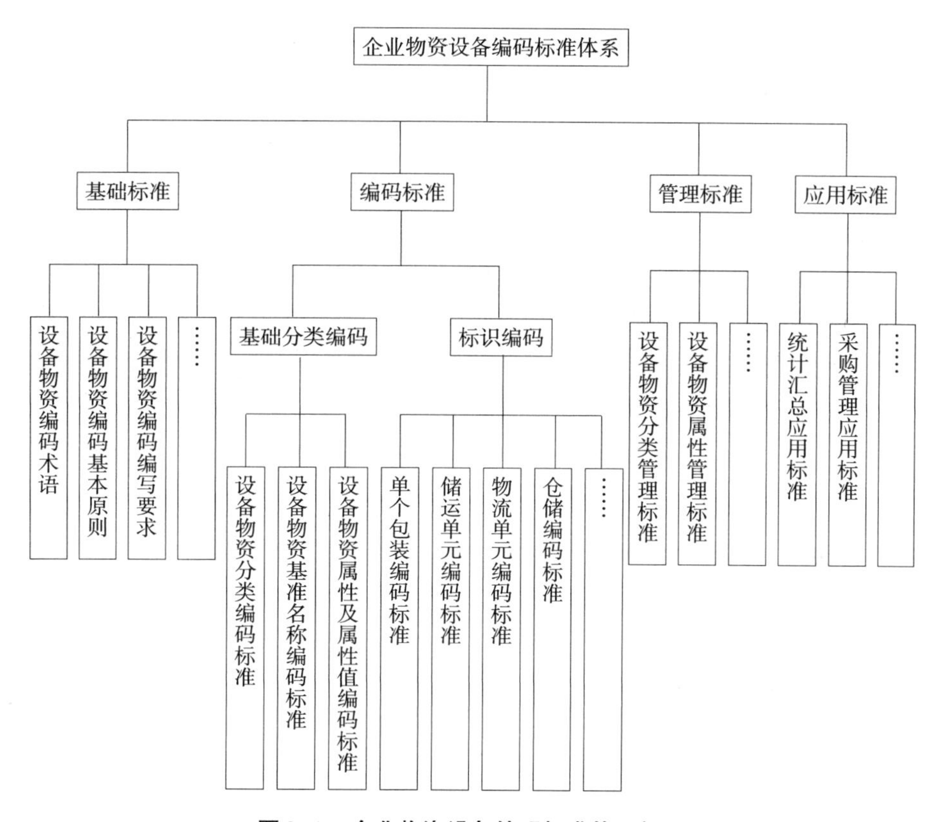

图8–2　企业物资设备编码标准体系框架

企业物资设备编码标准体系架构包括四个层级。第一层是企业物资设备编码系统标准体系包含的所有标准，分为基础标准、编码标准、管理标准和应用标准四个组成部分。这四个部分在企业标准体系范围内处于第一层。这四个部分实际上是企业物资设备编码这项工作所涉及的四个方面。企业开展物资设备编码将从这四个方面展开。第一部分是基础标准，指在企业管理范围内作为其他物资设备编码标准的基础，并普遍使用，具有广泛指导意义的标准。第二部分是编码标准，包括企业物资设备分类编码标准、物资设备标识编码标准。第三、四部分分别是企业物资设备编码管理标准和应用标准。

第二层由第一层扩展而成，是各部分的细化和拓展。其中，基础标准部分包括企业物资设备编码涉及的有关术语、原则、方法以及编写要求等项标准。

在第三层中，物资设备分类编码标准包括物资设备分类编码标准、物资设备名称编码标准、物资设备属性与属性值编码标准，分别是针对企业物资设备编码标准化领域中需要协调统一的物资设备分类、名称、属性与属性值应制定的标准，他们之间存在着相互补充和制约的关系，是直接指导企业物资设备服务与管理等方面活动的适用标准。

物资设备标识编码标准包括单个包装编码标准、储运单元编码标准、物流单元编码标准、仓储单元编码标准等与物资设备的生产、物流运输、仓储、使用和召回等有关的编码系统。物流单元编码标准是指各类物资设备在运输和流通过程中作为一个物流单元，满足物资设备运输过程针对物流单元的编码、物流单元的标识与数据采集的编码标准；仓储单元编码标准是指各类物资设备在存储过程中，作为一个储运单元，满足仓库信息化管理的编码标准。物资设备标识编码的作用是用以标识企业供应链上下游所有的物资设备本身、其存在状态，并且和标识主体的编码联合，起到共同标识物资设备管理属性、贸易属性的作用。物资设备标识编码可连接企业供应链上下游的所有物资设备，是属于企业物资设备编码体系的重要和关键部分。读者可以参考商品条码系列国家标准，以及与条码、二维码和射频标签相关的国家标准和书籍。

管理标准主要是为了对物资设备分类编码过程中涉及的关键环节和因素进行管理和控制，保证企业物资设备编码标准体系的顺利运行而设立。其作用是保证企业物资设备编码的动态维护，与企业物资设备更新换代相适应。应用标准主要是针对企业物资设备编码应用过程中涉及的关键环节和因素而设立，可以扩展出其他应用标准。

二、物资设备编码的基本原则

我们应当研究并确定企业物资设备编码的原则与方法，并且在具体分类的实践中将已经确定的编码原则和方法作为“铁律”坚持贯彻和实施下去。一方面使企业在信息分类编码工作时有章可循，避免矛盾和不必要的重复，确保信息的准确性、一致性和有效性。另一方面也是对各类物资设备分类编码的过程进行标准化的管理与实施，从而为企业物资设备信息交换奠定基础。

（一）唯一性原则

在一个编码体系中，基本特征相同的物品作为一个物品编码对象时，编码应唯一。确保物资设备的一物一名一码，避免重复分类、重复名称。基本特征相同的物品作为一个物品编码对象时，编码应唯一。唯一性是所有物资设备编码系统的第一强调要素。对于物资设备分类编码来说，唯一性主要是确保物资设备的一物一名一码，避免重复分类、重复名称。对于物资设备属性编码来说，唯一性就是确保一个属性有且只有一个属性名称，一个属性有且只有一个唯一的不重复的属性编码。同时，一个属性值有且只有一个属性值名称，一个属性值有且只有一个属性值编码。对于物资设备标识编码来说，编码唯一性就是标识编码的唯一性，也就是一个物资设备，只有一个唯一的标识编码，用以指代该物资设备本身的编码。这个标识编码，可以是单个物资设备编码，可以是一个批次的某种物资设备的标识编码，还可以是一个物资设备品种的编码或者其他层级的物资设备标识编码。在这个编码体系中，基本特征相同的物品作为一个物品编码对象时，编码应唯一。所以，是否具有相同的标识编码，要看在管理上是否将这些物品作为一个编码对象进行管理。无论如何，这部分编码的作用与自动识别有关，是要写入条码、二维码或射频标签的。而一般物资设备的分类编码是不会写入条码、二维码或射频标签的。

（二）统一性原则

对于企业物资设备分类编码、属性编码和标识编码来说，统一性原则是在一个编码体系中，这三类编码的类型、结构和编写格式都应该保持统一。一是基于同样标准的编码结果应该统一。对于分类编码来说，分类的位数、层数要统一。此分类的分类方法、分类原则要尽可能与国际主流的分类方法相一致、相统一。而且，制定的分类体系如果可能，要尽可能与已有的主流分类建立映射。我们可以举个例子，比如说A是啤酒生产企业，B是红酒生产企业，二者都按照联合国标准产品与服务分类代码UNSPSC的分类标准对各自的生产啤酒或红酒进行分类，那么，A企业找到啤酒对应的UNSPSC分类应该是50202201，B企业找到的红酒对应的UNSPSC分类应该是50202203。两个编码的位数、层级都应该统一。二是由同一个机制确保统一编码。对于标识编码来说，应该首先考虑选取国际通用的、主流的、成熟的标识编码标准。如果采用相同的编码标准，那么编码数据结构应该统一，位数应该统一。比如广东的A厂家按照GB 12904—2008《商品条码　零售商品编码与条码表示》给出的规则给自己生产的某电脑进行编码，新疆的B厂家也按照这个标准给自己生产的润滑油进行编码。那么，电脑的编码和润滑油的编码应该都是13位的商品条码。并且二者都能被同样型号的条码扫描枪所识读，都能无障碍地进入实体店铺的零售系统。三是基于同样的规则进行编码的统一维护。按照同样的流程、方法和规则进行维护。分类编码则需要满足物资设备分类、汇总、统计，支撑物资设备采购的信息化、代码化管理。标识编码的维护则要保持编码的唯一性，已经用过的标识编码，最好不重复利用。

（三）稳定性原则

稳定性有几个方面的含义。一是物资设备的分类原则、编码方法等应该保持稳定，一旦确定，就要当作铁律坚持下去，不要轻易改变。二是在分类的时候要以物资设备相对稳定的本质特性、自然属性和主要功能作为分类基本依据，避免容易受到人为干扰因素的属性，确保物资设备编码体系的稳定性。三是对于物资设备标识编码来说，一旦选定了一组基本特征，那么具有选定的一组基本特征的物品就应该当作一个编码对象，且一旦赋予了编码对象以唯一编码，就要保持相对稳定。若物品编码对象的基本特征没有发生变化，编码应保持不变。

（四）可扩充性原则

充分考虑企业物资设备性和新物资设备产生、旧物资设备淘汰的实际情况，编码体系在类目的设置和层级的划分上，应留有可扩充的空间，以支撑未来新的物资设备编码，并且随着需求变化不断发展完善、更新和充实。但是对于标识编码来说，可扩充性往往并不是主编码遵循的原则，因为物资设备的主编码应该保持稳定，但可扩充性原则适用于附加编码，附加编码如应用标识符可以引导不定长度的编码，可以按照各种附加代码的编码规则进行扩充和规定。编码体系应保留适当编码容量，以保证增加新的物品编码对象时，不影响已建立的编码体系；同时，还应为下级信息管理系统在本编码体系的基础上进行延拓、细化创造条件。在设计和应用物品编码体系时，可根据实际需求，选取上述原则中的其中几项作为编制依据。

三、制定物资设备数据模型

数据是描述事物的符号记录，模型是现实世界的抽象。数据模型用来描述事物（实体）输入、输出数据以及各种约束条件数据之间的关系。数据模型通过对构成事物的实体以及实体间关系的描述，反映了事物的静态特征（数据结构）和动态特征（数据操作）。物资设备属性数据模型规定了物资设备属性集合的构成、属性数据元间的关系等内容，也称物资设备属性模型。模型的准确程度与模型中包含的数据元及输入数据数量密切相关，数据元及输入数据多，则描述清晰，数据元及输入数据少，描述就模糊；输入数据的值不同，导致输出结果的不同，就形成了同类事物的不同个体。数据模型所描述的内容包括三个部分：数据结构、数据操作、数据约束。

（一）数据结构

数据结构主要描述数据的类型、内容、性质以及数据间的联系等，是目标类型的集合。日标类型是数据库的组成成分，一般可分为两类：数据类型、数据类型之间的联系。数据库任务组网状模型中的记录型、数据项，关系模型中的关系、域等都是数据类型。数据结构是数据模型的基础，数据操作和约束都基本建立在数据结构上。不同的数据结构具有不同的操作和约束。

（二）数据操作

数据模型中数据操作主要描述在相应的数据结构上的操作类型和操作方式。它是操作算符的集合，包括若干操作和推理规则，用以对目标类型的有效实例所组成的数据库进行操作。

（三）数据约束

数据模型中的数据约束主要描述数据结构内数据间的语法、词义联系、它们之间的制约和依存关系，以及数据动态变化的规则，以保证数据的正确、有效和相容。它是完整性规则的集合，用以限定符合数据模型的数据库状态和状态的变化。约束条件可以按不同的原则划分为数据值的约束和数据间联系的约束、静态约束和动态约束、实体约束和实体间的参照约束等。

为了达到唯一标识和识别某一具体物资设备的目的，需要根据企业物资设备的各种属性来描述物资设备，如名称、材质、重量、功能、组成、结构、包装要求等，并据此对不同种类物资设备进行比较，以判别是否为同一种物资设备，进而区分不同类型的物资设备。往往需要不同的属性来区分不同的物资设备，例如：区分钢材的属性主要有牌号、直径等，区分油品的属性主要有质量等级、黏度等级、灰分、硫含量、闪点等。因此，物资设备编码分类编码系统需要针对不同类型的物资设备，建立不同的属性集合，即建立属性数据模型，作为区分物资设备品种和编码的依据。

四、确定物资设备的分类角度

分类角度是方向性的问题。在实际应用中，由于所管理的物资设备纷繁复杂，管理者的专业背景和利益诉求各不相同。如果从不同的角度对物资设备进行分类，得到的将是物资设备的多个分类结构，而实际上只需要一个确定的分类结构即可。那么，如何分类呢？这就要逐一确定物资设备的分类角度。比如，钢材的分类可以从外形、牌号、直径三个角度进行分类；饮料则可以从是否含有酒精这个角度进行分类，划分为含酒精饮料和不含酒精饮料。动物分类和植物分类的话，按照植物分类学鼻祖林奈的划分方法，一般选取植物的生殖结构（花朵）的特征作为划分植物的基本依据，并逐层按照门纲目科属种把不同的植物“放进去”。林奈制定的生物分类规则穿越历史被沿用到现在，成了人类了解和认识生物界的基石之一。林奈这位分类学鼻祖选择植物生殖结构（花朵）的特征进行分类也好，饮料按照是否含有酒精进行分类也罢，这些都可以看做是物品分类的角度。我们在进行物资设备分类的时候，也是逐一找到（实际上并不是找到，而是识别出）各类物资设备的属性，并把这些属性作为物品分类的角度。一般地，我们更愿意选择物资设备固有的、可测度的、无歧义的、本质的自然属性作为物资物料分类的依据。比如针对某个特定颗粒度的物资信息实体管理所形成的与该特定颗粒度相对应的该项物资的分类结构，或者干脆是针对某个具体部门物资管理需求形成的部门物资分类结构。根据企业信息管理和应用的需要，系统地考虑所需要设立的分类角度及其覆盖的信息实体，并使各个分类角度协调统一。

五、确定物资设备的分类方法

分别从每一个分类角度所覆盖的物资设备的属性中，选择与分类角度相关的属性作为分类属性。分类属性是否合适直接影响到能否实现所希望的分类管理角度，也影响分类的效率。在此基础上，逐一确定各类物资设备的分类属性。比如，钢材的分类下面，可以按照钢材的外部形状这一属性进行分类，分成型材、钢丝、钢板、钢管；可以按照质量品质划分为普通钢、优质钢、高级优质钢；可以按照锻造方法划分为热轧钢、冷拉钢、锻钢、铸钢，特钢；还可以按照用途划分为建筑及工程用钢、结构钢、工具钢、特殊性能钢、专业用钢。一般来说，企业对物资设备的管理通常采用传统的“线分类法”。例如，“热轧带肋钢筋”按照传统的“线分类法”，进行类别的归属，第一层类别为“钢材”，第二层类别为“钢筋”，第三层类别为“带肋钢筋”，最后一层为“热轧带肋钢筋”，如图8−3所示。

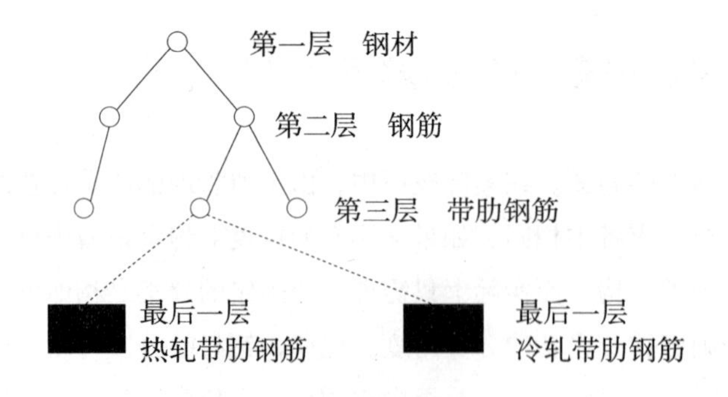

图8−3 “热轧带肋钢筋”分类划分

可以看到，对于较粗的物资设备分类来说，采用传统的“线分类法”能够较为清晰地将物资设备进行规范、标准的划分。但是，对于物资设备规格型号等属性特征的管理来说，由于属性特征的数量庞大、不同属性描述角度繁多，如型号、材质、规格、质量等级等，只用单纯的“线分类法”进行物资设备的划分，会出现编码容量不够、底层分类越划分越复杂、越划分越混乱等情况。所以，对于物资设备的属性特征的管理，可以采用“面分类法”。例如“热轧带肋钢筋”，根据国家标准（GB 1499.2—2007）中的规定，其属性特征包括牌号、直径。运用“面分类法”，牌号、直径两个属性及属性值的组合就可以清晰、方便地表示热扎带肋钢筋的属性（见图8-4）。

热轧带肋钢筋

属性1：牌号 属性1值：HRB335…	属性2：直径 属性2值：6mm…

图8-4 “热轧带肋钢筋”属性特征的面分类

六、构造物资设备分类结构

分类结构是指物品分类类目之间的相互关系，也就是分类码表（代码集）各分类名称之间的相互关系。构造物资设备分类结构就是确定各物资设备名称相互关系的过程。一般地，构造物资设备分类结构可以采用线分类法、面分类法，也可以采用混合分类法。一般的物资设备系统在前面几个层级均采用线分类法。物资设备分类人员采用该法将参与分类的所有物资设备按照选定的属性作为划分基础，逐次、逐层地将这些物资设备化分成相应的若干逐级展开的层次类目。

采用线分类法构造分类结构的过程为：一是确定一个分类属性。二是确定该分类属性的分类值，这些分类值构成了该分类层次的分类类目。三是针对每一个分类类目，判断该分类的颗粒度是否已经能够满足应用需求，是否需要再进一步划分下位类或者说（划分）子类。那么这个分类的层级就算完成，这一个分支的物资设备的分类结构构造完毕。如果颗粒度仍然不能满足应用需要，那就要继续给既定的分类进行子分类的划分，就是继续划分出下位类子类，甚至下位类之类再接着继续分类下去。直到不需要进一步的划分，则该分支的物资设备分类结构构造完毕。上述分类过程完成之后，将形成一个树状的分类结构，分类树的节点就是不同层级的分类项，最小层的一般称为基本类目，其余节点称为中间类目，最顶层的则是大类类目。

七、为分好类的物资设备逐层、逐一赋码

最后一步是给分好类的物资设备按照层级结构和各类物资设备所在的层级和排序逐一赋码。只有给经过分类的、已经体系化、具备明确层级和明确结构的物资设备逐层、

逐一赋码之后，企业物资设备编码体系也就构造完毕。赋码的作用是确立编码（代码）与物资或设备名称之间的一一对应关系。在分好类的物资或设备编码体系中，给处于确定分类位置的物资设备名称赋予分类编码；给处于基准名称位置的物资设备名称赋予基准名称编码；给处于属性位置的赋予属性编码，给处于属性值位置的赋予属性值编码。以此来保证物资设备信息的准确性、可靠性、可比性和适用性。企业物资设备编码人员首先应了解和掌握物资设备编码体系设计的相关基本技术，并确定适合本企业的物资设备编码体系架构和物资设备编码数据结构，这是企业开展物资设备分类编码所遵从的总体框架，确定分类方法，确定编码体系结构的构造要素，包括确定编码层级与结构，各层级的编码容量、编码位数和编码增加方法，以及编码表现形式等。

第四节　企业物资设备分类编码的应用需要

企业物资设备分类编码是信息化建设中最基础的标准化工作，信息系统之间的数据交换与共享，必须先实现各系统之间编码的统一。企业信息化建设的根本目的就是要实现企业间信息资源的共享，进而提高整个企业信息沟通和业务协作能力。目前，信息化成为传统制造业提质增效的重要技术手段。实施制造业信息化的目的，是达到物流、信息流、资金流的统一，用一体化和集成的观点来处理企业的生产和管理，实现信息共享。这就要求解决产品和管理数据的定义、描述、存储和交换问题，给企业物资设备分类编码是解决这些问题的关键。

将企业物资设备进行编码，可以实现全集团的物资设备的编码化，在此基础上实现企业物资设备信息化统一管理，以适应生产经营活动中的各项业务信息化应用需要。其中包括：物资设备集中采购的需要、物资设备统计分析的需要、物资设备调配余缺的需要、其他生产经营的需要等。

一、物资设备集中采购的需要

不少企业集团，为了降低成本，减少支出，提高议价和谈判能力，都采用了集中采购的方式购进物资，这首先要确定集中采购目录。在企业管理者看来，集中采购的颗粒度要细，越细越好。这对于企业的积极意义在于以下三个方面。

（一）降低采购价格

采用集中采购的方式，企业可以同设备供应商商议设备和物资的价格，降低采购价格。从采购方面取得的价格优势，直接降低了购买设备的资金支出，增加了企业的利润。还可以提高采购的效率，企业集中采购的模式减少了分工，减少了采购过程中的许多不必要的环节，从而提高了效率，优化了资源配置，企业在进行设备统计时也会更加方便，在进行采购环节的计算以及做预算方案时也会更加简单和科学。

（二）塑造良好企业形象

集中采购大宗物资设备有利于塑造良好企业形象。第一，从采购的角度以及设备的应用角度来看，采用大宗物资设备集中采购的模式可以控制整个企业内设备的数量。第二，直接从设备供应商手中采购设备可以保证质量，有利于企业实现标准化生产，更加准确地计算出生产量，以实现标准化的生产。第三，采用大宗物资设备集中采购的模式可以在规定时间内完成对大宗物资设备的采购，很大程度上降低了生产过程中出现的质量问题。第四，通过集中采购大宗物资设备可以“公开公正”的采购，让采购员在大众的监督下行使采购的权利，避免采购员贪污情况的出现，使得整个企业的制度变得公开、公平、公正。

（三）实现企业资金优化利用

在我国，一些企业规定大宗物资设备的采购必须要采用集中采购的制度模式。采用大宗物资设备集中采购的模式主要的途径就是对设备供应商进行“招标采购”的方式。通过指标决定设备的供应商以最优惠的价格供应这些大宗物资设备。此外，大宗物资设备在采购时，往往需要大量的资金，如果采用相对分散的采购模式会将大量的资金分散开，仪价能力会降低，不利于资金的统一管理，也会造成许多不必要的麻烦。采用大宗物资设备集中采购的模式可以将大量的采购资金统一管理，提高仪价能力，保证每一笔资金都能够高效率地利用，减少资金的浪费，提高企业的资金利用率。

基于物资设备编码，可以建立全集团的物资设备采购目录，实现全集团对物资设备的集中采购，有效降低采购价格，节约成本；通过集团物资设备采购流程的信息化，实现集团物资设备采购管理的公开化、透明化。

二、物资设备统计分析的需要

物资设备编码还可以在物资设备的统计分析工作中发挥监控作用。企业物资管理者需要根据统计信息制定物资管理决策，而管理物资的重要依据是统计信息。可以利用调查抽样或者关键抽查或者各种定期报表等方式，监测和控制物资管理过程，从中找出存在的问题并解决问题，提升物资管理水平。物资设备统计数据能够确定企业消耗物资定额以及库存物资情况，显示企业物资究竟是节省还是浪费，并且联系财务信息综合分析，进一步了解企业物资管理水平。

物资设备管理要实现以下几个目标。

（一）保证物资供应

稳定、长期和持续的物资供应，是企业安全生产、正常经营的前提和基础。对于企业稳定经营具有特殊定义。当物资供应表现为买方市场的状况下，构建比较稳定的物资管理系统，减少资金占用量，是企业任何时候都需要积极面对的问题。企业集中、系统管理物资的目的就是最大限度地避免分散储备和多头采购问题。统筹企业物资设备使用部门实际需求，保质保量、及时完整地集中安排物资供应，确保顺利开展各项工作，充分发挥有限储备资金的功能。

（二）加快物资流动的速度

物资流动时间的长短对企业运作有重要作用，同时也影响着资金的使用情况。物流流动时间短，能够减少操作总时间，在一定时间内增加资金周转次数，为企业创造更多的利润。因此物资设备管理必须加快物资设备流速：一要加强计划管理，根据组织计划进行采购、仓储、供料和物流操作；二要选择科学合理的供应模式、批次，根据物资流向的合理性，安排相关物流活动，促使物资能够以最短的距离、最少的批次、最快的速度到达物料使用部门。

（三）减少物资管理所需的费用

物资管理过程中所需的费用包括两方面：一是物流操作费用，例如运输、储备、装卸、加工物资所需的各项费用，它是实现物资的使用价值，或者是为了符合相关用料部门的需求从而实施的补充加工，是对价值的创造，但是只有为了物资实现使用价值而开展的合理运输、正常储备、科学的包装等操作，才属于价值创造所必需的流动，而那些违反合理物资流向、过度积压则是不必要的流动，物资管理应尽量避免或减少不必要的流动。二是物流管理费用，包含了采购计划、制定、询价／招标、合同制定、运输管理、供料管理等各项费用，这一部分支出费用虽然是企业操作过程中不可或缺的内容，但是不会创造价值的费用，因此这些支出费用应当尽量减到最少。为了能够提升流动资产的使用效率，必须实行系统的管理，减少库存积压，编制科学的采购计划，完善物资操作管理的方式，以最低的费用系统管理物资工作。物资设备编码可以建立物资设备的信息化统计模式，实现集团对物资设备采购量、生产量、销售量的精确统计，为集团的市场分析提供数据支撑。

三、物资设备调配余缺的需要

库存控制管理主要是针对仓库的物料进行盘点、接收、保管、发放，通过防雨、防锈、防老化等方法，达到保障实物库存保持质量状态的目的。其实这只是库存控制的责任之一。从广义的角度去理解，库存控制是通过管理水平的提升实现库存周转率优化，从而在保证及时交货的前提下，尽可能减少库存积压、减少物资变质损坏和报废的风险。从这个意义上讲，实物库存控制仅仅是整个库存控制的一个管理环节；从组织功能的角度来讲，实物库存控制主要是仓储管理部门的责任，而广义的库存控制管理则应该是使用单位、采购部门、设备管理部门、仓储管理部门乃至整个企业共同的责任。物资设备编码可以建立全集团物资设备的库存及应用记录，实现集团对各子公司的物资设备库存及使用的信息化、数字化管理，完善物资设备的调配制度，实现就近调配，提高物资设备使用效率，降低企业整体运营成本。

四、其他生产经营的需要

除了实现企业的集中采购、统计分析、调配余缺等应用需要外，还可以满足生产制造、库存管理、电子合同、电子订单、财务结算等信息化应用需要。

所以说，物资设备编码是企业信息化管理的数据基础，更是实现企业信息化建设的基础支撑。

第五节 企业物资设备分类编码体系开发

在前面介绍企业物资设备编码体系方法的基础上，本节介绍一个企业物资设备编码体系开发的案例。

一、为什么要开展物资设备编码体系建设

A 集团是全球领先的大型基础设施综合服务商，具有全产业链一体化的优势。业务板块包括公路、桥梁、港口、码头、机场、航道、铁路、隧道、市政等基础设施的勘察、设计、建设、监理，港口、航道、重型装备、机械制造等，拥有数个享誉全球的标志性品牌。A 集团开发物资设备编码体系的原因如下。

（一）物资设备编码管理的重要性日益突出

物资设备是该集团生产经营的基础保障。建立一套科学、标准、综合实用的物资设备主数据系统，构筑健全合理、运转可靠、保障有力的物资设备管理体系是大型企业物资管理的工作核心。随着近年来高速公路、高铁、港口、码头、航道等基础建设高速发展，各类物资设备快速增长，施工企业对物资设备的信息化管理需求日益迫切，需要通过物资设备的信息化管理，实现物资设备统一采购、维修保养、统筹调遣、统计分析等方面的管理需求。A 集团是我国基建行业的领头企业，其使用和管理的物资设备范围广、种类多、类型繁杂、数量大，如果没有一套完整的物资设备编码管理体系，企业物资精细化管理就无从谈起。物资设备信息化管理是满足企业经营、统计分析等信息化管理的基础和重点。各大企业纷纷开展物资设备编码统一管理工作，满足企业对物资设备集中采购、统计分析、统一管理等应用需求，从而进一步实现企业的资源整合和节约采购成本。A 集团作为全球领先的特大型基建综合服务商，如何提升物资设备的管理效能，发挥引领作用一直是 A 集团和同类型企业关注的重点。由此可见，无论是形势发展，还是企业自身发展，都有必要规范物资设备的分类及代码，为企业提供物资设备信息化管理的数据基础，实现物资设备的标准化、规范化、信息化管理。

（二）A 集团正常经营需要统一物资设备编码

调研发现，A 集团物资设备编码存在以下问题。

（1）A 集团业务覆盖公路、航道、铁路、城市轨道以及建筑地产等多个领域，所涉

及的物资设备种类繁杂，物资设备编码没有标准可依，属性数据缺失或是根本没有编码，信息统一和共享程度低，这对企业物资设备的统一管理造成了很大的阻碍。

（2）各分、子公司和项目部编制物资设备的命名原则方法各异，编码原则各不相同，编码方法和编码位数混乱，造成各分、子公司同样的物资，却名字不统一，编码不统一，属性不统一，物资改名基本数据无法互认互通，物资设备精细化管理难度大。

（3）由于历史原因，各分、子公司和项目部编制的编码管理办法不规范，设备物资编码的设置和管理较为随意，大量的物资设备信息化管理程度不高，信息交互迟滞，难以共享，不利于集团管控，影响了集团降本增效整体目标的实现。

为了便于集团管控、降低生产成本和提高生产效率，A集团亟须建立一套应用于全集团集中采购管理的物资设备编码体系，实现统一分类、统一名称、统一规格的编码标准化体系。同时，建立统一的物资设备基础编码标准，不仅能满足自身管理需求，还可以填补交通基础建设行业物资设备编码分类编码系统标准的空缺。物资设备编码在A集团应用以后，可以完善我国基础建设行业物资设备基础编码标准，符合国家正在推行的信息化基础设施建设需求，也能体现A集团特大型央企的社会责任。

在上述背景和需求的驱动下，A集团决定在“统一、协调、实用、总体最优”的指导思想下，遵循“整体规划、分块实施、逐步建立”工作方针，最大限度地覆盖A集团所涉物资设备，充分考虑经济社会的不断发展和物资设备不断淘汰更新的实际，并结合A集团经营管理实际情况制订物资设备编码体系。

由于A集团所涵盖的物资设备种类复杂多样，规格型号特征属性数量庞大，导致物资设备的管理存在诸多问题。难点在于物资设备分类争议大，物资设备分类方法不标准、分类维度不统一，一个物资设备在多个分类存在交叉；分类、命名混为一谈，标准名称不统一，出现一物多名的情况，或是分类一线到底，或是层级随意增删。系统中存在大量的重复数据、错误数据，导致物资设备属性描述数据过于繁杂。因此，建立一套科学、合理、完整的物资设备编码标准体系，是企业物资设备信息化应用顺利运行的重要保障。该体系的建设，既要满足企业对物资设备的分类统计需要，又要满足管理层级下沉到规格型号等特征属性，满足物资设备实际采购、生产、库存管理应用需要。

二、开展A集团物资设备编码的几种思路

A集团决定在集团层面开展物资设备编码体系建设之初，在集团层面，统一编码，统一分类，建设全集团应用的物资设备编码，让“统一的集团编码”作为全集团物资设备管理的“通用语言”已经成为集团层面以及各分、子公司领导层、物资经理和设备经理们的共识。这是一个非常好的基础，更是一个好的开始。大家都意识到了在信息化时

代，没有统一的物资设备编码，物资设备信息化就会遇到难题，甚至难以进行下去。在集团召开各种物资设备编码会议、物资设备采购会议时候，物资设备经理们讨论如何制定集团物资设备编码，逐渐形成了两个不同的思路。

第一，能不能实行“拿来主义”。国际国内主流的分编码系统已经有很多了。例如，国际上有商品编码与协调制度HS分类、有主要产品分类CPC、联合国标准产品与服务分类代码UNSPSC，还有产业分类SITC等；国内则有海关分类、全国主要产品分类与代码GB/T 7635、国民经济行业分类GB/T 4754等国家标准，以及石油产品分类、电线电缆分类、木材产品分类等行业标准。能不能直接拿现有的物资设备分类编码直接使用？有没有直接提供物资设备编码的供应商？国内外有没有其他类似企业，通过购买或者商务谈判的形式把他们的编码买过来？A集团作为国内基础建设领域的龙头企业，优势是在工程设计和工程建设方面。如果集团自己开发物资设备编码，因为集团管理的物资设备多种多样纷繁复杂，开发编码系统必然是一个浩大的、系统的、长期的工程，势必要投入大量的人力物力财力，那会不会对主业造成影响？事实上，A集团在集团层面开展物资设备编码体系建设之前，是有这样的解决思路的。第二，如果不能实行“拿来主义”，能不能由分、子公司牵头，以各分、子公司现有物资设备编码系统为基础，通过向上集中、向下延展等方式，制定集团的编码体系？

经过分析，调研，负责集团物资设备编码体系开发的专家发现，这两个思路在可行性和可操作性方面都存在问题。首先，关于“拿来主义”，发现国际物品分类编码标准，不论是商品编码与协调制度HS分类、主要产品分类CPC、联合国标准产品与服务分类代码UNSPSC、产业分类SITC，还是国内已经本地化的国际物品分类标准如海关分类、全国主要产品分类与代码GB/T 7635、国民经济行业分类GB/T 4754，还是国家统计部门研究开发的“统计用产品目录”，都不能直接拿来就用。因为这些分类，都是针对国民经济各行各业各类产品的宏观分类，是涵盖所有产品门类的一个大分类、全分类(a classification from A to Z)，用于国民经济或行业领域的宏观经济统计。而A集团作为一个企业集团，侧重的是集团内部物资设备的信息化管理，是微观层面的一个具体应用。对于HS、CPC、UNSPSC、SITC等全分类系统而言，其层级最小的细类，也可能是A集团物资或设备的一个大类。其颗粒度要远远大于企业物资设备管理的颗粒度。国民经济行业宏观经济统计的颗粒度，理论上是要远远大于一个微观层面的企业对于物资设备管理的颗粒度的，企业物资设备管理的颗粒度显然要小得多，二者虽非天渊之别但也明显不同。任何编码系统的开发，都有其自己的特定目的，海关的分类就是用于产品进出口统计和关税管理；国民经济行业分类则更明确其目标是用于行业划分，因为其行业分类的属性本来就不是一个面向产品的分类系统。所以各个产品分类也好，产业分类也好，都是满足特定目的的分类。分类目的不同，分类编码作用也自然不同，相互岂能拿来就用。其次，每个企业都是独特的存在，管理方式和粗细的颗粒度各不相同，需要的是个性化的分类体系，直接拿一个全分类过来难以满足需求。但是，毕竟这些分类，是各国分类专家多年的智力成果，在物品分类方法、命名属性设置、层级界定等方面还是有许多方法论的体现，标准化程度高、认可度高，还是有很大的参考价值。所以，尽管这些已有的分类不能直接用，但这些分类体系无一不是置于联合国统计署或其他标准化机构之下，也是各国众多分类专家经年累月辛勤工作的成果，对于企业层级的物资设备分类编码体系来说当然有参考价值，只是颗粒度较粗，管理层级较高而已。

三、A集团物资设备编码体系开发过程

2012年，A集团作为国内基建行业的龙头央企，与中国物品编码中心开展合作，目标面向A集团所涵盖的所有物资设备，建立一套完整、标准、科学的集团物资设备编码标准体系，在集团层面满是对物资设备统一管理、集中采购、统一分析等信息化管理需要。

（一）确定集团物资设备分类的范围

首先要确定企业物资设备分类的范围，并据此确定分类层级、架构和数据模型。A集团主要业务覆盖公路、桥梁、港口、码头、航道、铁路、隧道、市政等基础设施的建设、设计、疏浚、港口机械制造，以及交通基础设施投资和房地产开发业务等板块。因此，纳入集团管理范围，从事上述业务所涉及的任何物资、设备，都属于A集团物资设备分类编码的工作范围。具体来说，涵盖的物资设备包括钢材、水泥及其制品、沥青、燃润料、陆上施工设备、水上施工设备、其他金属材料、地材、木材及竹木制品、建筑装饰材料、专用材料及工器具、化轻标准件及电工产品等十二大类物资设备。

确定物资设备分类范围之后，集团物资设备编码的任务，就是进一步确定这些物资设备的命名方法、分类原则和编码方法，制定集团物资设备的分类编码、物资设备基准名称编码和物资设备属性编码。

（二）确定物资设备分类及数据模型设计的原则

企业物资设备分类编码应该遵循本章第三节描述的基本方法和原则。第一是类目要覆盖集团所有物资设备，以便于分、子公司、项目部物资设备管理人员查询使用。同时同位类目彼此所覆盖的范围不交叉、不重复。按照物资设备所选定的若干属性，逐次地划分成相应的若干具有层级关系的类目，并形成一个逐层展开的分类体系。类目名称

应选择符合国家标准或行业普遍认同的物资设备名称，并且要均匀分配分类体系的颗粒度，同位类的物资设备处于相似颗粒度。我们规定的唯一性，是指每一种物资设备只对应一个编码，即使某种物资设备不再使用，其编码也将作为唯一分类码永久保存不变。第二是可扩展性，留有足够的扩展空间，可根据实际情况对分类进行类目扩充。第三是稳定性，物资设备编码一旦分配，只要物资设备的基本属性没有发生变化，就保持不变。此外，集团物资设备分类编码还需要满足规范性、系统性、简明性、统一性、兼容性等原则，此处不再赘述。集团物资设备编码的设计原则还需要考虑以下几方面。

（1）立足大型企业物资设备标准分类编码系统管理需求，保证物资设备分类和数据模型的实用性。和其他物品分类一样，企业物资设备分类的目的是从各式各样的物资设备的具象中，抽取出一般认可的抽象并据此划分群组和类。但是，A 集团的物资设备分类，并不像动植物分类专家那样要深入地区别，逐一鉴定不同的植物和动物的细微区别。企业物资设备分类不需要鉴定不同物资、不同设备之间的细微区别，因为企业的物资设备分类编码的目的是区分不同的管理颗粒度，目标相对简单。但动物或者植物的分类，则是尽可能地知悉眼前这个动物或植物的所有信息，不仅仅是彼此区别开来。比如植物学家研究地球上各类植物的分类，是要把不同的植物区别开来。除此之外，植物学家们的研究对象还包括植物的分布、遗传、驯化等方面的科学问题。在此基础上，还要研究如何开发利用这些植物，如何改造保护植物资源。而企业的物资设备分类工作者，只需要把他们所使用的各类物资设备的分类研究出来，能够相互区分彼此、辨别异同即可。针对物资设备标准分类编码系统的特点，调研企业在物资设备标准分类编码系统模型编制过程中遇到的问题以及对模型的使用需求，充分听取各方意见，在此基础上，分析交通基础建设行业的需求，研究编制大型企业物资设备标准分类编码系统模型，满足基础建设行业信息化建设需要。

（2）立足物资设备自身性质特点，保证数据模型的可扩展性。按照大型企业物资设备标准分类编码系统模型建立的基本思路，以通用物资设备相对静态的信息为核心、以模型可扩充为基准，围绕数据可“切块切片”，来设计数据模型。采用“一物、一名、一码、一串描述数据”的方式，对物资设备的名称类别、性能特征、技术参数、管理要素等信息统一规范，形成物资设备标准分类编码系统模型。

（3）兼顾物资设备相关标准以及行业的应用情况，保证数据模型的适用性。调研分析相关标准、基建行业物资设备的数据模型应用情况及实际需求，进行研究总结，作为数据模型制定的重要参考。在构建企业物资设备属性数据模型时，主要是依据物资设备自身具有的、本质的自然属性，如物理属性、化学属性等，我们采用不同的物资设备属性数据模型来描述不同类型的物资设备。规定构建企业物资设备属性数据模型的逻辑是每一个基准名称对应一个物资设备属性数据模型，一个物资设备属性数据模型，可以对应若干个基准名称。由于企业物资设备量大，相互差异大，描述不同种类的物资设备，需要不同的属性数据元集合。因此，其所对应的物资设备属性数据模型各不相同。经过分析，集团共需建立物资设备属性数据模型数量超过8000个（对应基准名称）。

（三）确定物资设备分类编码结构

在确定企业物资设备分类的范围、确定分类原则和数据模型设计原则后，我们还要确定A集团物资设备分类编码结构。我们首先考虑的是有没有参照，这就需要了解其他企业常用的物资设备分类编码结构。事实上，随着各行业信息化的深度发展，国内类似大型企业基本上在尝试运用信息化系统对物资设备进行管理。企业管理者也逐渐认识到，科学合理的企业物资设备分类编码体系，是企业信息化系统平稳运行的有效保障。经过调研，结合作者多年在物资物品编码领域的工作经验，我们对常见的企业物资设备编码体系的现状进行归纳和分析。经过调研我们发现，在企业的信息化系统中，物资设备编码体系的方法大提上可以分为三种：采用物资设备分类编码、采用物资设备流水码、采用物资设备分类编码＋流水码方式。

1.采用物资设备分类编码

最常见的是采用传统的“线分类法”的分类方式，也就是按物资设备类别进行划分，形成一套具有层次关系的分类体系。例如某一建筑施工企业运用“线分类法”对物资进行分类，其编码结构如图8–5所示。

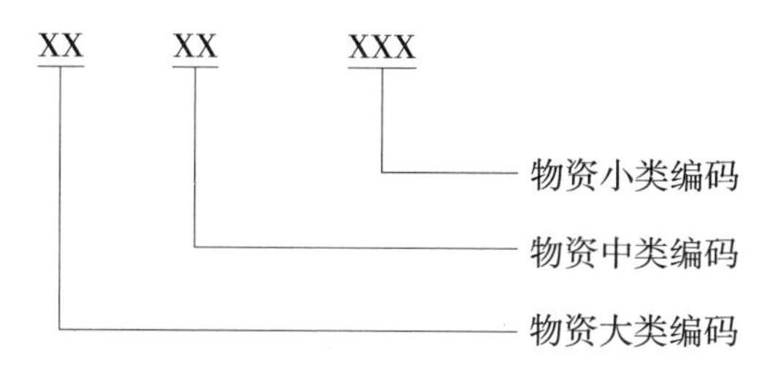

图8–5　物资分类编码结构

这是一种比较纯的线分类方法。

可以看出，分类编码中含有物资设备的类别信息，所以，在企业的信息化管理中，编码应用部门能够方便、灵活、快速地对物资设备进行搜索查询、类别统计、数据汇总等操作。这是非常实用的编码方式，只是划分层次较粗，例如该企业运用“线分类法”对混凝土的外加剂进行分类，具体示例如表8–3所示。

表 8-3　混凝土外加剂分类

物资编码	大类名称	中类名称	小类名称
04	水泥及其制品		
0401		混凝土外加剂	
0401001			普通减水剂
0401002			高效减水剂
…			…

基于线分类法生成的代码称作层次码。层次码作为数据编码结构有很多优点：一是层次码具有明确的层次性及隶属关系，理论上用户只要找到上位类，就可以逐层展开，从而找到目标；二是层次码一般采取数字型代码的形式，也就是用一个或若干个阿拉伯数字表示编码对象，结构简单，使用方便，便于用户通过类目的统计对比获得产品信息；三是层次码具备唯一性和简洁性，易于标准化实现。例如该企业对热轧带肋钢筋的规格型号进行分类，具体示例如表 8-4 所示。

表 8-4　热轧带肋钢筋分类

物资编码	大类名称	中类名称	小类名称
01	钢材		
0101		HRB335 热轧带肋钢筋	
0101001			HRB335 8mm
0101002			HRB335 10mm
…			…

一般来说，企业通常采用传统的“线分类法”对物资设备进行分类。对于较粗的物资设备分类来说，采用传统的“线分类物资法”能够清晰地将物资设备进行规范、标准的划分。

但是，对于部分需要重点管理及应用的物资，企业必须对这些物资进行更细的划分，并对物资设备的属性特征进行梳理和编码。但分类越细化，就越可能出现分类层次不统一、类目交叉和码位不足的情况。并且，物资设备种类的日益增多，单纯的分类编码因其结构弹性差、结构固化，很可能会出现编码容量不足、编码溢出的情况，后期难以维护。比如，复杂类型的物资设备，其属性特征数量庞大、不同属性的描述角度繁多，如型号、材质、规格、质量等级等，如只采用单纯的“线分类法”划分这些物资设备，会出现编码容量不够、底层分类越划分越复杂、越划分越混乱等情况。传统的“线分类法”已经不能很好地解决物资设备的属性特征管理。

2.采用物资设备流水码

采用无含义的流水码对物资设备进行编码，该编码本身无任何分类信息，并不是严格意义上的分类编码。事实上，采用这样的编码方法在物资信息系统开发的初期较为普遍，因为当时开发系统的计算机编程人员并不是专业的物资设备管理人员，他们只是自然地无意识地认为各种物资设备应该保持一个唯一的编码。这样，物资设备编码在他们开发的物资设备信息化管理系统中就可以顺利地作为物资设备数据存储的主键，而不会产生重码、重名的问题。一个物资两个编码的情况在同一个系统里面，是无法理解和处理的。例如某装备制造企业的编码方式如表8–5所示。

表8–5　某装备制造企业的编码方式

物资编码	物资名称
10000023	双相钢管 ASTM A790
10000024	50 mm直径软式透水管

将双向钢管和软式透水管这两个完全没有相似性的产品放在一起，说明这样的物资设备编码方式本身对物资设备的逻辑归类，上下层级等没有要求，对物资设备数据的标准化基本无要求，每增加一个或一项物资设备，就赋予一个编码，方法简单，能够快速地对物资设备进行编码。所以此方法可快速提高物资设备信息管理系统运行效率，加快物资设备的编码进程。但是，物资设备流水码无任何归类信息，物资设备管理人员无法从编码本身发现物资设备相互之间的逻辑和包含与被包含关系，编码应用部门无法利用分类对物资设备进行统计、分析等操作。该企业通过字段的模糊查询来实现物资设备统计分析，但由于数据内容不标准，这种方法非常容易造成统计数据的不准确，并且非常容易出现一物多名的情况。所以，这样的物资设备编码方法，是物资设备信息化管理系统开发人员，也就是计算机编程人员喜欢的，但是不符合企业物资设备管理的思路和目标。

3. 采用物资设备分类编码+流水码

根据上述的两种编码结构的优缺点，一些企业采用分类编码＋流水码相结合的方式。例如某结构件生产企业的编码结构如图8–6所示。

XX XX XX —— XXXXXXXXX

分类编码 流水码

图8–6 某结构件生产企业的编码结构

该编码结构首先将物资设备进行分类，满足信息化系统的统计分析、归类查找等应用需要。其次是运用流水码表示物资设备的唯一性，实现物资设备编码的细化管理，也就是对物资设备属性（规格型号）进行编码。在信息化系统中，将两部分编码结合，建立对应关系，既满足了企业的统计需要，又满足了企业对物资设备属性特征、规格型号等细化管理的需要。这种方法似乎解决了企业物资设备编码管理及应用的需要，但是在对物资设备属性进行编码时，仍然存在一些问题。例如，该企业物资设备编码方式如表8–6所示。

表8–6 结构件生产企业编码方式

物资编码	大类名称	中类名称	小类名称	流水码	规格型号
01	钢材				
0101		钢筋			
010101			热轧带肋钢筋	0000001	HRB335 6mm
				0000002	HRB335 8mm
				…	HRB335 …
				0000022	HRB400 6mm
				0000023	HRB400 8mm
			光圆钢筋	0000024	… …

此编码结构可能出现这样的问题：一是基于规格型号的流水码必须与基于小类名称的6位物资编码结合使用，才能表示具体的物资。所以在信息化系统中，由于编码位数过长，对系统的运行效率会产生影响，编码也过于烦琐，不便于用户使用。二是规

格型号的内容，实际上是多个属性描述组合而成，形成的一个text文本。在后期维护的时候，很容易出现增加或修改的内容不标准，比较随意的情况。例如需要增加牌号为HRB400、直径为10mm的热轧带肋钢筋，因为是不同用户操作，结果有可能是10mm HRB400，有可能是HRB400 Φ10mm，系统在自动检查过程中，由于文本内容不同，系统就认为是不同的内容，并赋予不同的流水码，但实际上就发生了一物多名的情况，而一物多名恰恰是任何一个物资设备系统都需极力避免的情形。

以上三种企业常用的物资设备编码体系，在物资设备管理上都有一定的缺陷，所以建立一套科学合理的企业物资设备编码标准体对于企业的信息化管理是至关重要的。接下来，我们就开始制定A集团物资设备分类编码结构。

A集团的物资设备林林总总、纷繁复杂，属性特征的数量庞大、不同属性描述角度繁多，如型号、材质、规格、质量等级等。

经过多次商讨，A集团物资设备分类编码采取线面结合分类法，分为三层。对于复杂多样的规格型号，包括它的属性，则采取面分类法。线分类实现物资设备的类别管理，满足物资设备由粗到细的管理需求。同时满足设备属性特征的多样化管理需求，二者结合可以实现由面分类物资设备由粗到细的管理需要。具体方法包括三个方面。

1）确定物资设备分类编码的结构

物资设备分类编码按照传统的“线分类法”进行分类。在A集团物资设备编码体系中按照物资设备的功能用途，将物资设备划分为大类、中类、小类等，并对类别进行编码。物资设备分类编码采用全数字层次编码，满足企业对物资设备类别管理、分类查询、统计分析等信息化管理及应用需求。以钢筋为例，形成的分类结构如图8-7所示。

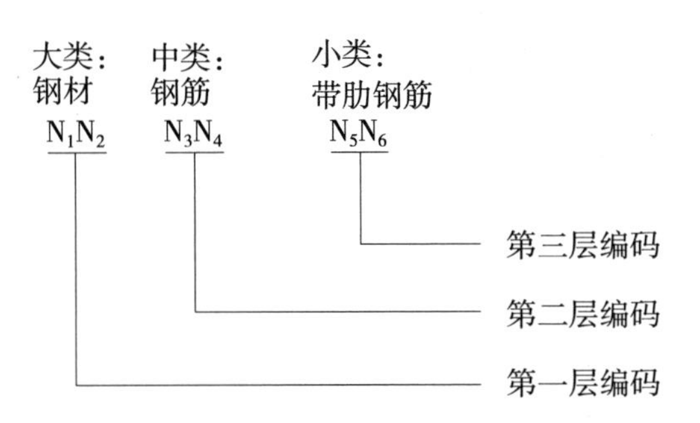

图8-7　钢筋分类编码结构

2）确定物资设备名称编码的结构

编码的第二部分是物资设备基准名称。A集团物资设备编码体系中，规定基准名称是标准且规范的，能够表示一种具体的物资设备的名称。将标准的物资设备名称代码化，就是基准名称编码一般采取全数字顺序码形式。物资设备的基准名称是一个具体的物资设备。基准名称及编码是物资设备管理的具体对象，可独立应用，也可与物资设备分类编码关联应用，从而满足企业物资设备采购、统计应用需求。在与其他系统进行信息交换时，物资设备名称编码可以作为信息交换的基本单元。A集团物资设备名称编码结构采用全数字顺序码的结构形式，如图8−8所示。

$X_1X_2X_3X_4X_5$ —— 名称编码

图8–8 基准名称编码结构

3）物资设备属性编码

确定物资设备属性是对物资设备名称对应的物资设备类群进行不同维度描述的结果。A集团物资设备编码体系中，物资设备属性编码是按照“面分类法”对物资设备的属性进行梳理，并对其进行代码化处理的结果。在企业物资设备信息化管理系统中，它是物资设备名称更为细化的、具体的属性特征描述，所以必须与物资设备名称编码结合应用，一般不能独立使用。例如，前面提到的“热轧带肋钢筋”，根据国家标准(GB/1499.2−2018)，其属性特征包括牌号和公称直径。牌号分别是HRB400、HRB500、HRB600、HRB400E、HRB500E、HRBF400、HRBF500；HRBF400E、HRBF500E；公称直径15个，包括6mm、8mm、10mm、12mm、14mm、16mm、18mm、20mm、22mm、25mm、28mm、32mm、36mm、40mm、50mm。将牌号定义为属性1，直径定义为属性2，对所涵盖的属性值进行编码的结果如表8−7、表8−8所示。

表8–7 牌号编码表 属性1

编码	牌号
01	HRB400
02	HRB500
03	HRB600
04	HRB400E
05	HRB500E
06	HRBF400
07	HRBF500
08	HRBF400E
09	HRBF500E

表8-8　直径编码表 属性2

代码	直径mm	代码	直径mm
001	6	009	22
002	8	010	25
003	10	011	28
004	12	012	32
005	14	013	36
006	16	014	40
007	18	015	50
008	20		

运用“面分类法”，可以将属性1与属性2的编码进行组合，形成特征组合码，来表示“热轧带肋钢筋”的具体属性特征，如图8-9所示。

属性与属性编码	属性1编码：01	属性2编码：001
	属性1：牌号 属性1值：HRB400	属性2：直径 属性2值：6mm

图8-9　“热轧带肋钢筋”属性编码示例

物资设备属性编码需要与物资设备名称编码结合使用，如果“热轧带肋钢筋”的名称编码为10001，那么牌号为HRB400、直径为6mm的“热轧带肋钢筋”的代码化表示为10001-01001。物资设备分类编码、物资设备名称编码、物资设备属性编码分别应用或结合应用，满足企业物资设备信息化管理的不同需求，编码结构如图8-10所示。

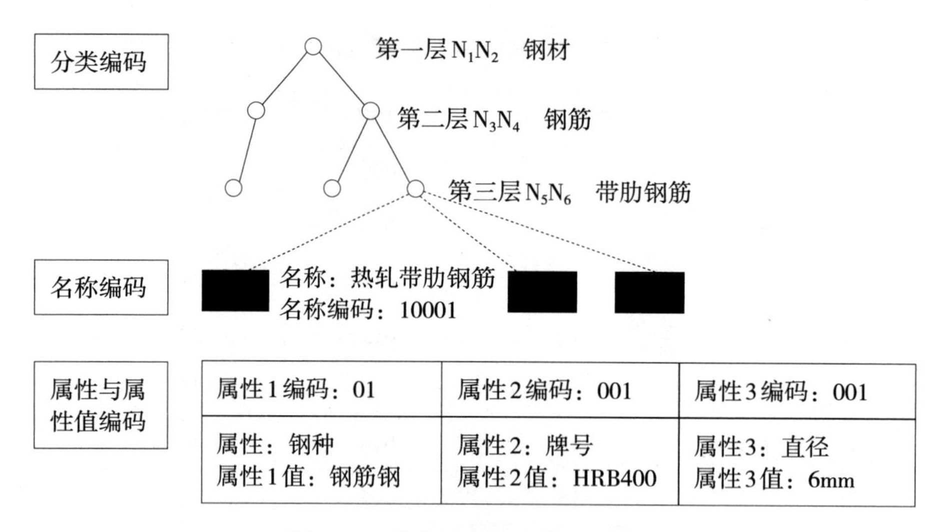

图8–10 物资设备编码结构示意图

根据上述研究结果，A集团的物资设备编码采用“线分类法+面分类法”相结合的方法，将物资设备编码设计成分类编码、名称编码和有限多个属性及属性值编码组合的结构模式。对于分类编码的方法，我们采取线分类法。主要考虑是利用线分类法层次性好的优点，以便于反映类目之间的逻辑关系。对于复杂多样的规格型号，包括它的属性，采取面分类法，主要考虑是从这个层级开始利用面分类法可以较大量扩充，结构弹性好的优点。

四、分类结构编码化

分类结构编码化，就是将分类工作已经完成，物资设备的分类层级、每一项物资设备在分类中的位置和顺序、基准名称位置以及属性和属性值的位置和顺序均已经确定，已经形成了较为完善的物资设备层级关系，然后为其中的每一项独立存在的设备物资、基准名称、属性及属性值，也就是每一项独立存在的编码对象，具体包括A集团设备物资编码体系中的三层分类对应的所有位于3层分类的位置的分类名称基准名称对应的所有位于基准名称位置的物资设备名称；每个基准名称对应3～9个的属性，以及每项属性对应的数量更多的属性值，都逐项赋予编码。

（一）给每一个物资设备分类赋予编码

首先为每个物资设备的分类名称设定编码的层级和编码位数。主要内容是确定怎样对分类结构进行编码化，包括设置何种类型的编码以及各层编码之间具有什么样的关系。A集团物资设备分类已经采用线分类法，得到的分类结果显然是树状结构，对应的编码结构也应该是层级结构，那么按照层级结构的划分方法，就逐层按照大类、中类、小类的顺序设计编码位数。我们首先考虑的是大类，大类编码位数比较简单，我们判断A集团物资设备的大类超过10类但不会超过100类，所以大类确定为2位纯数字编码，从数字01开始编码，全部大类的编码容量从01～99。经过判断我们发现已经分好类的A集团物资设备分类体系中，每个大类下面的中类也不会超过100位，所以，中类也确定为2位纯数字编码，从数字01开始编码，每个中类的编码容量从01～99。同样，我们发现小类也是一样的情况。这样，大类、中类和小类均为2位纯数字编码。

各层之间在逻辑上存在包含、平行等关系，为了体现和反映各层分类之间这种逻辑关系，我们采用了下位类继承上位类编码的方式。比如钢材的分类对应的编码是01，那么钢筋的分类对应的编码就是0101，钢筋这个中类对应的各个小类如热轧带肋钢筋、冷轧带肋钢筋的分类对应的编码分别是010101、010102。以此类推，形成了A集团物资设备的分类编码体系，结构如表8-9所示。

表8-9　A集团物资设备的分类编码体系（部分）

分类编码	大　类	中　类	小　类
01	钢材		
0101		钢筋	
010101			热轧带肋钢筋
010102			冷轧带肋钢筋
010103			预应力混凝土用螺纹钢筋
010104			预应力高强螺纹钢棒
…			…

（二）给每一个物资设备基准名称赋予编码

接下来要为每个物资设备的基准名称设定编码的层级和编码位数。因为基准名称只有1层，所以这里不需要考虑不同基准名称之间的层级关系。主要内容就是确定基准名称的编码位数，以及一个关键问题：基准名称及其编码与分类层编码之间具有什么样的关系？对于基准名称的编码位数，因为只有一个层级，我们主要还是考虑基准名称的数量有多少，经过评估，我们设定了5位纯数字编码，为了与分类编码区别，我们设定基准名称编码从10001开始，顺位增加，到99999结束。

如何处理基准名称及其编码与分类层编码之间的关系？我们在分析物品线性分类法的时候论述过，线分类法的结构确定之后，容易在较低的层级发生编码容量不足的问题。同时，不同物资设备使用管理企业哪怕是对同样的物资设备管理的精细化程度也各不相同，导致不同企业划分物资设备形成的颗粒度不均匀，管理层级容易发生矛盾。比如有的企业将组建、套件、部件、部品等混杂在一起。同一个物资或设备，在管理上有可能是作为一个独立的管理基本单元存在，那应该作为一个独立的编码对象；但它也有可能作为某个套件的组成部分，或者一个零件要和其他的组成部分或零件一起成为另一个独立管理单元的一部分，而这个部分在管理上作为一个独立的管理基本单元存在。如果这个物资或设备同时存在企业的物资设备编码体系中呢？一个电动机，在项目部或工地是一个独立的管理对象，在机械装备行业它就有可能独立，也有可能和传输带、显示屏、计算机等组成一个新的独立的管理对象存在。

为此，我们并不在小类的层级继续划分了。而是采用了基准名称这种方法，逻辑上归属于小类，但因为其编码是从10001开始的，并不受编码容量（00～99）的限制。

（三）给每一个物资设备属性名称及属性值赋予编码

最后是为列出来的每一个独立存在的物资设备的属性名称及属性值设定编码的层级和编码位数。在A集团物资设备编码体系中，物资设备属性名称是指代物资某一方面性质的名称，同一个物资设备如果具有相同的属性，那么其属性名称也应相同。属性值则是属性在某一方面的程度的表现。属性名称相互独立，相互不交叉，每一个属性名称都应具有独立且唯一的属性名称编码。属性和属性值是相互依赖的，所以属性名称编码和属性值编码不能独立使用，必须和物资设备基准名称编码组合配套使用。在实际应用中，因为物资设备基准名称和基准名称编码是唯一的，所以，为了应用方便，尤其是人工核对的方便，属性名称编码和属性值编码只需在所属的基准名称的范围内唯一就行了。举个例子说，如表8-10所示，基准名称为道路石油沥青其名称编码为10172，基准名称为废胎胶粉橡胶沥青的名称编码是10173，相互独立，编码也不同，那么在这两个基准名称下面，其第一个属性都是规格型号，那么尽管规格型号都不一样，但其编码均从001开始编制，按自然序数顺序增加。这么设计属性编码的方法似乎违背了唯一性原则，但也算作是一种变通。仍然在确定的一个基准名称下面，做到了唯一性，只不过这次是“局部唯一”。

表8-10 沥青属性及编码（节选）

名称编码	名　称	属　性　1	
10172	道路石油沥青	代码	规格型号
		001	AH-30
		002	AH-50
		003	AH-70
		004	AH-90
		005	AH-110
		006	AH-130
		007	AH-160
10173	废胎胶粉橡胶沥青	代码	规格型号
		001	50
		002	70
		003	90
		004	100

这里不需要考虑不同基准名称之间的层级关系，主要工作就是确定基准名称的编码位数，以及另一个关键问题：基准名称及其编码与分类编码之间的关系。经过多次研讨，决定基准名称与最小分类名称之间为一对一成一对的关系。这样也可形成基准名称与分类名称的一对一关系。同时对于一些常用的、大宗的物资设备，即使是属性编码，也可以做到全局唯一。比如钢筋钢的钢种，钢筋牌号这个属性同时出现在普通热轧带肋钢筋和钢筋混凝土用环氧涂层钢筋的属性列表中，如HRB400和 HRB500，那么在1001普通热轧带肋钢筋和10006钢筋混凝土用环氧涂层钢筋两个基准名称下面，HRB400和 HRB500对应的属性编码分别是159和160，如表8-11和表8-12所示。

表8-11　普通热轧带肋钢筋钢种牌号（部分）

名称编码	名　　称	属性1		属性2	
10001	普通热轧带肋钢筋	属性1代码	钢种	属性2代码	牌号
		05	钢筋钢	159	HRB400
				160	HRB500
				548	500A
				549	500B

表8-12　钢筋混凝土用环氧涂层钢筋钢种牌号（部分）

名称编码	名　　称	属性1		属性2	
10006	钢筋混凝土用环氧涂层钢筋	属性1代码	钢种	属性2代码	牌号
		05	钢筋钢	159	HRB400
				160	HRB500
				161	HRBF335

以此类推，我们逐层、逐项赋码之后，A集团物资设备编码体系的赋码工作就完成了。通过编码的方式有效地避免了自然语言的二义性，保证了物资设备信息的准确性、可靠性、可比性和适用性。

在制定A集团物资设备编码体系中，物资设备编码的编码结构、标准研制是整个物资设备编码项目的核心内容。其过程包括编码初稿编制、征求意见、专家研讨、编码修改、专家评审、编码管理维护办法制定等过程。

1）编码初稿编制

基于已研究确定的编码结构及方法，进行分类编码、名称编码及属性编码的编制。主要通过查询国家标准、行业标准及其他相关资料进行物资设备编码的编制，并形成初步的征求意见稿。

2）征求意见

将征求意见稿发至集团相关编码应用部门及下属单位，征求各单位的意见，进行意见汇总。

3）专家研讨

根据各单位提出的意见，与物资设备各领域的专家进行研讨，召开编码研讨会，研究讨论征求意见稿的准确性，并对各单位提出的意见进行讨论。

4）编码修改

根据专家研讨会的意见，对征求意见稿进行修改，形成物资设备编码修改稿。

5）专家评审

对修改完成的物资设备编码进行最终评审，并汇总专家意见。再次根据意见进行调整，并形成最终的物资设备编码。

五、制定物资设备分类编码系统运行维护方法

A集团生产经营所需的物资设备是一个动态更新和调整的状态，新的物资不断进来，旧的物资不断淘汰，其编码也需增加、修改或停用。就需要开展A集团编码体系动态维护工作，并及时、准确地反映到集团设备物资编码体系当中。同时，为了防止多头管理而造成的物资设备编码混乱情况的发生，还需在集团层面制定统一的编码系统管理维护机制。根据实际业务的需要，制定企业物资设备编码系统的编码工作流程和相关规定，建立包括物资设备的分类、名称、属性及属性值在内的企业物资设备分类编码系统编码管理规范。

企业物资设备编码体系管理维护的基本原则为：科学管理、动态管理、集中管理。企业物资设备编码体系的建设、使用、管理维护依据国家及行业标准，始终强调对编码的增加、修改、停用等相关工作的科学性及合理性。新增编码以物资设备的根本属性、主要功能作为基本依据并始终保持一致，同时避免编码的随意修改。

物资设备编码体系建设完成之后，马上投入使用。同时发挥集团统一管理优势，开发物资设备采购平台，不断强化平台对集团物资设备编码体系的维护及支撑保障工作。一是通过调整和补充，继续完善物资设备编码标准体系，利用企业分类编码管理系统为物资设备采购提供基础数据。二是依托于集团信息化部和物资采购管理中心，特别是二者共同开发的物资设备集中采购平台，扩大编码体系在生产经营管理中的应用。三是通过与各分、子公司及各业务领域的数据对接，持续推广扩大编码标准体系的应用范围和影响力。四是建立专业的人才队伍，从事编码在系统中应用的日常维护和管理工作，同时派专员对各二级单位进行专项培训，促进编码在基层的熟练运用。

与当前国内外同类技术主要参数、效益、市场竞争力的比较，可以得出以下结论。

（1）目前，国内外现行的分类编码标准，例如国家标准GB/T 7635.1—2002《全国主要产品分类与代码 第1部分：可运输产品》、联合国标准产品与服务分类代码、全

球产品分类代码、全国统计用产品分类目录等分类编码，主要应用于物资的宏观管理、统计分析等，分类层级较粗，颗粒度不符合企业实际应用要求，动态维护的实时性也很难满足企业的更新需要。针对这些问题，A集团物资设备编码体系从信息化背景下大型企业集团集中采购的实际需求出发，综合线分类法和面分类法的利弊，研究确立了线型树状分类结构的模式，对传统物品编码理论是一个创新，也是一个突破。

（2）A集团物资设备编码体系紧扣企业物资设备供应链管理战略目标，突破复杂类型物资设备编码与基础信息数据建模难题，基于多标准融合实现采购物资设备“物、码、标、属”的异构兼容，构建了“一物一码一名一串描述数据”的新型数据组织模型，为本企业乃至我国基础建设行业的物资/设备编码数据的兼容和共享提供了生动案例；创新形态兼具理论创新和实践创新特征，具备完全自主知识产权，总体水平居于国内领先地位。

六、应用情况

A集团是践行“一带一路”倡议和“走出去”国家战略的排头兵。目前以上技术成果均已应用于A集团物资设备集中采购管理平台，实现了集团对物资设备统一管理、集中采购、统计分析等管理需要。以“A集团物资设备编码标准体系”为基础，企业各管理平台结合专项管理的需要，直接引用、部分引用或局部改良后引用，形成了用于专项管理平台的物资设备分类编码。随后，A集团物资设备编码标准正式在系统内推广实施。在A集团总部层面，应用范围涵盖了采购管理、生产运营、信息系统、预算考核、财务管理、固定资产管理六个方面，应用效果突出，成效显著。运行一年后，A集团物资设备编码体系正式导入A集团主要数据管理平台，用于A集团物资采购管理系统、装备采购管理系统和云电商管理系统。两年后，集团编码系统导入A集团生产指挥调度管理系统。又过了两年，A集团开始建设项目管理平台，本套编码应用于项目现场的物资设备计划、出入库以及材料的成本核算等各个环节和管理。已上线12大类153万余条明细数据，实现了物资设备采购的统一管理和物资设备维修、保养等服务采购的标准化管理。在A集团生产指挥调度管理系统中，设备类型字典按照A集团物资设备编码标准编制，该成果已应用于A集团物资设备采购管理平台，实现了集团层面的集中采购，物资物料编码满足了全集团对物资设备统一管理、集中采购、统计分析等管理需要。

（一）应用效果

该编码体系在推进A集团物资集中采购方面发挥了基础性和支撑性的重要贡献。编码体系制定完成后，有效应用于A集团物资采购管理信息系统。系统自上线以来，降本增效效果明显，电子化采购率快速上升，为集团带来明显经济效益，近年累计降低采购成本约691000万元。集团物资设备分类编码系统的良好效果，为大型企业物资设备精细化管理起到了良好的示范作用，促进了整个行业物资设备编码体系建设，有利于解决目前企业中普遍存在的信息碎片化、孤岛化问题。

该编码体系有效地改善了过去各二级单位物资编码混乱、标准各异的局面，改善和提高了A集团整体物资设备信息化管理水平，实现了采购管理工作规范化、标准化，同时提升了集团资金财务和固定资产标准管理化水平以及统计工作标准化水平，在集团管控和管理提升方面发挥了重要作用。

A集团物资设备编码系统不但应用于A集团企业自身，目前已广泛地应用于多家同类企业，为这些企业物资设备的标准化、规范化和信息化管理带来了明显的经济效益。同时，A集团物资设备编码体系还为相关行业协会制定团体、专业物资设备编码标准提供了借鉴，彰显了突出的社会效益、经济效益。

（二）应用创新点

A集团设备物资编码体系研究开发前后经过5年，时间跨度大，影响面广，实用性强，效果明显，总体来说包括以下四个创新点。

一是复杂物资设备分类编码体系设计。主要是针对A集团这种大型企业集团物资设备名称不统一、分类不统一、编码不统一造成的“信息迷雾”等问题，对复杂物资设备的分类编码体系进行设计，基于标准、科学、综合、实用原则形成一系列编码解决方案，兼具理论创新和应用创新特征，具备完全自主知识产权。

二是复杂物资设备数据模型设计。项目突破复杂类型物资设备编码与基础信息数据建模技术，基于多标准融合实现采购物资设备“物、码、标、属”的异构兼容。在物资设备细类层级建立了数据模型，支持“一物一码一名一串描述数据”，在交通基础建设行业首次实现了复杂类型物资设备编码数据在不同参与方之间的互联互通和共享利用。

三是物资设备编码分类编码系统的建设。针对编码重复，名称指代不清，数据不规范等问题，提出物资设备管理方法和流程，以复杂类型物资设备为对象，开展编码分类编码系统治理研究，并建设电子化物资设备采购平台，后期完成平台的升级工作，建立了一套行之有效的平台运维流程，同时启用物资设备编码分类编码系统动态维护标准及流程，实现了物资设备标准分类编码系统的新陈代谢，并满足后期应用需求，保证了数据零重复。做到了技术降本，应用提效，业务赋能。

四是基于平台的编码标准异构兼容。针对异构编码系统之间编码兼容和对接困难的问题，提出了多标准体系下多个异构分类编码系统之间实现编码兼容和对接的技术与方法；研制开发了大型企业集团物资设备在线集中采购电子商务采购平台，为A集团打造“优质高效供应链”，进而为国家重点基础建设工程的“降成本、保质量”发挥了保供、保质、稳价的作用。项目成果应用在港珠澳大桥、南海岛礁建设等国家战略重点基础工程，降本增效效果明显，项目总体水平居于国内领先地位。

（三）A集团物资设备编码体系的作用和意义

首先是助力企业管理效能提升。集团物资设备编码体系的应用，企业可以实现采购计划、管理组织、统计和分析。同时用于集中采购，可以实现节约采购成本、减少管理成本的目的。其次为企业开展信息化管理提供技术支撑，为企业的经营活动和相关工作的量化管理提供数据保障，从而助力企业提质增效、转型升级。最后是满足企业自身发展和行业发展需要，提升企业物资设备管理工作的规范化、标准化、信息化水平，同时填补建筑行业信息基础建设的空缺，不断完善基础建设施工行业物资设备编码标准体系。

第九章

数字时代的物品编码

从人类历史看，物品的分类和编码可以追溯到远古时期。但物品编码的大发展则是在计算机出现和大规模应用之后。以商品的统一编码和条码的产生为标志，物品编码作为一个专门领域被系统性地研究并逐渐体系化、标准化。商品条码的应用普及引发了全球商业零售的革命，同时由商品条码发展起来的物品全球统一标识系统（GS1系统），伴随着各行业各领域各类产品全生命周期数字化管理的应用需求，而逐步扩展到国民经济各行各业各个领域。如今，信息技术的发展推动人类社会进入数字化时代，作为连接物理世界和数字世界桥梁的物品编码，面临着新的发展机遇和挑战。本章回顾商品条码技术的发展历程，分析其兴起的原因，并在探讨当今数字时代特征的基础上，分析数字时代物品编码技术发展的趋势。

第一节　商品编码和商品条码的产生

一、商品编码和商品条码发展历程

从历史发展的角度看，出现商品条码似乎是一件必然的事情。我们简要回顾既往，可以发现商品条码的起源可追溯到20世纪30年代。工业革命之后，产品供应能力大幅提升，产品种类和数量逐渐增长，人们对商品的自动化管理要求日益增多。20世纪50年代，“牛眼码”（早期的条码，见图9-1）在美国实验室实现了扫描，并获得专利授权。1972年，随着激光技术和集成电路技术的发展，美国辛辛那提的克罗格（Kroger）

超市第一次识读“牛眼码”，实现了商品的自动化结算。条码从诞生到在世界范围内获得普及性应用的整个进程中，有诸多作出贡献的人，比如当时才20多岁的乔·伍德兰德（Joe Wood Land）。这位年轻人无意中听到一个杂货店老板在和他所在大学的一位教授抱怨商店总是丢失货物、结算时间太长等这样的事情，他就留了心，开始研究如何利用机器语言实现商品的自动化结算这个问题。后来他和伯尼·西尔沃（Berny Silver）合作，开始研究用编码表示食品及相应价格的自动识别设备，条码技术因此而起，而乔·伍德兰德，正是现代条码真正意义上的发明人。后来，阿兰·哈伯曼（见图9-2），这位在商品条码发展史上具有传奇色彩的人物，他负责的食品杂货连锁店委员会在多达7种的条码方案设计中，选择了统一产品标识标准UPC条码（Universal Product Code symbol）标准作为行业标准，此后，现代意义上的商品编码和商品条码在美国、加拿大开始推广。

图9-1 “牛眼码”

图9-2 阿兰·哈伯曼

1973年，美国成立了统一代码委员会（Uniform Code Council，UCC）。UCC主导全面实现了UPC码制的标准化，并在北美地区推广使用条码，主要用于超市零售。此后，食品杂货业把UPC商品条码作为该行业的通用商品标识，为条码技术在商业流通领域里的广泛应用起到了积极的推动作用。1976年，美国和加拿大在超市范围内成功地使用了UPC商品条码应用系统。1977年，法国、英国等12国在12位的UPC-A商品条码基础上，开发出与UPC-A商品条码兼容的欧洲物品编码系统（European Article Numbering System，简称EAN系统），并签署了欧洲物品编码协议备忘录，正式成立了欧洲物品编码协会（European Article Numbering Association），开始在欧洲及欧洲之外的地区推广EAN商品条码技术体系。此后，世界其他国家和地区的编码组织相继加入，EAN商品条码技术体系取得巨大成功。1981年，欧洲物品编码协会更名为国际物品编码协会（EAN International），总部设在比利时首都布鲁塞尔。

国际物品编码协会EAN自成立以来，不断加强与美国统一编码委员会（UCC）的合作，先后两次达成EAN/UCC联盟协议，以共同开发管理EAN/UCC系统。2002年，EAN与UCC合并，新的编码系统称之为EAN/UCC系统。UCC的加入有助于发展、实施和维护EAN/UCC系统，有助于实现制定无缝的、有效的全球标准的共同目标。2005年更名为国际物品编码组织GS1，在全球范围内推广以商品条码为核心的GS1系统。目前，该系统已形成一套完整的物品编码技术体系，成为世界通用的商业流通标准，在全球150多个国家和地区得到广泛应用。商品条码每天被各种环境扫描的次数超过60亿次[①]，已在国民经济各行各业各领域有着广泛而深入的应用。并且随着信息化的深度发展，物品编码作为一项信息化基础支撑技术和有效的工具和手段，可以快速、准确、标准规范地对原料、工业产品、商品等进行基础数据采集，成为现代化的商品流通、工业制造以及产业互联网等数字经济建设的基础，将会获得更大规模、更广范围的深度应用。

二、商品编码和商品条码发展成因

（一）世界经济的繁荣和增长

商品编码和商品条码能够在全球范围内形成统一标准并快速发展，有着深刻的背景

① GS1.Celebrating 50 years of digitalisation in commerce - and focusing on the next 50 [EB/OL]. [2021-03-26] [2021-05-06]. https://www.gs1.org/articles/celebrating-50-years-digitalisation-commerce-and-focusing-next-50?it_medium=carousel&it_campaign=50yearsGTIN.

原因。“二战”以后，西方主要国家都经过了一个经济起飞的过程，进一步促进了世界经济的繁荣和增长。与此同时，20世纪中期以来，世界科技革命在持续创新中不断发展。新科技在生产中的应用，促进了新型产业的形成发展，如条码扫描设备等都是在利用第三次科技革命成果的基础上，对传统信息技术不断改造发展的结果。正是在世界经济持续发展的背景下，商品条码技术在需求的推动下应运而生。首要的原因是在世界经济繁荣的大背景下，各国各地区工业生产和社会消费日益繁荣，市场上流通商品越来越丰富多样，而传统的手工结算方式速度慢，错误率高，且容易造成收银员监守自盗，已经严重地阻碍了商品流通的效率，零售业迫切需要一种更准确、更快捷、更安全的商品结算方式，以实现商品的快速流通和高利润率。比如在美国，商品流通出现了一些奇怪的现象，尤其是结算环节。一是顾客排队现象非常普遍，尤其是购物高峰期，由于收银员要人工核对商品价格，还要计算商品件数和商品总价，还得找零钱，收银结算时间太长，顾客排队的现象尤其严重。二是商品丢失现象严重，收银员监守自盗，出现了销售额增长，但利润不增反降的现象。为此，美国的一些发明家开始了收银机革命。收银机革命禁止了收银员的监守自盗，但是排队现象仍然没有解决，结算的速度实在是太慢了。可以说在历史上的这个阶段，为了实现快速的商品流通和高利润率，商店老板们日思夜想的就是如何实现商品管理自动化地结算，要“让商品自己说话”，迫切地需要一种效率更高更快捷的生产供应体系和交易方式，这就需要实现商品的标准、唯一、自动化的标识，这已经成为当时的一个真实而迫切的现实需求。为了实现自动化的物品管理，当时的人们尝试通过穿孔卡片技术进行销售和库存管理，但效果不理想。乔·伍德兰德和伯尼·西尔沃合作，共同研究用编码表示食品及相应的自动识别设备。从此，条码技术应运而生，而乔·伍德兰德，成为现代条码真正意义上的发明人①。

在零售环节获得突破之后，从事商品生产、供应、销售的上下游企业逐渐意识到，商品条码正是它们需要的解决方案。商品条码有着简单的编码规则、较低的印刷成本、快速的扫描识别，这些方面正好契合了零售结算的自动化应用需求，完美地解决了零售业的痛点。而且这项技术不久以后在欧洲以及全世界的应用也充分说明这是一种易于在全球范围内广泛接受并进行推广的技术。商品条码正是在这种行业发展需求基础之上提出来的。

除了零售领域，在生产制造环节应用条码技术将有助于企业开展有效的生产管理。在生产线上使用条码比配备经验丰富的标签录入员出错率更低，而且在印刷物品标签的

① John Berry. The secret life of bar codes [M]. Published by Wirksworth Books Gatehouse Drive, Wirksworth,DE 4 4DL,England. 2013.

时候一同印刷条码符号也不会额外增加成本。商品条码这种高速、高效的技术属性为商品流通业带来了看得见摸得着的现实利益，也促使了条码系统从零售环节向全供应链快速扩展和发展壮大。

商品全球流通提出了商品全球唯一标识的现实需求。商品条码诞生的时候，也是经济全球化的快速发展时期。这一时期，商品生产全球化，产品流通全球化。经济全球化带动了国际贸易的发展，促进了商品在全球大范围内的流通，这使每种商品需要一个全球的ID，来实现商品全球范围内的通用的、无歧义的身份标识，即商品的全球统一标识。商品条码的产生满足了商品全球唯一标识的现实需求，其全球统一、标准化的架构体系，使其在全球范围内迅速得到复制和推广。

（二）商品编码技术体系完备、成熟

商品条码产生的最初原因，就是当时胆大而有想法的零售业领袖们因切肤之痛而下决心一定要解决问题的现实需要。商品条码既然是他们提出的，那么商品条码通过与商品的价格直接关联，可以直接印在包装上，恰好满足了传统供应链零售结算环节商品管理与快速识读的需求，成为辅助零售结算的重要技术手段，这些技术问题解决之后，马上就在零售业得到迅速普及。商品条码之所以能够快速获得普及性的应用，一个重要原因是其技术要素体系的完备性。成熟的技术要素体系是商品编码和条码实现在全球商品流通领域广泛应用的重要支撑。主要体现在三个方面：一是商品条码配套技术的小型化。由于电子计算机、激光扫描、图像识别等现代信息技术的发展，为条码技术的产生及大规模应用提供了基础技术条件。条码技术发展初期，在实验室内，利用穿孔卡片的方法可以实现产品的标识，但是其读取信息和记录信息的设备笨重而昂贵，条码识读设备差不多有一间屋子大小，无法在实际中使用。之后“牛眼码”在实验室里成功实现了扫描，但由于当时没有集成电路技术，也没有小型化的激光技术，缺乏工业基础设施条件的支持，只有编码和标识的技术是无法以高效率的方式实现的，尤其是大规模的工程化的应用环节，由于技术的不成熟无法在实际中使用。20世纪70年代以后，随着电子计算机、激光扫描等信息技术的发展，经济实用的激光扫描器被制造出来，为条码技术的实用化带来了契机，尤其是实现了相关设备的小型化，改变了条码识读相关设备傻大笨粗的面貌。可以说，计算机、激光等各种技术的逐渐成熟助推了条码的落地应用。二是商品条码在技术上简单、易于掌握，启动费用门槛低，也是其在传统零售领域得以快速扩张的重要原因。GS1系统从20世纪70年代诞生以来，就不仅仅是一个编码，而是一套在国际标准支持下，具有全面软硬件技术和全球管理体系支持的技术体系。该技术体系的完备性和成熟性使其在初始阶段非常好地营造了特定应用需求，提出

了适用于市场需求的解决方案，从而形成了如今广泛应用的发展现状。三是商品条码源头赋码提升了供应链信息追溯的能力，促进了现代供应链管理理念的发展。商品条码从制造商开始使用，直接印在商品上，并作为产品的身份标识，一直贯穿于零售端的整个供应链流程，这就赋予商品条码全链条信息追溯的能力和独特优势。对于企业来说，商品条码能实现对某品类商品的追溯，商品条码结合批次就能实现对产品的批次追溯，结合序列号就能实现单品追溯，可操作性强，易于兼容，实施成本不高，这是商品条码作为最佳的追溯技术方案的原因。商品条码主要应用于供应链零售终端，在提升结算效率的同时，也大大提升了零售端信息化管理水平，促进了商品的快速流通和周转。这对整个供应链的运作效率提出了更高的需求，商品零售信息在供应链上下游企业之间开始得到共享，快速消费者响应（Efficient Consumer Response，ECR）、供应商管理库存(Vendor Managed Inventory，VMI)、协同计划预测和补货（Collaborative、Planning、Forecasting and Replenishment，CPFR）等现代供应链管理技术开始得到运用，供应链管理效率得到了大幅提升，这是商品条码应用带来的重要价值。

条码技术的广泛使用给全球商品流通带来持久和显著的影响，改变了传统零售业的结算方式，甚至颠覆了传统的商业模式，使连锁超市在全球范围内大规模扩展。现在，每天全球条码扫描次数高达100亿次，每年为全球快消行业节省管理费用约3000亿美元①。随着GS1技术体系的成熟，条码系统也逐步在生产制造、物流、食品安全、医疗卫生、移动商务、政府服务等行业和领域得到广泛应用。

（三）技术兼容、标准统一的工作思路

以促进和规范商品流通为目的，技术兼容、标准统一的工作思路，推动了全球统一商品条码码制标准的形成。标准化的实质是协调一致，是统一。从根本上来说，标准化工作就是利用一系列的技术和方法，使标准化对象达到某种程度的统一的状态，或者说是有序的状态、一致状态。没有统一，就没有标准化，统一就是标准化的核心。条码技术从研究到应用，再到在全球范围内扩展的过程，就是一个标准的标准化过程，其核心就是统一。技术方面，从一开始条码技术就实践了标准化的思想。乔·伍德兰德发明的条码技术解决了两个相互关联的问题。第一个问题是如何创建一个数字编码，而且这个编码是与商品的价格一一关联，获取这个编码，就能获得该商品的价格；第二个问题是如何让这个编码能够以一种容易便捷的方式在结账的时候获取，而且在商品包装上能够

---

① [20] GS1.Celebrating 50 years of digitalisation in commerce - and focusing on the next50 [EB/OL]. [2021-03-26] [2021-05-06]. https://www.gs1.org/articles/celebrating-50-years-digitalisation-commerce-and-focusing-next-50?it_medium=carousel&it_campaign=50yearsGTIN.

被容易地找到和获取，也就是要很强的可操作性。于是，为了便于商店结算的工作人员操作，减少排队现象，乔·伍德兰德想出了一个方法，一是在编码的起始位置印上识别线（identification line）的方式，来提示扫描器开始识读编码；二是用圆形的相互平行的线条和空来表示上述编码数字，这样，不论操作人员从哪个角度识读，都会得到相同的编码，这就是他发明的“牛眼码”的基本道理。

而且条码在零售结算中的应用在美国最先开始。但很快，UPC码就成为了食品杂货行业的通行标准。这是因为后来阿兰·哈伯曼所在的食品杂货委员会研究评估后从七种备选方案中选取了UPC码制，这就在食品杂货行业形成了统一的状态，达到了一种有序的状态，或者说一致状态，这就大大促进了条码在全美的广泛应用①。1977年，在美国、加拿大在超市中成功应用了UPC系统的影响下，欧洲共同体开发出了与UPC码兼容的欧洲物品编码系统（EAN）。而且在EAN系统建立的过程中，由于12位的UPC条码的左起第一位编码的0～9都已经被占用了，而且乔·伍德兰德本人也参与了欧洲物品编码系统EAN的研究工作，在他的提议下，EAN编码系统确定为13位。增加一位编码，在技术上留下了兼容的可能性。此后13位的EAN编码系统迅速得到市场认可，世界其他国家和地区的编码组织相继加入。2002年EAN与UCC正式合并，国际物品编码组织2005年正式更名为GS1。GS1建立了全球统一、通用的，包括产品、位置和服务的编码、数据载体技术以及电子数据交换技术的GS1系统。这就在全球的物品编码和标识领域达到了较高程度的统一状态，或者说是有序和一致的状态。反过来这种“全球统一的编码标识”+“统一的识读方式”形成的统一、有序状态，又促使GS1系统在国际经济贸易快速发展中的作用和影响越来越大、越来越重要。以“全球统一的编码标识”+“统一的识读方式”精准地满足了零售环节扫码结算的需求，商品条码技术体系得以在全球普及性地推广应用。统一标准促进了商品条码的全球快速应用，同时应用的逐步扩大也带动了标准体系的逐步完善。

（四）先进的管理体系和技术推广体系

先进而适用的全球商品条码管理体系和技术推广体系，保证了GS1系统在全世界的快速推广和成功应用。从技术应用和产业发展的角度看，任何一项技术的产生、发展壮大，都离不开四个方面的要素：一是有真实而持久的市场需求。二是技术要足够的先

① 2021年3月，在国际物品编码组织成立50周年之际，麻省理工学院教授、物联网EPC创始人、国际物品编码组织创新委员会主席Sanjay Sarma说，这不是一项工程任务，也不是一项商业任务，而是一项领导任务，它（物品编码和条码标识）的成功是标准化发展历史上最大的成就之一。

进，能够以一个合理的成本解决行业发展中的“痛点”，也就是具有足够的可操作性。三是要有先进适用的管理体系的支撑，支持技术体系尽快地形成生态链。条码技术在推广应用过程中，从需求情况看，前文已有表述，商品结算领域对产品结算技术的需求已经足够明确、足够迫切，需求也很大。乔·伍德兰德以商品零售店需求为基础，创造性地提出的条码技术恰当地解决了商品零售领域的“痛点”，具备技术上的先进性。进入20世纪70年代，条码识读设备小型化之后，具备了大规模、工程化应用的技术基础，技术上的难关一一被攻破。四是要具备一个与技术扩展相适应的技术推广体系。先是欧洲物品编码协会作为欧洲协调物品编码工作的专门机构向欧洲国家分配前缀码，再由这些国家的物品编码机构向本国企业用户发放厂商代码，企业在厂商代码的基础上编制产品唯一标识编码，从而形成13位的贸易项目编码GTIN。欧洲物品编码协会改名为国际物品编码组织之后，国际物品编码组织作为全球总部（global organization，GO）向各国各地区的成员组织（membership organization，MO）分配国际前缀码，再由MO面向本国或本地区的企业用户发展商品条码用户的方法。这就是分段管理，集中赋码的工作模式。事实证明，这种工作模式具有极大的优越性，贴合实际应用需求，“GO−MO−企业”机制，可以迅速地调动各个国家和地区的积极性，有利于在很短的时间内将条码技术推广到全世界。

事实上，除了技术上的完备性，高效的管理模式同样重要。在条码从诞生到在世界范围内获得普及性应用的整个进程中，阿兰·哈伯曼无疑是一个传奇人物。阿兰·哈伯曼是一位物品编码专家，同时也是一名超市高管。虽然他本人并没有发明条码，但他作为连锁超市的总经理，在1973年的4月3日，由他负责的食品杂货连锁店委员会选择了UPC条码作为行业标准，从此后，现代意义上的条码在美国、加拿大开始推广（今天UPC编码还在使用，这是第一个GS1编码）。在此基础上，欧洲物品编码协会研究开发了EAN体系并在世界范围内得以推广应用。在美国统一代码委员会（现在被称为GS1 US）的工作中，他积极推进多个标准的适用性，其中包括RFID标准。所以，虽然他本人没有发明黑白条码，但正因为哈伯曼的努力，使条码成了电子产品编码的通用标准，他被《纽约时报》誉为“通用代码UPC之父”。

GS1集中赋码、分段管理的高效管理模式，极大促进了商品条码的全球广泛应用。商品条码发展的背后是完善的技术体系和管理体系的支撑，GS1系统从20世纪70年代真正诞生以来，就不仅仅是一个编码，而是一套在国际标准支持下，具有全面软硬件技术和全球管理体系支持的技术体系。GS1采用的集中赋码、分段管理的模式，贴合实际应用需求，通过集中全球112个国家（地区）编码组织的力量，短期内在全球范围内得到快速拓展。

经过20世纪七八十年代的迅速发展，到20世纪90年代，GS1商品条码编码标识系统在全世界得到普及。进入21世纪，商品交易进入电子商务时代，主流电子商务公司如eBay、亚马逊、阿里巴巴等要求平台商品导用商品条码标识，并通过与法国、澳大利亚、意大利等国家的物品编码机构合作，积极鼓励企业使用GS1标准和优质产品数据，标志着商品条码在管理、技术和应用三个方面已经形成了一个完善的生态系统。可以说，随着大数据、物联网技术的发展，互联互通的背景下，统一标识的应用还会得到强化和在更大范围的普及。

20世纪70年代，世界各国就条码技术达成一致，商品条码技术从单一的自动识别技术发展成自动识别技术体系，逐渐成为世界通用标准，成为世界通用商务语言。今天，数十亿种商品贴有GS1商品条码标签，数百万家公司采用GS1标准，“扫码”动作随处可见，全球每天商品条码扫描次数高达一百亿次，每一秒钟就有十几万件商品通过扫码出售，每年可为快消行业节省3000亿元。“扫码”这一看似简单的运行方式，却能帮助人们将产品与产品信息管理系统联系在一起，也就是把物理世界的物品和数字世界的物品联系在一起。不仅如此，还可以让产品和生产厂家联系起来，将产品相关信息借助一个条码符号链接在一起，大大提高商品流通的效率，搭建起数字世界与物理世界之间的桥梁。这一切的背后，是一整套支撑商品流通的操作系统。所以说，在数字时代，商品条码与电商、电子化采购再结合，已经成为世界商品流通领域的通用操作系统。

综上所述，市场需求催生条码这一新事物的产生，信息技术的发展为条码的实现创造了客观条件，而技术和管理机制相辅相成的发展形势，促进了GS1体系的快速成长和全球化应用。GS1的成功是商品流通全球化的重要手段，也是商品流通全球化的必然产物。不仅如此，新的科学技术还大大提高了商业流通的效率，促使传统商业模式发生革命性的变化，从整体上促进了商业流通，在商品条码技术的研发和普及推广过程中，立足全球流通，采取技术兼容、标准统一的思路，使商品条码逐渐成为全球通行的标准。

第二节　数字时代的物品编码

数字时代首先要实现的是物的数字化，数字物作为技术人工物，是基于信息技术网络的人工生产。数字时代将各种物品甚至整个世界运行方式还原为一连串的电子信号流，并将它们进行二进制化处理，即通过采样、量化及编码等过程，最后达成一种有别于物理世界的物品存在形态。以往被设计出来的各类物品编码是用来标示在实物上的，比如商品编码和商品条码被设计成与商品的价格直接关联，并且直接印在包装上，恰好满足了传统供应链零售结算环节商品管理与快速识读的需求，成为辅助零售结算的重要技术手段，大大提高了商品在零售端的周转效率，满足的是物品贸易属性；而储运包装编码和储运包装条码、物流单元编码与物流单元条码、托盘编码与托盘条码[①]则分别被设计在包装箱、物流单元、托盘的包装上，满足的是零售上游——也就是整个物流供应链系统的自动识别需求，这使其在商品流通领域尤其是物流领域迅速普及应用。因为商品编码和商品条码是印在商品外包装上的，所以，可以看作物理世界的一种编码。同样，比如物流单元上面印刷的物流单元编码SSCC和条码，身份证上面的身份证号码，都可以看作物理世界的编码。在信息化和数字化时代，我们发现需要被编码、被标识的对象不再局限于人眼可见的物品，而是大大地扩展了。从类型上看，物品编码的对象完全可能来自经济社会活动中所涉及的一切有形的物质产品和无形的服务产品，甚至是实体间某种关系、数据之间的约束，都可以被编码，也都有可能需要编码。根据需求不同，编码对象亦不同，分为以下几种类型。

客体（object）：参与经济社会活动并纳入管理范围的各类物质产品、服务产品，以及参与经济社会活动并纳入管理协调范围的其他实体和存在。

主体（subject）：参与经济社会活动的人、机构或组织。

事件（event）：经济社会活动及其发生的时间和地点。

时间（time）：事件发生的时间。

地点（location）：事件发生的地点。

关系（relationship）：参与客体之间、参与主体之间以及参与主体和参与客体之间的相互关系。

包括经济社会活动并纳入管理协调范围的各类物质产品、服务产品，还涉及各种客体、主体、事件、时间、地点以及不同对象相互之间构成的关系，前文提到亚里士多德的十个范畴几乎都涵盖到了。除此之外，我们还可以发现，这些客体、主体、事件、关系在大数据、云计算、物联网、区块链和工业互联网等数字技术应用中，都需要编码。尤其是近几年，新供应链技术不断创新，与行业深度融合，规模体量越来越庞大背景下，我国加速迈入“数字时代”。“数字化”“数字经济”“数字时代”成为我国经济发展的热门词汇。各行业掀起了一股数字化发展浪潮[②]。数字时代呈现出网络化、虚拟化、融

① 分别对应国家标准GB/T 16830《储运包装条码》、GB/T 18127《物流单元编码与条码表示》、GB/T 31005《托盘编码与条码表示》。

② 关于“数字时代”没有标准定义。这些年来，关于时代发展有多种说法，包括“互联网+”时代、物联网时代、DT（Data Technology）时代等，其实和数字时代都是相近的。我们认为，数字时代出现在互联网全面普及深化、数据资源被充分运用、信息处理能力大幅提升、资源与数字相互交融的发展阶段。数字时代是信息时代发展到一定阶段之后的产物，属于信息时代的高级阶段。

合化几大特征，数字经济的发展带来了整个社会经济环境和商业活动的变革。数字时代物品对象的编码体现在网络化、精准性和灵活性等几个方面。在数字时代，互联网被广泛渗透到人们的购物、出行、餐饮、支付等日常生活中，各种基础性设施服务和消费场景都被“安装”到网络当中，成为人们不可缺少的生活必需。虚拟化是指在数字时代中的各种商业活动都是在虚拟的网络空间里进行，背后的支撑技术是纯数字化的、虚拟化的；融合化则体现在互联网和实体经济的深度融合。在数字时代，跨界融合应用将更加普及，企业服务模式不断创新，精准营销、个性定制、线上线下相融合等互联网服务，不断激发出新的消费需求，从而推动商业模式的变革。

一、数字时代物品编码的应用缺点

首先，在数字时代，各行业领域对物品编码的应用需求将更加普及与深入。所有对象都要实现数字化管理，物品编码在其中发挥着物品对象的身份标识作用，是连接数字世界和物理世界的桥梁。随着对信息的需求更加细化，物品编码关联的信息将更加丰富，物品编码的层级会更加复杂，对编码对象的属性特征描述也将更精细化。跨领域、跨行业的信息共享要求也促使编码标准化需求增加，编码的统一管理更加重要。

其次，数字时代带来了各类物品编码的跨界应用和互相渗透、扩展。所有的物品编码体系最初都是基于特定的目标和需求设计出来的，适用于特定的应用环境。在数字时代之前，不同的编码体系应用界限是非常清晰的。而数字时代，各种编码体系互相渗透：一是物理世界编码向数字世界编码渗透。例如GS1在以商品条码为核心的物理标识技术之上，开发了适用于网络信息共享的EPCIS、GDSN、GS1 Web URI、GS1 cloud等应用；中国物品编码中心开发了商品二维码和微站应用，以提升移动互联网环境下信息共享效率。二是数字世界编码也向物理世界编码渗透。例如针对网络化数字应用的Ecode、OID、Handle等几类物联网标识体系，也在尝试从对数字对象的标识、解析和管理，借助数字营销、产品追溯体系建设、质量监控等方式和应用场景，延伸至工业设计、产品制造、物品供应链等实物领域的应用。

最后，在数字时代，扫码应用的场景更加普遍，扫码的功能也大大提升。我们常常可以见到同一商品贴有多个条码符号，有一维条码，同时又有好几个二维码，不同的条码符号有不同的功能，这种情况还比较常见。从编码使用的便利性与管理效率角度，这是一种乱象，管理上不仅给产品流通各环节的所有参事企业带来了很大的麻烦，也给消费者带来混乱。使用编码的目的是提高效率、降低成本，对商品源头编码、一码多用是最简洁、最经济和高效的方式，统一商品标识编码和扫描入口十分必要。

当今时代之所以被称为数字时代，可能是因为数字时代把各种物品、关系、事件甚至整个世界的运行方式模型化、数字化，并在网络中形成了可二进制化处理的虚拟世界。这个过程包含了建模、量化、编码、解码等过程，形成了一种基于物理世界，又别于物理世界的存在。而且这种存在是实实在在的、可感知的，这种数字化的存在是以编码、文本、符号、声音、图像、音频、视频等形式存在的，用起来又是可复制、可扩展、可传播和可处理的。物理世界的物与数字世界的物相互交融，形成一个数字双胞胎世界（数字孪生，digital twin）。数字世界以虚拟的方式构建起的物品和物品世界，改变了人们对这个世界的认识和实践的方式，同时也构建起人们新的生活样式，对人们的世界观、价值观产生了影响。数字时代的本质特征是通过数字来表现和构建世界，数字世界的构建不仅是技术问题，它还涉及人们生活方式和生存方式的转变。所以它还是一种生存世界，只不过是一种通过数字技术把物理的世界图景转化为一种可感的、虚拟的生存世界。人们都盼望这种世界更加完美，并称之为虚拟世界。虚拟世界并不虚，而是实在的，如同由自然物所构成的世界一样真实。

二、数字时代物品编码的挑战

数字时代各类物品编码技术体系面临的挑战主要体现在满足数字世界构建需求方面，包括现实世界物品需要更精细化管理的挑战、网络世界编码需求的挑战、数字世界编码向物理世界编码渗透的挑战以及新兴技术发展带来的挑战等。面对这些挑战，必须进一步提升各类物品编码技术体系，以适应数字时代的新需求。

一是促进各类物品编码技术体系的优化和完善。主要是从编码标识、数据载体和物品信息共享三个方面切入，紧跟国际上相关标准化组织最新动态，开展相关技术和标准跟踪研究，尤其是要加紧研究各类物品编码体系特别是全球统一编码体系在网络世界的标准化的数据结构，提出各类物品编码体系线上线下一体化和标准化的数据结构体系，以更好地满足数字领域编码应用的要求。这就要加强相关物品编码与相关技术的前瞻性研究。物品编码是一项重要的信息化底层支撑技术，在加强体系自身研究与完善的同时，还应把握前沿信息技术的发展情况、发展趋势和主流应用场景，包括物联网、大数据、人工智能、区块链、图像识别等技术在本领域的应用和发展，研究这些技术对本领域物品编码应用和发展可能产生的新需求和影响，让物品编码体系紧跟时代和本领域发展的前沿。

二是进一步提升物品编码与物品信息的连接，不断提升物品信息的数据质量。在数字时代，物品编码应与物品信息更加紧密结合，实现编码与物品信息的紧密连接。数字时代的物品编码更应发挥物品信息主键的作用，用物品编码串联各类物品信息，为应用场景服务。在任何使用中，扫描或查询物品编码都应方便、快捷地查询物品的信息，包括物品的静态信息如物品基础信息、生产信息、分类信息，以及物品的动态信息，如物流信息、交易信息等，让物品编码在多个物品信息管理系统之间实现通查通识。在数字时代，物品编码背后的物品数据成为物品编码应用环节最基础、最关键的资源。一方面，如果大量的物品信息没有物品编码的分类、组织，那这些物品信息只能是杂乱无章的数据堆积[①]。另一方面，如果只有物品编码，而不用物品编码串联物品信息，那么物品编码的作用就比较单一。只有通过物品编码将物品信息数据组织结合起来，才能形成物品信息资源体系。各类物品编码与物品数据库对各领域信息化的基础支撑作用将更加突出，而这些数据能否发挥重要作用的关键取决于数据的质与量。通过提升以物品编码尤其是物品统一编码为关键字的商品的数据质量，建立数据标准，完善数据属性，加强与行业、政府部门合作，拓展商品信息数据项，推动物品编码与物品信息数据的综合应用。

三是要进一步拓展各类物品编码的兼容互认，尤其是通过推动国际统一物品编码的应用来实现整个领域的兼容。比如在物品分类领域，建立各大编码系统之间的映射，实现兼容，同时，在新增物品分类类目的时候相互沟通，统一新增物品的分类方法，以此实现分类编码的兼容。在物品标识编码领域，除了物流供应链领域，可推动全球统一物品标识GS1技术体系在其他重点国民领域的应用，包括建材、物流、服装、电商、铁路、医疗、国防等，为各行业自动化管理和信息化发展提供技术支撑，扩大GS1技术体系在各行各业的应用。在数字时代，还要积极响应时代各行业数字化管理和应用的趋势，寻找GS1技术体系与新应用的结合点，推动GS1技术体系在产品监管、智慧物流、产品追溯、智慧医疗、跨境电商、工业互联网等领域的应用。这样做的原因是各类小众编码的存在，尤其是功能相同的没有实际用户的小众编码的存在，对用户是不友好的，用户选择具体编码方案时需要投入时间和精力，实施过程中，特定的编码还要求专用的识读器和特殊载体，用户的使用成本高。对全社会来说就是编码的转换成本高。

总之，数字时代作为信息时代的高级发展阶段，将带来经济发展和社会管理的巨大变革和进步，推动社会发展开启新征程。数字时代对我国的物品编码工作是机遇也是挑战，抓住机遇、迎接挑战、创新发展，是物品编码工作正在解决的现实问题。

---

① 自数据可以被保存以来，各种各样的物品数据一直在累加着。早期由纸质文件保存，后来又有磁带、录像等媒介，现在的物品数据大多储存在电脑或服务器内。在信息化大数据时代，各类物品管理组织每天都会有数不胜数的物品信息产生，存储在本地服务器或上传到互联网。这些物品信息结构各异、表述方法不同，越来越多的新的旧的物品信息既舍不得删除，又不知道如何使用，只能原样子堆在那里，这就是数据堆积。

第三节　物品编码与标识技术的发展趋势

近年来，随着信息技术的飞速发展，国内外物品编码与标识技术也在不断发展。其发展趋势主要体现在以下几个方面。

一、标准化、兼容和统一是未来的发展趋势

物品编码是一项综合性交叉应用技术。随着信息化的深入发展，物品编码标识技术尤其是应用层面的创新不断出现，但标准化、兼容和统一是未来的发展趋势。比如互联网普及之前，商品信息全球互联的需求不突出。在信息化、数字化发展的新阶段，商品信息全球互联的需求越来越广泛，比如在一些关键、重要产品如医疗器械、卫生防疫等领域，必须实现心脏支架或疫苗产品信息和流通信息的全球化互联和追溯。那么基于商品条码的追溯编码会逐渐地作为信息追溯的"主键"，扩展到整个医疗器械供应链的全过程。在扩展效应的作用下，其他应用领域也可能受到类似的影响，统一编码的应用会越来越广。

物品编码越来越标准化、规范化和统一。全球范围内物品快速流通，迫切需要物品编码的标准化、规范化和统一。从自动识别载体的角度讲，符号会越来越小型化；载体形式更加多样化，性能更加智能化。通用物品编码标识作为商品全球流通身份证的作用会更加突出：不仅应用在某个环节，而且用于整个供应链上下游信息共享，还要服务于整个物品全生命周期，从生产、销售、使用直到报废。未来，物品编码将通过打通主要的物品分类编码如HS、UNSPSC等与主要的物品标识编码如GS1商品条码的通道，以"物品分类编码＋物品标识编码"作为主键，整合原本存储在不同部门系统内的物品相关信息，实现产品信息"一码通"，对产品生命周期全过程进行管理，服务产品质量监管、企业信息化和消费者安全。

物品编码通用化、标准化程度越来越高。已经获得广泛认同的成熟的物品编码系统得到的应用会越来越多；区域性的、私有的、用户很少的编码系统得到的应用则越来越少。网络效应是指一种产品或者服务，随着用户人数的增加，自己本身的价值也会增加。简单来说，就是用的人越多，产品越好用。强者恒强，这是IT产业的规律，也适用于物品编码这个细分领域。一种物品编码技术越好，用户越多，使用的量越大，遇到的创新需求越多，就越能帮助领跑者继续领先。强者恒强的"马太效应"仍继续发挥作用。比如在20世纪70—90年代，通用的商品条码最初被用在零售结算。这一应用在全

球普及之后，随着连锁超市的快速发展，超市配送中心在扫描盘点和向不同的门店配货时，也必须扫描条码才能完成，于是商品条码又扩展到超市配送中心，接着又扩展到上游供应链的各个环节。进入21世纪，到电子商务时代，在线销售物品的比对，物品信息分级分类，需要更多的标准编码支持，于是我们看到阿里、京东、eBay等电商企业联合发出应用商品条码倡议，已经认识到商品条码在整个供应链中的价值，认识到只有使用通用的商品编码，销售的产品才能拥有全球唯一标识并具有可追溯性，能够避免物流中出现错误（订单、货运、退货管理等），并允许产品在市场所有渠道进行销售，能够通过网络搜索引擎搜到所需产品。也正是在这样的驱动力下，我们看到法国、意大利①、美国等国家纷纷跟进②。在移动商务时代，众多的购物App甚至内置“条码扫描”功能，具有了“码上购”“扫码购”功能，消费者只需要扫描商品条码，就可以在手机上下单购买物品了。换个角度看，在物品编码领域，“马太效应”仍继续发挥作用，在物品编码方案的选择上，通用化标准化程度越高的物品编码越可能获得全球性的应用。比如，我国和世界各国正在开展的医疗器械唯一标识系统（UDI系统）建设，GS1标准在国内UDI成为用户实施中的不二选择，截至2021年2月，国家UDI数据库中UDI总数量336333条，GS1标准的UDI占比达97.6%，这一数据在国际上也处于领先地位。而这些医疗器械的编码方案的选择，是由医疗器械生产经营企业自主选择的，GS1编码的通用性、标准化程度高，物品编码获得的应用更加广泛。不仅是我国，世界上其他国家和地区也是一样：通用化标准化程度越高的物品编码越可能获得全球性更加广泛的应用。

GS1编码已发挥绝对主导作用，支撑我国医疗器械唯一标识系统的建设和实施，助力实现医疗器械全生命周期监管，助力我国医疗器械行业与国际接轨。

标准化在物品编码工作中发挥着越来越重要的作用，同时，在标准化的作用下，各类主要物品编码趋于相互兼容或整合。随着信息网络技术向各行业领域的深度发展，物品编码不仅在传统领域发挥着越来越重要的作用，在产品质量安全与溯源、智慧物流、供应链可视化、电子商务、电子政务等一些新兴领域也得到了较为广泛的应用，并在产品生命周期全过程的管理中得到了不同程度的应用，持续推动物品编码在应用层面的创新发展。在这一过程中，物品编码跨行业、跨领域、跨部门发展，编码的标准化在其中发挥着关键性的推动作用。以市场为主导，以行业、企业积极参与，共同制定和维护作为公共基础的物品编码标准，已经成为国际物品编码标准化发展的方向。越来越多的

---

① 意大利物品编码协会与阿里巴巴集团意大利办事处开展合作［EB/OL］.［2017-03-29］［2021-05-06］http://ancc.org.cn/News/article.aspx?Id=8450.

② 阿里巴巴集团与国际物品编码协会推进GS1编码标准应用［EB/OL］.［2017-02-24］［2021-05-06］http://ancc.org.cn/News/article.aspx?Id=8369.

企业逐渐倾向于使用ISO、GS1、ANSI等一些国际标准化权威机构所制定的标准。相应地，具备一定实力的企业往往通过评定程序被吸纳参与国际物品编码标准的制定和维护。国际物品编码标准化组织更加注重标准的开放性和透明度，同时，企业的实际应用需求也在标准中得到了很好的体现。同时，在标准化的作用下，各类主要物品编码趋于相互兼容或整合，国际物品编码组织开始合并或形成业务战略联盟。商品全球流通要求物品在全球供应链之间实现信息互通互联，实现信息的无缝链接已成为国际社会的共识。对于物品编码的地域色彩和行业色彩这一问题，国际上与物品编码有关的标准化组织都在谋求解决之道，力图通过制定通用的物品编码标准，建立通用物品编码系统作为信息交换平台，“用同一种语言说话”，以消除地域色彩和行业色彩，实现信息在各个层面的无缝链接。1998年联合国计划开发署推出的联合国一般代码系统(United Nations Common Coding System，UNCCS Codes)与美国邓百氏公司推出的邓百氏码（SPSC）整合，推出了联合国标准产品与服务分类代码（UNSPSC）；2005年，国际物品编码组织（EAN）与美国统一代码委员会（UCC）合并成为国际物品编码组织(GS1)；北约物资储备编码NATO stock number与GS1编码开始兼容和互认，其分类开始与UNSPSC、HS进行兼容映射，其物品标识编码方面，一维条码和二维条码开始兼容GS1的GTIN、SSCC，射频标签开始兼容EPC等。

二、需求与技术体系的完备性是广泛应用的前提和基础

某种特定类型的物品编码能够在全球广泛应用，第一个原因是具有真实且持久的需求，这是根本原因。第二个原因是其技术体系的完备性。比如《协调制度》是世界海关组织（WCO）主持制定的商品分类目录体系，是顺应国际贸易实践的需要而产生的一种国际公约性质的商品分类标准，被称为国际贸易商品分类的一种“标准语言”。为了适应国际贸易和新贸易物品不断出现的需要，《协调制度》每4～6年要完成一次升级，称为一个审议循环。《协调制度》HS编码由世界海关协调制度委员会维护，这就像是海关商品归类的“联合国会议”，各国代表在会议上讨论疑难商品及有争议的商品归类，并确定对《协调制度》的修订。同时为了便于使用，世界海关组织为确保各缔约国统一理解、执行2007版《协调制度》，编制了《商品名称及编码协调制度注释》，该注释是关于《协调制度》各品目的商品范围及所涉及商品的法定解释。海关总署组织出版了《进出口税则商品及品目注释》，该注释是中国海关实施进出口税则商品归类的法律依据之一。再如GS1商品条码，其完备、成熟的技术体系是其实现在全球商品流通领域广泛应用的重要支撑，GS1系统从20世纪70年代诞生以来，就不仅仅是一个编码，而是一套在国际标准支持下，具有全面软硬件技术和全球管理体系支持的技术体系。其技术体

系的完备性和成熟性使其在初始阶段非常好地把握了特定应用需求，提出了适用于市场需求的解决方案，从而形成了广泛应用的发展现状。第三个原因可能是该编码系统本身是各国协同开发，并且依据各国强大推动力的持续作用，这在物品分类编码领域可能更加明显，比如海关商品分类HS、标准贸易分类SITC等。实际上与联合国统计署有关的物品分类编码，都具有这样的特点。

三、一物一码的需求不断增加

全供应链可视化和物品精细化管理要求物品对象的颗粒度越来越细，一物一码的需求不断增加。随着经济全球化和信息化的发展，全球供应链管理上产生了对单品的编码需求。单品编码可以实现物品的追溯，使物流供应链管理透明化，这既是信息化发展的要求，也是国际物品编码发展的必然趋势。

从流通来讲，对供应链上的流通单元—物流单元的管理要求对单个物流单元进行编码和标识，以便供应链上各个参与企业能够及时准确地掌握物流单元的信息。

从企业管理来讲，各国企业在信息化实现过程中，对某些特殊的物品需要进行单个管理，实现跟踪追溯。消费者和企业也会要求获得更多产品背后的信息，比如产品质量、产品安全，消费者会非常注重获得产品产地信息、营养成分信息、热量信息、过敏信息、使用方法等。

从编码角度来讲，一物一码的需求不断增加，单品编码成为趋势，这既是实现全供应链可视化的基础，也是供应链和物品精细化管理的需求的直接反应。比如网络通信、射频识别（RFID）等技术的发展，使物品编码载体容量得到了极大的扩展，为物品编码方案的创新创造了条件。基于互联网和RFID技术的产品电子代码（EPC）编码系统的出现，成功地解决了对单品的唯一标识，成为未来物品编码技术的发展趋势。

从政府监管来讲，也产生了单品编码的需求。近年来，产品安全事件层出不穷，政府从保证产品质量安全、防伪打假的角度出发，要求产品实现单品的编码。比如全球医疗器械供应链领域目前正在推行的唯一标识编码UDI，就是医疗器械供应链各参与方，包括各国各地区的医疗器械监管部门，试图运用信息化手段，为加强医疗器械质量安全监管工作，面向全球建立的医疗器械唯一标识体系。按照医疗器械唯一标识UDI的相关要求，由医疗器械生产企业在产品外包装上或者器械表面使用统一标识的唯一标识编码。这个码可以是批次编码，也可以是一品一码，具有唯一性，相当于医疗器械的“唯一电子身份证编号”。生产企业和流通企业可以通过网络掌握医疗器械的流通信息；消费者可以通过电话、短信、网络、终端机查询等途径查询医疗器械信息；执法部门对医疗器械可以随时监控，发现有问题的产品迅速溯源和召回，对假冒伪劣行为予以快速查处。它是利用现代信息技术、网络技术和编码技术，在建立医疗器械信息服务平台的基础上，进行开发和运营电子监管网应用网络系统，从而协助各国各地区建立医疗器械质量实施信息化智能化管理的网络系统。医疗器械唯一标识UDI将医疗器械生产、流通、消费的全程监管衔接起来，为生产企业、医疗服务机构、患者和监管部门提供监管和查询服务，从而形成覆盖全球的医疗器械产品质量和追溯网络。

四、物品的主码在各类物品信息化管理系统中的作用越来越重要

从编码技术角度分析，现存的物品编码系统早期一般都是单一类型为主的编码系统，要么是分类为主的物品分类编码，要么是属性为主的物品属性编码，要么是以物品自动化识别和数据采集为主要目标的物品标识编码，管理物品的描述角度单一。在信息化快速推进的今天，多角度、全面描述物品的需要日益显著，因此，各编码系统正向着全面化、系统化方向发展。例如联合国计划开发署的UNSPSC，开发之初是以分类为主的编码系统，后来为满足日益增长的应用和维护需要，增加了各类物品属性描述的内容。再如海关商品分类HS除了分类本身，还增加了注释部分。又如国际物品编码GS1系统，早期是以物品标识为主的编码系统，较少涉及分类与属性，近年来在应用的推动下，GS1系统开发了GPC（全球产品分类代码）编码，既包含分类信息，各类别又进行属性编码。各编码系统更加全面、系统将是物品编码发展的重要趋势。因此，物品的分类编码在向下扩展，向物品的属性编码、物品标识编码扩展。当然这种扩展不是说某个分类要自己重新开发一套物品标识方案，而是通过编码兼容和建立映射对照的方法实现的，比如HS编码本身是一个产品的分类编码，就在和GS1系统中的GTIN标识编码建立映射关系。同时，物品的标识编码也在向物品的分类和属性编码扩展，比如在GTIN标识编码的基础上，也在通过GPC分类向物品的分类编码和属性编码扩展，从而体系更完整。

与此同时，随着信息化的发展，物品的主码在各类物品信息化管理系统中的作用越来越凸显。在物品编码与新技术的不断集成创新和持续发展过程中，我们注意到在网络通信、射频识别（RFID）、移动互联等软硬件技术的支撑作用下，物品编码的几种类型中，主码（mater code）越来越发挥着主键（primary key）的作用，主码越来越重要。相比之下，以前用户希望把更多的物品属性变成物品属性编码（attribute code）并标示在条码或二维码符号里，但随着新一代移动通信技术的发展，物品的主码越来越重要，属性编码则慢慢地变得不重要了，但这里的不重要不是说不需要，而是说这

些属性编码不需要标示在条码符号里了，而是扫主码就能通过系统调取所需的各种属性，方便又快捷。如果是把属性编码也放在符号里，影响符号识读速度，会造成属性编码的滞后性：一旦编码到条码符号里，这个属性就不能变了。但在系统里，这个属性是灵活的，可以变化的，也更能反映物品的真实状态。随着手机的普及，商品条码在网络中的应用示例越来越多，出现了各种应用模式。例如，我们从手机下载一个“中国编码”App，通过直接扫描条码，就可以查看到产品生产厂家、价格、诚信、能量、成分、过敏等信息，而无须把这些生产厂家、价格、诚信、能量等这些属性标示在条码符号里面。

从编码角度来讲，随着信息化发展以及物联网的建立，消费者会关注产品相关信息，如营养信息、热量信息、过敏信息、使用方法等。同时，又希望通过手机扫描产品的编码标识来方便、快捷地获取这些信息。比如扫描产品上的条码获取这个产品的质量检测报告，或者是看到别人在用而自己也恰好喜欢这个产品，于是利用手机微信扫一扫，扫描这个产品的条码，手机显示扫码结果，包括产品基本信息，同时也给出该产品在不同电商平台的销售链接，点击就可以马上下单购买。这样的话，全球通用的统一编码标识作为全球商品唯一身份证的作用就会更加重要和突出。最初作为商品身份证来实现自动结算，之后扩展到整个供应链信息共享，未来还可能服务于数字时代和网络时代物品信息的各类扩展应用。

问物品，你是什么？

不就是我的名字吗？

不是，他只是一种想象的标记，人们用他来称呼你。

是我的编码吗？

也不是，他只是你的唯一身份标识，别人方便通过他来寻找你。

你只不过是一组流变的属性组合，名称和编码仅仅跟他们建立了联系。

你的外貌，你的品德，你走过的路，你做过的事，会悄悄地成为你的属性，你通过他呈现，他才是真正的你。